碳交易政策与法律问题研究

谭柏平　著

北京

图书在版编目(CIP)数据

碳交易政策与法律问题研究 / 谭柏平著. -- 北京 : 法律出版社, 2023
ISBN 978-7-5197-7487-5

Ⅰ. ①碳… Ⅱ. ①谭… Ⅲ. ①二氧化碳-排污交易-政策-研究-中国②二氧化碳-排污交易-法律-研究-中国 Ⅳ. ①X511②D922.683.4

中国国家版本馆 CIP 数据核字(2023)第006712号

碳交易政策与法律问题研究
TANJIAOYI ZHENGCE YU FALÜ WENTI YANJIU

谭柏平 著

责任编辑 谢清平
装帧设计 李 瞻

出版发行 法律出版社
编辑统筹 法律应用出版分社
责任校对 邢艳萍
责任印制 刘晓伟
经 销 新华书店

开本 710毫米×1000毫米 1/16
印张 31 字数 476千
版本 2023年1月第1版
印次 2023年1月第1次印刷
印刷 北京金康利印刷有限公司

地址:北京市丰台区莲花池西里7号(100073)
网址:www.lawpress.com.cn
投稿邮箱:info@lawpress.com.cn
举报盗版邮箱:jbwq@lawpress.com.cn

销售电话:010-83938349
客服电话:010-83938350
咨询电话:010-63939796

书号:ISBN 978-7-5197-7487-5
定价:88.00元
凡购买本社图书,如有印装错误,我社负责退换。电话:010-83938349

序　言

气候变化是全人类面临的共同挑战，积极应对气候变化、推动绿色低碳发展，已经成为全球共识。碳交易作为联合国为应对全球气候变化、减少温室气体排放而设计的一种新型市场机制，能够有效降低温室气体减排成本并实现控制碳排放的目标，切实促进技术进步和产业结构升级。2005年《京都议定书》的生效使碳交易的范围从一国内部扩展到国家之间，标志着碳交易时代的到来。在全球范围内，碳交易市场正在发挥着越来越重要的作用，成为推动全球气候治理的重要手段。

中国高度重视利用市场机制应对气候变化，将碳交易市场建设作为积极应对气候变化和促进生态文明建设的一项重要举措。2011年中国碳交易市场建设拉开帷幕，国家发改委批准北京、天津、上海、重庆、湖北、广东、深圳七省市开展碳排放权交易试点工作，2013年之后七省市碳交易市场建设迅速开展，成为中国建立碳交易市场的试验田。通过碳交易试点，中国区域碳交易市场覆盖的行业企业碳排放总量和强度实现双降，碳交易控制温室气体排放的良好效果初步显现，为建设全国碳排放权交易市场积累了宝贵经验。2015年9月，中共中央、国务院印发的《生态文明体制改革总体方案》指出，“深化碳排放权交易试点，逐步建立全国碳排放权交易市场。”2017年12月，以发电行业为突破口，全国碳排放权交易体系正式启动。2018年以来，生态环境部积极推进全国碳市场建设各项工作，制定了稳妥的配额分配实施方案，扎实开展碳数据质量管理工作，完成了相关系统建设和运行测试任务，并组织开展能力建设，提升了能力水平，构建了支撑全国碳市场运行的制度体系。2020年9月，中国在第七十五届联合国大会一般性辩论上宣布，二氧化碳排放力争于2030年前达到峰值，努力争取2060年前实现碳中和。实现碳达峰碳中和，是立足新发展理念、构建新发展格局、推动高质量发展的内在要求。全国碳市场的建立健全对我国实现碳达峰碳中和具有重要的作用和意义。2021年7月16日，全国碳排放权交易市场正式上线运行，中国碳市场一跃成为全球覆盖排放量规模最大的碳市场。可以预见，即便在全国碳市场平稳运行之后，我国地方的各区域碳市场也有其生存发展空间，全国碳市场与地方碳市场将同时并存、相辅相成，最终形成地方碳市场突出地域行业特点、全国碳市场"抓大放小"的具有中国特色的碳交易市场体系。然而，由于地方碳市场各地的经济社会发展不均衡，产业结构、城市功能定位不相同，控排企业的纳入标准不一致，企业减排的技术能力参差不齐，因此，各地的碳交易市场存在区域差异性。另一方面，从地方碳交易过渡到跨区域碳交易，再到建立全国统一的、比较完善的碳交易法律框架和交易体系，在碳交易实践和法学理论上依然存在诸多问题，既要借鉴域外立法经验，又要结合中国国情，寻求理论支持与制度破解。根据交易标的的不同，碳交易大致分为两种类型：一种是基于排放配额的碳排放权交易，国际排放贸易机制与中国碳排放权交易均属于碳配额交易，带有强制性属性；另一种是基于项目的减排量交易，《京都议定书》中的联合履约机制、清洁发展机制和中国的温室气体自愿减排交易机制则属于这一碳交易类型，具有补充性和自愿性特点。

本书作者长期关注我国碳交易市场发展与制度建设，研究内容涉猎碳交易的两种类型，致力于碳排放权交易和温室气体自愿减排交易的政策与法律问题研究，先后承担了北京市教委社科计划重点项目(编号:14FXB036)、中国法学会部级法学研究课题(编号:CLS[2017]C40)和生态环境部应对气候变化科研项目(编号:202024)，本书即为上述科研课题的内容萃取与研究心得。作者全面阐述了中国碳交易的时代背景，介绍了国外碳交易实践及立法经验，翔实阐述了中国碳排放权交易试点及地方立法，并对温室气体自愿减排交易实践及立法进行了归纳与分析，系统梳理了全国统一碳交易市场体系建设及政策法律，揭示了中国碳交易法律制度构建的难点与重点，提出了中国碳交易法律制度的若干完善建议。在学术思想和学术观点方面，作者均有自己的特色和创新。例如，在碳排放权交易法律制度的研究方面，作者针对争议中的碳排放权这一概念，形成了自己独到的见解，作者认为，碳排放权不应该属于法律权利讨论的范畴，向大气环境排放污染物仅仅是一种获得行政许可的行为，主体获得碳排放配额不是源于自然法，所谓的碳排放权更不是一种自然权，碳排放权不能也无法从自然权这个“人权矿藏”中“提炼”出来而转化为一种法定的权利。并且，在碳排放权交易一级市场行使碳排放配额分配的政府部门，其本身的职权也是源自人民的授权，政府部门并不享有“给人民创设一种权利”的权力。碳排放配额的基础源自排污许可，从法理上讲，行政许可与资源分配的行政行为不能创设一种新的法律权利。因此，作者认为“碳排放权”这一名词应该称为“碳排放配额”更合适。“碳排放配额”仅仅是法律上拟制的一种商品，它的存在也是暂时的。未来，随着生态文明的推进与美丽中国的建设，碳排放配额交易这一市场现象，也许会逐渐消失。再如，在温室气体自愿减排交易管理方式的研究方面，作者在学术思想上贯彻生态文明法治思想，以新发展阶段全面建设法治政府为指引，围绕“放管服”改革和“双随机、一公开”监管要求，探索构建长效的自愿减排交易机制保障体系。尤其值得称道的是，针对《温室气体自愿减排交易管理暂行办法》的修订，作者认为，温室气体自愿减排交易机制不能设置行政许可，并建议新的《温室气体自愿减排交易管理办法（试行）》宜将过去的“行政备案”模式调整为“公示＋登记”的行政确认模式，优化自愿减排交易管理流程，将监管重心后移，并加强事中事后监管。总之，本书对推动实现“双碳”目标，具有独到的学术价值和应用价值。

现阶段由于我国正处于碳排放权交易市场运行初期，温室气体自愿减排交易事项自2017年3月暂停之后至今仍未重启，新的自愿减排交易管理办法还未出台，碳交易市场体系尚需进一步完善，因此，本书的出版适逢其时，我愿意向碳减排学界和实务界推荐该著作，希望它能够对我国碳交易市场的制度构建有所助益，并能促进在碳达峰碳中和方面有更多、更深入的研究。

中国人民大学法学院教授、博士生导师
中国法学会环境资源法学研究会副会长
周珂

2022年12月16日

缩略语表

缩略语	英文全称	中文名称
AAUs	Assigned Amount Units	《京都议定书》分配数量单位
ACESA	American Clean Energy and Security Act	《美国清洁能源和安全法案》
ACR	American Carbon Registry	美国碳注册登记
ART	Architecture for REDD + Transaction	交易构架
BCER	Beijing Certified Emissions Reduction	北京林业碳汇抵消机制
BCOP	British Columbia Offset Program	不列颠哥伦比亚碳补偿计划
BCR	BioCarbon Registry	生物碳登记
BEA	Beijing Emission Allowances	北京市碳排放配额
BOCM	Bilateral Offset Credit Mechanism	双边补偿信贷机制
BSA	Burden Sharing Agreement	责任分担协议
CAAS	Chinese Academy of Agricultural Sciences	中国农业科学院
CAR	Climate Action Reserve	气候行动储备方案
CARB	California Air Resources Board	加州空气资源委员会
CATS	Carbon Asset Tracking System	碳资产跟踪系统
CBAM	Carbon Border Adjustment Mechanism	碳边界调整机制
CCA	Climate Change Agreement	气候变化协议
CCA	California Carbon Allowance	加州碳排放配额
CCAP	Climate Change Action Plan	气候变化行动计划
CCER	Chinese Certified Emission Reduction	国家核证自愿减排量

续表

缩略语	英文全称	中文名称
CCFE	Chicago Climate Futures Exchange	芝加哥气候期货交易所
CCSC	China Classification Society Certification	中国船级社质量认证公司
CCUS	Carbon Capture, Utilization and Storage	碳捕集、利用与封存
CCX	Chicago Climate Exchange	芝加哥气候交易所
CDCER	ChengDu Certification Emissions Reduction	成都核证自愿减排量
CDM	Clean Development Mechanism	清洁发展机制
CEA	Carbon Emission Allowance	碳排放配额
CEC	China Environmental United Certification Center	中环联合(北京)认证中心有限公司
CEF	Clean Energy Future	《清洁能源未来法案》
CEMS	Continuous Emission Monitoring System	烟气排放连续监测系统
CERs	Certified Emissions Reductions	核证减排量
CGCF	China Green Carbon Foundation	中国绿色碳汇基金会
CL	Carbon Leakage	碳泄漏
CNAS	China National Accreditation Service for Conformity Assessment	中国合格评定国家认可委员会
CO_2e	Carbon Dioxide equivalent	二氧化碳当量
COP	Conference of the Parties	缔约方大会
CORSIA	Carbon Offsetting and Reduction Scheme for International Aviation	国际航空碳抵消和减排机制
CPCN	Carbon Peak and Carbon Neutrality	碳达峰碳中和
CQC	China Quality Certification Center	中国质量认证中心
CQCER	ChongQing Certification Emissions Reduction	重庆核证自愿减排量
CTC	China Building Material Test & Certification Group Co. ,Ltd.	中国建材检验认证集团股份有限公司

续表

缩略语	英文全称	中文名称
CTI	Centre Testing International Group Co., Ltd.	深圳华测国际认证有限公司
EA	Emission Allowances	排放配额
EC	European Commission	欧盟委员会
ECX	European Climate Exchange	欧洲气候交易所
EEU	Eligible Emission Units	合格排放单元
EEX	European Energy Exchange	欧洲能源交易所
EITE	Emissions Intensive and Trade Exposed	高碳强度和高贸易风险产品
EPFI	Equator Principles Financial Institution	“赤道原则”金融机构
ERU	Emission Reduction Units	减排单位
ET	Emissions Trade	排放交易
ETS	Emission Trading Scheme	碳排放交易体系
EUAs	European Union Allowances	欧盟排放配额
EUETS	European Union Emissions Trading Scheme	欧盟碳排放交易体系
FCPF	Forest Carbon Partnership Facility	森林碳合作伙伴基金
FCS	Forest Carbon Sinks	森林碳汇
FFCER	Fujian Forestry Certified Emissions Reduction	福建林业碳汇减排量
FJEA	FuJian Emissions Allowances	福建碳排放配额
GCC	Global Carbon Council	全球碳理事会
GDEA	GuangDong Emission Allowances	广东省碳排放配额
GS	Gold Standard	黄金标准
ICAO	International Civil Aviation Organization	国际民航组织
ICE	Intercontinental Exchange	美国洲际交易所
ICR	International Carbon Registry	国际碳登记

续表

缩略语	英文全称	中文名称
IET	International Emissions Trading	国际碳排放交易机制
IPCC	Intergovernmental Panel on Climate Change	联合国政府间气候变化专门委员会
ITL	Independent Transaction Log	独立注册登记系统
JCMJM	Joint Crediting Mechanism between Japan and Mongolia	日蒙联合碳信用机制
JCS	J – Credit Scheme	日本碳信用机制
JI	Joint Implementation	联合履约机制
JVETS	Japan Voluntary Emission Trading Scheme	日本自愿排放交易体系
KP	Kyoto Protocol	《京都议定书》
MaaS	Mobility as a Service	出行即服务
MCeX	Montreal Climate Exchange	加拿大蒙特利尔气候交易所
MCI	Monthly Calculation Index	月结算指标
MEPFECO	Ministry of Environmental Protection Foreign Economic Cooperation Office	环境保护部环境保护对外合作中心
MGGRA	Midwest Greenhouse Gas Reduction Accord	《中西部地区温室气体减排协议》
MRV	Monitoring Reporting and Verification	监测、报告与核查
NAP	National Allocation Plan	国家配额分配方案
NDC	Nationally Determined Contributions	国家自主贡献
NGO	Non – Governmental Organizations	非政府组织
NSW GGAS	The New South Wales Greenhouse Gas Abatement Scheme	新南威尔士州温室气体减排体系
NZETS	New Zealand Emissions Trading Scheme	新西兰碳交易体系
PHCER	Puhui Certified Emission Reduction	广东省碳普惠核证减排量
PRI	Principles for Responsible Investment	负责任投资原则
REDD	Reducing Emissions from Deforestation and Degradation	碳减排机制

续表

缩略语	英文全称	中文名称
RGGI	Regional Greenhouse Gas Initiative	《区域温室气体减排计划》
SC	Social Carbon Standard	社会碳标准
SHEA	ShangHai Emission Allowances	上海市碳排放配额
SinoCarbon	SinoCarbon Innovation & Investment	北京中创碳投科技有限公司
tCO_2e	tonnes of Carbon Dioxide equivalent	吨二氧化碳当量
TCX	Tianjin Climate Exchange	天津排放权交易所
T－VER	Thailand Voluntary Emissions Reduction Program	泰国自愿减排计划
UKA	United Kingdom Allowances	英国碳排放配额
UKETS	UK Emissions Trading Scheme	英国碳排放交易体系
UNEP	United Nations Environment Programme	联合国环境规划署
UNFCCC	United Nations Framework Convention on Climate Change	《联合国气候变化框架公约》
VCS	Verified Carbon Standard	国际自愿碳减排标准
VER	Volnrtary Emission Reduction	自愿减排
WCI	Western Climate Initiative	《西部气候倡议书》
WMO	World Meteorological Organization	世界气象组织

目 录

第一章　中国碳交易的时代背景

第一节　全球气候变化应对与中国大气污染治理

一、应对气候变化的国际努力

全球气候变化是人类迄今为止面临的规模最大、范围最广、影响最为深远的一个挑战，也是影响未来世界经济和社会发展、重构全球政治和经济格局的一个重要因素。[1] 如果放在地球漫长的地质年代考查，气候变化是必然的。但人类社会出现之后，人类活动尤其是工业革命之后的人类活动，加速了全球气候变化的步伐。为应对全球气候变化带来的对生态环境、人类生存和社会发展的威胁，国际社会积极制定政策、采取措施，以实现环境、经济、社会、人类的可持续发展。解决气候变化问题最根本的措施就是减少人为的温室气体排放，或增加对大气温室气体的吸收及埋存，减缓温室效应，这是应对全球气候变化的核心内容。为此，近三十年来，国际社会积极开展行动，就温室气体减排问题展开谈判，按照“共同但有区别的责任”原则，发达国家与发展中国家在“求同存异”的基础上达成妥协，取得了一系列成果，包括《联合国气候变化框架公约》《京都议定书》《巴黎协定》以及区域间政府组织制定减少温室气体排放的国际政策等。

（一）IPCC 评估报告

联合国政府间气候变化专门委员会（Intergovernmental Panel on Climate

---

〔1〕 胡鞍钢、管清友：《应对全球气候变化：中国的贡献》，载《当代亚太》2008 年第 4 期。

Change,IPCC)是评估与气候变化相关科学的国际机构,由世界气象组织(World Meteorological Organization, WMO)和联合国环境规划署(United Nations Environment Programme, UNEP)于1988年建立,旨在为决策者定期提供针对气候变化的科学基础、其影响和未来风险的评估,以及适应和缓和的可选方案。根据IPCC五次评估的结论,自1950年以来,人类活动应该是影响全球气候变化的主要原因,“二战”后人类社会的高速发展使地球环境负荷过大,生产生活产生的温室气体排放引起了全球气候变化。世界气象组织2017年发布的《温室气体公报》指出,全球二氧化碳平均浓度在2016年达到了最高峰。温室气体排放量的增多,会导致地球平均气温和海温上升,进而会导致冰川消融,海平面上升,降雨分布不均衡以及各种极端天气的频繁发生。气候变化引起的环境问题不仅损害农业生产,影响生态多样性,也威胁着人类的生存发展空间,因此,应对气候变化是人类社会共同面临的挑战。

IPCC的评估结论具有权威性,其气候变化的应对方案理应受到国际社会重视。IPCC先后于1990年、1995年、2001年、2007年和2014年完成了五次评估报告,IPCC第六次评估报告于2015年启动,于2022年结束,周期内将编写三份工作组报告、综合报告、三份特别报告和方法学报告。目前,《全球1.5℃增暖》特别报告已于2018年10月发布。[1]《气候变化与土地》是IPCC关于气候变化、荒漠化、土地退化、可持续土地管理、粮食安全和陆地生态系统温室气体通量的特别报告,于2019年8月发布。《气候变化中的海洋和冰冻圈的特别报告》于2019年9月发布。2019年5月,IPCC发布了《2006年IPCC关于国家温室气体清单指南(2019年修订版)》,这是对各国政府用于估算其温室气体排放和清除的方法的更新。IPCC评估报告集中全世界优秀科学家的工作,汇集全球最新的气候变化科学研究成果,反映了当前国际科学界在气候变化问题上的认识水平。过去发布的评估报告均为各级政府制定与应对气候变化相关的政策提供了科学依据,成为了联合国气候大会以及《联合国气候变化框架公约》(United Nations Framework Conven-

[1] 孙楠:《IPCC第六次评估报告中国作者会在京召开》,载中国气象局网,http://www.cma.gov.cn/2011xwzx/2011xqxxw/2011xqxyw/201904/t20190401_519285.html。

tion on Climate Change,UNFCCC)谈判的基础。目前,IPCC 正在编写第六次评估报告的最后一部分,即综合报告,该部分将整合三个工作组评估的结果以及 2018 年和 2019 年发布的三份特别报告,计划于 2023 年 3 月发布。IPCC 已将决策者摘要(the Summary for Policymakers)和第六次评估报告综合报告(the Synthesis Report of the Sixth Assessment Report)的最终草案发给各国政府传阅,以供审查和提出建议。于 2022 年 11 月 21 日至 2023 年 1 月 15 日给各国政府的最终分发版本(the Final Government Distribution),是专家组全体会议批准定于 2023 年 3 月发布的 IPCC 第六次评估报告最后部分之前的最后准备阶段。

(二)国际环境会议上应对气候变化的议题

气候变化问题不是 21 世纪才有的问题,20 世纪 70 年代,国际社会就已经意识到了气候变化问题的严峻形势。1972 年在瑞典首都斯德哥尔摩召开联合国人类环境会议之后,国际上环境保护事业取得了很大进展,除成立了联合国环境规划署外,很多国家通过了环境方面的立法,并成立了一些环保 NGO(Non – Governmental Organizations,非政府组织),缔结了有关环境保护的重要国际协定。气候变化问题首次进入国际视野是 1979 年,[1]在世界气象组织的发起下,1979 年 2 月在日内瓦召开了第一届世界气候大会,大会以“气候与人类”为主题进行了讨论,并发表了声明。会议指出,地球上人类活动的不断扩大可能影响到区域、甚至全球的气候变化,因此迫切需要全球协作,探索未来全球气候可能的变化过程,并根据这种新知识制订未来人类社会的发展计划。[2] 会议声明号召各国政府“预见和防止可能对人类福利不利的潜在的人为气候变化”。此次会议后,国际社会开始在一系列国际会议上讨论气候变化问题。

1988 年 6 月,加拿大政府在多伦多举行了名为“变化中的大气:对全球安全的影响”的国际会议,来自 48 个国家的 300 名科学家、外交官和政府首脑参加了此次会议。此次会议首次将全球变暖作为政治问题来看待。会议

[1] 王曦编著:《国际环境法》,法律出版社 1998 年版,第 159 页。

[2] 马骧聪主编:《国际环境法导论》,社会科学文献出版社 1994 年版,第 200 页。

讨论了气候变化所产生的威胁及如何对付这种威胁,并发表了会议声明。声明指出,地球气候正在发生前所未有的迅速变化,它主要是人类不断扩大能源消费造成的,威胁到全球安全、世界经济及自然环境。大会呼吁,全球应当采取共同行动应对气候变化,最基本的共同行动是,到2005年全球应减少50%的二氧化碳排放量;各国政府应紧急行动起来,制定一项国际框架公约,制订具体的行动计划以保护大气;建立世界气候基金,基金主要通过对发达国家征收石油燃料使用税的方式筹集。[1] 多伦多会议后,对气候变化问题的关注逐渐转移到政府间组织的层面,[2] 国际社会进一步加强了在气候变化问题的国际合作,加快了应对气候变化问题的国际政治进程。1988年12月,联合国第43届大会召开,马耳他政府向大会提出了关于保护气候的提案,该提案认为"气候是人类共同财富的一部分"。[3]

(三)《联合国气候变化框架公约》与《京都议定书》

《联合国气候变化框架公约》(以下简称《气候框架公约》)是世界上第一个为全面控制二氧化碳等温室气体排放,以应对全球气候变暖给人类经济和社会发展带来不利影响的国际公约,也是国际社会在应对全球气候变化问题上进行国际合作的一个基本框架。在联合国成立专门委员会组织多国政府进行6次谈判后,最终于1992年6月4日在巴西里约热内卢举行的联合国环发大会上签订了《气候框架公约》。《气候框架公约》参与度非常广泛,但其作为框架性条约仅从目标、宗旨、原则等方面进行明确,不具备具体权责、义务的限定。[4] 自《气候框架公约》1994年3月21日正式生效以来,缔约方每年举行一次大会,讨论气候变化问题及各国的减排义务与应对措施。这些国际谈判和行动是促进全球采取协调行动,减缓气候变化,实现稳定大气温室气体浓度共同目标的基础和保障。

---

[1] Statement of the World Conference on"The Changing Atmosphere:Implications for Global Security", Toronto, June1988.

[2] Pamela S. Chase k, *Earth Negotiation—Analyzing Thirty of Environmental Diplomacy*, published by United National University Press 2001, p. 124.

[3] 马镶聪主编:《国际环境法导论》,社会科学文献出版社1994年版,第47页。

[4] 杜志华:《气候变化的国际法发展——从温室效应理论到联合国气候变化框架公约》,载《现代法学》2002年第5期。

为了将《气候框架公约》的减排目标进行量化，1997 年 12 月在日本京都，《气候框架公约》参加国第三次会议制定了《〈联合国气候变化框架公约〉京都议定书》（以下简称《京都协议书》，Kyoto Protocol），其目标是“将大气中的温室气体含量稳定在一个适当的水平，进而防止剧烈的气候改变对人类造成伤害”。2005 年 2 月 16 日，《京都议定书》正式生效。作为《气候框架公约》下的第一份具有法律约束力的文件，《京都议定书》设定了附件一——国家的强制性减排指标。为了贯彻《气候框架公约》“共同但有区别责任”的原则，《京都议定书》对包括中国在内的发展中国家并没有规定具体的减排义务，而倾向于保护发展中国家的利益。《京都议定书》推动了发达国家碳排放权交易的发展，为了实现第一承诺期（2008 ~ 2012 年）的减排目标，附件一国家不仅从政策及能源结构上调整，同时发挥其市场经济的优势，使市场发挥作用，实现碳排放权交易，这不仅可以降低企业减排成本，也更好地实现了减排目标。

不过，《京都议定书》从酝酿到诞生，就一直存在大国之间的利益博弈。美国曾于 1998 年签署了《京都议定书》，2001 年 3 月，美国以“减少温室气体排放将会影响美国经济发展”“发展中国家也应该承担减排和限排温室气体的义务”等为借口，拒绝批准《京都议定书》并首先退出。《京都议定书》第一承诺期达成后，俄罗斯宣布拒绝承担第二承诺期责任，加拿大也提出反对意见，随后日本等国家也表示拒绝。重点排放国家的相继退出，致使《京都议定书》的第二承诺期陷入了僵局。因此，国际社会需要重新达成共识，形成新的协议来推动温室气体减排。

（四）《巴黎协定》之后的全球气候治理格局

《巴黎协定》的签订将国际应对气候变化合作推向了一个新的阶段。作为取代《京都议定书》的气候协议，《巴黎协定》于 2015 年 12 月 12 日在巴黎第 21 届气候大会上通过，2016 年 4 月 22 日在纽约签署。2016 年 10 月 5 日，欧盟批准《巴黎协定》后，该文件达到了“55 个缔约国加入协定，且涵盖全球 55% 以上的温室气体排放量”的生效条件。2016 年 11 月 4 日，《巴黎协定》正式生效，完成了最后一个法律步骤。

《巴黎协定》共 29 条，包括目标、减缓、适应、损失损害、资金、技术、能力建设、透明度、全球盘点等内容。2020 年后，各国将以“国家自主贡献”(Nationally Determined Contribution，NDC)的方式参与全球应对气候变化行动。《巴黎协定》提出了全球应对气候变化的目标，即要求各方将加强对气候变化威胁的全球应对，把全球平均气温较工业化前水平升幅控制在 2℃之内，并为把升温控制在 1.5℃之内而努力。只有全球尽快实现温室气体排放达到峰值，21 世纪下半叶实现温室气体净零排放，才能降低气候变化给地球带来的生态风险以及给人类带来的生存危机。《巴黎协定》的生效为全球低碳转型、应对气候变化提供了广泛的政治、经济、法律等治理基础，它的主要特征是继续在《气候框架公约》的框架下，坚持公平、“共同但有区别责任”原则而建立的一种应对气候变化的新机制。总的来说，《巴黎协定》是继 1992 年《气候框架公约》、1997 年《京都议定书》之后，人类历史上应对气候变化的第三个里程碑式的国际法律文本，形成 2020 年后的全球气候治理格局。

2018 年全球各地都气温升高，美国退出《巴黎协定》，全球气候治理形成了新的格局，即低碳将成为过去时，零碳负碳或成未来趋势。为了应对气候变化，全球已经有多个国家承诺，2025 年之前使各自城市碳排放量净值降为“零”。2018 年 9 月 5 日，包括巴黎、纽约、伦敦、东京在内的全球 19 座超大城市在伦敦签署了一份《净零碳建筑宣言》，承诺到 2030 年，城市中所有新建筑将实现净零碳排放，到 2050 年，所有建筑实现净零碳排放。[1] 近几年，国际社会一直在应对气候变化方面努力并有所创新。例如，2021 年 11 月，在英国苏格兰格拉斯哥举行的《气候框架公约》第 26 次缔约方大会(Conference of the Parties，COP)，在落实《巴黎协定》与应对全球气候变化的国际治理谈判中取得了重要的阶段性进展，令气候治理共识进一步得以深化，令碳中和与《巴黎协定》气温目标进一步得到认可。COP26 所取得的多项气候成果在未来全球气候治理进程中均将发挥重要作用，对未来各国低碳减排路径、国际气候治理合作、绿色金融市场投资、全球绿色经贸往来等领域的发展前景和演进方向也具有一定的启示意义。2022 年 11 月，在埃及沿海城市沙姆沙伊赫举行的《气候框架公约》第 27 次缔约方大会(COP27)首次将气

[1] 孙忠一、孙秋霞：《全球气候行动峰会：应对气候变化出现三个新特点》，载新闻网，https://tech.sina.com.cn/d/2018-09-15/doc-ifxeuwwr4555735.shtml。

候赔偿问题列入正式议程,同意讨论发达国家是否应该对最易受气候变化影响的不发达国家进行补偿。会议期间,发展中国家领导人呼吁设立气候"融资机制",让造成污染的发达国家和石油公司为气候变化对发展中国家造成的严重影响埋单。[1]

(五)《京都议定书》与CDM

气候变化应对是国际社会的焦点问题,也是全球各国需要应对的重点问题。从1994年生效的《气候变化公约》、2005年生效的《京都议定书》,到2015年生效的《巴黎协定》,以联合国为主导的全球气候治理经历了几十年的曲折发展。

《京都议定书》是全球第一个以条约形式要求缔约国承担保护地球气候系统义务的执行性文件。《京都议定书》第25条规定,应在不少于55个公约缔约方(包括其合计的二氧化碳排放量至少占附件一缔约方1990年二氧化碳排放总量的55%的缔约方)批准、接受、核准或加入之后第90天起生效。[2] 由于1990年二氧化碳排放总量占世界36%的美国退出议定书,阻碍了其生效。直到2004年11月,俄罗斯核准《京都议定书》,议定书才得以在2005年2月16日正式生效,目前已有170多个国家批准了该决定书。中国于1998年5月签署《京都议定书》,2002年8月向联合国秘书长交存核准文件,是《京都议定书》的缔约国之一。

根据《京都议定书》第3条第1款和附件B的规定,《气候框架公约》附件一缔约方必须在2008~2012年的第一个承诺期,使其排放总量比1990年减少5.2%,其中美国减排7%,日本、加拿大各为6%,俄罗斯、乌克兰、新西兰维持零增长,欧盟15个成员国作为一个整体参与减排行动,减排比例为8%。欧盟通过内部谈判,将8%的减排指标进一步分解到各成员国。其中,德国承诺减排21%,丹麦21%,英国12.5%,荷兰6%,葡萄牙、希腊等则被

[1] 黄培昭:《联合国气候大会首次将气候赔偿问题列入正式议程》,载《人民日报》2022年11月14日,第14版。

[2] 何艳梅:《〈京都议定书〉的清洁发展机制及其在中国的实施》,载《法治论丛》2008年第2期。

允许增加减排量。[1] 为了帮助附件一国家完成减排义务,《京都议定书》建立了三个国际合作的灵活机制,即国际碳排放交易机制(International Emissions Trading,IET)、联合履约机制(Joint Implementation,JI)和清洁发展机制(Clean Development Mechanism,CDM)。前两个机制是附件一缔约方相互之间的减排合作机制,而清洁发展机制则是附件一缔约方与非附件一缔约方之间的减排合作机制。

根据《京都议定书》第 12 条第 2 款的规定,清洁发展机制(CDM)是《气候框架公约》附件一缔约方(发达国家缔约方)为实现其温室气体减排义务,与未列入附件一的缔约方(发展中国家缔约方)进行项目合作的机制,目的是协助发展中国家缔约方实现可持续发展和促进公约最终目标的实现,并协助发达国家缔约方遵守其量化和减少温室气体排放的承诺,即发达国家缔约方提供资金和技术,与发展中国家缔约方展开项目合作,向发展中国家提供符合温室气体减排效果的项目投资,从而换取投资项目所产生的减排额度。[2]

(六)CDM 与温室气体自愿减排交易机制

温室气体自愿减排交易机制是相对《京都议定书》中清洁发展机制(CDM)、旨在利用市场机制推动能源结构调整、促进生态保护补偿、鼓励全社会自愿参与控制温室气体排放的重要政策工具。该机制对具有温室气体替代、减少或者清除效应的减排项目具有较强的支持和激励作用,对推动实现"双碳"目标具有积极意义。中国境内注册的法人均可依法开发温室气体自愿减排项目,并自愿申请项目减排量的核证。经国家统一的温室气体自愿减排注册登记系统(以下简称注册登记系统)登记的减排量称为"国家核证自愿减排量"(Chinese Certified Emission Reduction,CCER),单位以"吨二氧化碳当量"(tCO_2e)计。符合核证自愿减排量交易规则的单位和个人均可参与核证自愿减排量交易。温室气体自愿减排交易市场是随着《京都议定

---

[1] 《京都议定书清洁机制将减近十亿吨温室气体》,载联合国网站新闻中心,http://new.un.org/zh/,最后访问日期:2022 年 9 月 5 日。

[2] M. Wenning, *Climate Change: The Road to Ratification and Implementation of the Tokyo Protocol*, presented orl the 663rd Wilton Park Conference, Wilton Park, May 13 - 17, 2002.

书》中清洁发展机制(CDM)的发展而形成的,是企业处于诸如社会责任、未来经济效益等目标自愿进行碳排放交易的市场。[1] 温室气体自愿减排交易市场是对全国碳排放权交易市场的有益补充,能为社会和企业参与应对气候变化工作提供新平台,有助于推动实现碳达峰、碳中和目标。

国家核证自愿减排量(CCER),是指经过第三方审定与核查机构核查、注册登记系统登记、国家核证的温室气体自愿减排量,是自愿减排交易的对象。最早的自愿减排交易并不是在自愿减排交易市场建立以后形成的,而是在20世纪90年代,由社会、私人和非营利实体创立了一些温室气体的抵消项目,排放团体或个人为自愿抵消其温室气体的排放,向减排项目购买减排量的行为。[2] 在《京都议定书》还没有达成的时候,国际就已经存在自愿减排交易了,只是还没有形成交易市场。2001年,美国宣布退出《京都议定书》。美国对其温室气体排放总量没有加以限制,但是在"经济发展和环境保护应同步进行"这一认识的前提下,美国在2002年宣布了以"自愿减排计划"为核心的环境治理方案,这为以后的自愿减排交易市场打下了基础。之后,随着《京都议定书》的生效,自愿减排交易得到了充分发展,形成了自愿减排交易机制。

在哥本哈根气候大会上,我国为应对气候变化作出了中国承诺。为履行承诺,我国在2011年10月发布《国家发展改革委办公厅关于开展碳排放权交易试点工作的通知》(发改办气候〔2011〕2601号),宣布在北京市、天津市、上海市、重庆市、湖北省、广东省及深圳市开展碳排放权交易试点。同时,《京都议定书》所确立的、作为温室气体减排抵消机制的清洁发展机制(CDM),在2012年后在中国国内的发展几乎停滞,面临着持续性问题。为了实现节能减排的目标,我国在2012年6月发布了《温室气体自愿减排交易管理暂行办法》,仿照CDM推出了有中国特色的温室气体自愿减排交易机制,并在后续发布了一系列配套管理办法。2015年中国的CCER进入交易阶段,自愿减排交易机制作为一种碳抵消机制,即控排企业可向实施碳抵消活动的企业购买CCER,用于抵消自身碳排放。我国自愿减排交易机制的推

---

〔1〕 倪晓宁:《刍议碳排放交易市场的构成及发展展望》,载《特区经济》2012年第8期。
〔2〕 丁丁:《开展国内自愿减排交易的理论与实践研究》,载《中国能源》2011年第33期。

出,使抵消机制在我国应对气候变化中得以延续。

二、应对气候变化的中国承诺与行动

(一)应对气候变化的中国承诺

一直以来,中国都积极应对气候变化,并在多个全球会议上作出中国承诺。2009年在哥本哈根气候大会上,我国承诺,到2020年,单位GDP碳排放强度比2005年下降40%~45%,并将此作为约束性指标纳入长期规划。2015年中国温室气体排放量超过美国,成为全球第一,这也使中国面临了巨大的国际社会压力,国际上认为要以中国等新兴大国实行大量减排为条件实现稳定大气温室气体浓度的目标。在控排目标上,中国支持在2050年前将全球气温上升控制在2℃以内。2016年9月3日第十二届全国人大常委会第二十二次会议表决通过了批准《巴黎协定》的决定。

目前,全球温室气体排放总量仍处于上升通道,但一些国家的排放量已经达峰。1990年、2000年和2010年达峰国家的数量分别为19个、33个和49个,其中大部分属于发达国家。这些国家占当时全球排放量的比例分别为21%、18%和36%。根据各国的减排承诺,到2030年,达峰国家数量将增加到57个,覆盖的温室气体排放量占全球总量的60%。[1] 中国的承诺与减排措施既是大国担当,也是国际社会应对全球气候变化共同行动的体现。

气候变化的全球性挑战越来越紧迫,世界各国没有谁能独善其身,全球命运与共,各国必须加强合作、实现共赢,以实际行动落实《气候框架公约》和《巴黎协定》,推动全球绿色低碳转型,构建人类命运共同体。中国努力走符合国情的绿色、低碳、循环发展道路,采取了优化产业结构、节能和提高能效,发展非化石能源,增加森林碳汇,建设全国碳排放交易市场等一系列举措,取得显著成效。全国碳市场在试点基础上已于2017年年底启动,首先涵

[1] 蔡斌:《中国承诺2030年实现碳排放达峰 非温室气体排放达峰》,载新浪网,https://finance.sina.cn/2018-03-27/detail-ifysqfnh2781359.d.html?pos=17。

盖发电行业,纳入 1700 多家企业,排放量超过 30 亿吨。[1] 而且,中国的碳强度已有所下降,据核算,2018 年单位国内生产总值二氧化碳排放比 2017 年下降约 4.0%,超过年度预期目标 0.1 个百分点;比 2005 年下降 45.8%,超过到 2020 年单位国内生产总值二氧化碳排放降低 40%~45% 的目标。[2] 中国政府表示,将加大现有政策实施力度,并在科技创新、碳市场、绿色金融、气候立法、气候变化与大气污染协同治理、南南合作等方面采取进一步措施,确保百分之百兑现中国对外宣布的应对气候变化承诺,争取碳排放 2030 年左右达峰,并尽早达峰。

2020 年 9 月 30 日,中国国家主席习近平在联合国生物多样性峰会上宣布,中国将提高国家自主贡献力度,采取更加有力的政策和措施,二氧化碳排放力争于 2030 年前达到峰值,努力争取 2060 年前实现碳中和("双碳"目标)。[3] 中国政府高度重视应对气候变化工作,实施积极应对气候变化的国家战略,坚定不移走生态优先、绿色低碳的发展道路。2022 年 11 月,《气候框架公约》第 27 次缔约方大会的会议期间,中国代表团举办了"减污降碳协同增效:实现环境、气候、经济效益多赢""清洁能源发展及绿电转化应用""绿色生活,共建共享——倡导公众参与绿色行动"等主题边会活动。《气候框架公约》秘书处高度赞赏中国始终积极应对气候变化的坚定立场、将气候承诺化为实际行动的精神。当前,国际社会正面临能源危机,中国在气候变化领域持续取得实质性进展,在推进全球应对气候变化进程中发挥了重要作用。[4]

中国虽然对国际社会作出了应对气候变化的庄严承诺,设定了减排目标,但在气候变化谈判中,中国能明显感受到来自外界越来越大的压力,要求中国作出某种减排、限排承诺。这种压力不仅来自发达国家,也部分来自发展中国家。这主要是因为中国经济持续快速增长,温室气体排放量也迅

---

[1] 俞岚:《解振华:中国将百分之百兑现应对气候变化承诺》,载中国新闻网,http://finance.chinanews.com/cj/2018/09-14/8626971.shtml。

[2] 参见《2018 中国生态环境状况公报》(生态环境部 2019 年 5 月 22 日公布)。

[3] 参见中国政府网,http://www.gov.cn/xinwen/2020-09/30/conter。

[4] 黄培昭:《联合国气候大会首次将气候赔偿问题列入正式议程》,载《人民日报》2022 年 11 月 14 日,第 14 版。

速增加。不算人均,单从总量上来讲,中国的温室气体排放量已经超越美国,位列全球第一。加之,中国能源结构以"多煤、贫油、少气"为特点,能源利用效率较低。[1] 作为发展中国家,中国经济的高速发展也带来一定的环境污染与环境破坏,煤炭资源的大量利用导致温室气体排放量急剧增多。发达国家认为,如果中国继续按照目前这样的速度排放温室气体,他们作出的减排温室气体的努力是没有意义的,因为他们的减排量还抵不上中国的增加量。但是,承担不恰当的减排、限排义务,可能使中国面临非常困难的局面,将对国家的经济和社会发展带来严重的负面影响,这将使中国面临非常艰难的政策抉择。

(二)国家自主贡献与中国国家自主贡献

《巴黎协定》采取"国家自主贡献"这一法律制度来明确各缔约方的减排义务和承诺。这一新的气候治理制度要求各国应根据国情、能力自主决定应对气候变化的贡献力度,根据自身情况确定的应对气候变化的行动目标,包括温室气体控制目标、适应目标、资金和技术支持等,定期制定并向《联合国气候变化框架公约》提交国家自主贡献。

《巴黎协定》的核心内容和制度设计在本质上都围绕着缔约方国家自主贡献这一法律义务。主要体现在以下四个方面:第一,国家自主贡献是缔约方按照《巴黎协定》的要求履行法律义务;第二,国家自主贡献内容是缔约方具体承担义务的来源和证明;第三,缔约方会议以各缔约方提交的国家自主贡献为评价缔约方是否履约的标准;第四,《巴黎协定》建立和将设立的实施机制以已提交和将来提交的连续国家自主贡献为基础。[2]

国家自主贡献是达成《巴黎协定》目标的关键,缔约国应积极对待,国家自主贡献每五年提交一次,国家自主贡献代表了一个国家的减排意志和减排目标。2015 年左右,共有 193 个缔约方提交了预期的国家自主贡献,截至 2021 年 2 月 20 日,有 8 个国家更新了第二轮国家自主贡献。2020 年 12 月,

---

[1] 邵道萍:《气候变化背景下能源效率法律规制体系构建的合理性》,载《长春师范大学学报》2018 年第 37 卷第 3 期。

[2] 季华:《〈巴黎协定〉中的国家自主贡献:履约标准与履约模式——兼评〈中国国家计划自主贡献〉》,载《江汉学术》2017 年第 36 期。

欧盟通过了2030年相比1990年减排55%的新目标。英国脱欧后拟独立提出到2030年相比1990年减排68%的新目标。

从2015年至2021年,中国积极提交国家自主贡献文件,并不断加大中国自主贡献的力度,努力为环境保护作出中国贡献。2015年6月30日,中国政府向《气候框架公约》秘书处提交了应对气候变化国家自主贡献文件《强化应对气候变化行动——中国国家自主贡献》(以下简称《中国自主贡献》),提出了二氧化碳排放2030年左右达到峰值并争取尽早达峰、单位国内生产总值(GDP)二氧化碳排放比2005年下降60%~65%、非化石能源占一次能源消费比重达到20%左右、森林蓄积量比2005年增加45亿立方米左右等。2021年10月28日,中国《联合国气候变化框架公约》国家联络人向《气候框架公约》秘书处正式提交《中国落实国家自主贡献成效和新目标新举措》和《中国本世纪中叶长期温室气体低排放发展战略》。这是中国履行《巴黎协定》的具体举措,体现了中国推动绿色低碳发展、积极应对全球气候变化的决心和努力。[1] 2022年11月11日,中国《联合国气候变化框架公约》国家联络人向公约秘书处提交了《中国落实国家自主贡献目标进展报告(2022)》。《中国自主贡献》既是中国政府向国内外宣示中国实现绿色、低碳、循环发展道路的决心和态度,也是全球应对气候变化的重要方式和目标,需要各国积极响应,履行自己的法律义务。

(三)自愿减排交易机制与“双碳”目标

2020年9月22日,中国政府在第七十五届联合国大会上提出,力争二氧化碳排放于2030年前达到峰值,2060年前实现碳中和,这便是“双碳”目标。“双碳”目标是中国按照《巴黎协定》规定更新的国家自主贡献强化目标,以及面向21世纪中叶的长期温室气体低排放发展战略,具体表现为二氧化碳排放水平由快到慢不断攀升、在年增长率为零的拐点处波动后持续下

[1] 《中国向联合国气候变化框架公约秘书处提交国家自主贡献报告》,载中国政府网,http://www.gov.cn/xinwen/2021-10/29/content_5647512.htm,2021-10-29。

降,直到人为排放源和吸收汇[1]相抵。从碳达峰到碳中和的过程就是经济增长与二氧化碳排放从相对脱钩走向绝对脱钩的过程。[2] 碳市场机制和合作是《巴黎协定》第6条的主要内容,相关内容的落实有助于促进公共和私营部门持续参与气候变化减缓行动。中国碳交易市场的进一步发展,将有助于达到中国提出的"双碳"目标。

碳排放权交易是实现"双碳"目标不可忽视且重要的关键路径。而自愿减排交易作为碳排放权交易的重要补充部分,对于实现"双碳"目标也具有重要的意义,是实现"双碳"目标的一条重要路径。自愿减排交易机制是强制碳市场的重要补充形式,这种形式对于实现"双碳"目标具有重要推动作用。首先,自愿减排交易机制下产生的减排量可以作为碳配额的"抵消",用于控排企业履约。这可以促进控排企业积极减排,参与碳排放权交易。其次,自愿减排交易机制的参与主体可以不仅仅局限于企业,个人也是可以参与进来,这样就可以吸引更多强制碳市场体系之外的主体参与进来,使全民增加减排意识并参与碳减排。[3] 此外,自愿减排交易机制将纳入更多的减排项目种类,使更多减排项目助力实现"双碳"目标。

"双碳"目标同时对于自愿减排机制的全面建立具有重要作用。"双碳"目标作为中国对全世界的减排承诺,需要完善的碳交易市场辅助达成,这就要求碳排放权交易市场体系的建立与完善。自愿减排交易机制作为碳排放权交易的重要部分,其建立及完善程度对于实现"双碳"目标是至关重要的。因此,"双碳"目标能助推自愿减排交易机制的全面建立。

(四)应对气候变化的中国行动与成效

气候变化等非传统安全威胁持续蔓延,人类面临许多共同挑战。积极

---

[1] 所谓"汇",是指从大气中清除温室气体、气溶胶或温室气体前体的任何过程、活动或机制。"吸收汇",又称"温室气体吸收汇",是指从大气中清除温室气体、气溶胶或温室气体前体的任何过程、活动或机制。而"温室气体前体",是指由于人类活动或者自然形成的温室气体,如水汽、氟利昂、二氧化碳、氧化亚氮、甲烷、臭氧、氢氟碳化物、全氟碳化物、六氟化硫等各种源。

[2] 庄贵阳:《我国实现"双碳"目标的内涵和实现基础及面临的挑战与对策》,载贤集网,https://www.xianjichina.com/news/details_273107.html,最后访问日期:2022年10月13日。

[3] 梅德文、葛兴安、邵诗洋:《自愿减排交易助力实现"双碳"目标》,载《清华金融评论》2021年第10期。

应对气候变化，事关中国经济社会发展和民众的切身利益，事关人类生存和发展。中国要引导应对气候变化国际合作，成为全球生态文明建设的重要参与者、贡献者、引领者，要坚持环境友好，合作应对气候变化，保护好人类赖以生存的地球家园。[1] 中国作为一个负责任的大国，长期以来都十分重视应对气候变化的工作。从1992年的《联合国气候变化框架公约》，到1997年的《京都议定书》，再到2015年的《巴黎协定》，中国一直是全球应对气候变化的贡献者和参与者。尤其对《巴黎协定》，从达成、签署、批准到生效的整个过程，中国政府均作出了关键性贡献。

1992年6月，中国政府签署了《联合国气候变化框架公约》，同年底全国人大常委会正式批准。中国政府认真履行《气候框架公约》的具体义务，实施了一系列应对气候变化的行动。主要行动包括：2007年6月，中国根据《气候框架公约》的有关规定，制定了《中国应对气候变化国家方案》（国发〔2007〕17号），用以指导中国应对气候变化的实践与制度建设，明确了应对气候变化的基本原则、具体目标、重点领域、政策措施和步骤，完善了应对气候变化的工作机制。中国政府把积极应对气候变化作为关系经济社会发展全局的重大议题，纳入经济社会发展中长期规划。2013年6月，国务院发布中国的《大气污染防治行动计划》（国发〔2013〕37号），提出了大气污染防治的十个措施（"大气十条"），其中提到要大力推进清洁生产；加快调整能源结构，加大清洁能源的供应；推行激励与约束并举的节能减排新机制，加大排污费征收力度；用法律、标准"倒逼"产业转型升级。

碳排放权交易是践行大气污染防治措施的一项创新型举措。近十年来，中国对温室气体排放和大气污染一直采取高压态势，治理力度很大，并取得初步成效。中国建成了全球最大的清洁能源系统；建立温室气体自愿减排交易机制，建设全国碳排放权交易市场体系。

2022年11月11日，中国《联合国气候变化框架公约》国家联络人向《气候框架公约》秘书处正式提交《中国落实国家自主贡献目标进展报告（2022）》，该报告反映了2020年中国提出新的国家自主贡献目标以来的进展，体现了中国推动绿色低碳发展、积极应对全球气候变化的决心和努力。

---

〔1〕参见《中国共产党第十九次全国代表大会报告》（2017年10月18日）。

该进展报告总结了中国更新国家自主贡献目标以来的新部署新举措，重点讲述应对气候变化的顶层设计，以及在工业、城乡建设、交通、农业、全民行动等重点领域控制温室气体排放取得的新进展，总结能源绿色低碳转型、生态系统碳汇巩固提升、碳市场建设、适应气候变化等方面的成效。第一，实施减污降碳协同治理：减污降碳协同增效是新发展阶段经济社会发展全面绿色转型的必然选择。2022 年 6 月，生态环境部等 7 部门联合印发《减污降碳协同增效实施方案》，该方案是碳达峰碳中和"1 + N"政策体系的重要组成部分。中国将减污降碳协同增效作为实现碳达峰碳中和目标的重要途径，统筹碳达峰碳中和与生态环境保护相关工作，增强生态环境政策与能源产业政策协同性。第二，大力发展节能低碳建筑：制定并发布建筑节能与绿色建筑发展规划，明确"十四五"期间发展目标、总体要求、重点任务和保障措施。推动实施建筑节能国家标准，提高建筑节能水平。第三，完善绿色低碳政策：完善能耗强度和总量"双控"制度，新增可再生能源和原料用能不纳入能源消费总量控制。健全"双碳"标准，构建统一规范的碳排放统计核算体系，推动能耗"双控"向碳排放总量和强度"双控"转变。第四，制定中长期温室气体排放控制战略：2021 年 10 月，中国正式提交《中国落实国家自主贡献成效和新目标新举措》和《中国本世纪中叶长期温室气体低排放发展战略》，分别提出落实国家自主贡献的新目标新举措和中国本世纪中叶长期温室气体低排放发展的基本方针和战略愿景。这是中国履行《巴黎协定》的具体举措，体现了中国推动绿色低碳发展、积极应对全球气候变化的决心和努力。第五，提高森林与草原碳汇、增强农田土壤碳汇：2021 年，完成造林 5400 万亩，种草改良草原 4600 万亩，治理沙化、石漠化土地 2160 万亩，续建 9 个国家沙化土地封禁保护区。第六，强化湿地、海洋、岩溶碳汇技术支撑：制定红树林、滨海盐沼、海草床蓝碳生态系统碳储量调查与评估技术规程，选取 16 个蓝碳生态系统分布区域开展碳储量调查评估试点。在重点海域开展"蓝色海湾"整治、海岸带保护修复、红树林保护修复专项行动，探索开展海洋碳汇交易等。[1]

碳市场是中国落实碳达峰碳中和目标的重要政策工具，是利用市场机

〔1〕 参见《中国落实国家自主贡献目标进展报告（2022）》，载生态环境部网，https://www.mee.gov.cn/ywgz/ydqhbh/qhbhlf/202211/t20221111_1004576.shtml。

制控制温室气体排放的重大制度创新。2021 年 7 月,中国碳市场正式启动上线交易,第一个履约周期共纳入发电行业重点排放单位 2162 家,年覆盖二氧化碳排放量约 45 亿吨,成为全球覆盖排放量规模最大的碳市场。截至 2022 年 11 月 11 日,中国碳市场配额累计成交量 1. 97 亿吨,累计成交额 86. 74 亿元人民币。中国将坚持全国碳市场作为控制温室气体排放政策工具的基本定位,在发电行业配额现货市场平稳有效运行的基础上,逐步扩大行业覆盖范围和交易主体,丰富交易品种和交易方式,逐步建立具有国际影响力的碳市场。除了覆盖行业范围扩大外,中国碳市场相关的政策法规体系与激励约束机制也正在完善。[1]

总之,全球气候变化正在发生深刻变化,气候变化已成为人类面临的共同现实危机,绿色低碳转型已成为国际社会共识和方向,碳中和成为全球新一轮科技和产业革命的驱动力。中国在应对气候变化领域取得显著成绩,已经成为全球生态文明建设的重要参与者、贡献者、引领者。应充分认识和把握当前应对气候变化的新形势新任务,就国内来讲要充分认识实现“双碳”目标的重要性、紧迫性、艰巨性,就国际而言,要充分认识和把握国际气候治理体系构建的复杂性、艰巨性、多变性。[2] 作为温室气体排放量大国,中国不仅对减排负有很大的责任,而且作为最大的发展中国家,对于全球气候变化也应承担大国责任。无论是为了中国自身的大气污染治理,还是为了应对气候变化,中国都需要向国际社会作出减排承诺,积极采取措施,践行绿色发展、低碳节能,减少温室气体排放。

三、中国的大气污染现状及治理策略

(一)中国的大气污染现状

近几年,中国的大气污染防治以及温室气体减排取得了初步成效,但大

[1] 沈丹琳、姚兵:《赵英民:中国将逐步扩大碳市场覆盖行业范围》,载新浪网,http://k. sina. cn/article_2810373291 - a782。

[2] 参见《国家气候战略中心举办“中国应对气候变化这十年”学术活动》,载国家应对气候变化战略研究中心网,http://www. ncsc. org. cn/xwdt/zxxw/202209/t20220926_994994. shtml。

气污染形势依然严峻。据生态环境部公布的数据,2017 年是全面实施《"十三五"生态环境保护规划》的重要一年,全国 338 个地级及以上城市可吸入颗粒物(PM10)平均浓度比 2013 年下降 22.7%,京津冀、长三角、珠三角区域细颗粒物(PM2.5)平均浓度比 2013 年分别下降 39.6%、34.3%、27.7%,《大气污染防治行动计划》空气质量改善目标和重点工作任务全面完成。[1]再以 2018 年的数据作为对比,全国 338 个地级及以上城市中,121 个城市环境空气质量达标,占全部城市数的 35.8%,比 2017 年上升 6.5 个百分点;217 个城市环境空气质量超标,占 64.2%;338 个城市发生重度污染 1899 天次,比 2017 年减少 412 天,但严重污染 822 天次,反而比 2017 年还增加了 20 天。2018 年,169 个地级及以上城市[2]平均优良天数比例为 70%,比 2017 年上升 1.7 个百分点;平均超标天数比例为 30%;21 个城市优良天数比例低于 50%。以 PM 2.5 为首要污染物的天数占重度及以上污染天数的 60%,以 PM10 为首要污染物的占 37.2%。[3] 2021 年,我国污染物排放持续下降,生态环境质量明显改善,全国空气质量持续向好,减污降碳协同增效,经济社会发展全面绿色转型大力推进,生态环境领域国家治理体系和治理能力现代化加快推进,美丽中国建设迈出坚实步伐。在大气环境方面,339 个地级及以上城市平均优良天数比例为 87.5%,同比上升 0.5%;细颗粒物浓度(PM2.5)为 30 微克/立方米,同比下降 9.1%;臭氧平均浓度为 137 微克/立方米,同比下降 0.7%。初步核算,2021 年全国万元国内生产总值碳强度二氧化碳排放比 2020 年下降 3.8%。[4]

中国处于工业化、城镇化加快发展的重要阶段,人口众多、气候条件复杂、生态环境脆弱,最易遭受气候变化的不利影响,应对气候变化的任务十分艰巨。随着中国工业化、城镇化的深入推进,能源资源消耗持续增加,温室气体减排的压力将继续加大。温室气体的排放主要来源于化石能源的使用,所以,控制温室气体排放,也是对能源使用的控制。显然,现代人类社会

---

[1] 参见《2017 中国生态环境状况公报》(生态环境部,2018 年 5 月 22 日公布)。

[2] 在原有 74 个新标准第一阶段监测实施城市基础上扩大,包括京津冀及周边地区、长三角地区、汾渭平原、成渝地区、长江中游、珠三角地区等重点区域以及省会城市和计划单列市。

[3] 参见《2018 中国生态环境状况公报》(生态环境部,2019 年 5 月 22 日公布)。

[4] 参见《2021 中国生态环境状况公报》(生态环境部,2022 年 5 月 26 日公布)。

的发展是离不开能源的,作为人类生产生活的物质基础,能源的使用限制就是制约人类的生产生活和发展空间。气候变化既是环境问题,也是发展问题,但归根到底是发展问题,最终要靠可持续发展加以解决。应对全球气候变化是目前国际社会最为重要的发展方向之一,积极应对气候变化,既是顺应当今世界发展趋势的客观要求,也是中国实现可持续发展的内在需要和历史机遇,中国控制温室气体的排放显得尤为重要。

(二)大气污染治理的中国策略

中国大气污染防治以及温室气体减排的行动措施是镶嵌在中国社会的环境治理结构中的,受到社会政治场域的制约,这与当前中国的社会治理体制与模式息息相关,而其在中国的特殊国情下,会呈现复杂的特性。[1]

中国正处于中国式现代化的推进和拓展进程中,面临社会、经济、文化的全面转型,现代化进程推动着中国传统社会向现代社会的转变,这也使传统的社会形态与秩序逐渐解体,新的生活方式和规则却并未成型,与此同时现代化目标推动了很多制度模式和权力结构的确立,也推动了权力组织由传统的统治型向现代合理化转化。[2] 我们坚持和发展中国特色社会主义,推动物质文明、政治文明、精神文明、社会文明、生态文明协调发展,创造了中国式现代化新道路,创造了人类文明新形态。[3] 但是,中国式现代化不能一蹴而就,而是需要经历过渡阶段,也就导致了我国在社会转型过程中主要形成了以中央权威为核心,以地方政府的职责明晰和依法行政为运行机制的社会治理体制。而中国的权力运行正是遵守着这种由上至下逐级传导的行政管理体制,下级政府的任务与目标来源于上级政府的分配,且官员晋升的考核标准以目标责任制为重点。通过这种"集权与放权"的中央—地方关系(或称"央地"关系),将所有的社会事务统辖在统一的规范内和动态交互

---

〔1〕谭柏平、郝洁媛:《京津冀地区碳交易市场形成的制度建构》,获第十二届"环渤海区域法治论坛"优秀奖(中国法学会终评并公示),2017年8月。

〔2〕苏力:《也许正在发生:转型中国的法学》,法律出版社2004年版,第12、15页。

〔3〕黄群慧:《中国式现代化道路新在哪里》,载《人民日报》2022年10月10日,第17版。

过程之中。[1] 这种体制具有以下特点:一方面,中央政府和立法机构负责制定相关法律与制度,分配人事资源,并通过各级政府的科层组织体系加以贯彻落实;另一方面,社会发展的水平和质量取决于地方政府处理各类社会事务的能力。通过上述我们可以发现,这种体制体现着中央与地方政府的关系,由此将国家与社会公众联系了起来。此时,国家与社会的矛盾主要体现在若地方政府处理社会事务效果不佳,社会公众会质疑地方政府的能力;若地方政府遵循中央不适合的制度或做了相应的灵活变通或者仅仅是形式上的执行,社会公众会对中央权威产生怀疑。[2] 这两个方面影响着公众对政府行为的认同。

中国式现代化既切合中国实际,体现社会主义建设规律,也体现人类社会发展规律,有着深刻的历史逻辑、理论逻辑、实践逻辑。随着中国式现代化的不断演进,国家与社会关系也处于不断解构与重组之中,社会结构和经济格局面临着巨大变化,社会治理也逐渐由"总体性支配"向韦伯的"法理型统治"转变,这也说明我国权力结构与运行逻辑正在发生着改变,社会公众的民主意识开始凸显。但从目前中国社会现实来看,无论是以上哪种社会治理范式,其还是以国家权力为中心的。在这种环境中,人们在社会、经济、文化等事务方面有一定的行动自由与选择,但是公共事务在很大程度上依然由国家来掌控。这种社会治理方式会对"国家—社会"关系产生干扰,使之在互动过程中容易产生冲突。从一定意义上讲,中国式现代化也是国家与社会关系的现代化,中国的社会转型是以社会结构变化和经济体制改革为驱动力的,从而衍生出很多新的利益主体、组织、规则和行为方式,而这些新的利益主体和组织群体的出现又促进了国家、社会在各个领域的分离。[3] NGO等社会组织的出现增强了社会的自治能力,但是这些组织对国家具有较强的依附力,而公民的参与意识、身份意识等比较薄弱,且参与渠道的组织化、制度化还未建成,同时,人们的社会生活空间受到国家权力的制约。

---

[1] 渠敬东、周飞舟、应星:《从总体性支配到技术治理——基于中国30年改革经验的社会学分析》,载《中国社会科学》2009年第6期。

[2] 曹正汉:《中国上下分治的治理体制及其稳定机制》,载《社会学研究》2011年第1期。

[3] 孙立平:《转型与断裂改革以来中国社会结构的变迁》,清华大学出版社2004年版,第141、142、360、377页。

中国社会治理中的环境治理实践就是在这种过程中综合了权威模式和中国式现代化的特性，一方面，国家要对社会进行控制和规划，对公共事务高度掌控；另一方面，社会公众要求足够的参与权和合法性。[1]

这种权威的社会治理体制模式和环境治理实践，推动了我国大气污染治理的策略和方式。在中国社会政治场域和环境治理背景下，大气污染治理策略主要是以政府为主导，通过法律方式严格限制重点污染企业，并在策略选择上逐渐从“命令—控制”型转向与“市场型”相结合的综合治理模式，即利用市场在资源配置中起的决定性作用，使社会主体基于自身利益、资源需求和相应机制做出判断，自觉调整资源需求策略，避免“公地悲剧”的发生。然而，目前中国市场经济发展还不够完善，社会主体会竞争大气资源这种公共产品的占有权和使用权，甚至出现只获取不保护的非理性行为及搭便车现象，[2]造成市场失灵。目前，政府在大气污染治理中依然发挥着不可替代的主导作用。

第二节 跨区域大气污染现状与防治措施
——以京津冀区域为例

一、温室气体与环境污染物协同治理

我国污染防治正在迈向温室气体与环境污染物协同治理新阶段。一方面，温室气体与环境污染物具有同根同源性。煤炭等化石燃料在燃烧过程中既产生二氧化碳等温室气体，也会产生颗粒物、一氧化碳、二氧化硫等空气污染物。另一方面，温室气体与环境污染物在控制措施方面也具有协同效应。当前，我国生态环境保护结构性、根源性、趋势性压力总体上尚未根本缓解，结构性污染问题仍然突出。进一步将大气污染防治与温室气体控

[1] 郑杭生：《改革开放三十年：社会发展理论和社会转型理论》，载《中国社会科学》2009年第2期。

[2] 余耀军、高利红：《法律社会学视野下的环境法分析》，载《中南财经政法大学学报》2003年第4期。

排措施深度融合,将加快生态环境质量由量变到质变的改善进程。因此,污染治理手段亟需从末端治理向以产业结构和能源结构调整为主的源头治理升级。2021 年 11 月,中共中央、国务院印发《关于深入打好污染防治攻坚战的意见》。该意见对深入推进碳达峰行动、打造绿色发展高地、推动能源清洁低碳转型、坚决遏制高耗能高排放项目盲目发展、推进清洁生产和能源资源节约高效利用、加快形成绿色低碳生活方式等做出战略决策部署,明确了新阶段开展温室气体与大气污染协同治理的工作部署和政策依据,标志着我国污染防治攻坚战正在迈向温室气体与环境污染物协同治理的新阶段。[1] 大气污染治理和应对气候变化在目标措施等方面具有明显的协同效应,协调相关政策和行动将更好地发挥协同增效的作用。2018 年,应对气候变化职能从国家发改委转隶到生态环境部,为我国进一步加强应对气候变化和大气污染治理的统筹、协同、增效提供了机制体制保障。今后,我国要在应对气候变化、温室气体排放控制、大气污染治理以及更广泛的生态环境保护工作中,在监测观测、目标设定、制订政策行动方案、政策目标落实的监督检查机制等方面进一步统筹融合、协同推进。[2]

二、京津冀区域大气污染概况

京津冀区域的概念始于 2004 年的京津冀发展专项会议。2015 年 4 月,中央通过《京津冀协同发展规划纲要》,将其提升为国家战略。从行政区划上讲,京津冀区域包括北京市、天津市和河北省,两个直辖市加一个省。京津冀作为中国的重点区域,其温室气体排放总量依然巨大,以可吸入颗粒物(PM10)、细颗粒物(PM2.5)为特征的污染物在京津冀区域大气污染中的问题还很突出,既损害民众身体健康,又影响区域的经济社会发展。因此,根据华北平原的大气气候特征、跨区域大气污染的特点以及联防联控工作机制的需要,大气污染防治的区域范围还应该扩展。目前,京津冀大气污染防

[1] 马爱民、曹颖、付琳:《积极应对气候变化,实现减污降碳协同增效》,载生态环境部网,https://www.mee.gov.cn/zcwj/zcjd/202111/t20211123_961531.shtml。

[2] 马维辉:《从发改委调整到环境部 应对气候变化司职能发生了哪些变化?》,载华夏时报网,https://www.chinatimes.net.cn/article/81198.html,最后访问日期:2022 年 11 月 12 日。

治的区域范围已经扩展至京津冀及周边地区,包括“2+26”城市。为确保完成《大气污染防治行动计划》所确定的2017年各项目标任务,环境保护部制订了《京津冀及周边地区2017年大气污染防治工作方案》。该方案的实施范围为京津冀大气污染传输通道,包括北京市,天津市,河北省石家庄、唐山、廊坊、保定、沧州、衡水、邢台、邯郸市,山西省太原、阳泉、长治、晋城市,山东省济南、淄博、济宁、德州、聊城、滨州、菏泽市,河南省郑州、开封、安阳、鹤壁、新乡、焦作、濮阳市(简称“2+26”城市)。本节讨论的碳交易区域仍以京津冀区域为重点。

京津冀区域作为我国特大城市群与新兴的经济区域,既涵盖首都政治中心,又具有密集的人口分布、长期的重工业经济。这些特征有别于传统的“长三角”“珠三角”经济区域,京津冀经济一体化受到政治、经济与环境等多因素复杂性影响,呈现明显的区域经济特征。“十二五”规划以来,京津冀一体化不断深化,同时,京津冀地区大气污染问题也凸显出来。据环境保护部公布的2015年全国城市空气质量状况数据,京津冀地区13个城市平均达标天数比例为52.4%,有7个城市位于全国污染最严重的前10位。[1] 2015年首次监测PM2.5的74个重点城市中,京津冀地区有半年以上的时间空气质量不达标。[2] 其中,河北省空气质量达标天数比例为52.6%,空气质量低于全国平均水平24.1%,PM2.5平均浓度超过国家标准限值1.2倍;[3] 天津市空气质量达标天数比例为60.3%,空气质量综合指数6.86;[4] 北京2015年有179个污染天,其中46天有重度污染。[5] 由此可知,京津冀地区大气污染治理在当年已非常紧迫。

京津冀区域将大气污染防治作为协同发展的重要内容,近年来,京津冀

---

〔1〕 参见《2015年全国城市空气质量状况》,载中商情报网,http://www.m.askci.com.cn/finance/62898.html,最后访问日期:2016年3月10日。

〔2〕 高羽、郭熠:《两会代表包景岭:三地联防联控,共治大气污染》,载大气网,http://www.chndaqi.com/news/237644.html,最后访问日期:2016年3月10日。

〔3〕 参见《2015年全国城市空气质量状况》,载中商情报网,http://www.m.askci.com.cn/finance/62898.html,最后访问日期:2016年3月10日。

〔4〕 陈永国、褚尚军、聂锐:《京津冀及周边地区碳排放驱动因素的贡献作用及其政策含义》,载《河北经贸大学学报》2016年第1期。

〔5〕 成苗苗:《碳金融——长效治霾的新武器》,载大气网,http://www.chndaqi.com/news/237597.html,最后访问日期:2016年3月10日。

及周边地区的大气污染状况得到明显改善。以2017年和2018年两年为例，2017年京津冀地区13个城市优良天数比例比2016年下降0.8个百分点，平均超标天数比例为44.0%。京津冀区域细颗粒物(PM2.5)平均浓度比2013年分别下降39.6%，北京市PM2.5平均浓度从2013年的89.5微克/立方米降至58微克/立方米，《大气污染防治行动计划》空气质量改善目标和重点工作任务全面完成。[1] 2018年，京津冀及周边地区的"2+26"城市[2]优良天数比例范围为41.4%~62.2%，平均为50.5%，比2017年上升1.2个百分点。其中，北京优良天数比例为62.2%，比2017年上升0.3个百分点。[3] 与2017年相比，2018年京津冀三省(市)PM2.5年均浓度同比分别下降12.1%、16.1%、14%。[4]

然而，近几年京津冀区域的环境空气质量虽然有所改善，[5]呈现稳中向好趋势，但成效并不稳固，温室气体减排压力依然很大，大气污染仍较严重，特别是秋冬两季气象条件差的话，空气质量有可能出现反弹，大气环境形势依然严峻，民众对空气质量状况还不满意。以京津冀区域的北京市为例，市民对大气环境质量状况的满意度可从大气污染投诉举报的数量上得以体现。如根据环境要素分类，2009~2021年，北京市环保系统受理的信访事项中，因大气污染投诉、举报、上访等受理的事项占比最高，数量最多，十几年来稳居第一。2019年是一个拐点，这一比例开始降低，表明北京市大气污染状况开始得到改善(参见表1-1)。

[1] 参见《2017中国生态环境状况公报》(生态环境部，2018年5月22日公布)。

[2] 根据《打赢蓝天保卫战三年行动计划》，京津冀及周边地区包含北京市，天津市，河北省石家庄、唐山、邯郸、邢台、保定、沧州、廊坊、衡水和雄安新区，山西省太原、阳泉、长治和晋城，山东省济南、淄博、济宁、德州、聊城、滨州和菏泽，河南省郑州、开封、安阳、鹤壁、新乡、焦作和濮阳，简称"2+26"城市。

[3] 参见《2018中国生态环境状况公报》(生态环境部，2019年5月22日公布)。

[4] 郄建荣：《京津冀大气污染督查进入第三个年头》，载中国新闻网，http://www.chinanews.com.cn/sh/2019/01-11/8725964.shtml。

[5] 环境保护部2018年1月18日发布的2017年1~12月全国和京津冀、长三角、珠三角区域及直辖市、省会城市、计划单列市空气质量状况，"改善"成为2017年全国空气质量的关键词，北方采暖季情况好于往年。

表 1-1　2009~2021 年北京市环保系统受理信访事项分类统计[1]

年份 \ 受理的环境信访事项	总计	水污染	大气污染	噪声污染	固体废物污染	辐射及其他污染
2021 年	—	占 7.9%	占 39.4%	占 11.4%	占 5.5%	占 35.8%
2020 年	—	占 6.9%	占 53.2%	占 16.6%	占 7.4%	占 15.9%
2019 年	—	占 8.5%	占 57.0%	占 17.3%	占 7.5%	占 9.7%
2018 年	55,963 件，同比减少 2.9%	3522 件，占 6.1%	37,807 件，占 65.4%	14,115 件，占 24.4%	723 件，占 1.3%	1637 件，占 2.8%
2017 年	57,652 件，同比增长 27.3%	3654 件，占 6.1%	38,591 件，占 66.5%	13,652 件，占 23.5%	544 件，占 0.9%	1714 件，占 3%
2016 年	45,306 件，同比减少 7.7%	2677 件，占 5.5%	32,521 件，占 67.1%	11,005 件，占 22.7%	352 件，占 0.7%	1904 件，占 4%
2015 年	49,079 件，同比增长 15.8%	2479 件，占 4.8%	37,991 件，占 73.7%	9792 件，占 19.1%	363 件，占 0.7%	889 件，占 1.7%
2014 年	42,370 件，同比增长 51.9%	2636 件，占 5.6%	33,373 件，占 70.7%	9673 件，占 20.5%	488 件，占 1.1%	1012 件，占 2.1%
2013 年	29,358 件，同比增长 56.6%	1994 件，占 6.8%	18,958 件，占 64.6%	7449 件，占 25.4%	394 件，占 1.3%	563 件，占 1.9%
2012 年	17,816 件，同比增长 9.2%	861 件，占 4.7%	10,152 件，占 55.6%	6565 件，占 36%	281 件，占 1.5%	396 件，占 2.2%
2011 年	16,321 件，同比增长 4.5%	989 件，占 5.8%	9951 件，占 58%	5803 件，占 33.8%	151 件，占 0.9%	271 件，占 1.5%
2010 年	15,625 件，同比下降 24.9%	817 件，占 5%	9290 件，占 56.4%	6084 件，占 36.9%	76 件，占 0.5%	208 件，占 1.2%
2009 年	20,794 件，同比下降 20.5%	777 件，占 3.6%	12,182 件，占 56.2%	8134 件，占 37.5%	147 件，占 0.7%	447 件，占 2.0%

[1] 根据笔者在北京市环保局(生态环境局)调研时收集的原始数据绘制，以上数据由北京市环保局(生态环境局)12369 环保投诉举报咨询中心受理科提供。2019 年起，北京市着力建设"诉求响应一号对外"的政务服务热线总客服，构建"统一模式、统一标准、左右协调、上下联动"的市民热线服务体系。在政务热线资源整合方面，12369 环保热线整合进 12345 热线，环保系统受理信访事项的数据统计口径发生变化，因此，表中没有体现受理的环境信访事项总件数与受理的各环境污染要素信访事项件数。

据上述的统计数字,市民对大气污染投诉举报在所有受理的环境信访事项中分别占了 56.2%、56.4%、58%、55.6%、64.6%、70.7%、73.7%、67.1%、66.5%、65.4%、57.0%、53.2%和39.4%(参见图1-1),这些数字近几年有递减的趋势,这与北京市大气污染状况逐年改善的事实相符,可见,防治工作初见成效。在2021年实现空气质量里程碑式突破的基础上,

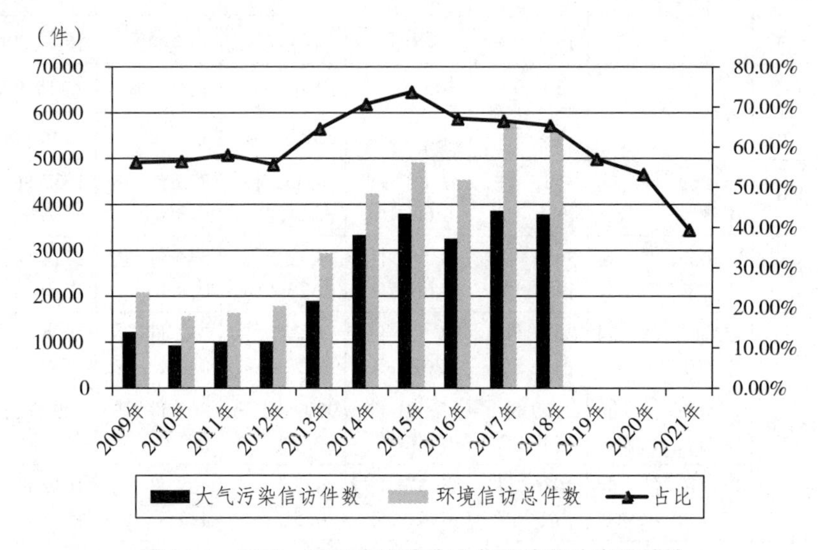

图1-1 2009~2021年北京市大气污染信访事项统计

2022年北京市大气环境中细颗粒物(PM2.5)连续两年达到国家空气质量二级标准,年均浓度继续下降至30微克/立方米,持续保持历史同期最优、京津冀及周边地区"2+26"城市中最优的"双优"成绩。[1] 在京津冀三地的共同努力下,区域生态环境质量持续改善。空气质量方面,2021年三地细颗粒物(PM2.5)年均浓度首次全部步入"30+"阶段;2022年以来,三地PM2.5平均浓度继续同比下降,与2013年相比降幅均达到60%以上。[2] 但是,大气污染防治形势仍不容乐观,2020年年初疫情防控期间,北京及周边地区出现两次重污染过程,群众反映强烈。随着疫情防控形势持续向好、企业加快复

---

[1] 参见《十年接续奋斗 实现蓝天常驻30!2022年北京市PM2.5年均浓度再创新低》,载北京市人民政府网,http://www.beijing.gov.cn/ywdt/gzdt/202301/t20230104_2891277.html。

[2] 庞婷:《京津冀区域生态环境质量持续改善 三地PM2.5平均浓度降幅达60%以上》,载央广网,https://news.cnr.cn/local/dftj/20221215/t20221215_526095750.shtml。

工复产,许多因疫情影响受抑制的产能和产量短时间内集中快速增长,秋冬季污染物排放量可能出现反弹,大气环境质量持续改善压力增大,部分地区存在完不成"十三五"空气质量改善目标的风险。因此,"蓝天保卫战"应该是一场持久战,还应该构建一套系统的大气污染治理多元化的体制机制,多元并举,多方施策。

三、京津冀地区大气污染联防联控

(一)京津冀地区大气污染联防联控机制及法律依据

由于大气污染具有快速扩散性、跨区域性和复合性等特点,跨区域的空气传输是大气污染的一个重要来源。京津冀地区以北京市为例,据公布的大气污染来源解析的数据,京城 PM2.5 有近四成来自外地。[1] 过去以行政区划"各自为战"的防治模式难以解决区域性大气污染问题,单凭一地的大气污染控制难以产生治理成效。因此,京津冀地区应该实行大气污染联防联控工作机制,共同构建跨区域大气污染防治体系,实行温室气体减排的"府际"合作。

区域内的大气污染联防联控具有以下特征:一是防治主体关系的横向性。大气污染联防联控工作机制中的区域,是指在横向关系上不具有行政隶属关系的行政区划,京津冀区域内"两市一省"的法律地位平等,互不隶属,而联防联控工作机制则突破了行政区划的界线,在互不隶属的行政区划之间建立了横向关系。二是防治客体的流动性。由于大气污染物具有流动性,大气污染影响的范围往往会超出污染源所在的小范围空间,但它又不像流域污染那样具有明显的流域和路线,而是发散性地影响周遭多个区域,并根据扩散程度会在短期内污染局部地区,使大气污染在空间分布上呈现区域性特征。三是防治手段的综合性。大气污染产生的原因具有复杂性和复合性,若采取单一的防治手段很难取得成效。[2]

---

〔1〕 邓琦:《京城 PM2.5 近四成来自外地》,载《新京报》2014 年 4 月 16 日。

〔2〕 高桂林、陈云俊、于钧泓:《大气污染联防联控法制研究》,中国政法大学出版社 2016 年版,第 11 页。

京津冀区域构建大气污染联防联控的工作机制具有充分的法律依据。我国《环境保护法》对环境保护的联合防治协调机制进行了专门的规定,即国家建立跨行政区域的重点区域、流域环境污染和生态破坏联合防治协调机制,实行统一规划、统一标准、统一监测、统一的防治措施。上述规定以外的跨行政区域的环境污染和生态破坏的防治,由上级人民政府协调解决,或者由有关地方人民政府协商解决。[1]

《大气污染防治法》专设一章,即第五章,对重点区域大气污染联合防治作出了明确规定,主要内容如下:(1)划定国家和地方的大气污染防治重点区域,并确定牵头的地方人民政府,定期召开联席会议,落实大气污染防治目标责任。(2)根据重点区域经济社会发展和大气环境承载力,制订重点区域大气污染联合防治行动计划,明确控制目标。(3)重点区域内省级政府应当实施更严格的机动车大气污染物排放标准,统一在用机动车检验方法和排放限值,并配套供应合格的车用燃油。(4)编制可能对国家大气污染防治重点区域的大气环境造成严重污染的有关规划,应当依法进行环境影响评价。并就规划或项目在不同部门之间、邻省横向之间建立会商制度。(5)国家大气污染防治重点区域内新建、改建、扩建用煤项目的,应当实行煤炭的等量或者减量替代。(6)建立国家大气污染防治重点区域的大气环境质量监测、大气污染源监测等相关信息共享机制,并向社会公开。(7)国务院环境保护主管部门和国家大气污染防治重点区域内有关省、自治区、直辖市人民政府可以组织有关部门开展联合执法、跨区域执法、交叉执法。《大气污染防治法》还规定,国家对重点大气污染物排放实行总量控制。省、自治区、直辖市人民政府应当按照国务院下达的总量控制目标,控制或者削减本行政区域的重点大气污染物排放总量。并且规定,国家逐步推行重点大气污染物排污权交易。[2]

此外,国家还颁布了一系列政策性文件,京津冀地区的省市也通过出台地方性法规与规章、政策来保障大气污染联防联控工作机制的运行。如《大气污染防治行动计划》(国发〔2013〕37号)第8条提出,建立区域协作机制,统

---

〔1〕 参见《环境保护法》第20条。

〔2〕 参见《大气污染防治法》第21条。

筹区域环境治理,并明确“建立京津冀、长三角区域大气污染防治协作机制”。

(二)京津冀区域大气污染联防联控工作机制的建立及完善

为落实《大气污染防治法》和“大气十条”的相关规定,根据党中央、国务院的部署,2013 年 10 月国家成立了跨区域的大气污染联防联控工作机制,即京津冀及周边地区大气污染防治协作小组,小组成员主要包括京津冀及周边地区的省级政府和国务院有关部门。为了完善与加强这种区域间的大气污染联防联控工作机制,2018 年 7 月 3 日国务院办公厅发布《关于成立京津冀及周边地区大气污染防治领导小组的通知》(国办发〔2018〕54 号),将目前的京津冀与周边地区大气污染“防治协作小组”调整为“防治领导小组”,由国务院领导担任组长。该工作机制名称中将“协作”改为“领导”虽然仅仅是一词之变,但工作机制上的内涵变化很大,这是一种工作机制上的“升格”,进一步强化了京津冀区域协作机制的领导力、执行力,加大了京津冀协同发展战略落实力度,能加快区域空气质量改善的进程。为强化区域联防联控,国家除了成立京津冀及周边地区大气污染防治领导小组,还建立了汾渭平原大气污染防治协作机制,完善了长三角区域大气污染防治协作机制。

京津冀及周边地区大气污染防治领导小组的主要职责是,贯彻落实党中央、国务院关于京津冀及周边地区(以下简称区域)大气污染防治的方针政策和决策部署;组织推进区域大气污染联防联控工作,统筹研究解决区域大气环境突出问题;研究确定区域大气环境质量改善目标和重点任务,指导、督促、监督有关部门和地方落实,组织实施考评奖惩;组织制定有利于区域大气环境质量改善的重大政策措施,研究审议区域大气污染防治相关规划等文件;研究确定区域重污染天气应急联动相关政策措施,组织实施重污染天气联合应对工作等。

近几年,国家采取有力措施加强对京津冀区域大气污染防治工作的监督,督查联防联控工作现状。如 2017 年,环保部对京津冀及周边传输通道“2 +26”城市开展大气污染防治强化督查,旨在对京津冀区域的大气环境短板进行修复,从污染治理与低碳节能开始进行协同发展。2018 年,生态环境部开展了蓝天保卫战重点区域强化监督,全年向地方政府新交办涉气环境问题2.3万个,2017年交办的3.89万个问题整改完毕。京津冀及周边地区重点行业企业自2018年10月1日起全面执行大气污染物特别排放限值,并积极做好重污染天气应急处置,积极推进大气重污染成因与治理攻关项目,在京津冀及周边地区"2+26"城市推广"一市一策"驻点跟踪研究工作模式。积极推进温室气体与污染物协同治理,做好从发电行业率先启动全国碳市场的准备工作,开展各类低碳试点示范,推进适应气候变化相关工作。目前,京津冀区域协作机制不断完善。北京市深入贯彻京津冀协同发展战略,三地生态环境部门逐步建立完善协同机制,联合立法、统一规划、统一标准、协同治污,推动区域生态环境质量持续改善。北京市牵头成立京津冀及周边地区大气污染防治协作小组,推动资源共享、责任共担、相互支持。在生态环境部的统筹指导下,在周边省区市的大力支持下,积极开展联防联控联治,连续六年共同开展秋冬季大气污染攻坚行动,统一重污染预警分级标准,协同应对重污染天气,实现了区域空气质量的同步改善。

四、京津冀地区碳排放权交易实践的展开

在对环境容量、自然资源这类"公众共有物"[1]稀缺资源的配置上,传统的政府主导模式依然起重要作用,但离不开经济手段与市场手段的支持,前者是"有形之手"的行政手段,后者为"无形之手"的市场手段。京津冀区域大气污染防治应"两手并用""多策并举"。在污染预防上,贯彻保护优先、预防为主的原则可以多借助"有形之手",即以政府为主导;而在污染治理上,实施"多元共治""多策并举"则应重视"无形之手"的作用,侧重经济手段与市场手段。[2]

(一)京津冀大气污染防治的"有形之手"及弊端

大气污染防治的"有形之手",是一种由政府主导的纵向的"命令—控

---

[1] 蔡守秋:《从雾霾论公众共用物的良法善治》,载《法学杂志》2015年第6期。

[2] 谭柏平、郝洁媛:《京津冀地区碳交易市场形成的制度建构》,第十二届"环渤海区域法治论坛"获奖文章(中国法学会终评并公示),2017年8月。

制”型污染治理方式。这种行政命令的传导必须有法律法规与规章政策为依据，主要是在纵向方面“自上而下”制定相关的法规规章与政策，依法设定严格的环境标准、环境行政许可、配额分配等，以控制排污者的污染物排放，促使排污企业按照环境标准改进技术、减少污染物排放。如在中央层面，制定了《大气污染防治法》，颁布了《温室气体自愿减排交易管理暂行办法》等。然而，这种模式更多的是以出台政策性文件为依据，以行政命令为推行手段，这在跨区域的大气污染防治中尤其有效。跨区域的环境治理必然离不开法律制度的支持，在中国，在跨区域大气污染防治受到地域管辖限制、地方立法囿于行政区划的情况下，中央层面的政策措施则显现出其纵向规制、行政主导性的一面。以京津冀区域为例，2013 年环境保护部等六部(局)委印发了《京津冀及周边地区落实大气污染防治行动计划实施细则》，同年年底成立了京津冀及周边地区大气污染防治协作小组，并定期召开协作小组会议；2015 年中共中央审议通过了《京津冀协同发展规划纲要》，推动京津冀率先在生态环境保护方面实现突破；2017 年 2 月 17 日环境保护部会同京津冀及周边地区大气污染防治协作小组及有关单位发布了《京津冀及周边地区 2017 年大气污染防治工作方案》；为了完善京津冀区域大气污染联防联控工作机制，2018 年 7 月 3 日国务院办公厅发布了《关于成立京津冀及周边地区大气污染防治领导小组的通知》；为落实《打赢蓝天保卫战三年行动计划》，全力做好 2018 ~ 2019 年秋冬季大气污染防治工作，国务院召开了京津冀及周边地区大气污染防治领导小组第一次会议，生态环境部办公厅 2018 年 9 月 21 日印发了《京津冀及周边地区 2018—2019 年秋冬季大气污染综合治理攻坚行动方案》(环大气〔2018〕100 号)；2019 年，生态环境部将落实《打赢蓝天保卫战三年行动计划》，继续推进散煤治理，深入推进钢铁等行业超低排放改造、“散乱污”企业及集群综合整治等重点工作，无疑，2019 年大气环境质量的改善程度有理由更加值得期待。[1] 2020 年 10 月 30 日，生态环境部印发了《京津冀及周边地区、汾渭平原 2020 ~ 2021 年秋冬季大气污染综合治理攻坚行动方案》，要求上述各地要按照党中央、国务院决策部署，提

〔1〕 郄建荣：《京津冀大气污染督查进入第三个年头》，载中国新闻网，http://www.chinanews.com/sh/2019/01 - 11/8725964.shtml。

高政治站位，持续开展秋冬季大气污染综合治理攻坚行动，确保如期完成打赢蓝天保卫战既定目标任务。上述这些以政府为主导“雷厉风行”的政策举措都是打破行政区划限制，实现京津冀大气污染治理“府际”合作的有益的制度探索。

诚然，这种以“有形之手”主导的污染治理模式，行政效率高，在短时期内的确能取得“立竿见影”的效果，如秋冬两季京津冀地区的大气污染“攻坚战”或是“蓝天保卫战”，这种“打仗”的方式比过去“运动式”执法的方式其手段更加严厉，“令行禁止”，“命令—服从”的色彩更浓。然而，传统的京津冀区域大气污染治理模式，在治理过程中过于强调行政干预的力量，缺乏公众参与或参与程度不足，在追求“蓝天”这一美好目标的驱动下，“有形之手”的行政手段可能会发生异化，甚至对政策的理解有“误读”，执行起来发生偏差，如缺乏精细化管理，忽视民生诉求，搞环保“一刀切”，手段“简单粗暴”，在与雾霾的“战斗”中难免不发生“误杀”，从而侵犯民众合法权益，激起民怨。这种措施强硬的行政手段不应该是污染治理方式的常态，不可持续，况且，采取措施的背后需要大量的人力监管和财政补贴也难以为继，如近年来京津冀地区冬季“煤改清洁能源”等措施就出现了困惑，污染治理协同效应的发挥也存在主体不明晰的问题。因此，京津冀地区大气污染防治离不开市场手段的加持。

（二）京津冀地区大气污染防治的“无形之手”

正如前文所讨论的，在中国这种权威型社会治理体制和环境治理实践中，大气污染治理策略主要是以政府为主导。中国坚持以高质量发展推进和发展中国式现代化，积极向共建、共治、共享的现代化社会治理体系转型，环境污染治理策略的选择也逐渐从“命令—控制”型转向与“市场—经济”型相结合的综合治理模式，发挥市场这只“无形之手”对资源配置的决定性调节作用。

京津冀大气污染防治需要纵向的行政手段，当然也离不开横向的市场手段的加持，如借鉴西方经验，在横向上逐步引进市场手段。碳排放权交易制度作为重要的市场手段之一，其实践历程由此展开。国务院发布的《大气污染防治行动计划》（“大气十条”），对于运用经济与市场手段来治理大气污染,已经作出了明确规定。例如,“大气十条”第6条规定,发挥市场机制作用,完善环境经济政策,并提出“推进排污权有偿使用和交易试点”。单纯依赖地方政府的财政投入,大气污染跨区域治理其效果还是会面临制度障碍。而建立碳排放权交易(以下或简称为碳交易)市场,运用市场的“无形之手”推动区域大气污染治理,则是一种新的制度尝试。在京津冀地区启动跨区域碳交易,可以推动区域产业结构和能源结构的优化调整,协同推进区域大气污染治理。

京津冀地区的碳交易是大气污染防治“多策并举”之中的一策,是构建大气污染联防联控工作机制的一项重要举措。然而,北京与天津、河北的跨区域碳交易市场的建立与运行还面临诸多难题,京津冀三地的经济发展不均衡,能源结构、资源配置、城市功能定位等均有差异,三方在碳交易立法、总量控制、配额分配、交易规则、监管体制等方面都需要制度解困与破题,如何构建跨区域的碳交易规则与制度体系是亟待解决的问题。

第三节　碳排放权交易与自愿减排交易

根据碳汇的来源不同,碳交易可分为两种类型:一种是基于配额的碳排放权交易,国际排放贸易机制与中国碳排放权交易均属于配额交易。另一种是基于项目的减排量交易,《京都议定书》中的联合履约机制、清洁发展机制(CDM)和中国的温室气体自愿减排交易机制,属于基于项目的碳交易类型。根据域外经验,在基于配额的碳排放权交易中,碳排放权交易主体进行交易的碳排放额度是由政府或相关机构进行确定和分配的,[1]买家在“总量限额和交易”体制下购买由管理者制定、分配的减排量配额,譬如《京都议定书》下的分配数量单位(Assigned Allowances,AANs)和欧盟排放交易体系下的欧盟排放配额(European Union Allowances,EUAs)。[2]在基于项目的碳

〔1〕江瑞:《基于配额的碳排放权交易,即“总量管制与交易制度”》,载碳交易网,http://www.tanjiaoyi.com/article-28929-1.html,最后访问日期:2022年10月23日。

〔2〕周宏春:《世界碳交易市场的发展与启示》,载《国软科学》2009年第12期。

交易中,交易的运作基础是通过合作减排项目,使项目所实现的碳减排量可以转让给作为投资方的附件一国家,用于履行其在议定书中的减排义务,[1]买主向经核证的温室气体减排项目业主购买减排量,如清洁发展机制下产生的核证减排量(Certified Emission Reductions,CERs)和联合履约机制下产生的减排单位(Emission Reduction Units,ERUs)。在中国,温室气体自愿减排的减排量为国家核证自愿减排量(CCER)。2017 年 3 月 14 日,国家发改委下发通知暂停 CCER 项目申请。截至 2017 年 3 月,经公示审定的温室气体自愿减排项目已经累计达 2871 个,备案项目 1047 个,实际减排量备案项目约 400 个,备案减排量约 7200 万 tCO_2e。[2] 总的来说,基于配额的碳交易强制性较强,而基于项目的碳交易自愿性较强。国际碳交易发展呈现出强制市场为主、自愿市场为辅,配额交易为主、项目减排量交易为辅的特点。[3]

一、碳排放权交易制度之缘起

碳排放权交易概念源自排污权交易。该制度诞生于美国,1960 年科斯(Coase)提出,可通过市场交易来纠正环境资源市场价格偏差,1966 年科洛克(Croker)对空气污染控制进行了理论研究,以此为基础,1968 年戴尔斯(Dales)提出了排放权交易的观点,即建立合法的污染物排放的权利,将其通过排污许可证的形式表现出来,1972 年蒙哥马利(Montgomery)从理论上证明了基于市场的排污权交易系统明显优于传统的环境治理政策。排污权交易先后在美、德、日、欧盟等国家或地区的大气污染防治中得到实际运用,并取得成功,且应用越来越广泛。

排污权交易(Emissions Trading,或 Marketable Pollution Permits),字面意思是"可转让的排污许可证"和"污染物排放交易"。在美国 1990 年《清洁空气法》修正案的制定过程中,先后有不同的名字,或称"排放削减信用",或称

---

[1] 《基于项目的碳排放权交易,即"基准管制与交易制度"》,载碳交易网,http://www.tanjiaoyi.com/article-28928-1.html,最后访问日期:2022 年 11 月 5 日。

[2] 马爱民等:《中国温室气体自愿减排交易体系建设》,载中国社会科学网,http://ex.cssn.cn/jjx/xk/jjx_yyjjx/csqyhjjx/201802/t20180206_3842575_1.shtml。

[3] 范晓芸、陈璐:《我国碳交易市场现状与发展模式建设》,载《现代企业》2016 年第 8 期。

“可允许的排放量”,中国约定俗成译成“排污权交易”。[1] 学界对排污权交易制度的内涵有不同的表述,例如,有的学者认为,排污权交易制度,又称排污指标交易制度、可交易的许可证制度,是指在特定区域内,根据该区域环境质量的要求,确定一定时期内污染物排放的总量,在此基础上通过科学的核算,以颁发许可证的方式将污染物排放指标分配给地方和企业,并允许将指标通过合同的方式让渡给他方的交易行为。[2]

在环境污染治理的市场手段中,排污权交易具有重要作用:首先,排污权交易能够弥补命令控制方式的不足,更好地达到大气污染治理的效果。在环境污染治理过程中,环境行政管理部门传统的“指令控制方式”曾经发挥过、现在仍然发挥着重要作用,其弊端前文已有阐述。通过排污权交易这种方式,可以使污染防治活动的各参加者扮演自己最擅长的角色,解决了指令控制方式所造成的信息与动机之间的矛盾,排污企业选择有利于自身发展的方式削减排污总量,极大地调动了其减排积极性,环境行政管理部门从环境监管者的身份分化出另一种身份,即排污权市场的维护者与交易纠纷的裁判者,使得排污权交易的目标与区域内环境质量目标相一致,最终降低了整个社会污染治理的成本。其次,排污权交易能协调经济发展与环境保护的关系。采用行政命令的“有形之手”去干预企业减排、治污,或为了达到区域的阶段性减排目标,硬性规定辖区内的企业停产、限产,搞环保“一刀切”,往往对地方的经济发展会产生伤害,对民众产生心理消极影响,甚至造成对环保政策的抵触。而排污权交易在环境行政许可的前提下,在核定的区域污染物总量的容纳范围内进行交易,使区域的经济发展与环境保护相协调。最后,排污权交易可以提高治理效益,节省减少排污量的费用,从而使社会总体削减排污所需费用大规模下降。实现排污权交易的途径是建立可转让的排污许可市场,通过可转让的排污许可市场可以提高分配治理费用的效益。其道理是,由于污染源单位防治污染的费用千差万别,如果“排放减少信用”可以转让,那些治理费用最低的工厂就愿意通过大幅度地减少排污,然后通过卖出多余的“排放减少信用”而受益。只要安装更多的治理

---

[1] 史玉成、蒋春华:《排污权交易法律制度研究》,法律出版社 2014 年版,第 5 页。

[2] 史玉成、郭武:《环境法的理念更新与制度重构》,高等教育出版社 2010 年版,第 159 页。

设备比购买"排放减少信用"花钱更多,某些工厂就愿意购买"排放减少信用"。在排污权交易市场上,排污者从其利益出发自主决定或者自己治理污染,或者买入排污权。只要排放单位之间存在污染治理成本的差异,排污权交易就可使交易双方都受益,结果是社会以最低成本实现了污染物的削减,环境容量资源实现了高效率的配置。[1]

自美国使用排污权交易制度成功解决酸雨问题以来,排污权交易制度备受环境政策制定者的青睐。理论上,排污权交易制度具有明显的优点,例如,排污权交易制度能够逐渐降低碳排放的总量;该交易制度会创设一个新的碳信用交易市场,那些能够以较低成本削减碳排放的企业或许借此可以获得利润,排污权交易有利于企业以最低的成本实现减排目标;排污权交易制度能将碳排放所导致的社会成本内部化;对一国政府而言,排污权交易制度使得他们在应对气候变化的同时无须执行复杂的许可证制度或向化石燃料征收新税;[2]排污权交易有利于遏制环境行政管理机关的"寻租"行为,排污权交易市场的存在有利于公民表达自己的意愿,扩大环保的群众基础;[3]排污权交易制度通过数量控制和价格浮动的方法可以掩盖"税"的实质,从而提高减排措施的可执行、可操作性。然而,排污权交易制度还是存在一些缺陷,如排污权的初始配额通常被免费分配,不利于激励企业进行技术革新;排污权制度中通常存在补偿条款,导致排污权交易无法确保减排目标的实现;排污权制度的社会成本存在不确定;有人认为排污权交易制度推动技术革新的能力非常有限;[4]排污权交易制度容易导致热点问题,从而违背环境正义原则等。[5]

---

[1] 蔡守秋、张建伟:《论排污权交易的法律问题》,载《河南大学学报(社会科学版)》2003年第5期。

[2] Reuven S. Avi-Yonah, David M. Uhlmann, Combating Global Climate Change: Why a Carbon Tax Is a Better Response to Global Warming Than Cap and Trade, 28 Stan. Envtl. L. J. 3,5 (2009).

[3] 曹明德:《排污权交易制度探析》,载《法律科学》2004年第4期。

[4] David M. Driesen, Sustainable Development and Market Liberalism's Shotgun Wedding: Emissions Trading Under the Kyoto Protocol, 83 Ind. LJ. 21,51-58(2008); David M. Driesen, Economic Instruments for Sustainable Development in Environmental Law for Sustainability: A Critical Reader 303(Stepan Wood & Benjamin J. Richardson eds.,2005).

[5] 王慧、曹明德:《气候变化的应对:排污权交易抑或碳税》,载《法学论坛》2011年第1期。

碳排放权交易属于排污权交易,但前者交易对象的范围比后者较窄,从国外的实践情况看,排污权交易的对象主要包括二氧化碳等温室气体以及较少的污水,而碳排放权交易不涉及污水,交易对象主要为被国际社会要求减排的六种温室气体:二氧化碳(CO_2)、甲烷(CH_4)、氧化亚氮(N_2O)、氢氟碳化物(HFCs)、全氟化碳(PFCs)以及六氟化硫(SF_6)。在上述六种温室气体中,二氧化碳排放配额交易是其中最大宗的交易,而且,其他的几种温室气体排放权交易是以"吨二氧化碳当量"(tCO_2e)为计算单位的,[1]所以,以温室气体为交易对象的排污权交易通称为"碳排放权交易"(或称为碳排放配额交易,简称碳交易的说法不够严谨,因为碳交易除了碳排放权交易,应该还包括温室气体自愿减排交易)。现阶段的排污权交易主要的是碳排放权交易。

目前,碳排放权交易已成为联合国为应对全球气候变化、减少温室气体排放而设计的一种新型市场机制。2005年《京都议定书》的生效使碳交易的范围从一国内部扩展到国家之间,它标志着碳交易经济时代的到来。

二、碳排放权交易原理

自全球气候变化问题产生以来,低碳减排逐渐发展,全球大部分国家也不断探索并着手实践碳交易。而围绕着《联合国气候变化框架公约》和《京都议定书》的国际法律体系推动了碳排放权这种新型权利的产生。在这个问题上,发达国家更加强调环境因素,而发展中国家则更侧重于发展。在碳减排机制方面,各国多数从法律和经济的角度进行了探讨与实践。碳排放配额的基本原理是,由政府部门根据一定区域的环境质量目标,依法评估该区域的环境容量,然后确定该区域的温室气体最大允许排放量,并将最大允许排放量分割成若干份额,即碳排放配额(Carbon Emission Allowance,CEA),或称碳配额。在污染物总量控制的基础上,排污者通过取得政府颁发的排污许可证,从而使得其排放温室气体的行为在许可证核定的范围内具有了合法性。

---

[1] 杨永杰、王力琼、邓家姝:《碳市场研究》,西南交通大学出版社2011年版,第41页。

碳排放权的实质就是法律赋予排污者的环境容量资源使用权。环境容量(Environment Capacity)又称环境负载容量、地球环境承载容量或负荷量,是在人类生存和自然生态系统不致受害的前提下,某一特定的环境(如一个自然区域、一个城市)所能容纳的污染物的最大负荷量,或一个生态系统在维持生命机体的再生能力、适应能力和更新能力的前提下,承受有机体数量的最大限度。环境容量的大小与环境空间的大小、各环境要素的特性、污染物本身的物理和化学性质有关。环境空间越大,环境对污染物的净化能力就越大,环境容量也就越大。对某种污染物而言,它们物理和化学性质越不稳定,环境对它的容量也就越大。由于环境的纳污能力具有限制性,因此,环境容量成为一种稀缺资源,对其使用不能无偿,应该是有偿的,将排污企业的"外部不经济"现象内部化为企业的生产成本,避免"公地悲剧"发生。

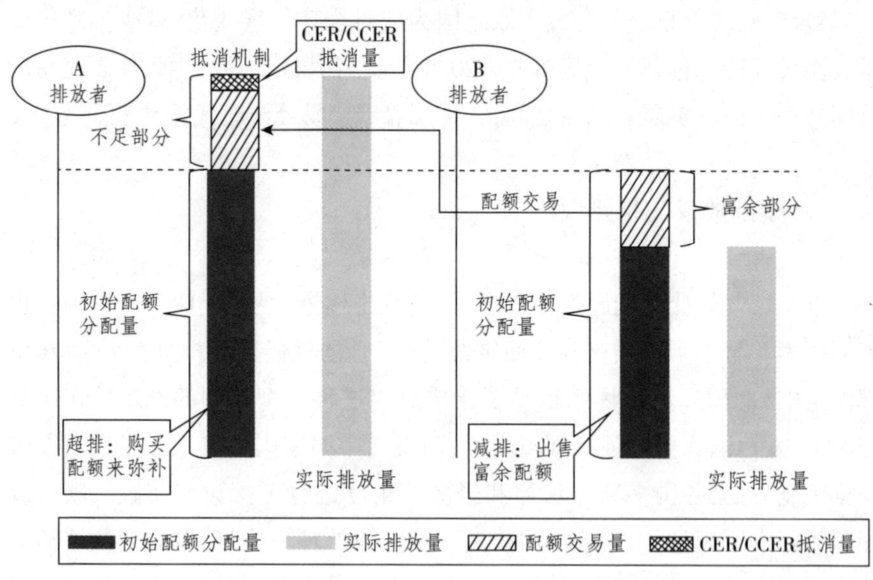

来源：碳视界，www.carbonvision.cn。

图1-2 碳交易原理与交易类型

碳排放权交易应遵循总量控制、达标排放、初始配额合理分配、意思自治和政府监督等法律原则。[1] 总量控制原则是碳排放权交易得以实施的前

[1] 郭冬梅:《中国碳排放权交易制度构建的法律问题研究》,群众出版社2015年版,第43页。

提条件与碳交易制度的核心,国家需科学核定一定时期、一定区域内的排污单位排放污染物的总量。具体做法是,国家环境管理机关依据所核定的区域环境容量,决定区域中的污染物质排放总量,根据排放总量削减计划,向区域内的排污企业分配各自的污染物排放总量额度。在科学核定一定区域内能容纳的污染物总量的前提下,政府可以通过无偿或有偿的方式分配碳排放配额,并通过建立碳配额交易市场使这种配额能合法地进行买卖。排污者通过加大污染治理力度和技术提升,得以减少污染气体的排放,富余的碳排放配额则可以出售。

关于碳排放配额的分配,学界认为主要有三种分配方式,即祖父法、基于产量的免费发放和公开拍卖。祖父法是欧盟最早采用的分配方式,约翰・A.马修斯(John A. Mathews)认为,祖父法是指排污权分配要基于企业的历史产量,那么,某些碳排放企业为了获得更多的排污权,会在碳交易初期,保持原来的碳排放量,甚至会增加排放量。并且,祖父法可能对新进入市场的新公司有歧视,因早些进入的大型企业容易垄断市场,将其他竞争者排除市场之外。[1] 克努特・E. 罗森塔尔(Knut Einar Rosendahl)将免费分配方式和拍卖方式进行了对比,指出将配额免费分配给企业,比拍卖的分配方式更易使其做出错误的决策,产生相反的分配效用。[2] 伊恩・A. 麦肯齐(Ian A. Mackenize)认为拍卖分配比免费分配效率更高,能更好地促进企业与企业间的公平,但是在交易初始阶段企业常常有抵触心理。[3] 盖伊・莫尼耶(Guy Meunier)、让－皮埃尔・庞萨德(Jean－Pierre Ponssard)和菲利普・基隆(Philippe Quirion)提出,在缺乏全球碳税政策和碳边界调整政策的前提下,以产出为基础的配额分配方式(output－based allocation)是可以解决碳排放的最好办法(澳大利亚、加利福尼亚、新西兰推行这种办法)。欧盟目前采用的是自由配额(free allowances)模式和基于容量(capacity－based alloca-

---

[1] John A Mathews, *How carbon credits could drive the emergency of renewable energies*, Journal of Energy Policy, 2008(3): 33－39.

[2] Knut Einar Rosendahl, *Incentives and prices in an emissions trading scheme with updating*, Journal of Environmental Economics and Management, 2008(5): 69－82.

[3] Ian A. Mackenize, *International emissions trading under the Kyoto Protocol: credit trading*, Energy Policy, 2001(2): 605－613.

tions)的分配模式,但是最好的方法是将两种模式结合起来,或者单独依靠产出配额模式。[1] 杨斌利(Yeong - Bin Lee)、陈国利(Chen - Kuo Lee)从博弈的角度对配额分配方式进行了分析与概括,并认为碳排放配额的分配是国际碳交易制度中的难点与关键。[2] 在国内,关于碳排放权初始分配,有的学者对比分析了国内与国外的配额分配方案,指出了影响配额分配的关键。[3] 有的学者认为,在市场建立初期我国应该借鉴西方国家经验,排放配额采用免费分配的方式,从而增加碳交易的吸引力。在技术、市场不断完善过程中,逐渐加大排放配额拍卖的比重。待市场发展成熟,便可采用排放配额拍卖的方式,这样也更利于反映供求,推动企业的合理减排。[4] 有的认为,碳排放权初始分配方式的选择对于我国碳交易市场的建立和完善十分重要,并结合我国现状,从金融工程的角度对初始分配问题进行了思考,指出可以将期权应用在初始分配中,企业可根据自身实际免费获得或进行购买。[5]

在碳排放配额交易市场上,排污者从其利益出发依法依规买入或卖出这种配额,则是排污者对其碳配额合法行使处分权。可见,碳交易就是在满足环境质量要求的条件下,明晰排污者的环境容量资源使用权,碳配额其实就是一种合法的污染物排放份额,政府通过允许这种碳配额像商品一样进行交易,则可以实现环境容量资源的优化配置,[6]进而从总量上控制了温室气体排放,并最终实现保护大气环境的目的。

关于碳排放交易机制的设想,马利克(Malik)做出了相对完整的设计,并认为排放配额的多少、政府的管理是碳排放交易体系中必备要素。[7] 斯蒂文(Stavins)进一步研究了排放权交易制度,提出在总量控制、分配机制、

---

〔1〕 Guy Meunier, Jean - Pierre Ponssard, Philippe Quirion, *Carbon leakage and capacity - based allocations: Is the EU right?*, Journal of Environmental Economics and Management, 2014(6):262 - 279.

〔2〕 Yeong - Bin Lee, Chen - Kuo Lee, *A Study on International Emissions Trading*, Energy Policy, 2010(3):48 - 57.

〔3〕 邵道萍:《论碳交易的法律规制及其改进》,载《气候变化研究进展》2014 年第 9 期。

〔4〕 王彬辉:《我国碳交易的发展及其立法跟进》,载《时代法学》2015 年第 2 期。

〔5〕 何晶晶:《构建中国碳交易法初探》,载《中国软科学》2013 年第 9 期。

〔6〕 曹明德:《排污权交易制度探析》,载《法律科学》2004 年第 4 期。

〔7〕 Malik A, *Markets for Pollution Control When Firms Are Noncompliant*, Journal of Environment Economics and Management, 1990(18):97 - 106.

市场运行、管理监督、法律制度等方面进一步完善排放权交易制度。[1] 古纳塞克若(Gunasekera)从经济学角度,在排放总量、期限、参与者等方面对澳大利亚的排放权交易体系进行了设计,对排放配额的分配及运行也做了比较细致的安排。[2] 约翰·A. 马修斯详细阐述了基于《京都议定书》所制定的三种减排机制的特点,并认为碳交易机制能够促进可再生能源的开发。[3] 安奈特·纳克马特(Annet Nakamatte)将排放交易机制与美国酸雨制度进行了对比分析,指出排放交易机制能更好地实现成本效益,但是容易造成不公平现象。[4] 肯费利(Kneifel)和约书亚(Joshua D.)分析了美国电力行业采取碳排放交易获得的经验,并针对可再生能源的发展,提出了将碳排放交易应用其中的方案。[5] N. 安杰(N. Anger)、B. 布朗斯(B. Brouns)和 J. 奥里凯特(J. Onigkeit)从经济和法律角度探讨了欧盟排放权交易机制,分析了碳排放权配额分配和欧盟排放权交易机制对碳交易市场产生的影响,指出政府应该对排放权交易机制限定的行业制定更严格的碳排放配额分配机制,使欧盟排放权交易机制在环境和经济领域更好地发挥作用。[6]

关于碳交易制度的构建方面,国内有的学者认为,中国应当从碳排放权的主管部门、交易主体、交易合同、总量分配、申报登记制度、交易监管机制、交易所等方面构建碳交易的法律制度。[7] 有的学者提出碳交易机制有交易主体、交易客体、定价机制,应当通过缴纳交易费用取得碳排放权、征收碳

---

[1] Stavins R, *Transactions Costs and Tradable Permits*, Journal of Environmental Management and Policy, 1995(29):133 – 148.

[2] Gunasekera D and A Cornwell, *Essential Elements of Tradable Permit Schemes in Trading Greenhouse Emissions: Some Australian Perspectives, Bureau of Transport Economics, Commonwealth of Australia*, Journal of Environment Economics and Management, 1998(4):127 – 129.

[3] John A Mathews, *How carbon credits could drive the emergency of renewable energies*, Journal of Energy Policy, 2008(36): 33 – 39.

[4] Annet Nakamatte, *Achieving Cost – Effectiveness and Equity: Analysis of the International*, Journal of Climate Policy, 2007(11):311 – 312.

[5] Kneifel, Joshua D, *Essays in renewable energy and emissions trading*, Journal of Energy Policy 2008 (20):212 – 215.

[6] N. Anger, B. Brouns, J, Onigkeit, *Linking the EU emissions trading scheme: economic implications of allowance allocation and global carbon constraints*, Journal of Mitig Adapt Strateg Glob Change, 2009(14):379 – 398.

[7] 白洋:《论我国碳交易机制的法律构建》,载《河南师范大学学报(哲学社会科学版)》2010 年第 1 期。

税、超标排放惩处、设置碳交易所。[1] 而有的学者认为,构建并发展碳交易市场既是我国应对国际减排压力的有效手段,也是可持续发展的必由之路。目前,中国在气候变化和节能减排领域的规则环境已经渐渐形成,清洁发展机制和自愿性碳交易的实践经验也为碳交易市场的构建奠定了重要基础。[2] 关于碳交易定价机制,国内有的学者以欧洲碳交易为研究对象,用实证方法对其定价形成规则进行了研究,为我国碳交易的建立提供了借鉴。[3] 有的学者运用数理模型等策略工具提出了碳排放权配额的估算方法,从而进一步分析了碳排放权在一级市场和二级市场的定价问题。[4] 还有的学者认为,碳交易价格的确定应当作为碳市场研究的关注重点,并对金融资产均衡价格进行了研究,概括出一般规律,试图解决碳资产均衡价格的确定问题,为我国企业未来参与国际碳交易提供价格参考。[5]

碳排放权交易体系作为碳排放配额买卖的交易机制,其主体构成一般包括纳入碳排放权交易体系的控排单位或称重点排放单位、碳排放权配额的发放及管理者的政府部门、碳排放权交易平台、碳排放权交易的第三方核查机构等。在中国,碳排放权交易标的主要为碳排放配额,或者为核证减排量。碳排放权交易机制主要由覆盖范围的选择,配额总量的确定,配额分配,配额交易,监测、报告与核查(Monitoring、Reporting、Verification,MRV),遵约评定等环节组成。当覆盖范围内的控排单位进入碳排放权交易平台进行相关交易活动时则成为交易主体。[6]

三、碳排放权的法律属性

碳排放权的法律属性是研究碳排放权交易的前提和基础,但是,学界与

---

[1] 冷罗生:《构建中国碳排放权交易机制的法律政策思考》,载《中国地质大学学报(社会科学版)》2010 年第 2 期。

[2] 胡珀:《论我国碳交易法律制度的完善》,载《湖南社会科学》2013 年第 2 期。

[3] 刘敏:《我国碳交易法律制度研究》,载《法制博览》2015 年第 11 期。

[4] 冯媛:《浅谈碳交易市场定价机制失灵和政府干预》,载《市场经济与价格》2015 年第 8 期。

[5] 吴怡、朱诗旋:《我国排污权交易与市场机制的相关思考》,载《中外企业家》2014 年第 4 期。

[6] 张墨、王军锋:《区域碳排放权交易的风险辨识与监管机制——以京津冀协同为视角》,载《南开学报(哲学社会科学版)》2017 年第 6 期。

实务界并没有从法律层面上明确碳排放权的法律属性。鉴于碳排放权的新颖性、特殊性，各界对碳排放权法律属性的理解还不一致，譬如，有学者认为排放权或排污权是对环境资源进行使用的权利，因而属于环境权的范畴，但也有学者对此极力反对，斯特恩·尼古拉斯(Stern Nicholas)认为环境权是对大气所提供的环境服务进行享受的权利，但没有对全球"公地"进行破坏和污染的权利。[1] 有不少学者认为"排污"实际上是行使财产权的一种客观后果，而不是什么权利，更不属于环境权。排污许可是我们根据环境容量可容纳的污染物对排放主体发放的配额。因而"排污权"的流通并不是物的流通，或私人权利的流通，而是许可证本身的流通。或者充其量来说，排污权为排污者行使财产权的体现，属于财产权的内容，与其他公民享有良好环境的权利之间存在冲突。[2] 但是，另有一些学者认为环境权包含享有良好环境的权利以及使用环境资源的权利，后者则包含了排放权或排污权。[3] 由此可见，对于排污权是否构成环境权当前学界主要有三种观点：第一种观点认为不构成环境权，亦非财产权，而是行使财产权的后果；第二种观点认为不构成环境权，但属于财产权的内涵；第三种观点则认为构成环境权的内容。[4]

有的学者从私权的视角讨论碳排放权的法律性质。有的学者认为，碳排放权是一种准物权。[5] "准物权说"是碳排放权物权化中最具代表性的一种学术主张。准物权与传统物权的区别在于在客体方面，准物权是针对公共物品设立的，在立法上具有强制性，如水权、渔业权、矿业权、狩猎权等。排污权以环境容量为权利客体，具有客体无形性、相对排他性、公私兼容性、

〔1〕 Nicholas Stern, *The Global Deal, Climate Change and the Creation of a New Era of Progress and Prosperity*, New York; Public Affairs, 2009.

〔2〕 如王小龙认为排污权的实质是企业组织合理地利用环境容量资源，应当成为一种特别法上的物权—环境容量使用权，可能与自然人享有的环境人格权发生冲突。王小龙：《权利谱系中的排污权及环境权研究》，载《社会科学辑刊》2009 年第 2 期。曹刚：《权利冲突的伦理学解决方案—以排污权与环境权的冲突为线索》，载《中国人民大学学报》2011 年第 6 期。

〔3〕 陈泉生：《环境权之辨析》，载《中国法学》1997 年第 2 期；吕忠梅：《再论公民环境权》，载《法学研究》2000 年第 6 期。

〔4〕 王燕、张磊：《碳排放交易市场化法律保障机制的探索》，复旦大学出版社 2015 年版，第 11 ~ 13 页。

〔5〕 刘自俊：《碳排放权交易政府监管法律制度研究》，浙江农林大学 2014 年硕士学位论文（非正式出版物）。

占有弱化性的特征,因此也被定义为准物权,而碳排放权作为排污权中的一个具体表现形式,也归属于准物权的范畴。可是,有的学者认为碳排放权是一种用益物权。[1] 我国《民法典》物权编规定:"用益物权人对他人所有的不动产或者动产,依法享有占有、使用和收益的权利。"[2]此观点认为:第一,碳排放权的主体是依法享有权利的碳排放者,包括国家、企业法人等。第二,碳排放权的权利客体是环境容量,是自然资源的一种,属国家所有。第三,权利人占有碳排放配额,即对环境容量的占有,在配额范围内可通过有偿转让获得经济利益。因此,碳排放权归属于用益物权。还有的人把碳排放权理解为一种具有公权力性质的私权利。持这种观点的理由包括,碳排放权的权利客体是环境容量,归属于国家所有,故具有公权力的属性。另外,碳排放权是可用于交易的一种权利,其交易行为是平等主体间的民事法律行为,所以又具有私权利的性质。由于碳排放权的产生、交易等行为都受到国家公权力很大程度上的引导和制约,因此,碳排放权是具有公权性的私权。至今,对于碳排放权的性质还没有一个权威结论,这对碳排放权交易实践肯定会产生影响。

笔者认为,碳排放权不应该属于法律权利讨论的范畴,向大气环境排放污染物仅仅是一种获得行政许可的行为,主体获得碳排放配额,不是源自自然法,更不是一种自然权,碳排放权不能、也无法从自然权这个"人权矿藏"中"提炼"出来,而转化为一种法定的权利。并且,在碳排放权交易一级市场行使排放配额分配的政府部门,其本身的职权是源自人民的授权,政府部门并不享有"给人民创设一种权利"的权利。碳排放配额的基础源自排污许可,从法理上来讲,行政许可与资源分配的行政行为不能创设一种新的法律权利。因此,"碳排放权"这一名词应该称为"碳排放配额"更合适。"碳排放配额"仅仅是法律上拟制的一种商品,它的存在也是暂时的。未来,随着生态文明的推进与美丽中国的建设,碳排放配额交易这一市场现象,也许会逐渐消失。

---

[1] 黄亚宇:《低碳经济下碳排放权交易的立法思考》,载《江西社会科学》2013 年第 2 期。
[2] 参见《民法典》物权编第 323 条。

四、中国自愿减排交易机制概述

(一)中国自愿减排交易机制现状

《京都议定书》确立了清洁发展机制(CDM)作为三种灵活机制之一,发达国家可通过购买来自发展中国家的风电、水电、太阳能、碳汇等清洁项目产生的减排量完成自身减排义务。该机制实施以来,我国成为全球CDM项目开发数量最多的国家。2012年,欧盟出台法令限制购买来自最不发达国家之外的减排量,我国CDM项目的成交量和成交价格大幅下滑。考虑到国内已自主开展了一些基于项目的自愿减排活动,为满足社会需要,保障相关活动有序开展,调动全社会参与碳减排活动的积极性,我国决定建立国内自己的交易机制。2012年6月13日,国家应对气候变化主管部门发展改革委印发《温室气体自愿减排交易管理暂行办法》(以下简称《CCER暂行办法》),并陆续发布审定与核证指南、方法学等相关技术规范,建立了温室气体自愿减排交易机制(以下简称自愿减排交易机制)。该机制支持对可再生能源、林业碳汇、甲烷利用等16个领域项目的温室气体减排效果进行量化核证,经核证后的减排量可进入温室气体自愿减排交易市场进行交易。

自愿减排交易机制是利用市场机制推动能源结构调整、促进生态保护补偿、鼓励全社会共同参与控制温室气体排放的重要政策工具,对风电、光伏、水电、碳汇、甲烷利用等具有温室气体替代、减少或者清除效应减排项目具有较强的支持和鼓励作用。我国自愿减排交易机制自实施以来,在服务碳排放权交易试点、碳市场配额清缴抵消、促进可再生能源发展、节能和提高能效、生态保护补偿和扶贫等方面发挥了积极作用,并为全国碳排放权交易市场建设和运行积累了宝贵经验。由于《CCER暂行办法》对有关事项的备案管理方式实质上属于行政审批,不符合"放管服"改革要求,同时也存在审批备案项目过于微观具体、部分项目不够规范等问题,2017年3月,国家发改委发布公告暂缓受理自愿减排全部5个备案事项申请,但不影响已备案的自愿减排项目和减排量在注册登记系统登记,也不影响已备案的CCER参与交易。2018年中国应对气候变化职能由国家发改委转隶到生态环境部，此后，生态环境部积极推进完善温室气体自愿减排交易机制相关工作。

（二）自愿减排交易管理体制

优化后的中国自愿减排交易管理体制，如图 1－3 所示，生态环境部按照国家有关规定，组织建立国家温室气体自愿减排注册登记机构（以下简称注册登记机构）和国家温室气体自愿减排交易机构（以下简称交易机构），组织建设全国统一的温室气体自愿减排注册登记系统（以下简称注册登记系统）和温室气体自愿减排交易系统（以下简称交易系统）。

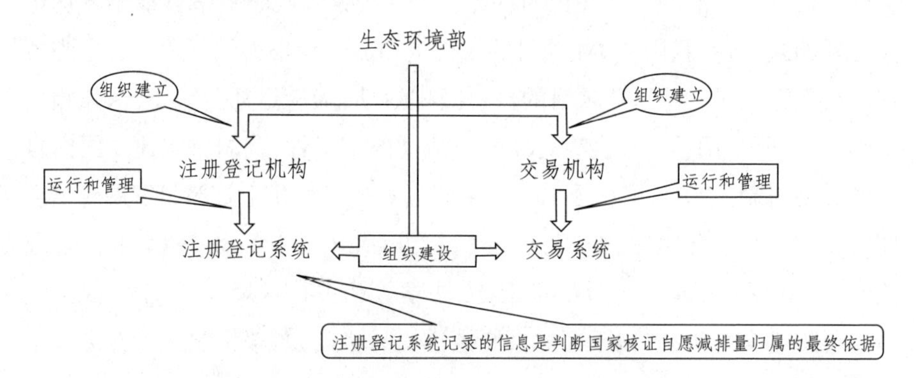

图 1－3 温室气体自愿减排交易管理体制

1. 温室气体自愿减排注册登记与注册登记机构

注册登记管理是温室气体自愿减排交易项目和自愿减排交易管理的核心工作。注册登记机构负责自愿减排项目和减排量的注册登记以及技术审核等一系列工作，负责运行和管理注册登记系统，通过该系统记录温室气体自愿减排项目基本信息和核证自愿减排量的登记、持有、变更、注销等信息，并依申请出具相关证明。注册登记机构应公平公正地为交易主体提供全面的服务，并保障注册登记系统安全、稳定地运行。注册登记机构是随着自愿减排交易注册登记系统的运行逐步形成的。通过注册登记系统对 CCER 的注册登记等相关工作进行管理。我国目前的管理机构体系是由国家主管部门即气候司负责 CCER 备案管理，并监督运维管理机构的运行；运维管理机构即运维管理办公室进行 CCER 注册登记管理，为开户代理机构服务；开户代理机构对运维管理机构负责,为一般用户服务。[1] 注册登记机构要及时、准确、安全地将其掌握的数据分享给交易机构。

2. 温室气体自愿减排注册登记系统

注册登记系统是温室气体自愿减排交易体系的核心支撑系统,即使温室气体自愿减排项目产生的 CCER 确权和管理工具,又是 CCER 交易监管工具,主要用于 CCER 的注册与登记管理,包括开户和账户管理,详细记录 CCER 的签发、持有、转移、履约清缴、注销等全过程。注册登记系统记录的信息是判断国家核证自愿减排量归属的最终依据。

我国已经初步构建了注册登记系统的管理政策,出台并发布了《CCER 暂行办法》《关于国家自愿减排交易注册登记系统运行和开户相关事项的公告》《国家温室气体自愿减排交易注册登记系统运维办公室管理制度》等一系列制度。为顺利开展温室气体自愿减排交易奠定了基础。自愿减排注册登记系统设置了国家管理账户、升级管理账户、持有账户和交易机构交付账户等,不同的账户具有不同的权限和功能。国家管理账户管理待签发的 CCER 等,省级管理账户管理 CCER 参与碳排放权履约抵消等,交易机构交付账户可以实现 CCER 交易流转登记和交割等。注册登记系统实时记录 CCER 在不同账户之间发生流转的过程。注册登记系统已经和全国 9 家 CCER 交易平台的交易系统相连接,推动形成全国 CCER 交易网络。[2]

3. 温室气体自愿减排交易机构和交易系统

交易机构负责交易系统的运行和管理,组织开展国家核证自愿减排的统一交易,对生态环境部负责。交易机构根据国家有关规定,制定国家核证自愿减排交易规则及相关细节,并报生态环境部备案,严格按照相关规定进行温室气体自愿减排的管理工作。交易机构应该本着公平公正原则行使自己的权力和履行自己的义务,为符合条件的单位和个人参与国家核证自愿减排量交易活动提供服务。交易机构应制定严格的管理规范,保障交易系统可以安全、稳定且可靠地运行。注册登记机构和交易机构应当按照国家

[1] 张昕等:《我国温室气体自愿减排交易发展现状、问题与解决思路》,载《中国经贸导刊(理论版)》2017 年第 23 期。

[2] 张昕等:《国家自愿减排交易注册登记系统运维管理进展与建议》,载《中国经贸导刊(理论版)》2017 年第 26 期。

有关规定,实现系统间数据交换,即交易机构要及时、准确、安全地将其掌握的数据分享给注册登记机构。

国家核证自愿减排量的交易应当通过交易系统进行。注册登记机构根据交易机构提供的成交结果,通过注册登记系统为交易主体及时更新核证自愿减排量的持有数量和持有状态等相关信息。建立健全的全国统一温室气体自愿减排交易系统,对温室气体自愿减排交易来说是必要的一环。交易主体通过交易系统,在线上进行自愿减排量的自由交易,足不出户就可以实现减排量的交易,对我国实现“双碳”目标,推动碳交易市场的发展是非常必要的。交易系统应设立较全面的网络窗口,如相关政策法规、交易指引、信息公开、交易案例和客户服务等窗口,使减排量交易在线上顺利进行。交易系统和注册登记系统应该建立连接,两个系统的信息更新应该及时共享,实现温室气体自愿减排一体化管理,保障交易市场稳定运行。

(三)自愿减排交易管理方式

生态环境部应对注册登记机构、交易机构、专家委员会和审定与核证机构进行监督管理,按照相关要求进行监督检查,保证自愿减排交易市场的顺利运行。生态环境部联合市场监管部门,领导省级生态环境主管部门对自愿减排交易进行管理,深化简政放权、放管结合、优化服务改革,进一步加强和规范事中事后监管,以公正监管促进自愿减排交易的公平竞争,加快打造市场化、法治化、国际化自愿减排交易环境。

1.管理主体与对象

管理主体和管理对象是自愿减排交易市场管理制度中的主要行为主体。管理主体是指自愿减排交易体系中行使监管行为的监督者和管理者,即国家生态环境主管部门、地方(主要为省级)生态环境主管部门和社会公众。前两者是直接管理部门,依法对管理对象进行管理。社会公众则通过信息披露的方式对市场主体进行监督。管理对象是指自愿减排交易体系中的市场参与者,主要包括注册登记机构、交易机构、第三方审定与核查机构。对这几类监管对象,具体由国家和省级气候变化应对主管部门进行分级管理。基于分级管理机制,不同的监管对象对应不同的监管主体。如注册登记机构和交易机构由国家生态环境主管部门批准并进行管理,项目与项目业主由省级生态环境主管部门管理,第三方审定与核查机构则由国家市场监管总局管理为主,生态环境部参与协同管理为辅。

2. 事中事后监管

对于管理对象应该采取事中事后监管的管理方式进行管理,积极响应国家放管服改革的要求。对注册登记机构的事中管理内容包括注册登记机构的注册登记组织、资金结算和注册登记收费等活动,是否及时准确公布注册登记信息、建立并执行风险管理制度、遵守和执行注册登记规则、向国家主管部门及时报送有关信息等,并对自愿减排注册登记活动实行实时监控。事后管理的内容主要是对注册登记机构的事后处罚,即对于注册登记机构违反规定的行为,主管部门应予以相应的处罚。

对交易机构的事中监管包括交易机构的交易组织、资金结算和交易收费等活动,以及是否及时准确公布交易信息、建立并执行风险管理制度、遵守和执行交易规则、向国家主管部门报送有关信息、开展 违规交易业务、泄露交易主体商业秘密、交易所从业人员存在利害关系等违法违规行为进行监督检查,并对交易行情实行实时监控,以确保市场要素完整、公开透明、运行有序,规避交易风险。[1] 事后管理主要是对交易机构的事后处罚,即对交易机构违反规定的行为,主管部门应予以相应的处罚。

对第三方审定与核查机构的事中监管主要是检查机构是否按照有关规定和技术规范开展审定与核查工作、独立出具审定或核查报告、确保报告内容真实可信。事后监管主要是对于第三方机构存在虚构或捏造数据、恶意串通项目企业,出具虚假报告或者报告严重失实、泄露商业秘密等情形,管理主体应该予以相应处罚。

3. 线上线下监管

线上线下监管是因为自愿减排交易的运行是需要在网络系统中进行的,因此,既要加强对线下机构和人员进行管理,也要加强网络系统的运营和管理。注册登记机构和交易机构是通过注册登记系统和交易系统负责自愿减排交易的运行和管理,专家委员会也可以通过线上系统对项目进行评估,因此应该采用线上线下的双管理模式。

---

[1] 郑爽:《全国碳交易体系监管制度研究》,载《中国能源》2018 年第 40 期。

线下监管是对机构的实体进行监督管理,即对机构和人员是否按照有关规定和技术规范开展工作进行监管,机构或者人员是否存在利害关系等违法违规行为。对机构和人员进行线下管理以确保自愿减排交易市场稳定运行。

线上监管主要是对注册登记系统和交易系统进行的监管,在两系统上开放信息披露和线上举报窗口,进行线上监管。注册登记系统是由注册登记机构运行,是实现CCER的签发、持有、转移、履约清缴、注销的核心技术手段,因此是重要的监管工具,要加强对注册登记系统的监管。交易系统是为了保障交易主体进行公平和公开交易而构建的安全、稳定的交易平台,并具有该平台所需的查询、清算、监控、服务等功能,因此对交易系统也应进行线上监管。

4. 准入监管

准入监管主要针对第三方审定与核查机构。自愿减排交易市场的正常运转离不开优质的审定与核查机构,以及审定与核查市场,对第三方机构的准入进行监管是项目审定与减排量核查市场健康运行的前提保障。目前我国的第三方审定与核查机构水平不高,影响我国碳监测制度的发展完善。[1]因此,建立完善的对第三方机构的准入监管是至关重要的。应由国家主管部门制定全国统一的机构与核查员准入标准,省级主管部门根据该标准,具体确定地方机构和核查员,并对机构和人员进行双重备案管理。省级主管部门还应对核查机构和核查员进行培训、评估、考试、认可和认证等。加强对机构准入监管,是全面监管第三方机构的第一步,也是健全我国项目审定与减排量核查市场的重要前提保障。

五、自愿减排交易法律原则与法律性质

(一)自愿减排交易法律原则

自愿减排交易基本原则贯穿于自愿减排交易各环节、交易主体在自愿减

---

〔1〕 贺城:《借鉴欧美碳交易市场的经验,构建我国碳排放权交易体系》,载《金融理论与教学》2017年第2期。

排交易活动中应遵循的基本准则。温室气体自愿减排交易及相关活动应遵循公平、公正、公开、诚信和自愿的原则。温室气体自愿减排项目应当具备真实性和额外性,项目产生的减排量应当可测量、可核查。

1. 公平原则

自愿减排交易主体参与自愿减排量交易,应该遵循公平原则,合理确定各方的权利和义务,司法机关公平处理交易纠纷。公平原则是指交易主体应当本着公平的理念从事自愿减排交易活动,审定与核证机构公平审定与核证,司法机关应该根据公平的理念处理在自愿减排交易活动中发生的纠纷。公平原则是将自愿减排交易市场经济活动中公平交易和公平竞争的道德标准上升为法律原则的结果,这一原则对于维护自愿减排交易市场经济、弥补法律漏洞具有重要意义。

2. 公正原则

自愿减排交易的间接交易主体参与自愿减排交易活动时,应当遵循公正原则,平等地对待每一个交易主体。公正原则是指注册登记机构、交易机构、第三方审定与核证机构和专家委员会在参与自愿减排交易活动时应该秉持公正原则,不能存在徇私舞弊的情况,扰乱交易市场秩序,损害交易主体的合法权益。注册登记机构和交易机构在自己的权属范围内进行注册登记和交易,第三方核证机构准确核算减排量,专家委员会公正地为温室气体减排提供技术评估等服务。在自愿减排交易的每一个环节都能保证其公正性。

3. 公开原则

温室气体自愿减排交易及相关活动应遵循公开原则。对于监管部门来说,其监管应遵循"双随机、一公开"[1]要求,依据法律法规和相关规定对审定与核查机构进行监督,对审定与核查活动实行日常监督,抽查监督对象的情况及查处结果应及时向社会公开。并且,应加强生态环境部与市场监督管理总局之间,以及监管部门上下之间监管信息的互联互通,依托全国企业信用信息公示系统,整合形成统一的市场监管信息平台,及时公开监管信

[1] 所谓"双随机"的第一个随机,是指随机抽取检查对象;第二个随机,是指随机选派执法检查人员。所谓的"一公开",是指抽查情况及查处结果要及时向社会公开。

息,形成监管合力。对于注册登记机构和交易机构来说,应当按照国家有关规定,及时公开温室气体自愿减排项目和核证自愿减排量的登记、核证自愿减排量交易等相关信息,为其他适格主体参与自愿减排交易及相关活动提供信息、创造条件。对第三方审定与核查机构来说,应当遵守法律法规和市场监督管理总局、生态环境部发布的相关规定,在批准的业务范围内开展相关活动,保证审定与核查活动过程的完整、客观、真实,并做出完整记录,归档留存,确保审定与核查过程和结果具有可追溯性,除了涉及国家秘密或项目业主商业秘密之外,审定与核查报告等相关信息应该公开,接受公众监督。此外,对于减排项目来说,根据法律法规规定可以开发的自愿减排项目应该公示,不能被开发为自愿减排项目的范围应该向社会公开,并说明理由。对于项目减排量来说,减排量核算报告与核查报告应该公开,减排量应该公示,注册登记机构对公示无异议或异议处理完毕、且通过技术审核的减排量在注册登记系统上登记,向社会公开。

4. 诚信原则

自愿减排交易主体参与自愿减排交易,应当遵循诚信原则,秉持诚实,恪守承诺。诚实守信原则,是指交易主体参与自愿减排交易活动时,应当诚实守信,正当行使交易权利并履行交易义务,不实施欺诈和规避法律的行为,在不损害他人利益和社会利益的前提下追求自己的利益。审定与核查机构应确保审定与核查工作的完整性和保密性。诚实信用原则是自愿减排交易市场活动中的一项基本道德准则。管理办法将这一道德准则上升为法律原则,要求交易主体在交易活动的过程中维持交易主体之间的利益平衡以及当事人利益和社会利益之间的平衡。为落实诚信原则,有必要在温室气体自愿减排交易机制中嵌入信用管理制度,即生态环境部会同市场监督管理总局建立核证自愿减排量信用记录制度,对项目业主、审定与核查机构、交易主体等实施信用管理。项目业主、审定与核查机构、交易主体违反相关规定的,由生态环境部、市场监督管理总局按职责予以公开,相关处罚决定纳入国家企业信用信息公示系统向社会公布。

5. 自愿原则

自愿减排交易主体参与自愿减排交易,应当遵循自愿原则,各方主体按照自己的意思设立、变更、终止法律关系。自愿原则是指交易主体参与自愿减排交易活动时,在法律允许的范围内自由表达自己的意思,并按照其意愿设立、变更、终止法律关系的原则。减排量出卖方根据自己的意愿决定是否卖出其项目减排量,减排量买方根据自己的意愿决定是否买入项目减排量。自愿原则与主体法律地位平等具有密切的关系。法律地位平等是自愿原则的前提,自愿原则是交易主体法律地位平等的体现。自愿减排交易主体的法律地位平等,每个主体都具有独立的意志,任何一方当事人都不受他方当事人意志的支配。

(二)自愿减排交易的法律性质

自愿减排交易的法律性质其实是指项目与减排量的法律性质,切合实际的表述应该是:温室气体自愿减排项目应当具备真实性和额外性,项目产生的减排量应当可测量、可核查。其中有争议的是,唯一性要不要强调?额外性究竟是针对自愿减排项目,还是针对项目减排量?而《CCER 暂行办法》第 3 条规定,“温室气体自愿减排交易应遵循公开、公平、公正和诚信的原则,所交易减排量应基于具体项目,并具备真实性、可测量性和额外性。”自愿减排交易具有以下五个特性,最需要探讨的主要集中在唯一性与额外性(Additionality)两个方面。

1. 唯一性

任何一个项目的减排量都应该是唯一的,因此,这个唯一性应讨论项目的唯一性。自愿减排项目的唯一性是指自愿减排项目没有在其他任何国际、国内温室气体减排机制下获得过审定备案,并且自愿减排项目核查的减排量,也未在其他任何减排机制下获得签发,项目是唯一的,审定与核查机构应该对此予以审定确认。自愿减排项目的唯一性可以防止自愿减排项目在不同国家或者不同但相类似的减排机制下重复审定。自愿减排项目如果不具有唯一性,那么同一项目可以在不同国家、不同减排机制下获得审定,此项目产生的减排量也会重复签发交易,这样减排的目的便无法达到。对于其他自愿减排项目而言,这也是有失公允的。因此,自愿减排项目应具有唯一性。在项目设计文件中,项目业主对项目具有唯一性应进行详细论证。

2. 额外性

在项目设计文件中,项目业主应该根据规定的额外性论证和评价方法,对额外性作详细的论述。根据《温室气体自愿减排项目审定与核证指南》的规定,额外性的论证从以下几个方面进行:应实现考虑减排机制可能带来的效益、基准线的识别、投资分析、障碍分析、普遍实践性分析。额外性的本意是指,CDM 项目活动所带来的减排量相对于基准线是额外的。用在我国 CCER 交易管理上指的是,假如没有温室气体自愿减排交易机制的激励作用,就不会促使项目业主开发这一项目,也不会产生减排量。只有通过自愿减排交易机制的激励作用而额外产生的,减排量才具有额外性。言下之意,根据法律法规的规定和强制的减排义务本应该产生的减排量,不具有额外性。综上可见,额外性针对的还是自愿减排项目,这一项目必然会产生“额外的”减排量。[1]

因此,规范的表述应该是:所谓额外性,体现为项目实施使温室气体人为源排放量降低至不开展项目时的水平以下,或者人为清除量增至不开展项目时的水平以上。采用国家或主管部门“减排技术正面目录”的项目,自动获得额外性。其余自愿减排项目需论证如果没有自愿减排交易提供的激励,则项目存在财务、融资、关键技术等方面的障碍。根据法律法规的规定或强制的减排义务本应产生的减排量,不具有额外性。通俗地说,额外性是指项目实施克服了财务、融资、关键技术等方面的障碍,并且相较于相关方法学确定的基准线,项目的减排效果是额外的,即项目的温室气体排放量低于基准线排放量,或者温室气体清除量高于基准清除量。

3. 真实性

自愿减排项目首先应该是真实的,不是臆造的项目,项目所产生的减排

---

[1] 清洁发展机制(CDM)关于额外性的定义是:Additional/Additionality: For a CDM project activity(non – A/R), the effect of the CDM project activity or CPA to reduce anthropogenic GHG emissions below the level that would have occurred in the absence of the CDM project or CPA; or For an A/R CDM project activity or A/R CPA, the effect of the A/R CDM project activity or A/R CPA to increase actual net GHG removals by sinks above the sum of the changes in carbon stocks in the carbon pools within the project boundary that would have occurred in the absence of the A/R CDM project activity or A/R CPA. Whether or not a CDMproject activity or CPA is additional is determined in accordance with the CDM rules and requirements。

量必须是一个实际的温室气体减排量，而不是一个虚构的数据，即具有真实性。在注册登记系统上登记的项目，项目业主应根据项目设计文件和审定报告的要求监测项目运行状况，核算温室气体减排量，不能虚报、伪造减排量。第三方核查机构应当公正、独立地核查减排量，保证减排量的真实性。项目业主和第三方核查机构应该对数据的真实性负责，否则得承担相应的法律责任。真实的减排量数据是自愿减排交易的核心和基础，缺乏真实性的数据使得自愿减排交易失去存在的意义。为确保项目及其减排量的真实性，可建立项目业主与第三方机构的双承诺制度，即项目业主出具对其所提供材料的真实性负责的承诺书，审定与核审机构出具对审定报告和核查报告真实性、完整性、准确性负责的承诺书。在项目申请环节，项目业主对所提交材料的真实性负责，递交的项目审定报告应该有论证项目真实性的内容，第三方审定与核查机构应出具对报告合规性、真实性、准确性的承诺说明。在减排量申请环节，项目业主对所提交减排量申请材料的真实性负责，递交的减排量核查报告应该有论证项目减排量真实性的内容，第三方审定与核查机构应出具对报告真实性、准确性的承诺说明。

4. 准确性

自愿减排项目所产生的减排量应该是准确的，而不是一个不完整或者不准确的核算结果。项目业主应该对项目所产生的减排量做一个全面且精准的计算，以保证数据的准确性。项目业主在核算温室气体减排量时，应该单位精确到最小单位，不得估算、拟算，以保证减排量的准确性。第三方核查机构在进行减排量核查时，应客观、独立、公正，保证减排量数据的准确性。项目业主和核查机构对减排量的准确性负责，否则应承担相应的法律责任。准确的碳排放数据是减排量交易的重要依据，它关系着交易主体从事碳减排活动的积极性、气候效益的确定性以及碳交易市场的公平性，对自愿减排交易的正常运行极其重要。

5. 可测量性、可核查性

自愿减排项目产生的减排量应当可以通过一定的技术手段与科学方法核算出来，核查机构也可以通过核查技术指南或规范规定的技术手段与科学方法，对核算的数据进行测量与核查，结果是可信的，即项目减排量是可以被测量、被核查的。可测量性可以证明自愿减排量是实际发生的，因此减排项目产生的减排量可以交易,可以被用于抵消控排企业的排放量。可测量性有助于保证自愿减排项目是切实可行的,没有被高估。考虑保障碳市场的稳定性和基准线的重要性,自愿减排项目的减排量如果难以被测量或不能核查,是不适合列入自愿减排项目范围的。

总的来说,《CCER 暂行办法》的修订应规定,自愿减排项目应满足额外性的要求,自愿减排项目产生的减排量不能重复计算,且只能用于唯一的目的,即如果用于 CCER 市场交易,则不能再用于绿证交易,满足项目减排量的唯一性要求。为了避免重复计算,确保项目及其减排量的唯一性和额外性,新《温室气体自愿减排交易管理办法》应规定,碳排放权交易市场重点排放单位履约边界内实施的减排项目,不得作为温室气体自愿减排项目。

六、自愿减排交易的关键要素

(一)交易对象

温室气体自愿减排交易对象即国家核证自愿减排量(CCER),可交易的温室气体具体是指人为排放的二氧化碳(CO_2)、甲烷(CH_4)、氧化亚氮(N_2O)、氢氟碳化物(HFCs)、全氟化碳(PFCs)、六氟化硫(SF_6)和三氟化氮(NF_3)。

自愿减排交易市场中的交易对象具有特殊性。联合国政府间气候变化专门委员会 1997 年的《京都议定书》把市场机制作为解决二氧化碳为代表的温室气体减排问题的新路径,也就是把温室气体的排放量或减排量视作一种商品,在这一基础上形成碳排放权交易,所以温室气体交易的对象是具有一定的特殊性的。从马克思对商品的定义进行分析,商品应该具有价值和使用价值,但是自愿减排交易市场的交易对象——二氧化碳、甲烷等气体的特殊性在于,自愿减排交易的核证自愿减排量是一种法律上拟制的财产权而不同于传统意义上真正的商品。减排量的价值不是通过市场交换形成的,而是通过一系列协议或者规则规定的,也就是说核证自愿减排量(CCER)在市场上的供给与需求是人为创造的,而不是通过市场交易自发形成的。[1]

---

〔1〕 王洁莉:《浅谈我国碳交易市场体系的构建》,载《黑龙江对外经贸》2011 年第 9 期。

(二)交易主体

在自愿减排交易中,交易主体是主观能动性最强且最具创造力的要素,释明交易主体交易市场才能得到更加充分发展。中国境内注册的法人可依法开发温室气体自愿减排项目,并自愿申请项目减排量的核证。符合核证自愿减排量交易规则的单位和个人(以下简称交易主体)均可参与核证自愿减排量交易。

自愿减排交易主体的概念应该从狭义和广义两个角度进行定义。从狭义角度出发,自愿减排交易主体是交易过程中享有权利和承担义务的组织和个人。根据法律地位和权利义务的不同,可以分为转让方、受让方。转让方和受让方是直接参与自愿减排交易的合同主体,是自愿减排交易的核心主体,是减排量出让方和受让方。

从广义角度出发,自愿减排交易的主体既包括直接参与主体也包括间接交易主体。所谓间接交易主体也就是交易辅助方和交易监管方。交易辅助方是指为了自愿减排交易顺利完成而提供政策、技术、金融等各项服务的辅助机构,如第三方审定与核查机构、金融机构等。交易监管方指的是监督管理自愿减排交易市场有无违法乱纪行为,以及保障交易公正合法进行的机构,主要是具有监管职能的政府部门,如按照国家有关规定建设温室气体自愿减排交易市场的生态环境部,负责对本行政区域内温室气体自愿减排项目实施监督管理的省级生态环境主管部门,以及对从事温室气体自愿减排项目审定和减排量核查服务的第三方机构的资质进行市场准入批准的市场监管总局。广义的自愿减排交易主体是整个交易体系的组成部分,他们分工协作、目标一致,共同组成自愿减排交易主体体系。

自愿减排交易的直接交易主体是中华人民共和国境内注册的法人,可依据本办法开发温室气体自愿减排项目,并自愿申请项目减排量的核证。符合条件的单位和个人均可以参与国家核证自愿减排量交易。

CCER是我国境内可再生能源、林业碳汇、甲烷利用等项目的温室气体减排效果进行量化核证,并在国家温室气体自愿减排交易注册登记系统中登记的温室气体减排量。理论上,光伏发电、风力发电、森林林场等能减少二氧化碳排放量的项目,都可依据一定方法论并经国家备案核证机构核准后,成为CCER的转让方,因此,CCER的转让方可以是光伏发电电力企业、国有林场、集体经济组织、林业局等。CCER采用抵消方式,重点排放企业可通过签订CCER购买协议,购买经过核证登记的CCER配额。依照2021年2月1日起施行的《碳排放权交易管理办法(试行)》第29条的规定,重点排放单位每年可以使用国家核证自愿减排量抵消碳排放配额的清缴,抵消比例不得超过应清缴碳排放配额的5%。在接下来的交易市场中,符合条件的个人也可以进入交易市场参与交易,广泛的参与主体有利于全民参与碳减排活动。

(三)自愿减排项目审定与减排量核证[1]

1. 审定与核证机构

温室气体自愿减排项目的审定机构和减排量核证机构(以下简称审定与核证机构)是经有关部门认可具有自愿减排项目审定和减排量核证资质的第三方机构。审定与核证机构应当依法设立,符合《认证认可条例》和《认证机构管理办法》规定的认证机构应当具备的基本条件和实施审定与核证活动的能力,能够客观、公正、中立、独立和有效地从事审定与核证活动。

审定与核证机构应满足以下条件:(1)具备开展审定与核证工作相配套的办公场所和必要的设施;(2)具备10名以上具有审定与核证能力的专职人员,其中有5名人员具有两年及以上温室气体减排项目审定与核证工作经历;(3)建立完善的审定与核证活动管理制度;(4)具备开展审定与核证业务活动所需的稳定的财务支持,建立应对风险的基金或保险,有应对风险的能力;(5)具备开展审定与核证活动相适应的技术能力,符合审定与核证机构相关标准要求;(6)近五年无不良记录。市场监督管理总局就申请开展审定与核证的机构征求生态环境部意见后,作出是否认可的决定。审定与核证机构在获得批准后,方可进行审定与核证活动。

截至2017年4月10日,经国家备案通过的具有CCER第三方审定与核

---

[1] 根据《温室气体自愿减排交易管理暂行办法》的规定,项目减排量使用“核证”一词,然而,根据现在的碳排放权交易市场碳数据核查实践,以及市场监管部门对第三方机构监管的要求,项目减排量使用“核查”一词更为妥帖。核证是项目减排量在经过核算、核查、公示、技术评估和登记之后,最后一道程序,由国家核证,称为国家核证自愿减排量,即CCER。

证资质的机构总共有 12 家，分别是：中国质量认证中心（CQC）；中环联合（北京）认证中心有限公司（CEC）；中国船级社质量认证公司（CCSC）；环境保护部环境保护对外合作中心（MEPFECO）；广州赛宝认证中心服务有限公司（CEPREI）；深圳华测国际认证有限公司（CTI）；北京中创碳投科技有限公司中国农业科学院（CAAS）；中国林业科学研究院林业科技信息研究所；中国建材检验认证集团股份有限公司（CTC）；中国铝业郑州有色金属研究院有限公司；江苏省星霖碳业股份有限公司（XLC）。12 家机构的专业领域涉及能源工业（可再生能源和不可再生能源）、能源分配与需求、化工行业、建筑行业、交通运输业、矿产品、金属生产、废物处理、造林和再造林、农业等 15 个领域。

2. 项目审定

审定是由第三方审定机构接受项目业主的委托对项目的合格性进行独立评估。审定工作主要分为文件评审和现场访问两部分，文件评审主要是对项目文件、数据的真实性、准确性和完整性进行确认，并出具审定报告。现场访问主要是对项目现场进行访问，与项目单位、当地政府部门、利益相关方座谈，[1] 进一步判断和确认项目的设计是否能产生真实的、可测量的和额外的减排量。所有项目都应该进行文件评审，但是现场访问不是每类项目都需要进行的。

CCER 项目一共分为四大类，审定机构应按照《温室气体自愿减排项目审定与核证指南》的规定，对不同种类的项目按照不同的审定方法进行审定。按照《温室气体自愿减排项目审定与核证指南》的规定，CCER 审定项目应当满足：（1）项目资格条件；（2）项目设计文件；（3）项目描述；（4）方法学选择；（5）项目边界确定；（6）基准线识别；（7）额外性；（8）减排量计算；（9）监测计划等九个方面的要求。[2] 审定机构对符合要求的项目出具审定报告。经审定的项目，项目业主可以通过注册登记系统向项目所在地的省级生态环境主管部门提交申请。审定与核证机构应当遵守法律法规和市场

---

〔1〕 孙喆：《浅谈企业如何做好中国核证自愿减排项目（CCER）的审定和核查工作》，载《现代经济信息》2015 年第 20 期。

〔2〕 国家发展改革委：《温室气体自愿减排项目审定和核证指南》（发改办气候〔2012〕2862 号）。

监督管理总局、生态环境部发布的相关规定，在批准的业务范围内开展相关活动，保证审定与核证活动过程的完整、客观、真实，并做出完整记录，归档留存，确保审定与核证过程和结果具有可追溯性。国家鼓励审定与核证机构获得认可。审定机构及审定人员应当对其出具审定报告的合规性、真实性、准确性负责，不得弄虚作假，不得泄露项目业主的商业秘密。审定机构的相关工作人员不得参与核证自愿减排量交易以及其他可能影响审定公正性的活动。对于违反禁止性规定的行为，应对相关工作人员和审定机构进行相应的处罚。

3. 减排量核证

减排量核证（现在所称的减排量核查）是指项目业主在项目审定并登记之后，项目产生的减排量经过核算，再委托第三方核证机构对项目减排量核算结果进行核查，并由核证机构以书面形式证明该项目减排量是真实、准确、可测量的活动。核证是对项目减排量具有真实性、准确性和可测量性的进一步保障。项目审定与登记只是第一步，意味着项目产生的减排量合法，而最终能否获得可交易的减排量则取决于监测、核算和核查核证。

核证机构对自愿减排量的核证主要是从以下几个方面进行。首先，核证机构要对减排量是否具有唯一性进行审查确认，即减排量没有在其他任何国际国内温室气体减排机制下获得签发，这是核证减排量首要且关键的一步。其次，核证机构对项目实施与项目设计文件的符合性、监测计划与方法学的符合性、监测与监测计划的符合性和校准频次的符合性进行核查。最后，核证机构还应对减排量计算结果的合理性进行确认。核证机构对符合条件的项目减排量出具核证报告并由项目业主上传至注册登记系统。

核证的目的是保证经核实的减排量报告是真实可靠的，并对用户负责。核证人员对减排量进行核证，并发布核证报告。因此，核证机构应加强对核证人员的培训并不断改进内部程序，保证核证人员的专业知识完备，有能力完成核证任务。核证机构和核证人员应按照规定公平公正地完成核证任务，保证核证报告是可核查的、客观的和透明公正的。

依据报告制度，审定与核证机构应当定期（每个年度）向市场监督管理总局提交工作报告，抄送生态环境部，并对报告内容的真实性负责。报告应当对审定与核证机构执行项目审定与减排量核证法律法规、技术规范的情况、从事审定与核证活动的情况、从业人员的工作情况等作出说明。报告制度实则是市场监督管理总局和生态环境部对审定与核证机构的一种监督管理,审定与核证机构应当如实报告其工作情况,接受部门监督。

(四)专家库

温室气体自愿减排交易管理设立专家库。生态环境部建立温室气体自愿减排管理专家库,为温室气体自愿减排项目的开发和审定、减排量的核查、交易等活动提供技术评估等服务。专家库成员的选聘办法、任期、职责以及专家库的工作程序和议事规则等,由生态环境部或注册登记机构制定部门工作文件予以明确规范。专家的工作主要是对项目和减排量进行技术评估。

对于项目评估来说,在项目公示期结束后,注册登记机构从温室气体自愿减排管理专家库中抽取不少于5名的专家组成专家组。专家组参考公示期内收到的意见和项目业主的说明,对所申请项目是否符合技术规范要求等进行技术评估,在20个工作日内出具书面评估意见并通过注册登记系统公开,书面评估意见应当包括项目是否通过技术评估的明确结论。

对于减排量评估来说,在减排量公示期结束后,注册登记机构从温室气体自愿减排管理专家库中抽取不少于5名的专家组成专家组。专家组参考公示期内收到的意见和项目业主的说明,对减排量核算报告和核查报告是否符合技术规范要求等进行技术评估,在20个工作日内出具书面评估意见并通过注册登记系统公开,评估意见应当包括减排量是否通过技术评估的明确结论。

通过专家组评估的项目与减排量才可在注册登记系统上进行登记。专家组的专家在工作中应遵循科学精神、客观公正地进行项目与减排量的技术评估。

七、中国碳排放权交易市场的发端——碳交易试点

中国在"十二五"规划期间就明确提出要逐步建立碳排放权交易市场。2011年10月29日,为落实"十二五"规划关于逐步建立国内碳排放交易市

场的要求,推动运用市场机制以较低成本实现2020年中国控制温室气体排放行动目标,加快经济发展方式转变和产业结构升级,经综合考虑并结合有关地区申报情况和工作基础,国家发展改革委下发了《关于开展碳排放权交易试点工作的通知》(发改办气候〔2011〕2601号),批准深圳、北京、广东、天津、上海、重庆、湖北(以下简称"七省市"或"试点区域")开展碳排放权交易试点工作,由此,中国的碳交易市场建设拉开帷幕。2011年12月1日,国务院印发《"十二五"控制温室气体排放工作方案》(国发〔2011〕41号)更进一步指出,控制温室气体排放是中国积极应对全球气候变化的重要任务,明确规定要"探索建立碳排放交易市场",并提出要建立自愿减排交易机制,建立碳排放总量控制制度,开展碳排放权交易试点,制定相应法规和管理办法,研究提出温室气体排放权分配方案,逐步形成区域碳排放权交易体系,加强碳排放交易支撑体系建设。从2013年开始,中国陆续启动了七省(市)的碳交易试点工作,碳交易试点市场建设迅速开展,成为中国从无到有建立碳交易市场的试验田,个别区域甚至还尝试开展跨区域的碳交易试点。[1] 2016年,福建和四川开始建设地方碳市场。然而,纵观各试点及跨区域碳交易成效,还未达到公众预期。比如,京津冀区域的北京与天津两地的碳交易所占市场份额不多,市场活跃度还不够。北京在2014年年底和河北省承德市正式探索开展跨区域碳交易试点建设,但进程缓慢。2017年12月,中国宣布启动全国碳排放权交易体系,计划在未来两到三年建成全国统一的、比较完善的碳交易法律框架和交易体系。2017年,经国务院同意,《全国碳排放权交易市场建设方案(发电行业)》印发。2018年以来,生态环境部坚持将全国碳市场作为控制温室气体排放政策工具的基本定位,坚持稳中求进,以搭建制度框架、夯实管理基础、提升数据质量为市场建设初期主要目标,扎实推进全国碳市场制度体系、基础设施、数据管理和能力建设等方面各项工作。

作为一种温室气体减排的市场手段、大气污染治理方式的一个重要选项,中国的碳排放权交易从单一区域的碳交易过渡到跨区域的碳交易,再到全国统一的碳排放权交易,其中面临许多困境。像京津冀地区这种跨区域

〔1〕 欧阳春香:《全国碳排放交易市场加快建设》,载《中国证券报》2015年8月17日,第A14版。

的碳交易必然会涉及各行政区划之间的碳排放配额的衔接问题，这是碳交易市场、碳交易系统对接的基础与核心。所谓碳排放配额的衔接，即一个地区的碳配额被另一地区的碳交易市场所认可，可以在另一地区的碳排放交易市场上进行交易或赎回。[1] 碳排放配额往往是依据国家或地方政府的整体减排目标，在评估一定区域的碳排放总量后根据法定标准而设定的，并以此为基础对纳入碳排放配额管理的排污企业（即控排企业）进行初始配额分配。由于试点各地的经济社会发展不均衡，产业结构、城市功能定位不相同，控排企业的纳入标准不一致，排污企业的技术能力参差不齐，因此，试点各地的碳排放总量设定、初始配额分配方式、配额数量等都没有、也难以统一，碳排放配额必然存在区域差异性。

以京津冀区域为例，构建京津冀跨行政区域碳排放权交易市场是建立全国统一的碳交易市场体系中的重要一环，即从北京、天津两个试点区域的碳交易，过渡到京津冀及周边地区的碳交易，再到全国统一的碳交易市场体系，由于区域内各省市的经济与社会发展的差距较大，各行政区域的碳排放配额如何分配并实现有效衔接？如何协调京津两地现有的碳交易平台？系统如何对接，并统一建章立制？这是京津冀地区碳交易面临的困境，也是建立全国性的碳交易体系、统一碳市场运行规则的关键问题，既需要借鉴域外的立法经验，又要结合国情，寻求理论支持与制度破解。

全国碳市场是我国实施积极应对气候变化国家战略的重要组成部分，也是落实我国碳达峰碳中和目标的重要政策工具。2020 年年底，我国正式启动全国碳市场第一个履约周期，从 2021 年 1 月 1 日开始到 12 月 31 日为止。到 2021 年 6 月，试点省市碳市场累计配额成交量 4.8 亿 tCO_2e，成交额约 114 亿元，有效促进了试点省市企业温室气体减排，也为全国碳市场建设进行了有益尝试。2021 年 7 月 16 日，全国碳市场正式启动上线交易。第一个履约周期以发电行业为首个重点行业。这里的发电行业含其他行业自备电厂，是 2013 年至 2019 年任一年排放达到 2.6 万 tCO_2e（综合能源消费量约 1 万吨标准煤）及以上的企业或者其他经济组织，共 2162 家重点排放单

[1] 刘自俊、贾爱玲、罗时燕：《欧盟碳排放权交易与其他国家碳交易衔接经验》，载《世界农业》2014 年第 2 期。

位,年度覆盖二氧化碳排放量约45亿吨。由此,我国的碳市场一跃成为全球覆盖碳排放量最大的碳市场。截至2021年年底,全国碳市场总体配额履约率为99.5%,1833家重点排放单位按时足额完成配额清缴。2022年12月30日生态环境部发布的《全国碳排放权交易市场第一个履约周期报告》显示,全国碳市场第一个履约周期,市场运行平稳有序,交易价格稳中有升。全国碳市场运行框架基本建立,价格发现机制作用初步显现,企业减排意识和能力水平得到有效提高,实现了预期目标。[1]

[1] 寇江泽:《全国碳市场运行框架基本建立》,载《人民日报》2023年1月3日,第14版。

第二章　国外碳交易立法经验

第一节　欧盟碳排放交易立法及实践

欧盟是碳减排最主要的推动者，也是国际气候谈判的发起者。欧盟具有世界上最有影响力的碳排放交易规则，并在此处上形成了全球第一个多国参与的碳排放交易市场，其通过《欧盟碳排放交易指令》保证减排任务有效进行，使碳市场不断完善。欧盟碳排放交易机制已经比较成熟，是迄今为止由发达国家设立的碳排放交易体系中最大、也最为成功的一个，它为欧盟履行《京都议定书》的减排承诺奠定了较好的制度基础。

一、欧盟碳排放交易体系简介

《京都议定书》量化了各个国家的减排指标，并建立了新的减排机制，这为碳排放权交易的进一步发展提供了全新框架，也为各个国家具体的减排行动指明了方向。《京都议定书》遵循“共同但有区别的责任”这一原则，对附件一国家（发达国家和经济转型国家）控制和减少温室气体排放的目标和措施进行了规定，规定 2008 ~ 2012 年间碳排放权交易机制采取“总量控制与交易”（Cap – and – Trade）模式，以及可跨承诺期的配额储存机制[1]。根据《京都议定书》的要求，欧盟必须在 2012 年前完成二氧化碳等六种温室气体的年平均排放量比 1990 年降低 8% 的减排任务。为了以比较低的成本兑现议定书上的减排承诺，欧盟委员会 2005 年启动了欧盟碳排放交易体系

---

〔1〕 可跨承诺期的配额储存机制是指缔约方可以根据自身情况灵活安排排放配额的使用时间。如果某一承诺方在承诺期内有结余的排放配额，则可以选择交易出售，也可以储存起来，结转到以后的承诺期使用。

(European Union Emissions Trading Scheme,EUETS)。

欧盟碳排放交易体系(EUETS)是世界上起步最早、覆盖面最广、规模最大且正在运行的碳交易体系。在2021年7月16日中国全国统一的碳交易市场正式启动上线交易之前,欧盟一直是全球最大的强制性碳排放交易市场,拥有世界上最大的碳排放总量控制与交易体系。目前,该交易体系已在31个国家运行[1],覆盖范围超过11,000座高能耗设施以及在上述国家运营的航空公司,欧盟排放配额(EUAs)的交易量约达欧盟温室气体排放量的45%。作为世界上第一个多国参与的碳交易体系,EUETS覆盖面跨多个国家的特点与中国建立统一的跨行政区域的碳排放交易体系则有异曲同工之处,欧盟碳交易市场的运行规则及其在碳排放配额衔接方面的立法经验,值得我们借鉴。

二、欧盟碳排放交易立法及其完善

(一)欧盟碳排放交易立法

欧盟碳排放交易体系(EUETS)于2005年正式启动,被公认为世界上最发达的碳交易市场,经过了2020年的疫情冲击后,仍然保持着相对稳定的状态,而这往往被归因于欧盟健全的法制环境。为了保证碳交易市场的统一与稳定运行,欧盟在碳排放立法机制上采取的是渐进式立法,通过责任分担协议等初步建立框架以后,通过碳排放交易的实际运行,发现问题并进行及时调整和改正,逐步进行碳排放交易指令的完善。1998年,欧盟环境部出台《欧盟关于气候变化的战略》;2002年其启动欧洲气候变化计划;2003年欧盟通过了《建立欧盟温室气体排放配额交易机制的指令》;2004年对该指令进行了修改,增加了与《京都议定书》灵活机制衔接的内容,被称为连接指令;2007年欧洲理事会提出“能源和气候一体化决议”;2008年欧盟通过了将国际航空业纳入欧盟碳排放交易体系的法案;2009年通过《排放交易修改指令》;2013年为引导成员国增强对气候变化的适应性,并加强气候变化应

[1] 包括28个欧盟国家,3个非欧盟国家,即冰岛、列支敦士登和挪威。英国脱欧后,于2021年1月1日退出了欧盟碳排放交易体系,并在同一天启动了英国碳排放交易体系。

对支持工具的可操作性,欧盟委员会先后通过了《欧盟气候变化适应战略》和《发展气候适应战略指导方针》。[1]

20世纪90年代初,欧盟参与了《气候框架公约》的谈判,当时的欧共体提出到2000年将二氧化碳的排放量控制在1990年水平上的目标。欧盟在《京都议定书》中承诺,2008年至2010年将温室气体排放量在1990年水平上减排8%,1998年6月,欧盟各成员国一致同意该减排指标。为了实现此目标,欧盟各成员国通过谈判达成了"责任分担协议"(Burden Sharing Agreement,BSA)[2],把欧盟在《京都议定书》中承诺的温室气体减排8%的任务分配给了各成员国。欧盟于2002年5月31日批准《京都议定书》,并宣布欧盟及其成员国将联合完成减排承诺。[3] 欧盟为了以较低的成本履行其在《京都议定书》中确立的减排承诺,于2005年建立了欧盟碳排放交易体系(EUETS),它是欧盟气候变化政策的一项重要内容,也是欧盟应对气候变化政策框架的重要支柱。

(二)欧盟碳排放交易体系的发展阶段

欧盟碳排放交易体系历经了三个发展阶段,当前正处于第四阶段,交易程序逐步规范,规则不断修订,各项政策逐渐趋严,已经形成了一套比较健全的碳交易法律体系。其中,欧盟碳配额及其衔接的法律制度也不断完善,对欧盟碳排放交易的平稳运行发挥了不可或缺的作用。

1. 碳交易起步试验阶段(2005~2007年)

此阶段主要目的并不是实现温室气体的大幅减排,而是获得运行总量交易的经验,为后续阶段正式履行《京都议定书》奠定基础。在选择所交易的温室气体上,第一阶段仅涉及对气候变化影响最大的二氧化碳排放权的交易,而不是全部包括《京都议定书》提出的6种温室气体。在选择所覆盖

---

[1] 张立峰:《欧盟碳市场法制建设若干特点及对中国的启示》,载《河北学刊》2018年第4期。

[2] 其实早在1997年3月京都会议之前,欧盟在总体减排目标的前提下,各成员国已经达成了内部的"责任分担协议"。

[3] 2004年和2005年欧盟进行了新一轮的扩容,先后又有12个国家加入欧盟,这12新入盟的国家没有被包括在联合履行《京都议定书》的15个国家之内。在《京都议定书》的框架之内这12个国家向国际社会做出了各自的减排承诺。

产业方面,欧盟要求第一阶段只包括能源产业、内燃机功率在20MW以上的企业、石油冶炼业、钢铁行业、水泥行业、玻璃行业、陶瓷以及造纸业等,并设置了被纳入体系的企业的门槛。这样,欧盟排放交易体系大约覆盖11,500家企业,其二氧化碳排量占欧盟的50%。而其他温室气体和产业将在第二阶段后逐渐加入。这一阶段,欧盟碳排放交易市场最基础的立法包括欧盟议会和委员会2003年通过的《建立欧盟内部温室气体排放配额交易体系的指令》[1],即"2003/87/EC交易指令"(以下简称2003指令),以及2004年对"2003/87/EC交易指令"进行修订的指令[2],即"2004/101/EC指令"(以下简称2004指令)。欧盟正是以"2003指令"为法律基础,建立了以"总量限额—交易"(Cap & Trade)为核心的碳排放交易体系,统一对符合条件的排放设施进行强制性排放配额控制。该指令关于欧盟碳配额(EUA)的主要内容包括:对专业术语的解释(如排放配额);对排放配额的规定;实体性程序要求;配额分配原则;国家分配计划(National Allocation Plan,NAP);不同阶段免费配额总量的确定方式;配额的转让问题;排放的监测、报告以及核查方法和程序;对违反规定的处罚措施;公众知情权的范围;主管机构的协调机制;配额登记制度;对各个成员国提交报告的具体要求;碳排放的国际合作;对生产设施作出的具体规定;同类企业的联营托管人制度;不可抗力下配额的发放问题;对该指令执行的具体规定等。

"2004指令"是对"2003指令"的首次修改,主要涉及碳配额衔接的法律问题。该指令在"2003指令"的基础上详细规定了欧盟体系下碳排放配额与《京都议定书》项目机制的信用额相认可的额度范围,并允许欧盟各企业为实现减排义务,可使用项目机制的减排指标(配额)。第一阶段中,欧盟各成员国结合《京都议定书》的各自减排义务以及"责任分担协议"里分别承担的减排目标,预测未来碳排放量,并以此数据作为基础,自行决定内部总排放

[1] Directive 2003/87/EC of the European Parliament and of the Council of 13 October 2003 establishing a scheme for greenhouse gas emission allowance trading within the Community and amending Council Directive 96/61/EC.

[2] European Parliament and the Council Directive 2004/101/EC – 2004, Directive 2004/101/EC of the European Parliament and of the Council of 27 October 2004 Amending Directive 2003/87/EC establishing a scheme for greenhouse gas emission allowance trading within the Community, in respect of the Kyoto Protocol's Project Mechanism.

额与各行业分配方案。在此阶段,欧盟委员会通过对各成员国上报的分配方案进行协调,采取"自下而上"的方式确定碳配额总量的分配制度,以此完成欧盟碳配额的初步衔接。

2. 指令的部分修改阶段(2008~2012年)

这一阶段时间跨度与《京都议定书》首次承诺时间保持一致。欧盟借助所设计的碳排放交易体系,正式履行对《京都议定书》的承诺。欧盟委员会于2008年和2009年对"2003指令"进行了两次修订,分别为2008年欧盟委员会通过的建议案:《改善和扩展欧盟温室气体排放配额交易体系的指令》,即"2008/101/EC指令"[1](以下简称2008指令);2009年再次对"2003指令"进行修订的指令,即"2009/29/EC指令"[2](以下简称2009指令)。欧盟此阶段的指令修订,目的是完成《京都约定书》中的强制性减排义务,有效地推进欧盟碳排放交易市场的统一与碳配额衔接。指令修订的主要内容包括:其一,扩大欧盟碳排放交易体系的覆盖范围。覆盖的行业从能源、生产性行业拓展到航空业,参与欧盟碳排放交易平台的国家也从欧盟会员国延伸到非欧盟会员国,即包括冰岛、列支敦士登和挪威三个邻近国家。其二,统一规定欧盟碳排放总量。即不再由成员国自行设定各自国家的排放总量,而改由欧盟委员会统一设定交易体系内的碳配额总量,以及各个成员国的碳配额总量,进一步促进了各会员国之间碳配额的统一协调与衔接。其三,改变过去的碳排放配额分配方式。即更多地使用碳配额的拍卖方式,目的是逐步替代欧盟原来的按"祖父法"(Grand - Fathering)[3]免费分配碳配额的方式,以此缓解第一阶段因免费分发碳配额过度,所带来的市场扭曲问

---

〔1〕 European Commission. SEC (2008) 85 - 2008, Proposal for a Directive of the European Parliament and of the Council Amending Directive 2003/87/EC so as to improve and extend the Greenhouse Gas Emission Allowance Trading System of the Community.

〔2〕 European Parliament and the Council Directive 2009/29/EC - 2009, Directive 2009/29/EC of the European Parliament and of the Council of 23 April 2009 Amending Directive 2003/87/EC so as to improve and extend the Greenhouse Gas Emission Allowance Trading Scheme of the Community.

〔3〕 "祖父法",也称历史排放法,即碳交易主体获得的碳配额总量以其历史排放水平为基准,免费发放碳配额。"祖父法"往往成为立法者和排放企业在碳排放交易市场设立初期接受程度最高的配额发放方式。

题。其四,转变碳配额核算标准。即由原先的"祖父法"更多地向"基准线法"[1]转变。第二阶段提高了欧盟委员会的权威性,碳配额分配不再受各成员国控制,而是由欧盟委员会制定统一的碳配额分配方案,这样,碳配额总量及其分配方式则由过去的"自下而上"转变为"自上而下",克服了第一阶段出现的因碳配额总量过多导致的分配缺陷,进一步完善了交易体系内的碳配额衔接。

3. 深度改革阶段(2013~2020年)

本阶段主要的政策与法规依据包括:《拍卖法规》[2],《采购协议》[3],《基准规定》[4],"碳泄漏"名录及规制[5],监督、报告[6]及核查法规[7]等。在此阶段,排放总量每年以1.74%的速度下降,以确保2020年温室气体排放比1990年低20%以上。欧盟为了进一步巩固其碳配额交易市场的

---

[1] "基准线法",即通过行业基准线来确定免费的配额分配方法。所谓的基准线,即碳排放强度行业基准值,是某行业的代表某一生产水平的单位活动水平碳排放量,基准值通常设置在代表行业先进水平的一端。

[2] Commission Regulation (EU), No. 1031/2010 Of 12 November 2010, On The Timing, Administration and Other Aspects of Greenhouse Gas Emission Allowances Pursuant to Directive 2003/87/EC of The European Parliament and of The Council Establishing A Scheme For Greenhouse Gas Emission Allowances Within The Community("Auctioning Regulation"), Official Journal of the European Union, 18.11.2010, L302, p. 1.

[3] Joint Procurement Agreement To Procure Common Auction Platforms, November 9, 2011, Europa EU.

[4] 2011/278/EU: Commission Decision Of 27 April 2011 Determining Transitional Union - Wide Rules For Harmonized Free Allocation Of Emission Allowances Pursuant To Article 10a Of Directive 2003/87/EC Of The European Parliament And Of The Council [Notified Under Document C (2011) 2772], OJ L 130, 17, 5, 2011. p. 1 - 45.

[5] 所谓的"碳泄漏",是指欧盟碳排放交易造成生产商把重排放产业转移到欧盟境外的一种现象,欧盟对"碳泄漏"进行法律规制,其依据为:Commission Decision Of 17.8.2012 Amending Decisions 2010/2/EU And 2011/278/EU As Regards The Sectors And Sub - sectors Which Are Deemed To Be Exposed To A Significant Risk Of Carbon Leakage。

[6] Commission Regulation (EU), No. 601/2012 Of 21 June 2012 On The Monitoring And Reporting Of Greenhouse Gas Emissions Pursuant To Directive 2003/87/EC Of The European Parliament And Of The Council Text With EEA Relevance, Official Journal Of European Union, 12.7.2012, L 181, p. 30 - 104.

[7] Commission Regulation (EU), No. 600/2012 Of 21 June 2012 On The Verification Of Greenhouse Gas Emission Reports And Tonne - Kilometre Reports And The Accreditation Of Verifiers Pursuant To Directive 2003/87/EC Of The European Parliament And Of The Council Text With EEA Relevance, Official Journal Of European Union, 12.7.2012, L 181, p. 1 - 29.

统一，进行了两方面改革：一方面为应对过剩的碳配额所带来的交易价格持续下降的问题，提出了新的解决办法，包括将欧盟碳减排目标设定为相对于1990年的水平下降30%、永久性取消部分碳排放配额、提前修订年度线性减排因子、在温室气体种类和行业上扩大碳交易市场的覆盖范围、设置碳排放配额的价格下限并建立价格稳定机制；另一方面，对监管和注册登记制度、碳配额分配制度、报告与核查制度进行了法律层面的升级，包括建立单一的欧盟注册登记系统，确立统一的碳排放总量制度，以拍卖为主的碳配额分配方式，在欧盟层面制定统一的检测和报告条例，以及第三方核查机构的认证条例等。

由前述可知，在气候治理机制与政策上，欧盟委员会选择通过实施多项法令与政策，渐进式地推动了排放交易机制的形成与逐步成熟，建立了跨国界的区域性排放权交易市场。这种机制既有集权又有分权，实现了宏观调控与市场机制相结合，也许正是其成为世界最大碳交易市场的原因。总的来说，第三阶段欧盟碳排放交易体系的深度改革，主要是在维持欧盟各成员国积极性的基础上，将成员国的诸多权力都集中在欧盟层面，逐步形成了一套较完善的碳交易法规体系，实现了欧盟碳排放配额全面、有效地衔接。目前，欧盟碳排放交易体系正处于第四阶段（2021～2030年），这一阶段的特点与目标是：在总量控制上，配额总量发放上限将从逐年减少1.74%变为减少2.2%，并于2024年起配额上限减少幅度会更大。因此，更大比例的碳排放配额将被用于拍卖，碳交易市场规模将跟随扩大和活跃，以借助不断提升的碳交易价格促进和推动碳减排。欧盟碳市场于2019年年初建立了市场稳定储备来平衡市场供需，应对未来可能出现的市场冲击。欧盟碳排放交易体系成立以来在市场规模上呈现的特征是，行业覆盖范围逐步扩展。在第四阶段，覆盖范围的变化是，从2023年起，欧盟碳排放交易体系将对欧盟港口内部、抵达、出发的船舶计算二氧化碳排放量。

（三）欧盟碳排放交易立法经验

在具体的市场建设上，欧盟碳排放交易体系采用“总量控制与交易”规则，在限制温室气体排放总量的基础上，通过买卖行政许可的方式进行排放。在欧盟碳排放交易体系下，欧盟会员国必须同意由EUETS制定的国家排放上限。在此上限内,各公司除了分配的排放量以外,还可以出售或购买额外的需要额度,以确保整体排放量在特定的额度内。超额排放的公司将会受到处罚,而配额有剩余的公司则可以保留排放量以供未来使用,或者出售给其他公司。欧盟委员会规定,在试运行阶段,企业每超额排放1吨二氧化碳,将被处罚40欧元,在正式运行阶段,罚款额提高至每吨100欧元,并且还要从次年的企业排放许可权中将该超额排放量扣除。由此可见,欧盟排放交易体系创造出一种激励机制,它激发私人部门最大可能地以成本最低方法实现减排。欧盟试图通过这种市场化机制,确保以最经济的方式履行《京都议定书》,把温室气体排放量限制在所希望达到的水平上。

欧盟碳排放交易体系虽然由欧盟委员会控制,但是各成员国在设定排放总量、分配排放配额、监督交易等方面有很大的自主权,呈现出一种分权化治理模式。分权化治理模式指该体系所覆盖的成员国在排放交易体系中拥有相当大的自主决策权,这是欧盟排放交易体系与世界上其他总量交易体系的最大区别。欧盟排放交易体系覆盖近30个主权国家,它们在经济发展水平、产业结构、体制制度等方面存在较大差异,采用分权化治理模式,可以在总体上实现减排计划的同时,兼顾各成员国差异性,有效地平衡了各成员国和欧盟的利益。欧盟排放交易体系分权化治理思想体现在排放总量的设置、分配、排放权交易登记等各个方面。如在排放量的确定方面,欧盟并不预先确定排放总量,而是由各成员国先决定自己的排放量,然后汇总形成欧盟排放总量。但各成员国提出的排放量必须符合欧盟排放交易指令标准,并需要通过欧盟委员会审批,尤其是所设置的正式运行阶段的排放量要达到《京都议定书》的减排目标。在各国内部排放配额的分配上,虽然各成员国所遵守的原则是一致的,但是各国可以根据本国具体情况,自主决定排放配额在国内产业间分配的比例。此外,排放权的交易、实施流程的监督和实际排放量的确认等都是每个成员国的职责。

欧盟排放交易体系同时体现出开放性的特点,主要表现在它与《京都议定书》和其他排放交易体系的衔接上。欧盟排放交易体系允许被纳入排放交易体系的企业在一定限度内使用欧盟外的减排信用,但是,它们只能是《京都议定书》规定的通过清洁发展机制或联合执行机制获得的减排信用,即核证减排量或减排单位。在欧盟排放交易体系实施的第一阶段,核证减排量和减排单位的使用比例由各成员国自行规定,但在第二阶段,该使用比例不得超过欧盟排放总量的6%,如果超过6%,欧盟委员会将自动审查该成员国的计划。此外,通过双边协议,欧盟排放交易体系也可以与其他国家的排放交易体系实现兼容。[1]

对于不履约行为的处罚也是保障机制正常发展的有力措施。欧盟的ETS机制制定了严格的惩罚措施,不仅在未完成减排任务时要缴纳巨额的罚金,并且,即使相关排放单位缴纳了罚金,下一年度仍应当提交同等数量超额排放的许可。这种明确的处罚措施提高了欧盟各成员国的执行力,树立了EUETS机制的权威,保证了碳交易市场的信用及良好运行。而这种强有力的惩罚措施能够有效执行的基础是必须建立严密的排放监测、报告制度及透明的信息制度。在欧盟,凡是获得排放许可的企业经营者,都被要求其能够在技术上和实力上具备监测自身二氧化碳排放情况,并履行按期向管理部门提供报告的义务。企业出具的报告不仅应当符合欧盟委员会颁布的相关政策法规规定,还必须经过具有资质的独立第三方的核证机构的验证,而且要通过特定程序公示企业报告和独立核证机构的验证结果,接受公众特别是非政府环保组织的监督。此外,欧盟排放交易机制拥有良好的数据交换工具,能够及时掌握准确的数据信息,在保障排放权交易市场的平衡运行上起了重要的作用。在碳交易市场建立的初期,欧盟碳市场的价格一度畸高,这是由于当年的信息技术限制,管理机关很难准确掌握排放企业的实际二氧化碳排放数据,排放限额的初始分配只能以企业的自我评估为依据,限额控制的力度难以预测,后期在相关技术演进后,信息随之逐渐透明化,该价格便回落到了合理水平。综合欧盟碳排放交易机制运行的实践来看,相对完备的欧盟层面及国家内部登记注册制度使得碳排放权交易信息公开透明,这是保证EUETS机制平稳运行的关键。

由于世界主要经济体对于承担温室气体减排任务的兴趣和积极性并不一致,而这种差异非常容易导致所谓的碳泄漏,因此,2019年2月15日,为了应对碳泄漏风险,欧盟发布了新的补充指令,认为在世界其他经济体未作出相应的温室气体排放配额拍卖努力时,为了防止气候政策导致碳泄漏,应

---

[1] 例如,挪威二氧化碳总量交易体系与欧盟排放交易体系已于2008年1月1日实现成功对接。

当采取免费分配的政策,并对评估碳泄漏风险的方法做出了补充规定。

三、欧盟碳排放交易体系:借鉴及展望

(一)碳排放配额"供过于求"

在第一、第二交易期,欧盟体系下允许各个国家设定各自的排放总量和制定各自的"国家分配计划",导致体系的排放配额总量超过市场需求量。这是由于欧盟体系对总量设定、"国家分配计划"和配额分配方法没有规定较为明确的标准,没有最大程度避免成员国利用"国家分配计划"等保护国内企业的竞争力。而且相应的司法措施不足以避免超额制定排放配额。因此,在实践中欧盟体系总体的排放配额"总量"大幅度超过市场需求。又由于第一阶段交易期的剩余配额不能用于第二阶段交易期,导致 2007 年欧盟排放配额价格一度跌到零欧元。

欧盟碳排放权交易体系虽然进行了相关制度的改革,但是该体系的设计比较刚性,法律规定非常详细,无法主动应对由于 2008 年以来金融危机导致的企业温室气体排放下降的突发情况,因此,面临排放配额过剩的挑战。欧盟在讨论该体系第四阶段的设计时,重点是如何严格确定体系的配额总量,从而确保体系配额的稀缺性,提出的措施包括设立"市场稳定储备"、达到一定标准时对剩余的配额予以取消、在配额分配中使用更新的历史年份等。总的目的是,希望保持体系设计具有一定的灵活性,从而确保体系能够有效应对可能出现的突发情况。这一点对于我国碳市场具有非常重要的参考价值,由于我国将来纳入全国体系的行业可能很多是去产能的重点部门,发展面临的不确定性也非常大。

(二)免费分配带来"意外受益"

免费分配带来大量"意外受益",扭曲了碳排放权交易体系建立的初衷,降低了碳排放权交易体系的活力。欧盟碳排放权交易体系建立目的是通过对碳排放"总量"的控制,将碳排放权变成一种稀缺的资源,通过市场调节形成一定价格,降低企业减排成本,激励企业减排。但是以免费分配方式分配

排放配额却扭曲了这一初衷，部分行业在享受免费配额的同时又将所谓的"排放成本"向消费者转移，从而带来了大量的"意外受益"。为了保护相关行业的竞争力，碳排放相对密集的行业得到排放配额相当于免费获得了有市场价值的资产，但其中一些能源企业以提高电价的方式将成本转移给消费者。这些"意外收获"现象使碳排放权交易体系成为一些企业利益寻租的场所，降低了碳排放权交易体系引导企业减排，投资低碳领域的动力。

（三）"祖父法"配额分配引起不公

欧盟碳排放交易体系在运行的初期根据"祖父法"免费分配碳配额，导致碳配额分配不公。[1] EUETS 在初期广泛使用"祖父法"进行免费的碳排放配额分配，也就是按照企业的历史排放量而确定免费发放的排放配额量。这种分配标准给过去排放量大的企业分配了更多的碳排放配额，而曾经碳排放量少的企业反而获得的排放配额少，并没有考虑企业的生产效率和排放强度等，这相当于变相"奖励"历史排放强度较大的企业，"处罚"排量少的企业，从而造成了碳交易体系初始配额分配的不公平。

（四）涵盖范围不全面

即便是全球最具影响力的碳排放交易体系 EUETS，在第三阶段也并未涵盖所有排放集中的行业和企业，其试行阶段更仅仅涵盖 45% 的温室气体排放。政府对碳排放交易体系涵盖行业和企业的选择，受到该行业碳排放集中程度、碳竞争力、贸易外向程度、产品价格管制程度等因素的影响。排放集中程度较小的行业一般被豁免于碳排放交易体系，因其参与碳排放交易体制的交易成本可能相对于减排效果而言较高，但这并不意味着它们不需要减排，政府仍然可以通过其他手段引导它们减排。贸易外向程度较高的行业一般在减排初期不被纳入碳排放交易体系，即便纳入也通常授予较大数额的免费排放额，以避免本国单边减排政策对企业国际竞争力的影响。监管难度较大、对居民收入影响较大、并对其他行业产生直接影响的行业，如交通运输业，也常常豁免于碳排放交易体系，但是，政府仍然会要求交通

---

〔1〕 宋磊：《我国碳交易市场法律制度构建》，载《云南财经大学学报》2013 年第 1 期。

工具的生产行业提高交通工具的能效来达到减排的效果。上述因素说明,在一般情形下碳排放交易机制并不能涵盖所有排放行业和企业,因而仍需要采纳多种环境规制手段实施减排。[1]

当然,随着欧盟对"2003 指令"的数次修改以及碳政策的及时调整,上述问题大多得到妥善处理。总的来说,EUETS 是在法治的轨道上平稳运行的。

(五)EUETS 发展展望

EUETS 还将面临改革。据欧盟商务网站 2018 年 2 月 6 日晚报道,欧洲议会同意改革欧盟排放交易体系。欧洲议会通过一项法律,该法旨在加强对欧盟工业领域二氧化碳排放的限制,以期兑现《巴黎气候协议》项下的承诺。新法将加速取消 EUETS 的排放配额,"碳市场"配额涵盖了欧盟 40% 的温室气体排放量。新法规定从 2021 年起投入市场的碳配额允许量减少 2.2%,目前是减少 1.74%,最早 2024 年这一指标还要增加。新法规定,EUETS 市场稳定储备委员会对市场上超额排放额度的吸收能力增加一倍,其一旦被触发,将吸收多达 24% 的超额补贴,从而提高价格,并增加减少排放的动力。另外,还将建立现代化基金和创新基金等两项基金,帮助促进创新,推动向低碳经济转型。该法案还旨在防止"碳泄漏",即企业可能因减排政策而将其生产转移到欧洲以外地区的风险。风险最高的部门将免费得到 EUETS 津贴,而较低的行业将获得 30% 的减免。[2]

近年来,欧盟为尽快实现其在国际条约和境内环境法中承诺的减排义务,正在寻求扩大 EUETS 的调整范围,进一步扩大了碳排放交易立法的适用范围,将其域外适用从航空领域延伸至船舶航运业。受全球碳排放规制差异的影响,欧盟通过 EUETS 的域外适用巩固其碳减排成果的行为有其合理性,但 EUETS 的域外适用涉嫌构成对欧盟及其成员国签署的《京都议定书》《芝加哥公约》等多个国际公约的违反。可以预测,欧盟碳排放交易立法的域外适用在继续延伸至船舶航运业时,也会因可能违反相关国际公约而

---

〔1〕 王燕、张磊:《碳排放交易市场化法律保障机制的探索》,复旦大学出版社 2015 年版,第 27 ~ 28 页。

〔2〕 参见《欧洲议会同意改革欧盟排放交易体系》,载碳交易网,http://www.tanjiaoyi.com/article-23819-1.html,最后访问日期:2022 年 8 月 3 日。

引起各国的关注。在国际组织和世界各国共同采取行动的趋势下,欧盟不仅要面临如何处理好 EUETS 与国际条约之间关系的问题,还要应对如何处理 EUETS 域外适用范围与国际组织管辖范围之间的矛盾问题。全球气候变暖作为国际社会共同面临的挑战,通过国际组织或者国家间合作对全球环境问题进行治理,在发达国家和发展中国家之间已经形成广泛的共识,但现有治理体系在国家管辖范围以外区域的环境保护问题上,还没有明确且具体的国际性立法,这为一国立法的域外适用留出了空间。在一国对本国国内法律作出域外适用规定时,需要依据国际法对其合法性予以检视。[1]

第二节　美国碳排放权交易立法及实践

一、美国碳排放政策

排放权交易理论源于美国,并在美国的实践中取得了成功。因受制于政治原因和自身利益的考量,美国的气候变化应对政策特立独行,态度比较消极。总的来说,美国的碳交易理论强于其碳交易实践。美国没有加入《京都议定书》,不存在碳减排的指标约束,因此,最初美国的碳交易以自发性、局部性为特征,实行自愿减排机制。随着奥巴马政府的执政,部分州政府在宪法允许范围内开展了强制碳减排计划,即以总量限制为基础实行强制减排机制。形成的特点是,美国偏重在地方性行动基础上完善碳交易体系,其组织方式为全国性的自愿减排市场和地方性的强制减排市场并行,不存在政府的统筹管理模式,因此交易体系缺乏整体性,交易规模明显低于欧盟碳金融市场。美国的自愿减排市场实现自愿加入、强制减排方式,地方性减排市场则由州政府进行监管,实行强制减排。无论如何,美国是继中国之后的第二大排放体,其排放量约占全球的12%,美国的碳交易与碳金融发展具有一定的借鉴意义。

---

〔1〕 韩永红、李明:《欧盟碳排放交易立法的域外适用及中国应对》,载《武大国际法评论》2021年第6期。

出于自身经济发展和国家利益的角度,美国参议院在 1997 年通过了《伯瑞德—海格尔决议》(Byrd – Hagel Resolution),该决议规定,在要求发达国家强制减排而发展中国家不同时承担减排义务,或签署某协议会严重威胁本国经济发展的情况下,美国将会坚决拒绝签署任何与 1992 年《联合国气候变化框架公约》相关的协议或议定书。2001 年,作为当时的全球二氧化碳第一排放大户、曾是《京都议定书》的签字国之一的美国,参议院却拒不批准这一议定书。在布什政府的领导下,美国拒绝签署并宣布退出《京都议定书》。[1] 美国给出的退出理由,一是二氧化碳等温室气体排放和全球气候变化的关系"还不清楚";二是《京都议定书》没有要求一些发展中国家承担减排义务,发达国家单方面限制温室气体排放"没有效果"。原先对《京都议定书》持怀疑和犹豫态度的俄罗斯最终转变立场,加入了批准《京都议定书》的国际行列,但美国的态度没有任何变化。美国政府的这一做法自然遭到国际社会的普遍指责。2002 年,布什政府提出了美国温室气体的"自愿减排"计划,[2] 这个计划的核心是降低温室气体的排放量和经济总量的比值,提出了美国政府 2012 年削减 18% 碳排放的目标承诺。2008 年,美国政府又提出了到 2025 年美国温室气体排放零增加的目标。从联邦政府层面看,美国并不从法律上约束减排目标,但有些州政府却自发建立起了地方的碳排放交易机制,以达到自身的碳减排任务。

2017 年 6 月 1 日,美国总统唐纳德·特朗普(Donald Trump)正式宣布美国退出《巴黎协定》,理由是,《巴黎协定》是一项对美国企业不利的协定,对美国经济增长将产生负面影响,使美国处于不利竞争地位。在美国宣布退出前,有代表全球 82% 温室气体排放量的 147 个缔约方批准了《巴黎协定》。美国是世界上仅次于中国的第二大碳排放国,它的退出,显然加剧了国际社会对未来应对气候变化的担忧。美国政府在气候变化应对政策上的倒退与不作为遭到美国国内和国际社会的广泛批评。美国加州州长杰里·布朗(Jerry Brown)明确表态称,特朗普的决策在事实上和科学上都站不住

〔1〕 Robyn Eckersley, *The Politics of Carbon Leakage and the Fairness of Border Measures*, Ethics & International Affairs, 2010(4): 374.

〔2〕 Ibid.

脚。加州政府将拒绝接受这样“误导和失常的行为”，遵循《巴黎协定》有助于美国经济发展。特朗普“擅离职守”，选择了错误的道路，但加州政府会继续推动气候治理。[1] 2020 年 12 月，拜登当选美国总统后携其环保团队关键成员亮相，重申他领导的美国政府将重返《巴黎协定》，并确定美国的国家自主贡献目标，以应对全球变暖，重建后疫情时代的美国经济。拜登政府一反前任政府的气候政策，对全球气候治理表现出极大热情，如提出重返《巴黎协定》、推动“绿色新政”、主持领导人气候峰会、提出新的减排目标、考虑实施“碳关税”等。在 2021 年举行的领导人气候峰会上，拜登承诺，到 2030 年将美国温室气体排放量较 2005 年减少 50% ~52%，到 2050 年实现净零排放。2021 年 12 月，拜登签署了一项行政令，目标是在 2030 年之前将美联邦政府的碳排放量削减 65%，并制定了到 2050 年实现碳中和的目标。这项行政令是美国在联合国 COP26 气候峰会上承诺到 2050 年在全国范围内实现净零碳排放之后发布的。2022 年 11 月，拜登总统在联合国 COP27 气候大会上宣布，美国计划减少甲烷排放，同时再次承诺美国将实现 2030 年的减排目标。拜登总统在 COP27 发表演讲时，还特地提到了《巴黎协定》，并为此前美国退出该协定表示道歉。然而，由于美国参议院和众议院的控制权之争，美国政府气候议程的未来之路仍面临挑战。

二、美国碳排放权交易立法

尽管美国拒绝签订《京都议定书》，从各国政府的减排目标、政策和措施的比较来看，美国的相关法律条文是最多的，在排放权交易理论研究和实施方面也是最早开展的国家。客观地说，美国比较重视气候变化应对立法，支持碳排放交易机制的建设，一方面美国继续实施以州立法为基础的各项碳减排项目，另一方面积极构建以州立法、区域立法和联邦法的多层次减排措施。在美国退出《京都议定书》后，国会中却出现了大量关于应对气候变化、

[1] 参见《特朗普宣布美国退出〈巴黎协定〉引发的争议》，载搜狐网，http://www.sohu.com/a/145504434_115207，最后访问日期：2022 年 6 月 12 日。

规制二氧化碳排放的立法提案,[1]仅2007年就有七项涉及气候变化应对的法案提交到国会。[2]

在联邦立法层面,早在1990年,美国修订的《清洁空气法》就第一次引入了与排放权交易相关的"总量控制与交易"政策,[3]后来又引入了"边界调整"政策。[4] 这是将空气污染的总量控制和交易制度法律化,将碳排放权交易在法律上予以制度化,形成以市场为导向的碳排放交易制度。总量控制与交易政策是美国政府通过碳排放配额拍卖,把碳配额分配给企业,企业每年都要达到一定的减排目标,多余的碳排放配额可以相互转让。"边界调整"政策是以碳价格为基础,国家对进口产品征收碳税。美国2001年宣布退出《京都议定书》,其后,美国国家层面的碳排放权交易制度几乎不再有进展。直到2007年,国内态度发生转变。一方面在司法实践中,联邦最高法院作出"马萨诸塞州诉美国环境保护署"的判例,赋予了美国环境保护署规制二氧化碳排放的权利,随后美国的《瓦克斯曼—马凯气候变化议案》(Waxman – Markey Bill)得以通过,要求美国建立统一的碳排放权交易体系。[5] 另一方面,在联邦立法中,2007年通过了《美国气候安全法》,要求政府设立强制减排机制,其后通过的《能源独立与安全法案》对油耗标准和能源使用效率作了严格规定,要求大力发展生物燃料,以一种侧面方法促进企业转型,达到减少温室气体排放的目的。美国参议院在2007年还提出了《低碳经济法案》,为全面开展碳排放权交易提供了法律依据。[6] 2009年6月,美国众议院通过《清洁能源和安全法案》(American Clean Energy and Security

---

〔1〕 Harro van Asselt, Thomas Brewer, Addressing competitiveness and leakage concerns in climate policy: An analysis of border adjustment measures in the US and the EU[J]. Energy Policy 2010, (38):47.

〔2〕 Robyn Eckersley, *The Politics of Carbon Leakage and the Fairness of Border Measures*, Ethics & International Affairs, 2010(4):375.

〔3〕 Peter Cramton, *Suzi Kerr*, *Tradeable carbon permit auctions How and why to auction not grandfather*, Energy Policy 2002 (30):341.

〔4〕 Robyn Eckersley, *The Politics of Carbon Leakage and the Fairness of Border Measures*, Ethics & International Affairs, 2010(4):374 – 382.

〔5〕 郝海青:《欧美碳排放权交易法律制度研究》,中国海洋大学2012年博士学位论文。

〔6〕 Daniel A. Farber, *Climate Policy and the United States System of Divided Powers: Dealing with Carbon Leakage and Regulatory Linkage*, Transnational Environmental Law, 2015(1):1 – 25.

Act,ACESA),[1]明确提出美国将通过减少温室气体排放量来应对全球气候变化,并对清洁能源领域作出规定,包括对节能技术产业提供补贴,鼓励消费者使用清洁能源等。2010年,美国参议院提出了《清洁能源法案》,该法案是众议院通过的《2009年美国清洁能源与安全法案》提交参议院审议后,参议院提出的最新匹配法案,规定把电力行业纳入碳交易体系,该法案对发展中国家产生的国际减排指标进入美国碳交易市场设定了限制条件,并提出了2020年的碳排放比2005年减少17%的目标,[2]这与美国的哥本哈根承诺基本一致。美国早期应对气候变化的国家方案或法规还包括《碳封存研究计划》(1997年)、《碳封存研发计划路线图》(2003年)、《能源政策法》(2005年)、《先进能源计划》(2006年)等。

在美国的州或跨区域一级,加利福尼亚州是第一个从法律上设定约束减排目标的州,2006年的《加利福尼亚州全球变暖解决方案法》规定,该州到2020年温室气体的排放量减少到1990年的水平。值得一提的是,目前,美国已有近一半的州通过跨区域立法并尝试采用市场化手段促进跨区域的温室气体减排,最主要的是通过立法建立了三个独立的强制性区域温室气体排放限额交易计划,即《区域温室气体减排计划》(Regional Greenhouse Gas Initiative,RGGI)、《西部气候倡议书》(Western Climate Initiative,WCI)和《中西部地区温室气体减排协议》(Midwestern Greenhouse Gas Reduction Accord, MGGRA),参与各州的人口与GDP约占美国人口与GDP的一半,温室气体排放量在美国温室气体排放总量中的份额超过1/3。[3] 可见,美国联邦政府对温室气体减排的重视程度不如美国地方的州级政府,但州级政府的合作与重视会影响联邦政府以后的行动决策方案。

目前,美国碳排放配额分配主要有两种方式:一种是拍卖的方式,另一种是拍卖和免费分配混合的方式。2000年约翰·霍姆斯(K. John Holmes)

---

[1] 罗丽:《美国排污权交易制度及其对我国的启示》,载《北京理工大学学报(社会科学版)》2004年第2期。

[2] Robyn Eckersley, *The Politics of Carbon Leakage and the Fairness of Border Measures*, Ethics&International Affairs,2010(4):373-386.

[3] 桑东莉:《美国温室气体排放交易实践及联邦立法趋向》,载搜狐网,http://www.energylaw.org.cn/newsitem/277831491,最后访问日期:2022年6月12日。

和罗伯特·M. 弗里德曼(Robert M. Friedman)较早对这两种方式进行了比较,认为后一种方式更能有效减少美国国内的碳排放量。[1] 针对美国的总量控制与交易政策和边界调整政策,学者们也进行了有价值的基础性研究论证,例如,2010年哈罗·范·阿瑟尔特(Harro van Asselt)和托马斯·布普尔(Thomas Brewer)对比分析了欧盟和美国的"边界调整"政策,认为欧洲和美国之间有必要互相学习与合作,以促进边界调整政策的实施以及总量控制与交易政策的发展。[2] 2015年索尼娅·克林斯基(Sonja Klinsky)从公正的角度探讨了创建总量控制与交易政策的五项构成要素,即参与量度、利害关系、政策分析方法、市场边界和政策指导方针,并检视了《西部气候倡议书》(WCI),主张运用多重意义方法探讨公正的概念。[3] 碳排放交易机制尚处于向纵深推进过程中,美国学者不断对这种温室气体减排的市场模式进行理论探索,贡献智慧,这些观点具有重要的应用价值。

三、美国碳排放权交易实践

美国以州政府和区域为范围建设碳排放交易市场已有多年经验,奠定了扎实的基础。这些碳排放交易市场,前者有都市圈的芝加哥气候交易所(Chicago Climate Exchange,CCX),后者有由西部、东北部和中西部的数十州组成的三个跨区域的温室气体减排交易市场,即《西部气候倡议书》、《中西部地区温室气体减排协议》(MGGRA)和《区域温室气体减排计划》(RGGI)。

---

[1] K. John Holmes, Robert M. Friedman, *Design alternatives for a domestic carbon trading scheme in the United States*, Global Environmental Change 2000 (10):273 – 288.

[2] Harro van Asselt, Thomas Brewer, *Addressing competitiveness and leakage concerns in climate policy: An analysis of border adjustment measures in the US and the EU*, Energy Policy 2010, (38): 42 – 51.

[3] Sonja Klinsky, *Justice and Boundary Setting in Greenhouse Gas Cap and Trade Policy: A Case Study of the Western Climate Initiative*, Annals of the Association of American Geographers, 2015 (1):105 – 122.

(一)芝加哥气候交易所(CCX)

2003年,美国成立了芝加哥气候交易所(CCX),试图借用市场机制来解决温室效应这一日益严重的社会难题。CCX是全世界第一个具有法律约束力、基于国际规则的温室气体排放登记、减排和交易平台,是唯一一个具有全球规模的温室气体自愿减排交易所,同时也是北美地区唯一的碳交易平台,为欧盟系统对外连接的最大交易所,也是全球第二大的碳汇贸易市场。芝加哥气候交易所(CCX)下设若干子公司:芝加哥气候期货交易所(Chicago Climate Futures Exchange,CCFE),欧洲气候交易所(European Climate Exchange,ECX),加拿大蒙特利尔气候交易所(Montreal Climate Exchange,MCeX)和中国天津排放权交易所(Tianjin Climate Exchange,TCX)等。

2003年CCX正式以会员制运营,参与主体十分广泛,包括美国电力公司、杜邦、福特、摩托罗拉等在内的13家公司是其创始会员,会员达450多家,涉及航空、电力、环境、汽车、交通等数十个行业,其中包括5家中国会员公司。CCX允许会员自愿参与温室气体减排交易,但一旦加入成为会员,则必须作出自愿但具有法律约束力的减排承诺。会员分两类:一类是来自企业、城市和其他排放温室气体的各个实体单位,它们必须遵守其承诺的减排目标;另一类是该交易所的参与者。注册会员首先根据自身情况提交具体的减排计划,如果该会员实际的减排量高于其承诺的减排目标,则可以自行选择将超出额在CCX市场上卖出获利或者存入自己在CCX开立的账户;但是,如果实际减排量低于承诺的减排额,则它必须通过在市场上购买碳金融工具合约(Carbon Financial Instrument)以实现其减排承诺,否则属于违约行为。

CCX是目前全球唯一一家同时开展《京都议定书》项下全部六种温室气体交易的市场。该交易所采用的交易方式包括两种:配额交易(Exchange Allowance)与补偿交易(Exchange Offsets)。芝加哥气候交易所(CCX)是美国唯一可以与清洁发展机制项目对接的碳交易体系。[1]

---

[1] Michele Betsill,Matthew J. Hoffmann,*The Contours of "Cap and Trade": The Evolution of Emissions Trading Systems for Greenhouse Gases*, Review of Policy Research,2011(1):87-102.

2004年,芝加哥气候交易所在欧洲建立了分支机构——欧洲气候交易所(ECX),2005年与印度商品交易所建立了伙伴关系,此后又在加拿大建立了蒙特利尔气候交易所。2008年9月25日,CCX与中油资产管理有限公司、天津产权交易中心合资建立了天津排放权交易所(现已退出天津排放权交易所股东)。2009年以后,由于美国联邦层面迟迟不愿意出台相关强制性碳排放权交易的相关法律,碳信用缺乏国家背书,碳产品不具备稀缺性,再加上缺少具有强制力的会员自愿承诺减排机制,碳市场的存在根基受到冲击,CCX的会员开始逐渐退出气候交易。立法的缺乏使CCX的发展面临了很大困难,最终迎来了被洲际交易所收购的结局,并于2012年年底,正式结束了相关碳排放权交易。

值得一提的是,美国洲际交易所(Intercontinental Exchange,ICE)于2010年收购了成立于2004年的欧洲气候交易所(ECX)。作为CCX在欧洲设立的一个全资子公司,ECX由CCX与伦敦国际原油交易所(IPE)合作,通过IPE的电子交易平台挂牌交易二氧化碳期货合约,为温室气体排放交易建立的首个欧洲市场,是欧洲排放交易机制中的重要组成部分。ICE采用会员制,交易产品除多种碳配额拍卖外,上市的现货品种有欧盟排放配额(EUA)、英国碳排放配额(UK Allowance,UKA)、加州碳排放配额(California Carbon Allowance,CCA)和美国区域温室气体减排行动配额(Regional Greenhouse Gas Initiative Allowance, RGGIA)等,衍生品主要是配额和碳信用期货合约、期货期权合约及远期合约,根据所满足标准、项目种类、到期时间的不同,设计了31种碳抵消期货产品。其中EUA期货合约在2005年4月开始交易,是最早上市的产品,2006年10月其对应的期货期权合约开始交易,2008年碳信用期货合约和期货期权合约开始交易,产品种类逐渐丰富,结构更加合理。ICE一度掌握着世界上60%的碳排放权,90%的欧洲碳排放权,2020年成交额占到了全球交易所的88%。ICE最初的产品包括现货、远期和期货,后来逐渐增加了互换和期权等交易产品。ICE是世界上最大的碳排放权交易所,也是碳交易最为活跃、交易品种最丰富的交易所。[1]

---

〔1〕　梅德文等:《全球七大碳交易所赋能中国碳交易新发展》,载百家号网,https://baijiahao.baidu.com/s? id=1733670743957580062&wfr=spider&for=pc,最后访问日期:2022年10月19日。

(二)《西部气候倡议书》(WCI)

《西部气候倡议书》(WCI)是由华盛顿州、加利福尼亚州、亚利桑那州、俄勒冈州、新墨西哥州等美国西部七个州和加拿大中西部四个省于2007年2月联合制定的跨区域的气候倡议书,[1]旨在建立一个跨区域的基于市场的温室气体减排计划,减少区域内的温室气体排放,规定各州或省政府首先设定符合当地情况的碳排放总额,可进行交易的排放额必须限定在总额之内,各州或省政府可以通过拍卖或无偿的方式对这些排放额进行分配,目标是到2020年将温室气体排放量减少到2005年水平的85%。[2] 在这一计划的执行下,WCI与RGGI(美国《区域温室气体减排计划》)互补,目前,电力行业和工业部门是美国现有区域排放交易体系涵盖的重点行业和领域,行业部门和交易气体覆盖面不断扩大。这是因为:电力行业是碳排放的主要来源;电力行业有较低成本的减排空间;电力行业已经存在较规范、完善的监管,数据基础较好;电力行业不参与国际竞争,国内竞争也不激烈,对整体经济的影响尚在可控范围之内。RGGI从一个单一行业为切入点,而WCI扩大了排放交易体系的行业覆盖范围,基本扩大至所有经济部门,交易气体也从单纯的二氧化碳扩大至六种温室气体。

WCI的监管机构主要包括报告委员会、总量控制和许可分配委员会以及市场委员会,分别负责管理温室气体排放的报告系统,设定碳预算总额及分配,指导一级市场、二级市场以及派生市场的运行;制定并执行拍卖分配方案;评估区域地方市场的建设和运行,为总量限制计划的执行提供支持。在2012年德班会议召开前夕,WCI为其多数美国参与州所放弃,亚利桑那州和犹他州已正式宣布无意于2012年推进WCI计划的实施,[3]新墨西哥

---

〔1〕 Robyn Eckersley, *The Politics of Carbon Leakage and the Fairness of Border Measures*, Ethics & International Affairs, 2010(4):373-386.

〔2〕 李丽、石攀等:《发达国家碳金融发展的经验分享》,载《商业经济研究》2016年第9期。

〔3〕 Ariz. Exec. Order No. 2010-06 (Feb. 2, 2010), Available at http://www.azgovernor.gov/dms/upload/eo-2010-06.

州最终也宣布退出 WCI 的合作框架。[1] 然而,WCI 参加的四个加拿大省,其中哥伦比亚省、安大略省和魁北克省三个省为执行 WCI 制定了碳排放交易的法规。

（三）《中西部地区温室气体减排协议》(MGGRA)

2007 年 11 月 15 日,在美国威斯康星州密尔沃基市举办的中西部州长协会能源安全与气候变化峰会上,美国中西部地区的 9 个州和加拿大的 1 个省,签署了一个志在实现能源安全与削减温室气体排放的区域战略,即《中西部地区温室气体减排协议》(MGGRA),这一协议对实现温室气体减排目标发挥了很好的作用。[2] 其现有参与成员包括美国中西部的伊利诺伊、艾奥瓦、堪萨斯、密歇根、明尼苏达和威斯康星这六个州和加拿大的马尼托巴湖省,美国的印第安纳、俄亥俄、南达科他这三个州和加拿大的安大略省则是作为观察员参加的。根据 MGGRA,本协议的参与各州将致力于如下四项工作:一是确立与参与各州之目标相一致的温室气体减排目标和时间框架,其中,减排目标将与政府间气候变化专门委员会(IPCC)所建议的目标相一致,MGGRA 的全面实施在 30 个月完成;二是培育一个有助于实现减排目标的以市场为基础的、跨部门的限额交易机制;三是建立一项制度使跟踪、管理减排企业成为可能;四是制定和执行实现减排目标所必需的附加措施,如低碳燃料标准、区域激励政策和资助机制等。[3]

（四）《区域温室气体减排计划》(RGGI)

2009 年,美国东北部的康涅狄格州、特拉华州、缅因州、马里兰州、马萨

---

〔1〕 新墨西哥州环境改进委员会 2010 年 11 月 2 日通过了总额限制和交易的碳排放管制项目,但立法机关强烈反对,最终新墨西哥州退出了 WCI。Elizabeth Mcgowan, New Mexico Adopts Emissions Cap, but Challenges Expected (Nov. 10, 2010, 9:10 am), http://www. reuters, com/artcle/idus14114277920101110.

〔2〕 K. John Holmes, Robert M. Friedman, *Design alternatives for a domestic carbon trading scheme in the United States*, Global Environmental Change 2000 (10):278.

〔3〕 Governor Jim Doyle of Wisconsin State, Ten Midwestern Leaders Sign Greenhouse Gas Reduction Accord, http://www. joycefdn. org/resources/content/1/6/2/documents/Midwestern – Governors – Association – Press – Release. pdf, November 15 2007, p. 1.

诸塞州、新罕布什尔州、纽约州、罗得岛州和佛蒙特州等 9 个州(新泽西州期初参与,但于第一阶段结束后退出)共同开展了美国首个旨在减少温室气体排放的市场手段监管计划,即《区域温室气体减排计划》(RGGI),且只有火电行业参与。这是一个跨区域执行的温室气体总量控制和交易的计划,是美国第一个基于碳排放市场交易的、限制温室气体排放的、区域性强制减排体系,其采用总量控制与交易模式,构建了一个通过市场模式运作的碳排放权交易体系。纳入 RGGI 体系的是 25MW 以上的化石燃料电厂,总共约 160 多家。RGGI 配额完全通过拍卖分配,是全球唯一一个完全有偿分配的碳市场。RGGI 的碳配额分配几乎全部采取有偿拍卖的模式,且设定有拍卖底价。与免费配额相比,有偿分配的好处在于至少为企业的碳排放设定了最低成本(即拍卖底价),避免了由于碳市场价格为零的“市场失灵”现象。RGGI 各州通过拍卖来出售几乎所有的碳排放配额。配额的初始分配是以季度为单位进行拍卖,每次拍卖的量为总量的 25%。从 2008 年 9 月至 2017 年 12 月,RGGI 共进行过 38 次拍卖,2021 年 3 月,RGGI 第 51 次拍卖结束,2021 年第一季度拍卖成交均价为 7.60 美元,较上一季度涨幅为 2.5%。由于弗吉尼亚州的加入,RGGI 总成交量创历史新高,达到了 2347 万吨。RGGI 以电厂为单位进行配额交易,电厂可以通过在二级市场上的交易来出售富余的配额或购买履约所需配额。RGGI 所管控的发电厂根据美国《清洁空气法》的要求,都已经安装了烟气排放连续监测设备(Continuous Emission Monitoring System,CEMS)对包含温室气体在内的排放数据进行监控。[1]

RGGI 本身并不具有约束力。[2] RGGI 市场为确保参与各州采取统一措施,制定了示范规则(Model Rule)。各州立法机关通过吸收示范规则的内容并以州的名义进行立法方能使之发挥作用,这意味着 RGGI 事实上将强制性减排的监管权保留给各签署州自行行使。[3] 2007 年 9 月,RGGI 各签署州授权成立一个名为 RGGI,Inc. 的非营利性公司,其任务是为签署州的碳减

---

[1] 《建言全国碳市场(一):RGGI 的借鉴意义和启示》,载 http://www.sohu.com/a/211684932_289755,最后访问日期:2022 年 10 月 12 日。

[2] 这是因为美国联邦宪法第 1 条第 10 款规定:“任何州不得缔结条约、同盟或联盟……任何州,未经国会同意,不得与其他州或外国缔结协议。”

[3] 李挚萍:《碳交易市场的监督机制研究》,载《江苏大学学报》2012 年第 1 期。

排计划提供行政和技术服务支持。RGGI,Inc. 的任务主要包括开发和系统维护已监测排放源的数据,并跟踪二氧化碳配额;运行一个拍卖二氧化碳配额的平台;监测有关二氧化碳配额的拍卖和交易市场;为签署州提供在审查申请排放抵消项目的技术援助;为签署州评估和修改州的 RGGI 方案提供技术援助。

除此之外,美国一些州政府通过市场手段减少碳排放的努力也是值得肯定的。以加州为例,早在 2006 年,由施瓦辛格领导的加州政府便通过了 AB－32 法案,该法案希望通过市场机制与监管并用的方式实现到 2050 年二氧化碳排放量减少到 1990 年的 80% 以下。[1] AB－32 法案严格规定了履行期限,并且包含了机制所应覆盖行业的条款。加州碳排放交易机制采用免费分配和拍卖配额混合机制,免费分配主要针对工业设施和配电企业,加州也设定了阶段性的履约承诺,并且认为免费分配方式是第一阶段的最好选择;而有偿分配针对电力和交通行业,有偿分配以拍卖为手段,拍卖的技术规则由碳排放交易机制法规作出规定,并且还对信息披露作了严格的规定,制定了透明规则。加州碳市场允许将碳配额储备留给下一年。在监管方面,加州空气资源委员会在 2011 年批准通过了监管法规,该法案于 2013 年生效。加州的监测、报告与核查(MRV)制度是以加州空气资源委员会(California Air Resources Board, ARB)为主管机构,制定了《温室气体强制报告条例》,详细规定了报告的要求、核查及第三方机构资质等内容。核查机构可以自主选择第三方核查机构,不过签约时间不可超过 6 年,核查机构实施核查后出具核查结论让加州空气资源委员会进行审核。[2] 2018 年 9 月,美国加州州长杰里·布朗(Jerry Brown)签署了一份名为《加利福尼亚州可再生能源组合标准方案:温室气体减排》的清洁能源法案,这份加州第 100 号参议院法案的生效,意味着加州朝着“2045 年全面实现清洁能源供电”的目标正式启航。[3] 2022 年 4 月 30 日,美国加州需求量与可再生能源发电量

[1] 王慧、张宁宁:《美国加州碳排放交易机制及启示》,载《环境与可持续发展》2015 年第 6 期。

[2] 张丽欣等:《欧美日韩及中国碳排放交易体系下的监测、报告和核查机制对比》,世界知识出版社 2016 年版,第 29～33 页。

[3] 徐路易:《美国加州州长签署清洁能源法案,2045 年 100% 清洁供电》,载 https://www.thepaper.cn/newsDetail_forward_2430589,最后访问日期:2022 年 9 月 28 日。

首次匹配，光伏及其他可再生能源满足了加州100%的能源需求约15分钟。[1]

第三节　日本碳排放权交易立法及实践

一、日本碳排放权交易立法

作为一个岛国，日本十分重视应对气候变化。20世纪90年代至今，日本在控制国内温室气体排放方面取得了显著的成果。1989年日本召开“地球环境保护内阁会议”，1990年便制订了“防止地球环境温暖化行动计划”。日本在1997年推出了“环境自愿行动计划”，目的是削减工业和能源部门的二氧化碳排放量，企业自愿选择加入行动计划并自主制定长期减排目标，政府不进行强制的减排约束。1997年京都会议后，日本成立了一个专门机构，即“政府地球温暖化对策推进本部”（以下简称“推进本部”），1998年6月，该“推进本部”制订了《地球温暖化对策推进计划》，对《京都议定书》所确定的日本6%的削减目标进行了细分。

同时，日本国会积极制定应对气候变化的法律，1998年10月通过了日本第一部应对气候变化的专门法律，即《地球温暖化对策推进法》。2002年3月，为方便国会顺利通过《京都议定书》，日本修订了《地球温暖化对策推进计划》和《地球温暖化对策推进法》。建立和完善一系列制度后，日本于2002年6月正式签署了《京都议定书》。2004年1月，为准备《京都议定书》第二阶段的国际气候变化框架谈判，日本的“推进本部”设立了一个“气候变化问题国际战略专门委员会”，提出了《气候变化今后国际应对基本思路》的草案，并于2004年4月开始审议，同年9月正式提出《气候变化问题的国际战略》报告。该报告是日本气候变化国际交涉和政策取向的主要依据。2005年2月，《京都议定书》生效后，日本于同年4月28日正式发布了《实现

[1] 《加州需求量与可再生能源发电量首次匹配》，载光热发电权威媒体商务平台，https://www.cspplaza.com/article-21607-1.html，2022年5月5日发布。

〈京都议定书〉目标的计划》。[1] 同年,日本环境省开始使用"日本自愿排放权交易体系"(Japan's Voluntary Emission Trading Scheme,JVETS),希望实现低成本高效率的温室气体减排和积累国内碳排放交易制度方面的经验。

2008年10月,日本内阁政府召开了应对气候变化的会议,并决定将碳排放权交易制度正式纳入国家制度的范畴。2009年,日本政府公布了《绿色经济与社会变革》的政策草案,草案明确提出了要采取措施消减温室气体的排放。[2] 2010年,日本颁布了《2010年能源供应和需求展望》。2010年3月,日本民主党内阁向国会提交《地球温暖化对策基本法案》,其中,提到温室气体排放削减25%的中期目标和创建国内碳排放交易制度等内容,但随即遭到日本钢铁联盟等9个行业协会的联合抵制。行业协会在发表的会长联合声明中表示,在没有向国民提供充分的判断资料、没有展开全民性的讨论、没有验证各国设定中期目标的前提条件是否与日本一致等诸多前提下,产业界只能反对将中长期目标和一些政策措施纳入基本法案。联合声明指出,地球温暖化对策是将会对日本经济和就业带来很大影响的重要课题,希望国会在审议过程中澄清上述问题,用充分的时间完成必要的程序,以求得到国民的理解和认同。由于产业界和在野党的反对,到6月国会闭会时,该提案因为未能完成审议成为废案。同年10月,政府再次向国会提交此案。但是,2011年3月日本地震引发了核电站事故,日本政府提出了2030年左右终止核电事业的能源环境战略。因此,该法案的目标和措施又遭到在野党的质疑,在国会一直处于继续审议状态,到2012年11月众议院解散时再次成为废案。2021年2月16日,日本国会面向政府提出的到2050年实现温室气体净零排放的《全球变暖对策推进法》修正案出炉,写明"到2050年实现去碳社会"。2021年5月26日,日本国会参议院正式通过修订后的《全球变暖对策推进法》,于2022年4月施行,这是日本首次将温室气体减排目标写进法律,以立法的形式明确了日本政府提出的到2050年实现碳中和的目标。日本首相还表示,日本力争2030年度温室气体排放量比2013年度减

---

〔1〕 冷罗生:《日本温室气体排放权交易制度及启示》,载《法学杂志》2011年第1期。

〔2〕 Xin Zhou, Takashi Yano, Satoshi Kojima, *Proposal for a national inventory adjustment for trade in the presence of border carbon adjustment: Assessing carbon tax policy in Japan*, Energy Policy 2013(63):1103.

少46%,并将朝着减少50%的目标努力。[1] 2022年,日本政府的能源政策主要聚焦于加强应对气候变化,同时也制订了相关计划,促进核能的发展与利用。对于日本政府来说,核能不仅事关能源安全,也是在本世纪中叶实现碳中和的途径。2022年12月,日本核管理局已批准了一项新法规草案,将允许核反应堆运行时间超过目前的60年期限。

二、日本碳排放权交易实践

日本在节能减排方面的技术和经验领先世界,是应对全球气候变化的一支主力军,也是亚洲地区唯一承担《京都议定书》强制减排任务的国家。2013年以前,日本在建立碳排放交易制度方面做出了很多尝试。

日本在较早的时候就开始实施应对气候变暖的政策措施。1997年在日本经济团体联合会推动下制订了"环境自愿行动计划"。2002年8月,为了达到在《京都议定书》中承诺的二氧化碳排放量削减目标,日本经济通产省宣布在2002年10月设立"二氧化碳排放量交易市场",开始试行二氧化碳排放量交易。为了促进企业减少二氧化碳排放自觉性,日本经济产业省将根据企业以前制订的二氧化碳削减计划以及实际的排放情况,从中挑选出20~30家排放量较大的企业,然后让这些企业制订进一步的减排计划,经济通产省再根据这些企业的减排计划,按照一定的比例,提供总额为10亿日元的减排补助金。此后,排放量超过减排计划的企业将从实际排放量低于计划的企业购买排放权。[2]

2005年欧盟碳排放交易体系启动之后,日本并没有急于效仿,而是尝试性地实施了非强制性的"自愿排放权交易体系"(JVETS)。在JVETS框架下,为使国内企业积累温室气体排放权交易的相关知识与经验,日本政府提供补贴鼓励企业自愿参与JVETS,参与的企业在自主设定的二氧化碳减排目标基础上,可以利用环境省的资助金购置设备实施减排,必要时灵活运用

[1] 华义:《日本通过2050年碳中和法案》,载《企业决策参考》2021年第14期。
[2] 乐绍延:《日本宣布设立"二氧化碳排放量交易市场"》,载央视网,http://www.cctv.com/special/702/1/44461.html,最后访问日期:2022年6月12日。

排放权交易机制实现减排目标。日本分五个阶段实施 JVETS,通过公开招标与提供补贴的方式,吸引与鼓励企业设定减量目标,不断采取措施努力削减温室气体排放量。每一阶段均为 3 年,由于制度试行期间太短,以及参与制度的不确定性,参加者无法对削减排放量作长期性的规划,制度的环境有效性与经济效率性受到影响。JVETS 体系运行了 7 年,于 2012 年结束,共执行了 7 期事业计划,总计 389 家经营单位和 43 家交易单位参加了该制度,实际减排量达到 221 万 tCO_2e,超出预定减排量约 100 万 tCO_2e。[1] JVETS 在运行初期取得了较好的效果,激发了全社会对建立"国内排放量交易制度"的热烈讨论。

2008 年 10 月 21 日,日本内阁"地球温暖化对策推进本部"决定试行"排放量交易国内综合市场",希望以此探索将减排行动与技术开发相结合发挥效用的途径,构建排除投机影响并体现真实需求的交易市场。该市场将由环境省主导的 JVETS 与由经济产业省主导的"国内信用制度"结合在一起,企业可以通过"国内信用制度"和"京都信用"两个渠道获得碳信用,参与方式和交易规则基本与 JVETS 相同。从 2008 年到 2013 年该计划施行期间,共计有 192 个企业参加,其中 147 个企业实现了减排目标,45 个未能完成目标。所有企业的减排总量与目标值相差 25,486 万 tCO_2e,没能够达到整体减排的效果。[2]

从 2008 年开始,日本环境省、经济产业省和公平交易委员会都积极组织学者和产业界人士就日本国的碳排放交易制度建设展开全面的探讨和研究,听取各方意见,谋划制度的设计。到 2010 年,各研究会陆续发布报告,梳理总结各方意见,提出建立"国内排放量交易制度"的设计构想。可是,日本建立"国内排放量交易制度"还存在很多问题,包括产业部门对中长期目标和部分强制性规制的反对意见、国外现有碳排放交易制度尚不完善等。政府部门在详细考察了国内外现状和听取民间意见之后,由初期的积极态度转为现在的谨慎态度。

日本建立的两个地方性碳排放交易制度值得称道,一个是埼玉县的"环

---

〔1〕 任维彤:《日本碳排放交易机制的发展综述》,载《现代日本经济》2017 年第 2 期。

〔2〕 同上注。

境负荷低减计划制度”,另一个是东京都的“温室气体排放总量削减义务和碳排放交易制度”。日本埼玉县从2002年开始就对能源使用量达150万升原油当量的经营场所实行“环境负荷低减计划制度”,2010年9月与东京都缔结合作协议。2011年4月启动了“目标设定型排放量交易制度”。

日本东京是世界上最低碳的城市之一,这得益于东京碳交易市场领先的碳市场机制。日本东京都于2000年开始实施《地球温暖化对策推进计划》,但是没有达到预期效果。2007年6月制定的“东京都气候变动对策方针”提出大规模经营场所排放总量削减义务化的强化措施。2010年4月启动了“温室气体排放总量削减义务和碳排放交易制度”。东京碳排放交易体系是世界上第一个以城市楼宇建筑等商业排放源作为主要纳入实体的碳市场类型。针对管辖范围内直接排放源少而间接排放源多的特点,该制度体系以规制能源消费端的设施层面排放为主要特色,因此,属于典型的能源需求端下游交易类型。东京都碳市场的涵盖部门范围包括商业和工业两个组成部分,纳入碳市场的商业实体达到1100个,工业实体为300个,占到东京都全部工业与商业部门排放量的40%,以及东京都温室气体排放总量的20%。[1] 归纳起来,日本东京的碳交易体系有以下特点:

第一,抓住重点,强制减排。东京商业发达,工业产业相对较少。据资料显示,东京最大的碳排放源来自商业领域,占东京碳排放总量的37%,超过民用领域(26%)和交通运输领域(26%)。为此,政府将减排的重点瞄准大型二氧化碳排放者,制定了五项措施强力推进公司减排,并为此立法,目的就是将减排责任落实在大型排放者肩上。如2010年推出的针对大型办公建筑、工厂的二氧化碳强制性减排计划,是亚洲第一个强制性碳排放配额交易制度。这些举措成为发展碳交易市场最重要的前提。[2]

第二,立法保障权益,逐步形成市场。无形的碳减排只有转变成明确的产权和可交易的收益,才能激励经济主体参与。东京都政府立法确立了碳排放量及收益的归属权,奠定了碳市场发展的法律基础。一些没有强制减

〔1〕 潘晓滨:《日本碳排放交易制度实践综述》,载《资源节约与环保》2017年第9期。

〔2〕 参见《日本碳交易市场模式:政府扶持,市场主导》,载碳排放网,http://www.tanpaifang.com/tanjiaoyi/2013/0628/21774.html。

排任务的中小企业,可以用东京都政府相关机构认证的减排量进入碳市场交易,这样既帮助大企业完成碳配额,也实现自身的减排收益。另外,通过比较成本,大企业以自身减排或通过购买其他企业碳配额或碳信用的方式实现减排目标。这一机制提高了小企业的减排意识,实现了减排收益,提高了大企业使用节能技术的积极性,增加了社会的整体减排效果。

第三,政府鼓励,全民参与。为了鼓励全民参与低碳行动,东京政府为住户免费安装太阳能,但所产生的减排量为政府的防止气候变暖促进中心所有。该中心将这些减排量储存在太阳能银行,然后以绿色电力证书的形式销售。这些配额量会在碳交易价格虚高的时候被政府释放,以稳定价格。这样,体现了减排的市场价值,普及了节能减排意识,激励企业及公众自愿参与的积极性,实现了政府、社会和公众的"三赢"局面。

总的来说,日本碳排放交易制度的特征是不采取"命令控制模式",也不采取"经济诱因模式"(Economic Incentives)的管制机制,而是以划分权责与推广国民教育为其规范核心。其优点是法律保证、举国体制、高层决策、政府主导、统一计划、综合资源、群众参与。[1] 虽然在节能减排方面的技术和经验具有优势,日本却至今没有建立全国统一的碳排放交易制度。日本政府部门态度由积极转为谨慎的主要原因,一是产业部门的反对意见,二是现有的碳排放交易制度尚不完善,三是国内实施的气候变暖对策取得了较好的效果。民间部门担心碳排放交易制度可能会对经济增长、企业的国际竞争力、就业、国际公平性等带来不利的影响。未来,日本可能会在逐步消除这些顾虑之后,选择建立符合国情的国内碳排放交易制度。2021 年 9 月,日本经济产业省提出,作为到 2050 年实现碳中和目标的一部分,计划 2022 ~ 2023 财年启动日本全国示范性碳信用额度交易市场,但其与日本环境部对于采取何种方式为碳定价始终存在分歧。业界普遍认为,如何在不给企业增添额外经济负担的情况下实现大规模减排,日本尚未摸索出一条最佳路径。[2] 2022 年 5 月,日本经济产业省为推进去碳化,基本决定在东京证券

---

〔1〕 冷罗生:《日本温室气体排放权交易制度及启示》,载《法学杂志》2011 年第 1 期。

〔2〕 参见《日本酝酿全国性碳交易市场》,载光明网,https://m.gmw.cn/baijia/2021-09/02/1302530838.html。

交易所开设二氧化碳排放量交易市场，预计2023年度正式启用。政府力争实现2050年温室气体净零排放的去碳化社会。

第四节　其他国家碳排放交易立法及实践

一、英国碳排放交易体系

英国是欧洲比较早关注气候变化并制定相关政策的国家，于2000年发布了其"气候变化行动计划"（Climate Change Action Plan，CCAP），提出了为实现《京都议定书》的"一揽子"工程，其中包括了排污权交易机制。英国碳排放交易体系（UK Emissions Trading Scheme，UKETS）始建于2002年3月，是世界上第一个广泛的温室气体排放权交易机制，它的实施对EUETS的设计和实施提供了宝贵经验。

UKETS的运作方式包括两种模式：配额交易与信用额度交易。配额模式是拟定一个绝对减量指标，然后指定每个企业的排放配额。信用额度模式则由参与者以其他提升能源效率或减量专案计划提出其相对减量目标所产生的额外减量。

除了必须完成欧盟减排，UKETS还包括两类自愿减排企业：一是获得政府资金支持而自愿承诺绝对减排目标的企业。2002年3月，英国政府提供2.15亿英镑，34家企业自愿承诺在2002～2006年累计减排118,800万tCO_2e。二是通过自愿与政府签订气候变化协议（Climate Change Agreement，CCA），承诺相对排放目标或能源效率目标的企业，这些企业如果达到目标则可享受最高80%的气候变化税减免。对于这两类自愿减排企业，英国排放交易体系以1998～2000年平均排放量作为基准线，减去每年自愿承诺的减排量，确定企业每年的许可排放量。如果企业实际排放量大于其许可排放量，则需要从英国排放交易体系购买碳信用，英国排放交易体系不允许企业借贷未来的排放权来履行现期目标。如果相反，则可出售或者存储留待日后使用。英国排放权交易是一个开放系统，参与企业可自由使用其碳信用。2002年直接参与者就相对基线减量4600万tCO_2e，2003年减量近5300

万 tCO_2e,2004 年减量近 60,000 万 tCO_2e,2005 年减量近 70,000 万 tCO_2e。[1]

2005 年 1 月 1 日,欧盟排放交易体系启动后,为了避免双重规则,英国申请并经欧盟委员会批准,允许部分已经参与英国排放交易体系的企业暂时退出欧盟排放交易体系,以保证两个排放贸易制度之间的顺利过渡。同时,为了协调英国排放体系和欧盟排放交易体系之间的关系,英国碳排放交易体系(UKETS)于 2006 年底结束。2020 年 1 月 30 日,欧盟正式批准了英国脱欧。英国此后便不再参加欧盟排放交易体系,而是从 2021 年 1 月起正式启动英国独立的碳市场体系。在制度运行方面,脱欧后的英国碳市场大部分借鉴了与欧盟碳市场第四阶段运行相类似的机制,但同时也进行了具有英国自身特色的少数制度设计。英国通过立法明确了独立碳市场的各项实施细则,其为英国碳交易设立了独立的覆盖范围、配额总量设定、配额分配方式以及履约管理等方面机制,用来指导脱欧以后的英国碳排放交易发展。[2] 2021 年 5 月 19 日,英国全国碳交易市场正式上线,当天启动了首笔碳配额许可证拍卖交易。这标志着英国彻底离开了欧盟碳排放交易市场,未来将全力运营自己的碳排放交易体系。

二、澳大利亚碳排放贸易体系

澳大利亚新南威尔士州温室气体减排体系(New South Wales Greenhouse Gas Abatement Scheme,NSW GGAS)是全球最早强制实施的减排计划之一。2003 年 1 月 1 日,澳大利亚新南威尔士州启动了为期 10 年涵盖六种温室气体的州温室气体减排体系。该体系与欧盟排放交易体系的机制相类似,但参加减排体系的公司仅限于电力零售商和大的电力企业。为了保证交易制度的顺利实施,澳大利亚新南威尔士州也设计了一个严格的履约框架,企业的二氧化碳排放量每超标 1 个碳信用配额将被处以 11.5 澳元的罚

〔1〕 Smith Stephen and Swierzbinski, Joeph. *Assessing the performance of the UK Emission Trading Scheme*, Environmental and Resource Economics, 2007, 37(1): 131 - 158.

〔2〕 潘晓滨、杜秉基:《脱欧后英国碳排放交易制度进展综述》,载《资源节约与环保》2022 年第 4 期。

款。排放体系所有的活动由新南威尔士独立定价和管理法庭监督,作为监督机构,独立定价和管理法庭评估减排计划对可行的计划进行授权、颁发证书,并监督在执行过程中是否存在违规现象,同时也管理温室气体注册—记录减排计划的注册及证书的颁发。

2007 年,NSW GGAS 市场以 26% 的增幅实现平稳增长,自 2007 年 9 月开始,NSW GGAS 交易市场价格由原来现货的 10 ~ 12 澳元下跌至 4.75 澳元。交易价格下降,导致 2008 年 NSW GGAS 市场的交易量有所增长,但交易额却有所下降。[1]

2007 年澳大利亚政府作出了承认《京都议定书》的重要决定。为了实现温室气体减排目标,工党政府制定了“澳大利亚国家减排措施与建立碳交易体系”报告制度。但工党的温室气体减排交易议案并未获参议院通过,澳大利亚总理表示全国的减排交易推迟至 2011 年 7 月再实施。2014 年,澳大利亚联邦参议院通过了废除碳税法案,澳大利亚成为世界首个放弃对碳排放征税的国家。2014 年 12 月,澳大利亚气候研究所发布题为《澳大利亚 2020 年后的减排挑战:澳大利亚在国际减排雄心不断增长中的地位》的报告,通过审查不断变革的国际气候框架,指出科学、投资和国际现实正在影响制定 2020 年后终极脱碳目标的政治进度,澳大利亚将需要制定 2025 年在 2000 年水平上减排 40% 的目标,并在 2040 年开始对整个经济脱碳。

为达到承诺的 2050 年实现碳净零排放的目标,澳大利亚联邦政府 2021 年 11 月 12 日公布了具体减排计划,规划了未来具体采取的减排路径。该减排计划的核心聚焦在发展低排放的电力能源和交通工具的电气化方面。有分析认为,该计划的实质是依靠未来绿色新科技的发展成果来达到减排目标,其中也有很大一部分是通过与其他国家进行排放交易来抵消澳大利亚的碳排放。2022 年 5 月,澳大利亚工党赢得大选,同年 7 月新政府公布的减排目标是,在 2030 年减少相当于 2005 年排放量的 43%。目前,工党在澳大利亚众议院拥有微弱多数,但想要获得该项环保目标的正式立法,还需要参议院的通过。

---

[1] 参见《分析澳大利亚碳排放贸易体系》,载碳排放网,http://www.tanpaifang.com/tanjiaoyi/2013/0627/21752.html。

三、新西兰碳排放交易及特点

基于《2002年应对气候变化法》(2001年通过,2008年、2011年、2012年、2020年修订)法律框架下的新西兰碳交易体系,是继澳大利亚碳税被废除、澳大利亚全国碳市场计划未按原计划运营后,大洋洲剩下的唯一的强制性碳排放权交易市场。在碳配额总量上,新西兰碳交易市场最初对国内碳配额总量并未进行限制,2020年通过的《应对气候变化修正法案》(针对排放权交易改革)首次提出碳配额总量控制。在配额分配方式上,新西兰碳市场以往通过免费分配或固定价格卖出的方式分配初始配额,但在2021年3月引入拍卖机制,同时政府选择新西兰交易所以及欧洲能源交易所,来开发和运营其一级市场拍卖服务。在排放大户农业减排上,之前农业仅需报告碳排放数据并未实际履行减排责任,但新法规表明,计划于2025年将农业排放纳入碳定价机制。

由于新西兰碳排放总量在全球所占份额很小,其减排可能产生的全球效应并不大,其碳排放交易体系因而也未受到学者的关注和重视。但是,新西兰碳排放交易具有鲜明的特征,有两点值得借鉴:其一,新西兰碳交易体系覆盖的行业很广泛。新西兰碳交易体系自2008年开始运营,是目前为止覆盖行业范围最广的碳市场,新西兰碳排放交易体系的控排企业涵盖所有产生温室气体排放的主要行业,包括林业、液体化石燃料使用的行业(主要为交通业)、固定能源产业(煤炭、天然气、地热等)、工业、农业及废物处理。[1] 多数碳减排机制在减排初期一般只规制一个或有限几个行业,并不实施全行业减排,大多数的碳排放交易市场并未对农业和林业进行控排,源于竞争力、监督和执行成本等因素的考虑,减排行业都是阶段性推进的。新西兰排放交易体系从一开始便定位为全行业减排的体系。其有利之处是可以避免部分行业的规制导致行业间碳排放转移,即碳泄漏问题,最大限度地实现环境效应。但全行业的规制模式在减排初期也可能导致监督和执行成本高昂的问题。其二,新西兰碳排放交易体系为一个开放型的体系,碳配额

---

[1] Climate Change Response Act, No. 40, 2002 (N. Z.), Schedule 3.

总额并不限定。当前除新西兰碳排放交易体系外,其他的碳排放交易体系均设有碳交易所在区域、所在国家或所在地区的减排目标,并因此设定碳排放限额,从而导致碳排放配额在该碳交易市场上具有稀缺性,形成控排企业的排放成本。实际上,新西兰碳排放交易体系之所以不设排放限额,是因为政府并不限制企业从境外其他碳排放交易市场上购买碳排放配额的数量。为了保证企业所进口的碳配额是在《京都议定书》减排目标下的,新西兰政府规定,控排企业只能购买《京都议定书》所允许的碳排放配额,以及新西兰政府所允许的其他减排体系下的碳配额。在碳配额价格的决定权上,新西兰显然是价格接受者,而不是价格主导者。[1]

在抵消机制上,新西兰碳交易市场对接《京都议定书》下的碳市场,且抵消比例并未设置上限,但于2015年6月禁止国际碳信用额度的抵消。新西兰政府考虑未来在一定程度上开启抵消机制,并重新规划抵消机制下的规则。在温室气体排放源和各种温室气体排放比重方面,新西兰均有别于其他发达国家。如在污染源方面,新西兰农业和林业的排放量很高,而电力行业及工业排放量不高,仅农业一项便占新西兰温室气体总排放量的49%,与发达国家平均水平12%相比明显高很多。新西兰电力产业因可再生能源使用率较高,因而排放量低于其他发达国家。与其他发达国家相同的是,新西兰交通业温室气体排放量增加迅速。新西兰主要温室气体的比重也与其他发达国家不同,新西兰二氧化碳排放占温室气体排放总量的46.5%,甲烷占35.2%,二氧化氮占17.2%。而发达国家一般二氧化碳排放占据整个温室气体排放的83.2%,甲烷占9.5%,二氧化氮占5.9%。正是基于此,新西兰碳排放交易体系并没有仿照EUETS在减排初期只规制二氧化碳的排放,而是将《京都议定书》明列的6种温室气体全部纳入减排体系。[2]

新西兰碳排放交易体系高度依赖国际市场的一种合理解释是,新西兰碳交易市场太小,交易量不足,与《京都议定书》及EUETS的连接增强了本国碳排放交易市场的流动性,并赋予了企业以更低价格购买碳配额的机会。

---

〔1〕 Toni E. Moyes, *Greenhouse Gas Emissions Trading in New Zealand: Trailblazing Comprehensive Cap and Trade*. Ecology L. Q. 2008, 35 (1), p. 920, 926.

〔2〕 王燕、张磊:《碳排放交易市场化法律保障机制的探索》,复旦大学出版社2015年版,第66页。

此外,还避免了政府在设定本国碳排放限额时受到行业游说的干扰。为换取控排企业对温室气体减排制度的认可和接受,新西兰碳排放交易体系规定,政府在减排初期将对国内控排企业免费发放大部分的碳排放配额,为控排企业承担排放成本提供缓冲期,但到2030年,控排企业所需的碳配额将全部以付费的方式获得。

四、其他国家的碳交易体系

2015年韩国碳排放交易体系开始正式交易,能够覆盖韩国约74%的碳排放。在配额总量控制方面,韩国碳交易体系根据实际情况进行灵活安排,设立配额储备机制以备分配新加入企业与稳定碳价,且在市场相对成熟后使配额总量逐年递减。在配额分配方式方面,韩国碳交易体系呈现出拍卖占比逐渐提高的趋势。在灵活履约方面,韩国碳交易体系设置了韩国碳抵消信用用于碳抵消,并且在第二个交易期与国际接轨,允许使用国际抵消信用用于履约。

瑞士碳交易体系始于2008年,排放配额是免费分配给企业的,同时排放权交易总额占到了削减目标的8%。2013年,瑞士自愿碳交易体系转化为强制性碳交易体系。2016年1月,瑞士与欧盟就双方碳排放交易体系接轨达成一致。2019年3月,瑞士议会批准了其碳交易体系与欧盟碳交易体系链接。此外,瑞士同时实施碳税制度,但在2013~2020年期间,对碳交易体系下的企业免征碳税。

第五节　国外碳排放交易立法经验与启示

一、政策和法律的规范引导

国外注重立法或出台相关政策,以引导碳排放交易活动规范运行。例如,1990年,美国通过修订《清洁空气法》将排放权交易在法律上予以制度化,形成以市场为导向的碳排放交易制度。这也是美国在联邦法律中第一次引入了与排放权交易相关的总量控制与交易政策。再如,欧盟为了碳交易市场的统一与稳定运行,欧盟委员会在碳交易体系建立之初便出台了相关政策和法律(如"责任分担协议""2003 指令"等),制定了以减排目标为基础的战略规划,夯实了碳交易的法律基础。为实现碳配额的有效衔接,保证市场运转之初的碳交易相对公平,则预先对碳排放总量、覆盖行业与设施、初始配额及分配方式、核定标准等要素进行了明确规定,做到有法可依。随着碳交易实践的逐步深入,欧盟针对不同阶段出现的具体问题,能不断完善气候政策,及时修订法律规则,健全碳配额衔接法律制度。譬如,通过对"2003 指令"的历次修订使得欧盟碳排放交易的立法基础逐步完善,尤其是调整了碳排放配额衔接的法律规定,为欧盟维持统一的碳排放交易市场提供了制度保障,且从较高层面确定了欧盟碳交易立法的法律效力。EUETS 是一个跨多国的交易体系,涉及数十个主权国家。EUETS 覆盖范围内的各国均奉行契约精神,遵守欧盟碳交易的法律和政策,并且,在欧盟碳交易基础性的政策与法规体系下各国又颁布了与之衔接的国内法,如德国《温室气体排放许可证交易法》、法国《能源与气候法》等,通过设置相关联的、特定的碳排放交易管理机构或者工作部门,保障了碳配额分配、交易与监管的有序进行,实现了与欧盟碳排放交易法律法规的统一与协调。

二、调整碳配额总量设定

碳排放权交易体系的总量设定主要有两种方式,即绝对总量控制与基于强度的总量控制。以欧盟为例,EUETS 采取了绝对总量控制的设定模式,即事先设定体系在某个阶段运行的排放总量,该排放总量是体系纳入的所有企业在该阶段内运行的最大的总排放量。[1] 欧盟碳排放交易市场在第一阶段采取"由下至上"的总量设定方式,为了使各成员国之间碳配额总量实现有效衔接,欧盟规定:成员国结合欧盟总体配额分配方案,并根据"责任分担协议"确定的各自减排义务来制定本国的配额分配方案,预测未来所需的碳排放量(此为"下"),要求成员国认可其他成员国主管机构签发的配额,并

〔1〕 此处的排放总量通常以排放配额总量的方式表示,每份配额代表排放 $1tCO_2e$ 的权利。

建立配额签发相互承认的机制,[1]欧盟据此设定EUETS的碳配额总量(此为"上")。第一阶段这种配额设定方式,致使欧盟碳排放总配额的发放超过了实际排放额,造成碳配额供过于求,碳交易价格下降。此后,欧盟又受到全球金融危机、能源与技术发展等因素的影响,导致碳配额交易价格出现大幅波动,不利于碳市场的平稳运行。因此,欧盟及时修改相关法律,将碳配额总量的设定方式由"自下而上"转变为"自上而下",即参照各成员国的排放值,将碳配额合理分配给各成员国,避免了配额过剩的问题,从而促进了欧盟碳交易机制的健康运行。

三、改变碳配额分配方式

根据碳交易市场运行的实际情况,国外碳交易体系多有改变碳配额分配方式的做法。仍以欧盟为例,在欧盟碳排放交易市场建立的初期,初始配额的分配采用了"祖父法"的分配方式,基本上是无偿分配。然而,无偿分配的方式既不利于碳配额的合理衔接,也不利于碳排放交易市场的正常运行,于是,欧盟通过相关法令的修订对碳配额的分配方式作出了适当改变。在第二阶段,欧盟开始采用"基准线法"来发放免费配额。在此阶段,欧盟逐渐限制各会员国配额分配的自主权,从而保证配额的稀缺性,增强其价值认可度。并从第二、三阶段开始,欧盟开始更多地采用竞价拍卖的方式来实现配额的有偿分配。据统计,欧盟在碳排放交易实施的第一个阶段,约95%的碳配额为免费分配。之后的实践中,欧盟逐步提高了有偿拍卖的分配比例,在欧盟碳交易实施的第二阶段,碳配额的免费发放比例约占90%。而通过欧盟碳交易法规的不断修订,第三阶段规定,从2013年开始,80%的碳配额免费发放,以后逐年递减,直至实现全部配额以拍卖方式分配。与前两个阶段相比,这是欧盟碳交易发展到第三阶段的一个重要变化。

但是,由于欧盟内部不同国家之间的经济发展水平不同,不同行业之间的能源利用效率也不同。为了平衡这一现状,一方面,欧盟在"2009指令"中

[1] 曹明德、崔金星:《欧盟、德国温室气体监测统计报告制度立法经验及经验对策》,载《武汉理工大学学报》2012年第2期。

规定,在配额分配和配额拍卖收入的使用中对于经济水平相对较低的国家有一定的政策倾斜,如波兰在2013年可以获得70%的免费配额,但这一比例必须逐年下降,要求至2020年下降为零。[1] 另一方面,欧盟针对不同行业的配额分配方式也有所区别,例如,对于能源生产行业要求必须以拍卖方式获得所需配额,而对于能源使用集中的行业则给予一定的免费配额。总之,欧盟针对不同国家、不同行业,通过不同的碳配额分配方式,在提高碳配额分配效率的同时,兼顾了配额分配的公平性,提高各国、各行业的减排积极性,促进了碳配额分配与衔接制度上"公平"与"效率"的协调,既有利于各国碳配额衔接的顺利实施,又保障了欧盟统一的碳配额交易的公平运行。

四、依法建立MRV制度

碳排放的监测、报告与核查(MRV)制度以欧盟的最为规范。EUETS初创之后,其覆盖范围逐渐扩大,由第一阶段的能源、石化、钢铁、造纸等行业扩容到后来的航空业、石油化工和电解铝等化工原料行业。为了加强对所覆盖行业碳配额质量的监管,欧盟相继颁行了《温室气体排放监测与报告管理条例》(14 December 2011)[2]、《温室气体排放报告和吨公里报告核查以及核查者认证条例》(21 June 2012)[3]以及配套指南等,建立了企业温室气体排放的监测、报告与第三方核查制度。并要求各成员国按照法律要求进行碳配额核查,规定了核查机构的认证条例,统一了准入门槛,以便更好地监管企业温室气体的排放活动,增强碳配额的交易认可度,保证碳配额的交易质量。[4] 例如,德国在《温室气体排放交易法》中规定碳配额的检测与报告制度,并通过排放交易处与多家有资质的第三方审查机构对相关行业的

---

[1] Jon Birger, Wettestad, *Fixing the EU Emissions Trading System? Understanding the post - 2012 changes.* Global Environmental Politics (4),101 - 123.

[2] Regulation on the monitoring and reporting of greenhouse gas emission under the EUETS.

[3] Commission Regulation(EU):No. 600/2012 of 21 June 2012 on the verification of greenhouse gas emission reports and tonne - kilometre reports and the accreditation of verifiers pursuant to Directive 2003/87/EC of the European Parliament and of the Council.

[4] 郝海青、毛建民:《欧盟碳排放权交易法律制度的变革及对我国的其实》,载《中国海洋大学学报(社会科学版)》2015年第6期。

企业进行碳配额的核查与验证,与欧盟的统一标准进行一致性检验后,再进行注册登记;在法国,国家生态部负责制定碳排放配额交易的规章制度和国家标准,并确立碳排放监测体系,具体包括监测计划、碳排放报告和碳排放核查制度,由政府的资格认证机构和分类设备检查专员对碳排放进行核查,并依此建立国家碳配额登记注册体系;而英国作为世界上第一个颁布《气候变化法》的国家,在其环境、食品与乡村事务部下设置排放交易管理局,专门负责碳排放配额的核发、排放项目的认可以及登录注册体系的管理,[1] 并命令排放企业进行定期报告,强制规定报告的形式、内容与要求,并建立报告数据的核查制度,最后再通过联合注册登记簿实现对企业账户的核查管理。[2]

五、统一碳配额交易平台

国外碳交易市场都建立有统一的交易平台(或称交易系统)作为碳配额或碳信用交易的场所。仍以欧盟为例,欧盟通过碳交易指令设置了独立注册登记系统(Independent Transaction Log,ITL),作为碳配额签发、流通以及注销的统一平台,确立泛欧交易所(Euronext)作为欧盟统一的碳配额现货交易场所。欧盟各成员国基本都采取"控排企业审核—电子账户登记—政府监督管理"的国际通用模式,各自设置符合欧盟标准的碳交易平台,多个成员国还可以共同建立统一的碳配额登记系统,并通过标准的电子数据库形式与欧盟的碳交易平台实行全面对接。[3] 根据欧盟排放交易指令,欧盟内部统一的配额交易注册平台需要对每一笔配额的签发、流通以及注销记录进行核查与维护,以此建立信息交换机制,将系统的运行情况、配额流通状况、企业排放报告等信息在各会员国碳排放管理机构之间进行通报,最大程

---

[1] Aurnabha Ghosh, Benito Moller, William Pizer, *Mobilizing the private sector: quantity - performance instruments for public climate funds*, [2015 - 09 - 21], *http://www.oxfordenergy.org/wpem/wp - content/uploads/2012/08/Mobilizing - the - Private - Sector.pdf.*

[2] TSO. *Climate change: the greenhouse gas emissions trading scheme regulations* 2012, [2015 - 09 - 21], http://www.legislation.gov.uk/uksi/2012/3038/pdfs/uksi_20123038_en.pdf.

[3] 曹明德、崔金星:《欧盟、德国温室气体监测统计报告制度立法经验及经验对策》,载《武汉理工大学学报》2012 年第 2 期。

度地实现了欧盟碳配额交易状况的数据资源共享,提高了碳配额在欧盟碳排放交易体系内全方位衔接的认可度。

此外,稳定的碳配额交易价格也是促进碳配额衔接的重要因素。例如,欧盟碳配额价格由配额总供给量与市场上控排企业的实际总排放量所决定,而欧盟碳配额的总供给量是由欧盟根据各国国家分配计划(第一、二阶段)或根据碳减排总目标(第三阶段)进行调整后确定的。就企业个体而言,由于企业只能被动接受所分配的配额,所以碳配额的价格取决于企业对碳配额的需求,而这种需求又取决于其碳排放量。参与碳排放交易企业的排放量主要受能源价格、天气状况、宏观经济、技术发展等因素的影响。[1] 实践表明,碳配额价格受政策法规、宏观经济、技术发展的影响最大。实质上,为了避免碳配额交易价格的大起大落,欧盟会适时修改碳交易指令的内容或出台新的政策,对碳配额交易价格施加影响,因此,欧盟碳配额价格主要受到市场机制与宏观调控两方面的影响,市场调节与法律调控是欧盟促进碳配额价格趋于稳定的有效手段。

---

〔1〕 Uhrig – Homburg M, Wagner M. W, *Derivative Instruments in the EU Emissions Trading Scheme – An Early Market Perspective*, Energy and Environment, 2008, (5).

第三章　中国碳排放权交易试点及地方立法

第一节　中国碳排放权交易试点及地方立法概况

一、中国碳排放权交易试点概况

早在20世纪90年代,中国就开始了碳排放权交易的探索。为了有效控制与削减大气污染中的主要污染物二氧化硫的排放总量,1991年,国家环保局将包头、开远、柳州、太原、平顶山和贵州六个城市作为试点城市,试点实施了大气排污交易政策。2001年,国家环保总局与美国环境保护基金会签署了“研究如何利用市场手段,帮助地方政府和企业实现国务院制定的污染物排放总量控制目标”的合作协议备忘录,确立了“利用市场机制控制二氧化硫排放”的中美合作研究项目,并在江苏南通与辽宁木溪试点实施该项目。2002年7月,国家环保总局又选择在山东、山西、江苏、河南、上海、天津、柳州等七省市开展“二氧化硫排放总量控制及排污交易试点”项目,[1]以寻求改善空气质量。

中国碳排放权交易市场是在《京都议定书》的基础上产生与发展起来的。20世纪90年代以来,中国处于经济快速发展时期,能源需求量不断攀升。作为碳排放大国,中国在国际社会坚持“共同但有区别责任”[2]原则,

---

〔1〕 参见《污染排放指标成为有价资源》,载《北京青年报》2002年6月1日。

〔2〕 Robyn Eckersley, *The Politics of Carbon Leakage and the Fairness of Border Measures*, Ethics & International Affairs, 2010(4): 369 – 372.

积极践行 CDM[1]项目的碳交易,并对国际社会作出了减排承诺,即到 2020 年,单位国内生产总值二氧化碳排放比 2005 年下降 40% ~45%。最为重要的是,将此作为约束性指标纳入国民经济和社会发展中长期规划。如何有效减少碳排放便成为中国政府的一项重要任务,而碳排放权交易一直被认为是一种有效的低成本减排手段。2011 年国家发改委正式发文,确定由北京、天津、上海、深圳、重庆、广东、湖北"五市两省"开展碳排放权交易试点,探索以较低成本实现 2020 年控制温室气体排放行动目标的新路径。推行碳交易试点还有一个重要目的,即在建立全国碳交易市场的条件尚不具备的情况下,先行在高排放地区进行试点,通过试点探索出总量设定、初始配额分配、监管核查报告、交易机制与裁判规则等方面的经验。同时,试点各地也能在碳交易过程中完善配套设施建设,为未来的全国统一碳交易市场的建立打造基础、积累经验。选取"五市两省"开展碳交易试点具有很强的代表性,试点地均位于我国污染物及温室气体排放高度集中的地区,覆盖范围跨越华北、中西部和东南沿海地区,能源消耗量大,共涉及 20 多个行业的 2000 多家企事业单位。[2]

就试点的效果来看,七个试点碳市场陆续开始上线交易,覆盖了电力、钢铁、水泥等 20 多个行业近 3000 家重点排放单位。截至 2022 年 6 月 30 日,七个试点碳市场累计配额成交量 5.14 亿 tCO_2e,成交额约 128.69 亿元。试点碳市场重点排放单位履约率保持较高水平,市场覆盖范围内碳排放总量和强度保持"双降"趋势,有效促进了地区企业温室气体减排。[3] 只要坚持下去,中国完全能够兑现对外宣布的应对气候变化承诺。可见,中国碳交易试点是成功的,起到了控制温室气体排放的作用,碳交易已经成为中国生态文明建设战略中的重要环节。更可贵的是,碳交易试点在中国是一项开创性的工作,几年的试点工作建立了制度,培养了队伍,提升了能力,还发现了问题,这些积累的经验均为全国统一碳排放权交易体系的建设和运行奠

[1] 即清洁发展机制,《京都议定书》规定了三种减排机制,清洁发展机制是其中之一,参与主体是附件一国家和非附件一国家,该机制目的是鼓励附件一国家在非附件一国家进行直接购买减排配额或通过项目投资的方式冲抵该国应承担的减排义务。

[2] 王彬辉:《我国碳排放权交易的发展及其立法跟进》,载《时代法学》2015 年第 2 期。

[3] 陈震等:《区域碳市场改革应加强探索与创新》,载《中国环境报》2022 年 9 月 15 日,第 3 版。

定了坚实的理论和实践基础。[1] 此外,2016 年 12 月在首批七个碳试点省市之后,经国家发改委备案,四川省和福建省也先后启动各自省份的碳排放交易场所。自此,全国共有九个区域碳交易市场。其中,四川没有进行区域内的配额分配和配额交易,仅以国家核证自愿减排量(CCER)为主要交易品种。

2017 年 12 月,国家发改委宣布全国碳排放交易体系正式启动,并印发了《全国碳排放权交易市场建设方案(发电行业)》。之所以选择发电行业作为突破口,是因为该行业数据基础较好,产品比较单一,而且行业管理比较规范,整体排放量也很大。在全国碳市场启动建设的过程中,地方的碳交易试点、试点市场还将持续运行一段时间,在坚持全国碳市场统一运行、统一管理的基础上,确保试点省市的碳市场与全国统一碳市场顺利对接与平稳过渡。

2020 年七个试点碳市场的成交额由高到低依次是广东、湖北、天津、北京、上海、深圳、重庆。整体来看,广东、湖北、天津三地交易情况较好。截至 2021 年 6 月 3 日,碳排放权交易累计成交量最高的三个省市分别为湖北 7827.65 万吨,广东 7755.13 万吨以及深圳 2708.48 万吨。[2] 全国碳市场自 2021 年 7 月启动上线交易以来,市场运行总体平稳。2022 年 10 月,我国八个区域(不含四川省)碳市场配额累计成交量 273.75 万吨,成交额 1.61 亿元,成交均价 58.85 元/吨,其中成交量主要贡献来自北京、福建、上海,分别占当月总成交量的 20.76%、20.15%、17.89%。截至 2022 年 10 月 31 日,我国八个区域碳市场配额累计成交量 5.73 亿吨,成交额 150.10 亿元,成交均价 26.22 元/吨。[3]

---

[1] 段茂盛:《我国碳市场的发展现状与未来挑战》,载《中国财经报》2018 年 2 月 27 日,第 2 版。

[2] 《过去七年全国碳市场的试点情况回顾》,载产业信息网,https://www.chyxx.com/industry/202106/955701.html,最后访问日期:2022 年 3 月 12 日。

[3] 王宁:《10 月全国碳市场和区域碳市场配额合计成交 2.14 亿元》,载新浪网,http://finance.sina.com.cn/money/bond/2022-11-22/doc-imqmmthc5533745.shtml。

二、试点省市碳排放权交易立法概况

中国碳交易试点“五市两省”在上位法效力不足的情况下自己探索，先后出台了地方性法规、地方政府规章、地方规范性文件、地方工作文件以及各项实施细则，确立了地方碳排放权交易的工作原则与制度，以保障试点碳交易市场的平稳运行。其中，北京和深圳采用的是效力等级最高的地方立法形式，即由北京市人大常委会通过的《关于北京市在严格控制碳排放总量前提下开展碳排放权交易试点工作的决定》（2013 年 12 月），以及《深圳经济特区碳排放管理若干规定》（深圳市人大常委会通过，2012 年 10 月），而北京和深圳的碳排放权交易管理办法则是由市政府颁发的地方规范性文件和地方政府规章。此外，上海、天津、重庆、湖北、广东均颁布了各自的碳交易管理办法，虽然名称略有差异，但性质上或为市政府颁发的地方政府规章，或为地方规范性文件，效力等级均低于地方性法规。（参见表 3－1）

表 3－1 试点七省市碳排放权交易管理的主要法律文件

试点	文件名称	颁布单位	性质	颁布时间
深圳	深圳经济特区碳排放管理若干规定	深圳市人大常委会	地方性法规	2012 年 10 月 30 日
	深圳市碳排放权交易管理办法	深圳市人民政府	地方政府规章	2022 年 5 月 29 日
上海	上海市碳排放管理试行办法	上海市人民政府	地方政府规章	2013 年 11 月 18 日
天津	天津市碳排放权交易管理暂行办法	天津市政府办公厅	地方规范性文件	2020 年 6 月 10 日
北京	关于北京市在严格控制碳排放总量前提下开展碳排放权交易试点工作的决定	北京市人大常委会	地方性法规	2013 年 12 月 30 日
	北京市碳排放权交易管理办法（试行）	北京市人民政府	地方规范性文件	2014 年 5 月 28 日

续表

试点	文件名称	颁布单位	性质	颁布时间
广东	广东省碳排放管理试行办法	广东省人民政府	地方政府规章	2020 年 5 月 12 日修订
湖北	湖北省碳排放权管理和交易暂行办法	湖北省人民政府	地方政府规章	2016 年 9 月 26 日修订
重庆	重庆市碳排放权交易管理暂行办法	重庆市人民政府	地方规范性文件	2014 年 3 月 27 日

第二节　试点省市碳排放权交易实践及立法

一、北京市碳排放权交易实践及立法

（一）北京市碳排放权交易政策法规体系

为推行碳交易试点，规范碳排放权交易活动，北京市已形成了一套较为完备的政策法规体系，具体包括北京市人大常委会制定的地方性法规、北京市政府出台的政策性规范文件及政府有关部门出台的二十余部配套的技术支撑文件，内容涉及碳配额核定、核查机构管理、交易规则及配套细则、公开市场操作管理、行政处罚自由裁量权规定、碳排放权抵消管理以及北京环境交易所推出的碳排放权交易规则及细则等，为碳试点各项工作的规范有序和碳交易市场的健康发展提供了基础性的法治保障。

具体的法规政策如下：

1. 地方性法规

北京市人大常委会制定的《关于北京市在严格控制碳排放总量前提下开展碳排放权交易试点工作的决定》（2013 年 12 月 27 日通过）。

2. 地方规范性文件

主要包括：

《北京市碳排放权交易管理办法（试行）》（京政发〔2014〕14 号）；

《关于调整〈北京市碳排放权交易管理办法（试行）〉重点排放单位范围

的通知》(京政发〔2015〕65号)。

2022年10月,北京市生态环境局公布《北京市碳排放权交易管理办法(修订)》征求意见稿,目前,这一新的修订稿仍未正式出台。

3. 配套的地方工作文件

主要包括:

《关于开展碳排放权交易试点工作的通知》(京发改规〔2013〕5号);

《北京市碳排放权交易试点配额核定方法(试行)》(京发改规〔2013〕5号);

《北京市碳排放权交易核查机构管理办法》(京发改规〔2013〕5号);

《北京环境交易所碳排放权交易规则》及配套细则;

《北京市碳排放配额场外交易实施细则(试行)》(京发改规〔2013〕7号);

《北京市碳排放权交易公开市场操作管理办法》;

《关于规范碳排放权交易行政处罚自由裁量权的规定》(京发改规〔2014〕1号);

《北京市碳排放权抵消管理办法(试行)》(京发改规〔2014〕6号);

《关于发布行业碳排放强度先进值的通知》(京发改〔2014〕905号);

《关于进一步开放碳排放权交易市场加强碳资产管理有关工作的通告》(京发改〔2014〕2656号);

《关于进一步做好碳排放权交易试点有关工作的通知》(京发改〔2014〕2794号);

《北京市人民政府关于调整〈北京市碳排放权交易管理办法(试行)〉重点排放单位范围的通知》(京政发〔2015〕65号);

《关于公布2015年北京市重点排放单位及报告单位名单的通知》(京发改〔2015〕1524号);

《关于对北京市2015年新增碳排放权交易核查机构、核查员备案结果进行公示的通知》(京发改〔2015〕1567号);

《关于发布北京市2015年碳排放第三方核查机构和核查员名单的通知》(京发改〔2015〕1704号);

《关于做好2016年碳排放权交易试点有关工作的通知》(京发改〔2015〕2866号);

《关于印发〈节能低碳和循环经济行政处罚裁量基准(试行)〉的通知》

(京发改规〔2016〕6号);

《关于北京市2016年碳排放权交易有关事项补充的通知》(京发改〔2016〕133号);

《关于发布北京市2016年碳排放第三方核查机构和核查员名单的通知》(京发改〔2016〕105号);

《关于公布碳市场扩容后2015年度新增重点排放单位名单的通知》(京发改〔2016〕393号);

《关于发布本市第三批行业碳排放强度先进值的通知》(京发改〔2016〕715号);

《关于责令2015年重点排放单位限期开展二氧化碳排放履约工作的通知》(京发改〔2016〕1017号);

《关于重点排放单位2016年度二氧化碳排放配额核定事项的通知》(京发改〔2016〕1639号);

《关于及时做好2016年度碳排放配额清算工作的通知》(京发改〔2017〕820号);

《关于责令2016年重点排放单位限期开展二氧化碳排放履约工作的通知》(京发改〔2017〕850号);

《关于做好2017年碳排放权交易试点有关工作的通知》(京发改〔2016〕2146号);

《关于发布北京市2017年碳排放第三方核查机构和核查员名单的通知》(京发改〔2017〕307号);

《关于开展碳排放权交易第三方核查机构专项监察的通知》(京发改〔2017〕1528号);

《关于公布2017年北京市重点排放单位及报告单位名单的通知》(京发改〔2018〕147号);

《关于做好2018年碳排放权交易试点有关工作的通知》(京发改〔2018〕222号);

《北京市"十四五"时期低碳试点工作方案》(京环发〔2022〕13号);

《北京市"十四五"时期应对气候变化和节能规划》(京环发〔2022〕16号)等。

(二)北京绿色交易所有限公司简介

北京绿色交易所有限公司(以下简称北京绿色交易所)原名北京环境交易所有限公司,成立于2008年8月,是经北京市人民政府批准设立的综合性环境权益交易机构,由北京产权交易所有限公司、金融街控股股份有限公司、上海云鑫创业投资有限公司、北京汽车集团产业投资有限公司、中海油能源发展股份有限公司、国家能源投资集团有限责任公司、中国光大投资管理有限责任公司、中国石化集团资产经营管理有限公司、中国节能环保集团有限公司、鞍钢集团资本控股有限公司、中国航空器材集团资产管理有限公司出资成立,注册资本5亿元人民币。

北京绿色交易所是国家主管部门备案的首批中国自愿减排交易机构、北京市政府指 定的北京市碳排放权交易试点交易平台及北京市老旧机动车淘汰更新办理服务平台,是全国最具影响力的综合性环境权益交易市场之一。北京绿色交易所在环境权益交易、绿色双碳服务、绿色公共服务和绿色金融服务等方面开展了卓有成效的市场创新,发起制定中国首个自愿减排标准"熊猫标准"[1],参与起草中国人民银行《环境权益融资工具》等绿色金融行业标准,为2022年冬奥会和冬残奥会碳中和方案提供碳核算及咨询服务,各类碳资产交易在国内碳市场居于前列。

2021年11月,《国务院关于支持北京城市副中心高质量发展的意见》明确提出,"推动北京绿色交易所在承担全国自愿减排等碳交易中心功能的基础上,升级为面向全球的国家级绿色交易所,建设绿色金融和可持续金融中心"。北京绿色交易所将认真贯彻落实中央和北京市的有关部署,积极推进双碳管理公共平台和绿色金融基础设施建设,服务北京低碳城市发展、服务国家生态文明建设、服务全球应对气候变化,为国家实现绿色低碳高质量发

[1] 2009年12月,北京环境交易所联合BlueNext交易所推出了中国首个自愿减排标准即"熊猫标准"。"熊猫标准"是专为中国市场设立的自愿减排标准,从狭义上确立减排量检测标准和原则,广义上规定流程、评定机构、规则限定等,以完善市场机制。该标准的设立是为了满足中国国内企业和个人就气候问题采取行动的需求。一些项目实现了减排或者清除,遵循熊猫标准的原则,被合格的第三方机构核证,并通过注册,可以获得相应数量的熊猫标准信用额,信用额可以买卖。

展、为北京建设全球绿色金融与可持续金融中心不断贡献力量。

（三）北京市碳排放权交易市场概述

2013年11月28日，北京市碳排放权市场正式开市交易。北京试点碳市场率先探索建立了较为完善的碳交易法规和市场规则，及公开透明的排放报告、核查、履约和执法体系，确立以市场交易方式形成社会公认的碳价的机制。经过8年的运行，北京市试点碳市场机制逐步完善，市场交易较为活跃，碳配额价格稳健上涨，在全国7个试点碳市场中成交价最高。截至2022年10月底，2022年碳配额线上成交均价93.66元/吨，单日均价最高突破124.20元/吨。截至目前，北京碳市场配额累计成交额超过22.3亿元。基于北京市在试点碳市场工作中积累的丰富经验，生态环境部将以部市联建的方式支持北京市承建全国自愿减排交易中心，服务国家碳达峰碳中和愿景。[1]

从北京碳市场开户机构的构成来看，已经包含了相当数量的国内外主流企业，如财富世界500强、财富中国500强、国资委直属央企，或隶属于全国工商联中国民营企业500强，有大量的涉及境内外上市公司和金融投资机构。北京碳市场全部公开交易活动中，买方前30名的交易量约占总成交量的2/3，这些交易参与人中既有履约机构、非履约机构，也有自然人。其中，非履约机构购买比重最高，而履约机构主要集中在服务业、其他制造业和石化等行业。

在CCER项目成交情况方面，北京绿色交易所十分重视核证自愿减排量（CCER）市场，一直积极推进该市场的发展。从CCER成交方式来看，协议转让占了CCER全部成交量及成交额的近96%。这主要是由于各试点地区对于CCER抵消功能的实现设置了不同的条件，导致不同项目产生的CCER内在价值和适用性不同，通过协议转让的方式有助于业主了解具体项目信息并就价格进行协商。[2] 自2008年8月5日挂牌成立以来，北京绿色

[1] 吴为：《中华环保世纪行走进北京，为全国碳市场启动贡献“北京经验”》，载《新京报》2022年11月6日。

[2] 上述数据分别参见《北京碳市场年度报告2017》与《北京碳市场年度报告2018》。

交易所成为国家发展改革委备案的首批中国自愿减排交易机构、北京市政府指定的北京市碳排放权交易试点交易平台及北京市老旧机动车淘汰更新办理服务平台，在绿色“双碳”服务、绿色公共服务和绿色金融服务等方面开展了卓有成效的市场创新，目前已发展成为全国最具影响力的环境权益交易平台之一。

北京市实施碳排放总量控制下的碳排放权交易制度，形成了以地方性法规和政府规章为基础，多项标准、规定配套的碳交易政策法规体系。通过设定重点排放单位排放控制目标并逐年收紧，激发排放单位自主减排动力，进一步压实了碳排放控制主体责任。“十三五”末北京市试点碳市场已完成7个履约周期工作，累计交易量突破3500万吨，累计成交额15亿元，线上成交均价达60元/吨，位居全国各试点碳市场前列。纳入碳市场企业碳排放总量5年来累计下降4%，降幅高于全市平均水平，碳排放权交易已成为北京市实现绿色低碳发展的重要市场化手段，也为全国碳市场顺利启动提供了北京经验。[1]

（四）北京碳交易市场的主要特点

北京市碳交易市场已运行9年，不但支持北京市重点排放单位完成了履约工作，也为全国统一的碳市场建设积累了经验，形成了自身的特点。

一是重视制度建设，严格执法。为保障碳市场健康稳定运行，北京市重视碳市场立法与制度建设，形成了一套比较完善的碳交易政策法规体系，包括碳排放总量控制、碳排放配额管理、碳排放权交易、碳排放报告、第三方核查等重要制度和相应罚则。在此体系下，建成并完善了温室气体排放数据填报系统、注册登记系统和电子交易系统，排放数据报送、第三方核查、排放配额核定与发放、配额交易和清算（履约）等五个环节实现了完整的闭环运行。同时，为保障履约，依据《关于北京市在严格控制碳排放总量前提下开展碳排放权交易试点工作的决定》，通过严格执法，对未按照规定上报排放报告和核查报告的排放单位责令改正，对未按照规定履约的重点排放单位

---

〔1〕参见《北京市“十四五”时期应对气候变化和节能规划》（北京市生态环境局、北京市发展和改革委员会2022年7月25日印发，京环发〔2022〕16号）。

责令限期完成履约并开展碳交易执法。完善的制度规范与严格执法,对保障北京碳交易市场的平稳活跃发挥了重要作用。

二是碳价调控有力,市场稳健运行。为了保障市场健康稳定运行,北京市率先出台了公开市场操作管理办法,实行市场交易价格预警,超过 20 ~ 150 元/吨的价格区间将可能触发配额回购或拍卖等公开市场操作程序。北京碳市场运行九年来,由于政策连续稳定,年度成交均价始终走势比较平稳,客观反映了较为平衡的市场供求关系。在自身配额总量较小的情况下,成交量和成交额稳步提升,市场交易活跃度总体较好,投资机构的参与度提高,形成了履约和交易的双驱动功能,市场整体运行稳健有序。

三是产品丰富多样,市场活跃度较高。北京碳市场的现货交易产品种类丰富多样,除北京市碳配额外,还有三种经审定的项目减排量。为了给重点排放单位提供更多履约抵消产品,北京市率先出台了碳排放抵消管理办法,各类主体除了可以购买配额现货外,还可以通过购买经审定与核证的 CCER 项目、节能改造项目和林业碳汇项目产生的碳减排量,以及“我每周自愿再少开一天车”活动减排量实现履约。在碳金融产品方面,除了碳配额场外掉期、碳配额场外期权等产品外,还在研发环境权益抵质押融资、碳远期等工具,为交易双方提供更多的价格发现、风险管理和融资工具。目前,在交易量、交易额和活跃度等方面,北京碳市场一直居于全国前列。

四是参与主体多,覆盖范围广。北京市参与碳排放权交易的排放单位范围广、类型多,2013 ~ 2015 年,北京市碳交易覆盖的区域范围是行政区域内固定设施,2016 ~ 2018 年则扩大为北京市行政区域内的固定设施和移动源排放;2013 ~ 2015 年覆盖的行业范围是电力热力、水泥、石化、其他工业企业、服务业,约 500 家,而 2016 ~ 2018 年覆盖范围扩大为电力、热力、水泥、石化、其他工业企业、服务业、交通运输等 7 个行业类别,约 1000 家,[1] 而且还覆盖了高校、医院、政府机关等公共机构。其中,中央在京单位占比接近 30%,在七个试点省市中参与交易的央企数量最多,外资及合资企业约占 20%,包括多家世界 500 强企业。此外,还有不少金融投资机构和个人投资者参与,对增强市场流动性、提高交易匹配率、激发市场活力发挥了积极

---

〔1〕 参见《北京碳市场年度报告 2018》。

作用。

五是积极探索跨区域碳交易，丰富市场层次。北京碳市场还积极扩大试点市场覆盖范围，探索跨区域碳交易，将承德市水泥行业纳入跨区域碳排放权交易体系，启动了与内蒙古自治区的呼和浩特、鄂尔多斯两市的跨区域碳排放权交易，不断丰富市场层次。

（五）北京市碳排放权交易管理的法律规定

1. 北京碳排放权交易设定的控排范围

北京市碳交易试点初期的控排范围设定为：2013～2014 年度，北京市重点排放单位主要为热力生产和供应、火力发电、水泥制造、石化生产、其他工业以及服务业等行业，固定设施年直接与间接排放二氧化碳 1 万吨（含）以上的单位。2013 年度纳入重点排放单位 415 家，2014 年度新增重点排放单位至 543 家。2016 年起，北京市重点排放单位的覆盖范围调整为，本市行政区域内的固定设施和移动设施年二氧化碳直接与间接排放总量 5000 吨（含）以上，且在中国境内注册的企业、事业单位、国家机关及其他单位。2016 年 3 月 15 日，北京市发改委公布了北京碳市场扩容后新增的 430 家 2015 年度重点排放单位名单。2018 年 1 月 24 日，北京市发改委联合北京市统计局，公布了 2017 年北京市 943 家重点排放单位名单和 621 家报告单位（门槛为 2000 吨标煤）。2022 年 9 月 27 日，北京市生态环境局公布《2022 年度北京市纳入全国碳市场履约的发电行业重点排放单位名录》，北京市共有 14 家发电行业排放单位纳入全国碳市场履约范围，应按照国家要求开展碳排放数据报送、核查及履约工作。8 家石化、钢铁、建材、民航（机场）等其他行业排放单位纳入报告范围，应按照国家要求开展碳排放数据报送、核查工作。[1]

2. 北京碳排放配额的总量核定与配额分配

（1）配额总量的核定。北京市根据国家和本市国民经济和社会发展计划确定的碳排放强度控制目标，科学设立年度碳排放总量控制目标，核算年

---

〔1〕 参见《北京市生态环境局关于公布 2022 年度本市纳入全国碳市场管理的排放单位名录的通告》。

度配额总量,对本市行政区域内重点排放单位的二氧化碳排放实行配额管理。对新建及改扩建固定资产投资项目逐步实施碳排放评价和管理。北京市确定不超过年度配额总量的5%作为调整量,用于重点排放单位配额调整及市场调节。重点排放单位应当在配额许可范围内排放二氧化碳。报告单位中自愿参与碳排放权交易的非重点排放单位,参照重点排放单位进行管理。

(2)配额分配原则。北京市核定履约机构的碳排放权配额,并进行逐年免费分配,坚持“适度从紧”的原则,同时预留不超过年度配额总量的5%用于定期拍卖和临时拍卖,有效保证北京碳市场的总体稳定。履约机构配额总量包括既有设施配额、新增设施配额、配额调整量三部分,其中既有设施配额核定采用历史总量和历史强度法,新增设施配额核定依据所属行业碳排放强度先进值测算,提出配额变更申请的单位经认定后可对排放配额进行相应调整。

(3)配额的分配方法。自2016年起,北京市对于原有重点排放单位和新增固定设施重点排放单位,依据重点排放单位2015年新增设施实际活动水平及该行业碳排放强度先进值核发配额;对于新增移动源重点排放单位,其移动设施部分不区分既有设施和新增设施,依照历史强度法进行配额分配。

3. 北京碳排放权市场的交易规则

(1)交易产品。目前,北京碳市场的交易产品主要包括两类五种,分别是北京市碳排放配额和经审定的项目减排量。所谓的北京市碳排放配额(BEA),是指由北京市核定的,允许重点排放单位在本市行政区域一定时期内排放二氧化碳的数量,单位以“吨二氧化碳”(tCO_2)计。而所谓经审定的项目减排量,是指由国家或北京市审定的核证自愿减排量(CCER)、节能项目、林业碳汇项目的碳减排量和机动车自愿碳减排量等四种,单位以“吨二氧化碳当量”(tCO_2e)计。

(2)交易主体。北京碳排放权市场的交易主体(交易参与人),是指符合北京环境交易所规定的条件,开户并签署《碳排放权入场交易协议书》的法人、其他经济组织或自然人,分为履约机构、非履约机构和自然人三类。开户条件:第一,履约机构。在北京市行政区域内具有履约责任的重点排放单位以及参照重点排放单位管理的报告单位。第二,非履约机构。在中国境内经市场监督管理部门登记注册,注册资本不低于300万元,依法设立满二年(在北京市或在与北京市开展跨区域碳排放权交易合作且有实质性进展的地区登记注册满一年),具有固定经营场所和必要设备并有效存续的法人。第三,自然人(2014年起允许)。具有完全民事行为能力,年龄在18~60周岁;风险测评合格、金融资产不少于100万元;是北京市户籍人员,或是持有有效身份证并在京居住二年以上的港澳台地区居民、华侨及外籍人员,或是持有效《北京市工作居住证》的非北京市户籍人员,或是持北京市有效暂住证且连续五年(含)以上在北京市缴纳社会保险和个人所得税的非北京市户籍人员,或是与北京市开展跨区域碳排放权交易合作且有实质性进展的地区户籍人员;非北京及与北京市开展跨区域碳排放权交易合作且有实质性进展地区的碳排放权交易场所工作人员,非纳入北京碳排放第三方核查名单的核查人员,非掌握或有机会接触到北京或跨区域碳排放权政策制定、配额分配情况的相关人员。

(3)交易方式。北京碳市场的交易方式,分为线上公开交易和线下协议转让两大类。所谓的线上公开交易,是指交易参与人通过交易所电子交易系统,发送申报/报价指令参与交易的方式。申报的交易方式分为整体竞价交易、部分竞价交易和定价交易三种方式。整体交易方式下,只能由一个应价方与申报方达成交易,每笔申报数量须一次性全部成交,如不能全部成交,交易不能达成。部分交易方式下,可以由一个或一个以上应价方与申报方达成交易,允许部分成交。定价交易方式下,可以由一个或一个以上应价方与申报方以申报方的申报价格达成交易,允许部分成交。而所谓的线下协议转让,是指符合《北京市碳排放配额场外交易实施细则(试行)》规定的交易双方,通过签订交易协议,并在协议生效后到交易所办理碳排放配额交割与资金结算手续的交易方式。根据要求,两个及以上具有关联关系的交易主体之间的交易行为(关联交易),以及单笔配额申报数量10,000吨及以上的交易行为(大宗交易)必须采取协议转让方式。

4. 北京碳排放监测、报告和核查(MRV)制度

北京市碳交易试点在MRV制度建设方面不断进行新的探索,领风气之先:一是率先对新增固定资产投资项目实行碳评价,从源头降低排放;二是率先实行核查机构和核查员的双备案制，对碳排放报告实行第三方核查、专家评审、核查机构第四方交叉抽查，切实保障碳排放数据质量；三是率先探索开展碳排放管理体系建设，支持重点排放单位通过加强精细化管理控制碳排放，逐步从政府采购历史碳排放数据过渡到企业采购第三方核查服务市场。2017 年 9 月至 12 月，根据《关于开展碳排放权交易第三方核查机构专项监察的通知》（京发改〔2017〕1528 号），北京市发展改革委对全市碳排放权交易第三方核查机构开展了专项监察。

目前，北京市已经形成了完善的 MRV 体系，已建立碳排放数据电子报送系统，发布了六个行业排放核算与报告指南、碳排放监测指南、第三方核查程序指南、第三方核查报告编写指南以及核查机构管理办法。

5. 北京碳交易履约制度

在碳交易市场的相关机制中，履约机制是碳排放总量控制的关键环节，是控排单位承担减排责任的重要体现，也是碳交易机制持续运行的重要基础，能反映出碳市场制度设计与运行实施的状况。狭义的履约指的是配额清算，即具有强制减排义务的主体按规定上缴与其经核查的上年度排放总量相等的排放配额，用于抵消上年度的碳排放量，并在注册登记系统中进行清算；广义的履约是指履约工作所涉及的各个环节，具体包括碳排放报告报送、第三方核查和上缴配额等。

（1）制度保障。北京市人大常委会、市政府及相关主管部门高度重视北京碳交易试点履约工作，出台了一系列文件，对履约工作进行了全面、细致、严格的规定。试点期间的履约工作有条不紊，均依照以下文件执行。北京市人大常委会 2013 年 12 月 27 日通过了《关于北京市在严格控制碳排放总量前提下开展碳排放权交易试点工作的决定》（以下简称《碳排放交易决定》），该决定明确规定了实行碳排放报告及第三方核查制度，并规定了对于未按规定报送碳排放报告或者第三方核查报告、超出配额许可范围进行排放的重点排放单位的罚则。《碳排放交易决定》作为地方性法规，在北京市碳排放权交易试点期内具有最高法律效力。北京市人民政府 2014 年 5 月 28 日发布的《北京市碳排放权交易管理办法（试行）》再次确认了《碳排放交易决定》的效力，原则性地规定了排放报告报送、第三方核查和配额清缴的内容。该管理办法对北京市碳排放权交易试点履约工作的开展具有指导作用。

(2)履约开展。重点排放单位和一般报告单位应按照《北京市企业(单位)二氧化碳排放核算和报告指南》,核算本单位上一年度的碳排放数据,建立二氧化碳监测和报告机制,制定年度监测计划,在截止时间前通过"北京市节能降耗及应对气候变化数据填报系统"向北京市碳交易主管部门报送上一年度碳排放报告。一般报告单位在完成系统填报后,应向北京市提交加盖公章的纸质版碳排放报告;重点排放单位待核查工作结束后,按时向北京市提交加盖公章的纸质版碳排放报告。重点排放单位应从北京市碳交易主管部门第三方核查机构目录库中自行委托对应行业的第三方核查机构,开展年度的碳排放报告核查工作,按时报送第三方核查报告。北京市碳交易主管部门组织专家对核查报告进行评审,组织第四方核查机构对核查报告进行抽查,确保排放报告和核查报告数据的准确性和真实性。重点排放单位应按时向注册登记系统开设的配额账户上缴与其经核查的上一年度排放总量相等的排放配额(含经审定的碳减排量,用于抵消的碳减排量不高于其当年核发碳排放配额量的5%)。

(3)履约成效。经过多年的履约期,北京已初步建成了履约主体明确、规则清晰、监管到位的碳排放权交易市场,试点工作取得明显成效。第一,履约主体明确。在目前的七个试点省市中,北京的交易主体数量最多、类型最丰富。在2017年开展的第四个履约期中,经第三方核查后,947家企业(单位)纳入2016年度重点排放单位的履约率为100%。第二,规则清晰。例如,2017年开展的履约工作能够实现100%的履约率,与规范的执法行为分不开。北京碳市场主管部门依据《关于规范碳排放权交易行政处罚自由裁量权的规定》,在全国各试点省市中率先开展执法工作。严格执法确立了碳交易体系的严肃性,行政处罚自由裁量权的规范更保证了执法的透明度,为北京碳市场的稳定运行提供了保障。第三,监管到位。在完善的碳交易政策法规体系下,北京市根据实际需要,不断完善碳交易的各项配套支撑制度,形成了以北京市发改委为主管部门,北京市经济信息中心、北京市应对气候变化研究中心、北京市节能监察大队为支撑机构的实施体系。北京市节能监察大队在开展碳排放报告报送、核查以及履约过程中,严格执法,有效保障了北京碳交易政策的强制性和约束力。这些使北京市成为试点省市中机构设置配备最完善、专业监察执法经验最丰富的地区。第四，产品丰富。在履约抵消产品方面，除了CCER，还有林业碳汇和节能量等经审定与核查的项目减排量。通过抵消机制实现灵活履约，有效拓宽了企业履行节能减碳责任的途径。

6. 北京碳交易市场监管制度

碳市场监管的主要目的在于维护市场秩序，防止内幕交易、市场操纵、发布虚假市场信息等违法违规行为。从被监管对象的角度来划分，碳市场监管可以分为交易机构监管和交易行为监管两类。前者是指交易机构作为被监管对象，由主管部门对其进行监管；后者是指交易参与人的日常交易活动作为被监管对象，由交易所对其进行的一线监管。

北京市关于碳交易机构监管有明确规定。北京市人民政府2014年5月28日发布的《北京市碳排放权交易管理办法（试行）》规定，北京市发改委负责本市碳排放权交易相关工作的组织实施、综合协调与监督管理。市统计、金融、财政、园林绿化等行业主管部门按照职责分别负责相关监督监察工作。市人民政府确定承担碳排放权交易的场所（以下简称交易场所），交易场所应当制定碳排放权交易规则，明确交易参与方的权利义务和交易程序，披露交易信息，处理异常情况。交易场所应当加强对交易活动的风险控制和内部监督管理，组织并监督交易、结算和交割等交易活动，定期向市发改委和市金融局报告交易情况。交易场所及其工作人员违反法律法规规章及有关规定的，责令限期改正；对交易主体造成经济损失的，依法承担赔偿责任；构成犯罪的，依法承担刑事责任。2013年11月20日，北京市发改委发布了《北京市发展和改革委员会关于开展碳排放权交易试点工作的通知》，明确规定：试点期间本市碳交易平台设在北京环境交易所。北京环境交易所作为碳排放权交易机构，应提供公开、公平、公正的交易市场环境，维护交易秩序，保障交易参与方合法权益。制定交易规则及相关操作细则，运行和维护电子交易平台系统，保障配额和资金的安全、高效流转，及时出具交易凭证。妥善保存交易记录，定期披露交易信息，并制定合理的收费标准。

北京市关于碳交易行为也有明确监管规定。在市场监管体系中，交易机构站在监管的最前沿，担负着对日常交易活动进行一线监管的职责，对于市场风险的防控起着至关重要的作用。为了防范和应对交易活动中可能产生的风险,按照北京市政府主管部门的要求,北京环境交易所针对北京碳市场的日常交易活动建立了风险防控机制,如建立风险监管制度和信息披露制度。前者包括诚信保证金、风险警示、最大持仓量限制,以及涨跌幅限制等制度。后者是根据交易规则,通过网站、微信等多种途径及时发布各类交易信息,包括以公开交易方式交易的成交量、成交价格等碳排放权交易行情,以及其他公开信息,及时编制反映市场成交情况的各类日报表、周报表、月报表和年报表。

7. 北京碳市场的交易风险管理

为了应对市场潜在的各类风险,北京碳市场推出了以下几种风险管理制度。

(1)诚信保证金制度。诚信保证金制度是指非履约机构交易参与人参与交易须按规定交纳诚信保证金。诚信保证金的收取标准为2万元人民币。非履约机构交易参与人发生违规违约行为,给其他交易方或交易所造成损失的,交易所有权在做出处理决定的同时扣除部分或全部诚信保证金。非履约机构交易参与人申请注销资格的,经交易所审核同意并无违规违约情况的,将原额无息退还诚信保证金。

(2)监督检查制度。监督检查制度是指交易所对交易参与人执行有关规定和交易规则的情况进行监督检查,对交易参与人交易业务及相关系统使用安全等情况进行监管。对交易参与人在从事相关业务过程中出现应向交易所备案或办理变更登记的而未办理、未及时足额交纳规定的各项费用、提供虚假交易文件或凭证、散布违规信息、违反约定泄露保密信息等违规情形的,将采取约谈、书面警示、暂停或取消交易参与人资格等处理方式。情节严重的,按规定扣除其保证金。

(3)交易纠纷解决制度。交易参与人之间发生交易纠纷,相关交易参与人应当记录有关情况,以备交易所查阅。交易纠纷影响正常交易的,交易参与人应当及时向交易所报告。交易纠纷各方可以自行协商解决,也可以依法向仲裁机构申请仲裁或向人民法院提起诉讼。

(4)涨跌幅限制制度。公开交易方式的涨跌幅为当日基准价的±20%。基准价为上一交易日所有通过公开交易方式成交的交易量的加权平均价,计算结果按照四舍五入原则取至价格最小变动单位。上一交易日无成交的,以上一交易日的基准价为当日基准价。

(5)公开市场操作制度。为维护碳排放权交易市场秩序,避免市场过度波动,激励企业的减碳行动,规范公开市场操作,根据市人大常委会《关于北京市在严格控制碳排放总量前提下开展碳排放权交易试点工作的决定》,制定了《北京市碳排放权交易公开市场操作管理办法(试行)》,包括碳价调控区间、配额拍卖和配额回购等要素。北京碳市场的碳价调控区间为20~150元/吨,配额拍卖指市发改委在配额市场价格过高时以公开竞价的方式出售碳排放配额,配额回购指市发改委在配额市场价格过低时利用财政专项资金进场购买配额。配额拍卖的标的物为各年度的配额现货,当配额的日加权平均价格连续10个交易日高于150元/吨时,市发改委会组织临时拍卖以稳定市场秩序,当配额日加权平均价格连续10个交易日低于20元/吨时,市发改委可组织配额回购以降低市场风险。

(6)最大持仓量限制制度。最大持仓量是指交易所规定交易参与人可以持有的碳排放配额的最大数额。履约机构交易参与人碳排放配额最大持仓量不得超过本单位年度配额量与100万吨之和。非履约机构交易参与人碳排放配额最大持仓量不得超过100万吨。自然人交易参与人碳排放配额最大持仓量不得超过5万吨。机构交易参与人开展碳配额抵押融资、回购融资、托管等碳金融创新业务,需要调整最大持仓量限额的可向交易所提出申请,并提交抵押、回购、托管合同等相关证明材料,可适当上调持仓量。

(7)风险警示制度。风险警示制度是指通过交易参与人报告交易情况、谈话提醒、书面警示等措施化解风险。出现碳交易市场价格出现异常波动、交易参与人的交易量、交易资金或配额持有量异常等情形的,交易所可要求交易参与人报告相关情况。情节严重的,可采取谈话提醒、书面警示等措施。交易所要求交易参与人报告情况的,交易参与人应当按照要求的时间、内容和方式如实报告。交易所实施谈话提醒的,交易参与人应当按照要求的时间、地点和方式认真履行。交易所发现交易参与人有违规嫌疑或交易有较大风险的,可以对交易参与人发出书面的《风险警示函》。

(8)自然人投资者教育制度。为保护在碳排放权交易市场中抗风险能力较弱的自然人投资者,北京绿色交易所特别重视其交易风险管理,建立了较为严格的自然人准入制度。为了使自然人交易参与人更好地了解碳交易风险,北京绿色交易所为自然人投资者提供《风险提示函》,要求交易参与人详细阅读、充分理解,并且只有在签署确认后方可在北京绿色交易所办理开户手续和进行交易。

(9)碳交易异常行为重点监控制度。交易参与人应当记录有关纠纷情况以备交易所查阅,并及时向交易所报告影响正常交易的交易纠纷。此外,针对市场交易活动中的一些关键问题,北京绿色交易所也重点推出了具体的监管规则:

其一,对市场操控行为的监管。重点监控以下涉嫌市场操控的交易行为:单个或两个以上固定的或涉嫌关联的交易账户之间,大量或频繁进行反向交易的行为;单个或两个以上固定的或涉嫌关联的交易账户,大笔申报、连续申报、密集申报或申报价格明显偏离该碳排放权行情揭示的最新成交价的行为;频繁申报和撤销申报,或大额申报后撤销申报,以影响交易价格或误导其他投资者的行为;在一段时期内进行大量的交易;大量或者频繁进行高买低卖交易;在交易平台进行虚假或其他扰乱市场秩序的申报以及北京环境交易所认为需要重点监控的其他异常交易行为。

其二,对内幕交易行为的监管。重点监控可能对交易价格产生重大影响的信息披露前,大量或持续买入或卖出相关碳排放权的行为。

其三,对异常情况的处理。发生下列交易异常情况之一,导致部分或全部交易不能进行的,交易所可以决定单独或同时采取暂缓进入交收、技术性停牌或临时停市等措施:不可抗力;意外事件;技术故障;交易所认定的其他异常情况。经市发改委要求,交易所实行临时停市。交易所对暂缓进入交收、技术性停牌或临时停市决定予以公告。暂缓进入交收、技术性停牌或临时停市原因消除后,交易所可以决定恢复交易,并予以公告。

其四,市场警示。针对碳市场上可疑的交易行为,交易所可发表特别声明,提醒投资者提高警惕,避免上当。

(六)《北京市碳排放权交易管理办法(修订)》(征求意见稿)的主要内容

2022 年 10 月,北京市生态环境局公布《北京市碳排放权交易管理办法(修订)》(征求意见稿),提出年度二氧化碳排放量达到 5000(含)吨以上、属于已发布碳排放权报告方法和配额分配方法的行业,应当列入二氧化碳重点排放单位。征求意见稿提出,北京市政府生态环境主管部门根据本市社会经济和生态环境规划组织设立年度碳排放总量和强度控制目标、严格碳排放管理,确定碳排放单位的减排义务、完善市场机制,推动实现碳排放总量和强度“双控”目标。北京市行政区域内年能源消耗2000吨标准煤(含)以上的法人单位应当报送年度排放报告。其中,年度二氧化碳排放量达到5000吨(含)以上、属于已发布碳排放权报告方法和配额分配方法的行业,应当列入二氧化碳重点排放单位;未纳入重点碳排放单位的,列入一般报告单位名单。而存在下列情形之一的,则由区生态环境主管部门核验并报市生态环境局确认后,从重点碳排放单位名单中移出:迁出本市行政区域的;因停业、关闭或者其他原因不再从事生产经营活动的;连续5年二氧化碳排放量低于5000吨的;市生态环境局确定的其他需要移出的情形。据了解,北京市对重点碳排放单位的二氧化碳排放实行配额管理,重点碳排放单位应在配额许可范围内排放二氧化碳。一般报告单位和其他自愿参与碳排放权交易的,参照重点碳排放单位进行管理。北京市根据年度碳排放强度和总量控制目标确定碳排放权交易市场配额总量,将不超过年度配额总量的5%作为价格调节储备配额。征求意见稿明确,碳交易主体包括重点碳排放单位、其他符合条件的组织。生态环境、金融等碳排放权交易主管部门,交易机构、核查机构及其工作人员,不得参与交易活动。交易产品则包括本市碳排放配额、经本市认定的碳减排量,以及本市探索创新的碳排放交易相关产品。在碳交易中,交易机构应建立健全信息披露制度,及时公布碳排放权交易市场相关信息,加强对交易活动的风险控制和内部监督管理,组织并监督交易、结算和交割等交易活动,定期向市生态环境局和市金融监管局报告交易情况、结算活动和机构运行情况。交易应采用公开竞价、协议转让以及符合国家和北京市规定的其他方式进行。北京市鼓励开展碳排放权交易产品回购、抵质押融资等相关活动,探索开展碳排放权金融衍生品等创新业务。北京市生态环境局可以根据需要通过竞价和固定价格出售、回购等市场手段调节市场价格,防止过度投机行为,维护市场秩序,发挥交易市场引导减排的作用。同时提出,碳排放单位应当按规定于每年4月30日前向市生态环境局报送年度碳排放报告。重点碳排放单位应当同时提交符合条件的核查机构的核查报告。碳排放单位对排放报告的真实性、准确性和完整性负责，保存碳排放报告所涉数据的原始记录和管理台账等材料不少于5年。[1]目前，北京市新的修订稿仍未正式出台。

（七）北京碳市场展望

1.不断完善北京碳交易市场

一方面，北京碳配额市场将不断完善。作为全国七省市碳交易试点市场之一，北京碳配额市场控排门槛逐步降低、覆盖范围不断增加、参与主体日益多元，为北京市通过市场机制推进节能减排奠定了坚实基础。北京碳交易市场将不断完善北京碳交易试点的开户、挂牌、撮合、结算和交付等日常交易支持服务，为重点排放单位完成年度履约工作、优化碳资产管理能力、提升低碳竞争力提供支撑，服务北京的低碳城市建设。另一方面，北京碳抵消市场将不断完善。目前，北京碳市场拥有最多样化的抵消产品，除CCER外，还有林业碳汇项目、节能项目、"我自愿每周再少开一天车"活动等产生的碳减排量。未来，北京碳交易平台将持续推动更多的农林碳汇项目挂牌，引导更多市民参与机动车自愿停驶活动，不断丰富北京碳抵消市场交易产品的层次结构。

2.积极参与全国碳市场建设

北京碳市场是全国多层次碳市场的重要组成部分，在全国碳排放权交易体系正式启动后，北京将积极全面参与全国碳市场建设，重点包括全国碳市场的基础设施建设、非试点地区的能力建设，以及为纳入全国碳交易体系的发电等行业重点排放单位的履约和碳资产管理工作提供交易服务和融资服务。另一方面，为更好发挥自愿项目的减排功能，北京碳交易平台将从碳抵消与碳中和两方面不断推动全国CCER市场发展，如吸引更多CCER项目挂牌，为满足全国的碳抵消需求提供多样化的产品选择，同时面向机构、活动及个人开发多元化的碳中和服务。为了统筹解决减排与减贫两大挑战，北京还将一如既往地重点支持农林碳汇CCER项目的开发和交易，不断

[1] 骆倩雯：《碳排放权交易管理办法修订稿征求意见　二氧化碳年排放超5000吨（含）拟被列入重点排放单位》，载《北京日报》2022年10月7日。

完善市场化生态补偿机制。

3. 稳步推进国际碳市场合作

近年来,北京绿色交易所承担了世行、亚行、联合国环境署、英国政府等国际机构支持的碳市场前瞻研究项目,自哥本哈根气候大会以来在历年的联合国气候大会"中国角"开展中外碳市场交流对话,并为国家应对气候变化南南合作系列培训提供支撑。北京碳市场已经成为南南气候合作重要窗口和中外碳市场交流主要平台。未来我国还要积极参与全球环境治理,合作应对气候变化,推动构建人类命运共同体,保护好人类赖以生存的地球家园。北京作为我国的国际交往中心,是中外气候合作的中心舞台。北京碳市场将开展更多的中外碳交易合作,从项目研究、交流培训、市场链接等角度持续推进相关工作。

二、天津市碳排放权交易实践及立法

(一)天津市碳排放权交易政策法规

2011 年 8 月,天津市人民政府转发市发展改革委的《关于天津排放权交易市场发展的总体方案》(津政办发〔2011〕86 号)提出,加强主要污染物排放权交易、碳排放交易、建筑能效交易的市场建设,指定天津排放权交易所为交易平台并授权代行排放权交易市场管理职能。2013 年 1 月 8 日,天津排放权交易所获国家发改委批复,成为首批《温室气体自愿减排交易管理暂行办法》备案交易机构之一。并且,天津市人民政府发布了《天津市碳排放权交易管理暂行办法》以指导并规范碳交易活动,天津排放权交易所先后发布了《天津排放权交易所碳排放权交易规则》及《天津排放权交易所碳排放交易风险控制管理办法》等配套规则,以规范市场交易。

值得注意的是,天津市人民政府先后发布了四次《天津市碳排放权交易管理暂行办法》,采取的是以新法取代旧法的方式发布的:

第一次为 2013 年 12 月 20 日,立法目的是推进生态文明建设,转变经济发展方式,实现控制温室气体排放目标,规范碳排放权交易和相关管理活动,根据《国务院关于印发"十二五"控制温室气体排放工作方案的通知》(国发〔2011〕41号）及有关法律、法规，结合天津市实际制定的一部地方规范性文章。该暂行办法声明，自发布之日即2013年12月20日起施行，2016年5月31日废止。

第二次是在2016年3月21日，旧的《天津市碳排放权交易管理暂行办法》废止之前制定并发布的，明确规定该"新的办法"自2016年6月1日起实施，与"旧的办法"在时间上衔接，该办法至2018年6月30日废止。

第三次是在2018年5月20日，立法目的是规范碳排放权交易，实现控制温室气体排放目标，推进生态文明建设，按照全国碳排放权交易市场建设工作部署，根据有关法律法规，结合天津市实际制定的，新《天津市碳排放权交易管理暂行办法》（津政办发〔2018〕12号）自2018年7月1日起实施，2020年6月30日废止。

第四次是在2020年6月10日，为规范碳排放权交易，实现控制温室气体排放目标，协同治理大气污染，推进生态文明建设，按照全国碳排放权交易市场建设工作部署，结合天津市实际，天津市人民政府办公厅经市人民政府同意，印发了新《天津市碳排放权交易管理暂行办法》。新的办法自2020年7月1日起实施，2025年6月30日废止。

除此之外，天津市有关碳排放权交易的政策法规还有：

《市发展改革委关于开展碳排放权交易试点工作的通知》；

《天津市金融局等8部门关于印发构建天津市绿色金融体系实施意见的通知》；

《天津市人民政府办公厅关于印发天津市"十三五"控制温室气体排放工作实施方案的通知》；

《天津市人民政府办公厅关于印发天津市碳排放权交易管理暂行办法的通知》；

《市发展改革委关于发布天津市碳排放权交易试点纳入企业名单的通知》；

《天津市发展和改革委员会关于开展碳排放权交易试点拟纳入企业初始碳核查工作的通知》；

《天津市人民政府办公厅关于印发天津市碳排放权交易试点工作实施方案的通知》；

《天津电力“碳达峰、碳中和”先行示范区实施方案》等。

天津排放权交易所发布的交易规则有：

《天津排放权交易所（试行）》；

《天津排放权交易所碳排放权交易结算细则（暂行）》；

《天津排放权交易所会员管理办法》；

《天津排放权交易所碳排放权交易风险控制管理办法（试行）》等。

（二）天津排放权交易所简介

天津排放权交易所是按照《国务院关于天津滨海新区综合配套改革试验总体方案的批复》中关于“在天津滨海新区建立清洁发展机制和排放权交易市场”的要求设立的中国首家综合性环境能源交易平台，由中国石油天然气集团公司和天津产权交易中心共同出资设立，是利用市场化手段和金融创新方式促进节能减排的国际化交易平台。2008 年 9 月 25 日，交易所在天津经济技术开发区挂牌成立。同日，国家财政部和环境保护部通过《关于同意天津市开展排放权交易综合试点的复函》。2022 年 9 月 27 日，天津排放权交易所顺利通过中国电子节能技术协会碳标签评价管理办公室与低碳经济专业委员会批准，获碳标签授权评价服务机构及低碳服务公司综合能力 AAA（工业领域）级认证，标志着天津排放权交易所同时具备对产品、企业进行碳排放评价能力的认证。

天津排放权交易所成立初期主要致力于开发二氧化硫、化学需氧量等主要污染物交易产品和能源效率交易产品。交易所启动能源效率行动实验计划，邀请工业领域、能源领域和金融领域机构参加交易所能源效率行动咨询顾问委员会，共同设计和制订能源效率合约、交易规则和制度。天津排放权交易所与研究机构、金融机构、核证机构、行业协会等单位建立全方位的战略合作伙伴关系，通过各方协作互动，为国家制定节能环保战略和相关产业政策提供创新思路和实证平台，推动建立符合我国国情的节能环保标准、方法学和核查验证制度，降低核证成本，提高交易产品市场公信力，促进绿色融资和能效融资，提高市场流动性，完善节能减排投融资体系。

天津排放权交易所会员主要分为三类：第一类是排放类会员，指承担约束性节能减排指标的二氧化硫、污水（化学需氧量）和其他排放物直接排放单位;第二类是流动性提供商会员,在天津排放权交易所进行交易但没有直接排放、不承担约束性节能减排指标,在天津排放权交易所提供市场流动性的机构;第三类是竞价者会员,即独立参与天津排放权交易所电子竞价的机构或个人。天津排放权交易所开展的主要业务包括:为温室气体、主要污染物和能效产品提供安全高效的电子竞价和交易平台,为合同能源管理项目及节能服务公司提供推介、融资、咨询等综合服务,为清洁发展机制(CDM)项目以及区域、行业、项目的低碳解决方案提供咨询服务。天津排放权交易所在未来将大力推进区域碳交易试点工作,建成为区域碳交易市场的模范。

(三)天津市碳交易市场概况

天津市碳排放权交易于2013年12月26日正式启动。启动仪式上,华能杨柳青热电有限公司等8家企业签订碳配额交易协议,以每吨28元出售碳配额指标。26日收市,天津碳排放权交易市场共完成协议交易5笔。天津市将钢铁、化工、电力热力、石化、油气开采等五个行业2009年以来年排放二氧化碳2万吨以上的114家企业或单位纳入初期试点范围,在初始碳核查基础上完成了碳排放配额初始发放。在前述成交的5笔交易中,卖方为天津华能杨柳青热点有限公司、中石油天津股份有限公司大港油田分公司、天津国投津能发电有限公司、大港油田集团有限公司;买方为汉能控股集团有限公司、中信证券投资有限公司、华能碳资产经营有限公司和东北中石油国际事业有限公司。

2013年天津虽然是最晚启动的碳交易试点市场,交易却较为活跃,但天津的碳价却处于低位。天津碳市场的履约工作一直有较好的成绩。2016年9月6日,全国碳市场能力建设(天津)中心正式授牌成立。2018年1月31日,天津排放权交易所增资扩股,引入蚂蚁金服作为新的股东,对原有股权结构进一步优化升级。2021年,天津纳入企业连续7年完成100%履约,天津碳市场在不断改善中平稳运行。考察天津市碳市场可知,一方面,企业提高了对参与碳交易工作的重视程度和合规经营认识;另一方面,天津碳交易所通过提供一对一服务等措施提升了碳交易服务能力,极大方便了企业参与碳交易。

就CCER交易而言,天津排放权交易所积极为全国碳市场重点排放单位提供CCER交易和履约服务,2015年4月27日,天津排放权交易所完成国内最大单CCER交易,交易量为506,125吨,本次CCER交易买方为中碳未来(北京)资产管理有限公司,此次交易是中碳(北京)公司继2015年3月24日在天津排放权交易所完成国内首笔控排企业线上购买CCER之后,再次购买大笔CCER。2021年1～10月CCER交易量2581万吨,位居全国第一,截至2021年12月7日收市,天津CCER累计成交量突破6000万吨。

(四)天津碳交易市场的特点

第一,天津市开展碳交易试点具有良好的基础。按照国务院《关于天津滨海新区综合配套改革试验总体方案的批复》中“在天津滨海新区建立清洁发展机制和排放权交易市场”的要求,天津市早在2008年就成立了天津排放权交易所,并且在当年就组织了中国首笔基于互联网的主要污染物二氧化硫排放权交易、2009年又完成了中国首笔基于规范碳足迹盘查的碳中和交易、2010年成功组织首批能效市场交易。而且,在国家确定的七个试点省市中,天津市是唯一同时参与了低碳省区和低碳城市、温室气体排放清单编制及区域碳排放权交易试点的直辖市。经过前两项试点工作的实施推动,为天津的区域碳交易试点打下了良好基础。

第二,天津碳市场有多项制度创新。从最初的数据盘查到复杂的政策设计,从艰难的配额分配到创新的交易规则,天津在碳排放权交易的摸索中积累了丰富经验。如在交易体系设计中,天津碳市场的交易平台功能是最全面的,挂牌、拍卖、协议转让和常态的网络现货都能在一个平台上实现。如果有新产品加入,也不用再重新进行网络开发设计。在规则设计方面,天津碳交易市场既为试点企业实现交易和完成履约提供了平台,也有利于吸引社会合格投资者进行交易和投资获利。天津市碳市场是继深圳之后,全国第二个开放个人投资者的市场。此外,天津碳市场还制定了更为严格的市场监管和风险管理制度,实施了交易所和会员双重风险准备金、大户报告和最大持有量报告制度。

第三,天津纳入首批试点的企业数量比较少。根据天津市温室气体排放主要集中在钢铁、化工、电力热力、石化、油气开采等行业的特征,选定上述五大行业中2009年以来年排放二氧化碳2万吨以上的企业,纳入初期市场覆盖范围。与其他开展碳交易试点的省市相比,天津纳入首批试点的企业数量是最少的,这是由于天津的第二产业比较发达,排放大户比较集中。按照行业及年排放量标准纳入市场范围的114家试点企业都具有较大规模,都是节能减排重点考核对象,这些试点企业总排放量基本占到了全市排放总量的50%以上。对于纳入首批试点范围的企业,天津相关部门在前期进行了试点工作的培训,提高了企业参与碳交易的积极性。

第四,前期的碳配额总量及其分配方法充分考虑了历史排放水平。首批114家试点企业囊括了五大行业,分为历史法和基准法两种配额发放办法。只有电力热力行业按照基准线法分配配额,统一采用纳入试点企业历史平均基准,结合企业当年实际产量,确定试点企业当年分配配额量。而钢铁、化工、石化、油气开采四大行业,全都采用基于历史排放水平的历史法分配配额。在具体的配额核定中,除了考虑试点企业历史排放水平外,还综合考虑了纳入试点行业发展特点、试点企业先期减排行动及未来发展规划等因素,确定试点企业分配配额量。

第五,参与主体有其特点。天津碳市场实行的是区域内碳交易,卖出方必须是持有天津市碳配额的企业或投资人,而买家则可以是全国各地的企业、机构或者合格投资人。但碳市场上买卖的配额最初来源必须是天津地区,外地买家购买配额以后,可以随时再卖出去。以低价启动的天津碳市场也为投资者带来了更大空间,国内巨大的减排空间意味着国内碳交易市场潜力无限。天津开放了对个人投资者的交易资格,天津碳市场面向的是合格投资者,有金融资产30万元以上等筛选条件。试点企业在碳市场启动初期参与碳排放权交易的进场开户是免费的,没有额外的年费和管理费等。

第六,以碳交易试点推动天津产业转型。实现碳排放权交易本身就是一种市场手段,获利只是它带来的好处之一,市场手段可以带来一些单靠行政手段难以实现的节能减排效果。在碳排放交易市场的调节下,企业必然会努力提高技术以节能减排,这样也推进了整个行业生产水平的提高。由于天津的产业格局特色鲜明,重化工业特点显著,能源消费和碳排放大户数量和体量突出。与其他试点地区及一线发达城市已完成或正在大幅度削减工业企业生产能耗和碳排放的形势不同,天津正处于经济快速增长阶段,是我国经济发展和节能减排工作面临形势和发展阶段情景的典型代表。因此,在天津这个经济高速增长、碳排放总量尚未达到峰值的城市进行碳排放权交易试点,更具有典型性和样本意义。

(五)天津市碳排放权交易管理的主要法律规定

1. 法律原则与监管体制

天津碳排放权交易坚持政府引导和市场调节相结合,遵循公开、公正、公平和诚信的原则。

天津市生态环境局是本市碳排放权交易管理工作的主管部门,负责对交易主体范围的确定、配额分配与发放、碳排放监测、报告与核查及市场运行等碳排放权交易工作进行综合协调、组织实施和监督管理。发展改革、工业和信息化、住房和城乡建设、国资、金融、财政、统计、市场监管等部门按照各自职责做好相关工作。

2. 配额管理

(1)排放单位(纳入企业)。天津市建立碳排放总量控制下的碳排放权交易制度,逐步将年度碳排放量达到一定规模的排放单位(以下简称纳入企业)纳入配额管理。市生态环境局会同相关部门按照国家标准和国务院有关部门公布的企业温室气体排放核算要求,根据本市碳排放总量控制目标和相关行业碳排放等情况,确定纳入配额管理的行业范围及排放单位的碳排放规模,报市人民政府批准;纳入企业名单由市生态环境局公布。

(2)配额总量与分配方案。天津市生态环境局会同相关部门,根据碳排放总量控制目标,综合考虑历史排放、行业技术特点、减排潜力和未来发展规划等因素确定配额总量。

市生态环境局会同相关部门根据配额总量,制定配额分配方案。配额分配以免费发放为主、以拍卖或固定价格出售等有偿发放为辅。拍卖或固定价格出售仅在交易市场价格出现较大波动需稳定市场价格时使用,具体规则由市生态环境局会同相关部门另行制定。因有偿发放配额而获得的资金,全额缴入市级国库,实行收支两条线管理。

(3)配额登记注册系统。市生态环境局通过配额登记注册系统,向纳入企业发放配额。登记注册系统中的信息是配额权属的依据。配额的发放、持有、转让、变更、注销和结转等自登记日起发生效力;未经登记,不发生效力。

纳入企业应于每年 6 月 30 日前,通过其在登记注册系统所开设的账户,注销至少与其上年度碳排放量等量的配额,履行遵约义务。

(4)核证自愿减排量抵消。纳入企业可使用一定比例的、依据相关规定取得的核证自愿减排量抵消其碳排放量。抵消量不得超出其当年实际碳排放量的 10%。1 单位核证自愿减排量抵消 1 吨二氧化碳排放。

(5)配额结转与变更。纳入企业未注销的配额可结转至后续年度继续使用。

纳入企业解散、关停、迁出本市时,应注销与其所属年度实际运营期间所产生实际碳排放量相等的配额,并将该年度剩余期间的免费配额全部上缴市生态环境局。纳入企业合并的,其配额及相应权利义务由合并后企业承继。纳入企业分立的,应当依据排放设施的归属,制定合理的配额和遵约义务分割方案,在规定时限内报市生态环境局,并完成配额的变更登记。

3. 碳排放监测、报告与核查

(1)监测计划。纳入企业应于每年 11 月 30 日前将本企业下年度碳排放监测计划报天津市生态环境局,并严格依据监测计划实施监测。碳排放监测计划应明确排放源、监测方法、监测频次及相关责任人等内容。碳排放实际监测内容发生重大变更的,应及时向市生态环境局报告。

(2)重点排放源报告制度。天津市实施二氧化碳重点排放源报告制度。年度碳排放达到一定规模的企业(以下简称报告企业)应于每年第一季度编制本企业上年度的碳排放报告,并于 4 月 30 日前报市生态环境局。报告企业应当对所报数据和信息的真实性、完整性和规范性负责。报告企业排放规模标准由市生态环境局会同相关部门制定。

(3)碳排放核查制度。天津市建立碳排放核查制度。第三方核查机构有权要求纳入企业提供相关资料、接受现场核查并配合其他核查工作,对纳入企业的年度排放情况进行核查并出具核查报告。纳入企业不得连续三年选择同一家第三方核查机构和相同的核查人员进行核查。纳入企业于每年 4 月 30 日前将碳排放报告连同核查报告以书面形式一并提交市生态环境局。

(4)企业年度碳排放量审定。天津市生态环境局依据第三方核查机构出具的核查报告,结合纳入企业提交的年度碳排放报告,审定纳入企业的年度碳排放量,并将审定结果通知纳入企业,该结果作为市生态环境局认定纳入企业年度碳排放量的最终结论。

存在下列情形之一的,市生态环境局应当对纳入企业碳排放量进行核实或复查:一是碳排放报告与核查报告中的碳排放量差额超过10%或10万吨的;二是本年度碳排放量与上年度碳排放量差额超过20%的;三是其他需要进行核实或复查的情形。

4. 碳排放权交易

(1)配额与核证自愿减排量。碳排放权配额,是指天津市生态环境局分配给纳入企业指定时期内的碳排放额度,是碳排放权的凭证和载体。1单位配额相当于1tCO_2e。核证自愿减排量,是指依据国家发展改革委发布施行的《温室气体自愿减排交易管理暂行办法》(发改气候〔2012〕1668号)或市生态环境局发布的相关规定取得的核证自愿减排量。

(2)碳排放权交易制度。天津市建立碳排放权交易制度。所谓的碳排放权,是指依法取得的向大气排放二氧化碳等温室气体的权利。[1] 碳排放包括煤炭、天然气等化石能源燃烧活动和工业生产过程,以及使用外购的电力和热力等产生的二氧化碳排放。配额和核证自愿减排量等碳排放权交易品种应在指定的交易机构内,依据相关规定进行交易。交易机构的交易系统应及时记录交易情况,通过登记注册系统进行交割。碳排放权交易纳入全市统一公共资源交易平台。

天津排放权交易所为本市碳排放权交易机构。交易机构应规范交易活动,培育公开、公平、公正的市场环境,接受市生态环境局和相关部门的监管。交易机构依照市价格主管部门制定的收费标准,收取交易手续费。

(3)交易主体与交易规则。纳入企业及符合交易规则规定的机构和个人,依法可参与碳排放权交易或从事碳排放权交易相关业务。交易机构应制定本市碳排放权交易规则和其他有关规则,报市生态环境局和相关部门备案。碳排放权交易采用符合法律、法规和国家及天津市规定的方式进行。

---

〔1〕 参见天津市人民政府办公厅2020年6月10日印发的《天津市碳排放权交易管理暂行办法》第30条。

(4)交易机构。交易机构应建立信息披露制度,公布碳排放权交易即时行情,并按交易日制作市场行情表,予以公布。交易机构对碳排放权交易实行实时监控,按照市生态环境局要求,报告异常交易情况。根据需要,交易机构可限制出现重大异常交易情况账户的交易,并报市生态环境局。

5. 监管与激励

(1)监督管理实施。天津市生态环境局和相关部门对碳排放权交易的下列事项实施监督管理:其一,纳入企业的碳排放监测、报告、交易及遵约等活动;其二,第三方核查机构的核查活动;其三,交易机构开展碳排放权交易及信息发布等活动;其四,市场参与主体的其他相关业务活动;其五,法律、法规、规章及市人民政府规定的其他事项。

(2)交易价格。天津市建立碳排放权交易市场价格调控机制,具体操作办法由市生态环境局另行制定。交易价格出现重大波动时,市生态环境局可启动调控机制,通过在总量控制范围内向市场投放或回购配额等方式,稳定交易价格,维护市场正常运行。

(3)公众监督。天津市生态环境局公布举报电话和电子邮箱,接受公众监督。任何单位和个人有权对碳排放权交易中的违法违规行为进行投诉或举报。市生态环境局应如实登记并按有关规定进行处理。

(4)信息公开。市生态环境局将纳入企业履约情况向财政、税务、金融、市场监管等有关部门通报,并向社会公布。纳入企业未履行遵约义务,差额部分在下一年度分配的配额中予以双倍扣除。对第三方核查机构出具虚假核查报告等违反相关规定的行为,将予以通报,三年内不得在本市从事碳核查业务。

(5)碳金融激励措施。天津市鼓励银行及其他金融机构在同等条件下向连续三年按期履约的纳入企业提供融资服务,并适时推出以配额作为质押标的的融资方式。市和区有关部门应支持按期履约的纳入企业在同等条件下优先申报国家循环经济、节能减排相关扶持政策和预算内投资所支持的项目。本市循环经济、节能减排相关扶持政策在同等条件下优先考虑连续三年按期履约的纳入企业。

三、上海市碳排放权交易实践及立法

(一)上海市碳排放权交易的政策法规

上海市碳交易主要的政策法规包括:

《上海市碳排放管理试行办法》(2013年11月18日上海市人民政府令第10号公布);

《上海市人民政府关于本市开展碳排放交易试点工作的实施意见》(沪府发〔2012〕64号);

《上海市2013—2015年碳排放配额分配和管理方案》(沪发改环资〔2013〕168号);

《上海环境能源交易所碳排放交易规则》(沪环境交〔2013〕13号);

《上海市碳排放配额登记管理暂行规定》(沪发改环资〔2013〕170号);

《上海市发展改革委关于公布本市碳排放交易试点企业名单(第一批)的通知》(沪发改环资〔2012〕172号);

《上海环境能源交易所碳排放交易会员管理办法(试行)》(沪环境交〔2013〕14号);

《上海环境能源交易所碳排放交易结算细则(试行)》(沪环境交〔2013〕15号);

《上海环境能源交易所碳排放交易信息管理办法(试行)》(沪环境交〔2013〕16号);

《上海环境能源交易所碳排放交易风险控制管理办法(试行)》(沪环境交〔2013〕17号);

《上海环境能源交易所碳排放交易违规违约处理办法(试行)》(沪环境交〔2013〕18号);

《上海市碳排放核查第三方机构管理暂行办法》(沪发改环资〔2014〕5号);

《上海市碳排放核查工作规则(试行)》(沪发改环资〔2014〕35号);

《关于印发上海市2015年节能减排和应对气候变化重点工作安排的通

知》(沪发改环资〔2015〕41 号);

《关于上海市碳排放配额有偿竞价发放的公告》(沪发改公告〔2017〕3 号);

《关于开展本市纳入碳排放配额管理的企业 2016 年度碳排放报告工作的通知》(沪发改环资〔2017〕14 号);

《关于组织开展上海市重点单位 2016 年度能源利用状况和温室气体排放报告等相关工作的通知》(沪发改环资〔2017〕19 号);

《关于及时做好 2016 年度碳排放配额清缴工作的通知》(沪发改环资〔2017〕60 号);

《上海市 2017 年碳排放配额分配方案》(沪发改环资〔2017〕172 号);

《关于开展 2018 年度碳排放监测计划填报工作的通知》(沪发改环资〔2017〕173 号);

《上海市碳排放交易纳入配额管理的单位名单(2018 版)》(沪发改环资〔2018〕150 号);

《上海市碳排放核查第三方机构管理暂行办法(修订版)》(沪环气〔2020〕272 号);

《上海碳排放配额质押登记业务规则》(沪环境交〔2020〕47 号);

《上海市碳达峰实施方案》(沪府发〔2022〕7 号)等。

上海市还制定了许多配套的工作文件,如《上海市温室气体排放核算与报告指南(试行)》(沪发改环资〔2012〕180 号)等,颁布了各行业温室气体排放核算与报告方法,涉及的行业包括电力、热力生产、钢铁、化工、有色金属、纺织、造纸、非金属矿物制品、航空运输、运输站点、旅游饭店、商场、房地产业及金融业办公建筑等。

此外,上海还就碳配额交易的具体业务制定了系列规则,如:

《上海环境能源交易所碳排放交易风险控制管理办法(试行)》;

《上海环境能源交易所碳排放交易会员管理办法(试行)》;

《上海环境能源交易所碳排放交易规则》《上海环境能源交易所借碳交易业务细则(试行)》;

《上海环境能源交易所协助办理 CCER 质押业务规则》;

《上海环境能源交易所碳排放交易信息管理办法(试行)》;

《上海环境能源交易所碳排放交易机构投资者适当性制度实施办法(试行)》;

《上海环境能源交易所碳排放交易结算细则(试行)》;

《上海环境能源交易所碳排放交易违规违约处理办法(试行)》等。

今后上海市将重点推进“双碳”目标方面的法规标准体系建设,开展碳中和、节约能源、可再生能源、循环经济等领域地方性法规、制度的制订修订,推进清理现行地方性法规、制度体系中与碳达峰、碳中和工作不相适应的内容,建立健全有利于绿色低碳循环发展的地方性法规、制度体系。

(二)上海环境能源交易所简介

上海环境能源交易所成立于 2008 年 8 月 5 日,是经上海市人民政府批准设立的全国首家环境能源类交易平台,是上海市碳交易试点的指定交易平台、也是第一批国家发改委备案的 CCER 交易机构之一,同时也是生态环境部指定的全国碳排放权交易系统建设和运营机构。2011 年 10 月,上海环境能源交易所完成机构改革工作,成为国内首家股份制环境交易所,包括上海联合产权交易所、财政部清洁基金中心、国网英大、中国石化、宝武、申能、联和投资等在内的 11 家股东单位,注册资本人民币 3 亿元。2017 年 12 月 19 日,全国碳交易体系正式启动。根据国家整体工作部署,上海牵头承担全国碳排放权交易系统建设和运维任务。上海环境能源交易所作为上海市指定的全国碳排放权交易系统建设主要实施单位,持续按照全国碳市场建设工作的总体要求,全力推进交易系统建设、交易制度建设、交易机构建设及市场能力建设等相关工作。2021 年 7 月 16 日,全国碳排放权市场正式上线启动交易。上海环境能源交易所承担全国碳排放权交易系统账户开立和运行维护等具体工作。

作为全国首家环境能源类交易平台,上海环境能源交易所正积极推进碳交易、碳金融和其他环境权益交易等工作。上海环境能源交易所始终以“创新环境能源交易机制,打造环保服务产业链”为理念,积极探索节能减排与环境领域的权益交易,建设“服务全国、面向全球”的环境能源交易市场。自成立以来,上海环境能源交易所深度参与国家和区域碳排放市场、碳减排市场建设。同时,依托市场建设运行,上海环境能源交易所在碳管理、碳金融、碳中和、气候投融资等多领域创新探索，并在碳管理体系建设、碳金融产品创新、碳中和认证标准制定、绿色股票指数编制、碳普惠机制设计等方面取得了一定的成效。围绕国家碳达峰、碳中和的总体目标，上海环境能源交易所以全国碳交易市场建设为中心，逐步建设公正、规范、高效的多层次、多元化市场格局，力争在“十四五”末建成有国际影响力的碳交易中心、碳定价中心和碳金融中心，服务国家碳达峰、碳中和战略目标的稳步实现。

（三）上海市碳交易市场概述

2011 年，上海市根据国家发改委发布的《关于开展碳排放权交易试点工作的通知》（发改办气候〔2011〕2601 号）开展了碳排放交易试点工作。2013 年 11 月 26 日，上海碳排放权交易市场正式启动运行。上海作为全国最早启动碳交易试点的地区之一，经过多年的探索与尝试，已建立起一个公开透明、稳定有效、服务于碳排放管理的交易市场，初步形成了契合碳排放管理要求的交易制度。上海碳市场至今已平稳运行 9 年多，纳入 27 个行业 300 多家企业和 860 多家机构投资者，是全国唯一连续 9 年实现企业履约清缴率 100% 的试点地区。上海碳市场总体交易规模不但在试点碳市场中排在前列，而且，其 CCER（中国核证减排量）交易规模始终排在第一。截至 2022 年 7 月 21 日，上海碳市场配额及 CCER 现货品种累计成交量超 2.2 亿吨，累计成交金额超 32 亿元，碳配额远期产品累计成交数量超 400 万吨。〔1〕

从上海碳市场整个运行阶段来考查，上海碳市场运行过程中有所起伏，但碳配额交易量稳步攀升，参与主体逐渐增多。上海碳市场年度交易的基本特点是，前期交易平淡，履约期活跃，年底休整后回升。在交易量方面，上海碳市场排放配额（Shang ai Emission Allowances，SHEA）和 CCER 现货合计成交量在全国区域碳市场中位于前列。在各行业交易量上比较，电力、化工与机构投资者分列前三。在试点企业中，电力与热力生产和供应业、化学原料及化学制品制造业、黑色金属冶炼及压延加工业，是累计交易量最大的

〔1〕 顾杰：《上海碳市场已纳入 300 多家企业，总体交易规模领先，这项纪录全国唯一》，载新浪网，https://finance.sina.com.cn/jjxw/2022-07-26/doc-imizmscv3639687.shtml?finpagefr=p_115。

三个行业,三者的交易量之和占上海碳市场总交易量的3/4。2017年,投资机构在上海碳市场交易十分活跃,由投资机构参与的现货交易量(含SHEA与CCER)占全年总成交量的88.74%。交易量排名前20的市场参与方中,仅2家为纳管企业[1]。上海碳市场随着参与纳管企业和投资者的增多,市场活跃度逐渐提升,为纳管企业履约提供了较高流动性的市场环境。从交易数据看,上海碳交易纳管企业碳排放总量得到有效控制,高耗能工业行业碳排放降幅明显、能源结构持续优化,减排幅度高于全国整体水平。企业自主减排意识加强,企业能源结构进一步优化,纳管企业煤炭消费总量均有明显的下降。目前,上海碳排放交易体系日趋完善。

上海碳市场在设计之初,按照"服务试点、促进减碳、培育市场、推动创新"的考虑和要求,参照国际社会成熟市场的运行模式,本着"高起点、严监控"的原则,设计了包括交易、会员、结算、风险控制、信息公开等一系列业务规则,探索了包括碳资产质押、碳基金等产品和机制创新,形成有效的贴近市场需求的规则体系,这也是七个碳交易试点市场中比较详细和完善的市场规则。在交易模式上,设立针对小额交易的挂牌交易模式和针对大宗交易的协议转让模式。在会员类型上,与成熟市场常规会员功能保持一致,设立综合类会员和自营类会员,分别从事代理和自营交易业务。在风险控制上,通过当日涨跌幅限制、配额最大持有量限制、风险准备金等一系列方式,有效防范交易过程中可能出现的各种风险。总之,上海碳交易作为碳减排工具的作用初步显现,制度体系构建完整,政策明确、规则清晰、数据基础扎实,为碳市场提供了稳定的制度保证和政策基础。

(四)上海市碳排放管理的主要法律规定

为了推动企业履行碳排放控制责任,实现上海市碳排放控制目标,规范碳排放相关管理活动,推进上海市碳排放交易市场健康发展,根据国务院《"十二五"控制温室气体排放工作方案》等有关规定,上海市政府制定了《上海市碳排放管理试行办法》,2013年11月18日,上海市人民政府以第10号

---

[1] 纳管企业,即上海市纳入碳排放配额管理的企业。

令公布。[1]

1. 适用范围及管理职责

上海市行政区域范围内的配额分配、清缴、交易以及碳排放监测、报告、核查、审定等相关管理活动,应适用《上海市碳排放管理试行办法》的规定。

上海市碳排放管理部门及职责为:市发展改革委是碳排放管理工作的主管部门,负责对本市碳排放管理工作进行综合协调、组织实施和监督保障;市经济信息化、建设交通等部门按照各自职责协同做好相关工作。行政处罚职责由市发展改革委委托上海市节能监察中心履行。

2. 碳排放配额管理

上海市建立碳排放配额管理制度。年度碳排放量达到规定规模的排放单位,纳入配额管理;其他排放单位可以向市发展改革部门申请纳入配额管理。纳入配额管理的行业范围以及排放单位的碳排放规模的确定和调整,由市发展改革部门会同相关行业主管部门拟订,并报市政府批准。纳入配额管理的排放单位名单由市发展改革部门公布。2022 年 2 月 9 日,上海市发布《上海市纳入碳排放配额管理单位名单(2021 版)》及《上海市 2021 年碳排放配额分配方案》,根据该名单,钢铁、石化、有色、汽车制造、水泥、建材等行业内共计 323 家企业被纳入碳排放配额管理,较之前新增 18 家企业。

上海市实施碳排放配额的总量控制,上海市的碳排放配额总量根据国家控制温室气体排放的约束性指标,结合本市经济增长目标和合理控制能源消费总量目标予以确定。纳入配额管理的单位应当根据本单位的碳排放配额,控制自身碳排放总量,并履行碳排放控制、监测、报告和配额清缴责任。根据《上海市 2021 年碳排放配额分配方案》,2021 年度碳排放交易体系配额总量为 1.09 亿吨,2021 年度直接发放配额一次性免费发放至其配额账户,对于采用行业基准线法或历史强度法分配配额的纳管企业,先按照 2020 年产量、业务量等生产经营数据的 80% 确定 2021 年度直接发放的预配额并免费发放。此外,CCER 使用比例不得超过企业经市生态环境局审定的 2021 年度碳排放量的 3% 。

---

〔1〕 由于该试行办法仍未修改,条文中应对气候变化主管部门依然为"市发展改革委",目前虽然已变更为"市生态环境局",但下文表述亦未作修改。

关于配额确定与分配方式，上海市综合考虑纳入配额管理单位的碳排放历史水平、行业特点以及先期节能减排行动等因素，采取历史排放法、基准线法等方法，确定各单位的碳排放配额并开展分配。市发展改革部门根据本市碳排放控制目标以及工作部署，采取免费或者有偿的方式，通过配额登记注册系统，向纳入配额管理的单位分配配额。在试点阶段，免费分配。

3. 交易产品与交易主体

上海市碳排放权交易产品有上海碳排放配额（SHEA）和国家核证自愿减排量（CCER），对于前者，碳市场各年度碳排放配额有三个品种，代码分别是 SHEA13、SHEA14 和 SHEA15。企业取得配额后即可进行交易，企业持有的当年度配额可全部卖出，未来年度配额持有量不得低于其通过分配免费取得的该年度配额量的 50%。对于 CCER，根据《上海市碳排放管理试行办法》的规定，企业可以将 CCER 用于配额清缴。用于清缴时，每吨国家核证自愿减排量相当于 1 吨碳排放配额，但总吨数最高不得超过该年度通过分配取得的配额总量的 5%。CCER 由国家发展改革委备案，并按照《温室气体自愿减排交易管理暂行办法》的规定进行交易。

上海碳市场交易主体既有纳管企业，也有机构投资者，早期交易主体以纳管企业为主，此后机构投资者入市数量增多，市场交易日渐活跃。2013～2014 年，上海碳市场共有 93 家企业参与交易，其中试点企业 87 家，机构投资者 6 家。由于在 2014 年 9 月之前市场中交易主体全部为试点企业，配额有缺口的企业成为买方，配额有盈余的企业成为卖方，多数试点企业仅根据自身配额余缺情况参与交易，因此在 2013 年至 2014 年初期交易中交易参与者数量较少，2014 年 2 月以后交易参与者显著增多。9 月以后，随着机构投资者入市，交易企业数又逐渐增加。截至 2022 年年底，上海市碳排放交易市场已纳入钢铁、电力、化工、航空、水运、建筑等 27 个行业 300 余家企业，逐步建立了“制度明晰、市场规范、管理有序、减排有效”的碳排放交易体系。此外，上海碳市场还吸引了 500 余家机构投资者参与，机构投资者交易量占总成交量的 80% 左右，参与度名列全国试点碳市场第一。

4. 碳排放核查与配额清缴

上海碳交易体系建立了 MRV 制度，M 即按规定制定监测计划、开展碳排放监测；R 即编制并提交年度碳排放报告；V 即接受第三方机构的核查。

(1)核查机构的管理。碳交易主管部门或企业均可委托核查;在碳交易试点期间,主管部门委托并承担核查费用;碳交易主管部门建立第三方机构备案管理制度,制定核查工作规则,公布机构名录。

(2)核查与清缴的时间安排。每年3月31日前,由纳管单位编制本单位上一年度碳排放报告,并报市发展改革部门。每年4月30日前,第三方核查机构核查纳管单位提交的碳排放报告,并向市发展改革部门提交核查报告。自收到第三方机构出具的核查报告之日起30日内,市发展改革部门依据核查报告,结合碳排放报告,审定年度碳排放量,并将审定结果通知纳管单位。每年6月1日至6月30日,纳管单位据经市发展改革部门审定的上一年度碳排放量,通过登记系统,足额提交配额,履行清缴义务。每年12月31日前,纳管单位制定下一年度碳排放监测计划,明确监测范围、监测方式、频次、责任人员等内容,并报市发展改革部门。

(3)年度碳排放量的复查与审定。上海市发展改革部门应当自收到第三方机构出具的核查报告之日起30日内,依据核查报告,结合碳排放报告,审定年度碳排放量,并将审定结果通知纳入配额管理的单位。碳排放报告以及核查、审定情况由市发展改革部门抄送相关部门。有下列情形之一的,市发展改革部门应当组织对纳入配额管理的单位进行复查并审定年度碳排放量:一是年度碳排放报告与核查报告中认定的年度碳排放量相差10%或者10万吨以上;二是年度碳排放量与前一年度碳排放量相差20%以上;三是纳入配额管理的单位对核查报告有异议,并能提供相关证明材料;四是其他有必要进行复查的情况。

(4)抵消机制。纳入配额管理的单位可以将一定比例(比例不超过5%)的CCER用于配额清缴。用于清缴时,每吨CCER相当于1吨碳排放配额。CCER的清缴比例由市发展改革部门确定并向社会公布。上海市纳入配额管理的单位在其排放边界[1]范围内的CCER不得用于本市的配额清缴。

(5)关停和迁出时的清缴。纳入配额管理的单位解散、注销、停止生产

---

[1] 排放边界,是指《上海市温室气体排放核算与报告指南》及相关行业方法规定的温室气体排放核算范围。

经营或者迁出本市的,应当在15日内向市发展改革部门报告当年碳排放情况。市发展改革部门接到报告后,由第三方机构对该单位的碳排放情况进行核查,并由市发展改革部门审定当年碳排放量。纳入配额管理的单位根据市发展改革部门的审定结论完成配额清缴义务。该单位已无偿取得的此后年度配额的50%,由市发展改革部门收回。

5. 配额交易管理制度

上海市实行碳排放交易制度,交易标的为碳排放配额,平台设在上海环境能源交易所。该交易所应当制订碳排放交易规则,明确交易参与方的条件、交易参与方的权利义务、交易程序、交易费用、异常情况处理以及纠纷处理等,报经市发展改革部门批准后由交易所公布。交易所应当根据碳排放交易规则,制定会员管理、信息发布、结算交割以及风险控制等相关业务细则,并提交市发展改革部门备案。

纳入配额管理的单位以及符合上海市碳排放交易规则规定的其他组织和个人,可以参与配额交易活动。交易所会员分为自营类会员和综合类会员。自营类会员可以进行自营业务;综合类会员可以进行自营业务,也可以接受委托从事代理业务。

配额交易应当采用公开竞价、协议转让以及符合国家和本市规定的其他方式进行。碳排放配额的交易价格,由交易参与方根据市场供需关系自行确定。任何单位和个人不得采取欺诈、恶意串通或者其他方式,操纵碳排放交易价格。

交易所应当建立碳排放交易信息管理制度,公布交易行情、成交量、成交金额等交易信息,并及时披露可能影响市场重大变动的相关信息。

6. 风险管理制度

上海市发展改革部门根据经济社会发展情况、碳排放控制形势等,会同有关部门采取相应调控措施,维护碳排放交易市场的稳定。

交易所应当加强碳排放交易风险管理,并建立下列风险管理制度:涨跌幅限制制度;配额最大持有量限制制度以及大户报告制度;风险警示制度;风险准备金制度等。

当交易市场出现异常情况[1]时,交易所可以采取调整涨跌幅限制、调整交易参与方的配额最大持有量限额、暂时停止交易等紧急措施,并应当立即报告市发展改革部门。异常情况消失后,交易所应当及时取消紧急措施。

7. 监督与保障

关于监督管理。上海市发展改革部门应当对下列活动加强监督管理:纳入配额管理单位的碳排放监测、报告以及配额清缴等活动;第三方机构开展碳排放核查工作的活动;交易所开展碳排放交易、资金结算、配额交割等活动;与碳排放配额管理以及碳排放交易有关的其他活动。

为此,市发展改革部门实施监督管理时,可以采取下列措施:对纳入配额管理单位、交易所、第三方机构等进行现场检查;询问当事人及与被调查事件有关的单位和个人;查阅、复制当事人及与被调查事件有关的单位和个人的碳排放交易记录、财务会计资料以及其他相关文件和资料。

完善支撑体系,包括:建立碳排放配额登记注册系统,对碳排放配额实行统一登记,配额的取得、转让、变更、清缴、注销等应当依法登记,并自登记日起生效。建立并完善碳交易平台,并配备专业人员,建立健全各项规章制度,加强对交易活动的风险控制和内部监督管理,赋予其法定职责。制定各项支持政策,如金融支持、财政专项资金支持、节能减排相关扶持政策等。

8. 法律责任

行政处罚包括:对未履行报告义务、未按规定接受核查、未履行配额清缴义务的企业,视情节轻重,分别处以 1 万 ~ 10 万元的罚款;对出具虚假报告、核查报告存在重大错误、擅自发布或使用有关保密信息的第三方机构,视情节轻重,分别处以 3 万 ~ 10 万元的罚款;对未按照规定公布交易信息的、违反规定收取交易手续费的、未建立并执行风险管理制度的、未按照规定向市发展改革部门报送有关文件、资料的交易所,视情节轻重处以 1 万 ~ 5 万元的罚款。行政处理措施包括:将违法行为按照有关规定,记入该单位的信用信息记录,向工商、税务、金融等部门通报有关情况,并通过政府网站或者媒体向社会公布;取消享受当年度及下一年度本市节能减排专项资金支

[1] 异常情况,是指在交易中发生操纵交易价格的行为或者发生不可抗拒的突发事件以及市发展改革部门明确的其他情形。

持政策的资格，以及3年内参与本市节能减排先进集体和个人评比的资格；将违法行为告知本市相关项目审批部门，并由项目审批部门对其下一年度新建固定资产投资项目节能评估报告表或者节能评估报告书不予受理。

（五）上海市碳交易的机制创新

1. 清缴期调控机制

2014年6月13日上海市发展改革委发布《关于有偿发放上海市2013年度碳排放配额实施清缴期调控的公告》，宣布将有偿发放58万吨2013年配额用于企业履约。根据该公告，上海环境能源交易所配额交易于履约截至日期2014年6月30日休市一天，同时组织配额有偿发放。清缴期履约调控措施结束后，上海市191家试点企业全部在法定时限内完成2013年度碳排放配额清缴工作，履约率达到100%，上海碳交易工作首个周期顺利完成。

2. 引入机构投资者

2014年9月3日，上海环境能源交易所公布《上海环境能源交易所碳排放交易机构投资者适当性制度实施办法（试行）》，并接受符合条件的机构投资者申报。该实施办法是国内七个碳交易试点中首个针对投资者的规则。到2014年年底，上海环境能源交易所已经引入20多家机构投资者入市，其中，有中信证券、爱建等国内大型知名金融机构，也有从业多年的节能减碳行业机构。目前，上海碳市场已经吸引了500余家机构投资者入市参与交易。

3. 碳金融产品创新

（1）CCER质押贷款。2014年12月11日，国内首单核证自愿减排量CCER质押贷款签约仪式在上海环境能源交易所举行。CCER质押，即企业以其持有的CCER作为标的获得贷款。企业、金融机构与交易所共同签署三方协议，企业与金融机构就CCER质押签订合同后，向交易所申请办理CCER冻结登记，由交易所在系统内办理相关冻结手续，实现质押双方信用保证。当质押合同终止时，质押双方再通过交易所办理解除冻结登记手续。

（2）碳基金。2014年12月31日，由海通新能源股权投资管理有限公司和上海宝碳新能源环保科技有限公司共同成立的海通宝碳基金成立。2015年1月18日，上海环境能源交易所正式宣布海通宝碳基金已在其交易平台上启动。作为拥有2亿元规模的专项投资基金,海通宝碳基金由海通新能源股权投资管理有限公司和上海宝碳新能源环保科技有限公司作为投资人和管理者,上海环境能源交易所作为交易服务提供方,对全国范围内的CCER进行投资。

(3)CCER预购买权合同。2014年12月26日,中广核风电公司与上海宝碳新能源环保科技有限公司在上海签订全国首单CCER购买权交易协议。该协议的核心内容为,在中广核CCER项目签发前,作为权利购买方的上海宝碳有权以特定价格购买中广核未来一年内产生的200万吨CCER,一吨CCER对应一份购买权,共计200万份。该购买权行使期限为1年,最终价格等于购买权加上固定价格。当权利转让方中广核交付足额的CCER或权利购买方上海宝碳主动放弃购买权时,该协议自动失效。

4. 碳交易长三角区域联动

2014年7月,上海市发展和改革委员会与上海环境能源交易所共同举办了碳排放交易区域合作研讨会,就上海市碳排放交易试点的体系构架、基本制度、核心要素和运行情况等作专题介绍和交流。会议邀请了浙江、江苏、安徽、江西、山东、福建等省市应对气候变化工作主管部门,共同探讨碳排放交易区域合作的研究方向及未来发展。

(六)上海碳交易展望

上海作为全国碳排放权交易系统建设及运维任务牵头承担方,未来将充分贯彻共商、共建、共赢的原则,发挥省市合力和上海金融中心建设的优势保障交易系统建设运维工作,积极参与全国统一碳交易机构的搭建工作,同时继续深入开展碳交易能力建设和培训,服务全国碳排放权交易市场建设。上海碳交易市场自正式启动运行以来,其碳市场建设取得了三方面重要成果:一是积极开展碳排放交易试点工作。目前,上海碳交易市场涵盖钢铁、电力、化工、航空、航运、建筑业等27个行业,300多家企业纳入管理,另外还有500多个投资机构参与碳交易。上海二级市场的总交易额排在全国前列,CCER排在全国第一。二是承担全国碳排放交易系统的建设和维护工作。全国碳交易市场2021年7月16日在上海正式上线交易,一上线就成为全球覆盖温室气体排放量最大的碳市场。截至2022年9月26日,碳排放配额(CEA)成交量1.95亿吨,成交额85.59亿元,是全球碳实物交易量最大的市场。三是创新建立碳普惠机制。《上海碳普惠体系建设工作方案》已基本形成,正抓紧推进,通过碳市场将个人、企业低碳行为量化、价值化,鼓励、激励全社会积极参与实现"双碳"目标。[1]

上海市将持续深化本地碳市场建设,积极探索碳交易创新体制机制,先行先试、充分发挥好全国碳排放交易市场的试验田作用,并利用好全国碳排放交易市场落地上海的优势,加快全国碳交易机构建设,积极稳妥推进碳金融创新。向国家积极争取各类主要碳金融产品落地上海,形成全国综合性交易市场,将上海打造成具有国际影响力的碳交易、定价、创新中心。随着《上海市关于完整准确全面贯彻新发展理念做好碳达峰碳中和工作的实施意见》和《上海市碳达峰实施方案》的印发,上海后续还将陆续出台能源、工业、交通、建筑等8个分行业分领域的实施方案,以及科技支撑、减污降碳、核算体系等13个支撑保障方案,形成"1+1+8+13"[2]的政策体系。

四、广东省碳排放权交易实践及立法

(一)广东省碳排放权交易政策法规

作为我国碳试点七省市之一,广东省重视碳交易法治建设工作,地方立法成绩斐然,迄今已经形成了一套比较完善的碳排放权交易政策法规体系。广东省主要的政策法规文件包括:

《广东省碳排放管理试行办法》(粤府令第197号,2020年修订);

《广东省人民政府关于印发广东省碳排放权交易试点工作实施方案的通知》;

《广东省企业碳排放信息报告与核查实施细则(试行)》;

---

〔1〕 费悦文:《上海碳市场连续8年100%履约,碳普惠机制加快形成》,载人民资讯,https://baijiahao.baidu.com/s?id=1745140588891792833&wfr=spider&for=pc,最后访问日期:2022年11月1日。

〔2〕 "1+1"是两份顶层设计文件,即《上海市碳达峰碳中和实施意见》《上海市碳达峰实施方案》,已于2022年7月由上海市委、市政府印发实施;"8"是能源、工业、建筑、交通等重点领域和区域碳达峰实施方案;"13"是科技支撑、绿色金融等各项保障方案。

《广东省碳排放配额管理实施细则(试行)》;

《广东省碳排放权配额首次分配及工作方案》;

《广东省发展改革委关于碳排放配额管理的实施细则》;

《广东省发展改革委关于企业碳排放信息报告与核查的实施细则》;

《广东省发展改革委关于碳普惠制核证减排量管理的暂行办法》;

《广东省控排企业使用CCER抵消2016年度实际碳排放工作指引》;

《广东省企业(单位)碳排放信息报告指南和企业碳排放核查规范(2017年修订)》;

《广东省发展改革委印发广东省民航、造纸行业2016年度碳配额分配方案及白水泥企业2016年度配额分配方法》;

《深圳经济特区碳排放管理若干规定》;

《广东省碳普惠交易管理办法》(有效期至2027年5月6日)等。

此外,广东省发展改革委还分三批印发了《广东省发展改革委关于印发省级碳普惠方法学备案清单的通知》,而且,广东省还会按年度发布碳排放配额分配实施方案,2014~2021年每年均发布了《广东省年度碳排放配额分配实施方案》。

为了规范碳配额交易平台的运行秩序与碳金融创新业务,完善交易规则,广州碳排放权交易中心还颁布了若干规章制度,包括:

《广州碳排放权交易中心广东省碳普惠制核证减排量交易规则(2020年修订)》;

《广州碳排放权交易中心碳排放配额交易规则(2019年修订)》;

《广州碳排放权交易中心国家核证自愿减排量交易规则(2019年修订)》;

《广州碳排放权交易中心碳排放权交易风险控制管理细则(2017年修订)》;

《广州碳排放权交易中心广东省碳普惠制核证减排量交易规则》;

《广州碳排放权交易中心国家核证自愿减排量交易规则(2017年修订)》;

《广州碳排放权交易中心碳排放配额交易规则(2017年修订)》;

《广东省碳排放配额托管业务指引(2017年修订)》;

《广州碳排放权交易中心远期交易业务指引(2017年修订)》；

《广州碳排放权交易中心广东省碳排放配额抵押登记操作规程(2017年修订)》；

《广州碳排放权交易中心广东省碳排放配额回购交易业务指引(2017年修订)》；

《广州碳排放权交易中心会员管理暂行办法(2017年修订)》；

《广东省碳排放配额托管业务指引(2019年修订)》；

《广州碳排放权交易中心远期交易业务指引》；

《广州碳排放权交易中心碳排放权交易风险控制管理细则》；

《广州碳排放权交易中心广东省碳排放配额抵押登记操作规程(试行)》；

《广州碳排放权交易中心广东省碳排放配额回购交易业务指引(2019年修订)》；

《广州碳排放权交易中心碳排放权市场交易收费标准》；

《广州碳排放权交易中心会员管理办法(2022年修订)》等。

(二)广州碳排放权交易所简介

广州碳排放权交易所(以下简称广碳所)的前身为广州环境资源交易所，于2009年4月完成工商注册。广碳所由广州交易所集团独资成立，致力于搭建“立足广东、服务全国、面向世界”的第三方公共交易服务平台，为企业进行碳排放权交易、排污权交易提供规范的、具有信用保证的服务。广碳所由广东省政府和广州市政府合作共建，正式挂牌成立于2012年9月，是国家级碳交易试点交易所和广东省政府唯一指定的碳排放配额有偿发放及交易平台。2013年1月成为国家发改委首批认定的CCER交易机构之一。2013年12月16日，广碳所成功举行广东省首次碳排放配额有偿发放，成为至今全国唯一采用碳排放配额有偿分配的试点市场。同月广东省碳排放权交易顺利启动，创下中国碳市场交易的五个第一，迅速引发全球关注。2015年3月9日，广碳所完成国内第一单CCER线上交易，为碳排放配额履约构建多元化的补充机制。在严格遵循有关法律法规，按照省、市政府和发改委的管理和指导下，广碳所陆续推出碳排放权抵押融资、法人账户透支、配额回购、配额托管、远期交易等创新型碳金融业务，为企业碳资产管理提供灵活丰富的途径。2016年4月，广碳所上线了全国唯一为绿色低碳行业提供全方位金融服务的平台——“广碳绿金”，有效整合了与绿色金融相关的信贷、债券、股权交易、基金、融资租赁和资产证券化等产品，打造出多层次绿色金融产品体系。作为国内首个现货总成交量突破1亿吨，总成交额超过20亿元的交易所，广碳所正全力建设环境能源综合交易服务平台，绿色金融综合服务平台、碳普惠制平台等多个重要平台，为“加快转型升级、建设幸福广东”以及广州打造国家碳金融中心城市提供支撑与动力，为全面深化绿色发展和建设生态文明提供保障。

（三）广东碳配额交易市场概况

2013年12月19日，广东省碳排放权交易在广碳所顺利启动，首日交易创下中国碳市场的五个第一。目前，作为国内第一大的地方碳交易市场，交易总金额稳居全国首位，年度履约率连续达到100%。广东省委、省政府高度重视碳排放权交易试点工作，将碳排放权交易试点作为广东加强生态文明制度建设，推行资源有偿使用制度的重要机制体制创新和主要抓手。经过多年努力，广东碳市场已建立起系统完备、特色鲜明、公开透明、运行有效的碳市场体系。与此同时，企业通过碳市场降低排放成本的内在动力得到激发，首批纳入碳排放管理的企业从被动接受到主动应对的转变非常明显，大多数企业已专门成立碳资产管理部门，对碳排放实施精细化管理，随着工作的深入，企业使用碳交易工具达到的减排效果和经济效益也非常明显。

广碳所提供了三种交易产品。一是广东省碳排放配额（GuangDong Emission Allowance，GDEA）现货交易。广东省发放给六大类重点排放企业的碳排放配额，2020年度配额实行部分免费发放和部分有偿发放，其中，电力企业的免费配额比例为95%，钢铁、石化、水泥、造纸企业的免费配额比例为97%，航空企业的免费配额比例为100%。二是CCER现货交易。CCER是经国家自愿减排管理机构签发的减排量，CCER可作为清缴配额用于履约，抵消企业部分实际排放量，因而具有市场交易价值。根据广东省配额清缴补偿机制，CCER不得超过清缴总量的10%，而其中广东省内产生的CCER或PHCER不得低于70%，国内其他地区产生的CCER不得超过

30%,这也是造成广东省内CCER市场价格比省外CCER偏高的原因所在。三是广东省碳普惠制核证减排量(PHCER)交易。广东省普惠制核证减排量是指广东省纳入普惠制试点地区的相关企业或个人自愿参与实施的减少温室气体排放和增加绿色碳汇低碳行为所产生的核证自愿减排量。与GDEA一样,PHCER的交易单位为"吨二氧化碳当量"(tCO_2e),最小交易量为$1tCO_2e$。此外,按照《广东省发展改革委关于碳排放配额管理的实施细则》,配额自登记之日起生效,配额持有者可以依法进行交易、转让、抵押,或者以其他合法方式取得收益。广州碳排放权交易所推出了配额抵押融资、配额回购融资、配额远期交易、CCER远期、配额托管等多种金融产品。

广东省碳排放权交易试点将民航、造纸行业等企业纳入试点控排管理,目的是让广东省即将纳入全国碳市场的重点行业企业能尽早了解、参与碳排放权交易,为今后更好参与全国碳市场打牢基础,抢占先机。[1] 在广东碳市场覆盖范围方面,控排企业为电力、钢铁、水泥、石化、造纸、航空六大行业,占全省碳排放量60%以上。

碳市场是利用市场机制控制和减少温室气体排放,推动绿色低碳发展的制度创新。广东率先开展碳排放权交易、碳普惠机制和碳捕集技术等试点示范工作。广碳所推动广东碳市场管控的高排放行业实现产业结构和能源消费的绿色低碳化。截至2022年6月30日,广碳所累计成交碳排放配额2.07亿吨,占全国总量27.70%;总成交金额达50.92亿元,占全国总量22.62%,成交量和成交金额均居全国首位。广碳所探索逐步扩大控排行业范围,计划将陶瓷、纺织、数据中心等行业纳入到广东碳市场。广碳所依托碳金融市场,为社会绿色低碳发展转型提供更加丰富的投融资渠道,助力广州碳金融中心建设。截至2022年6月,广东碳市场开展各类碳金融业务262笔,涉及碳排放权规模5538.79万吨,助力控排企业实现融资达4.69亿元。[2]

---

[1] 宗森:《广东碳市场现货交易量超4700万吨 民航、造纸成两大新增行业》,载南方经济网,http://economy.southcn.com/e/2017-01/10/content_163418526.htm。

[2] 周亮:《广州碳排放权交易中心总经理孟萌:累计成交碳排放配额2.07亿吨 占全国总量27.70%》,载中国证券网,https://news.cnstock.com/news,bwkx-202207-4920805.htm,最后访问日期:2022年9月18日。

（四）广东碳交易市场的亮点及展望

广东碳交易市场的亮点较多，一是尝试碳配额的有偿发放，这一做法得到了国家认可。早在2013年12月16日，广碳所根据广东省人民政府批复的《广东省碳排放权配额首次分配及工作方案（试行）》（粤发改资环函〔2013〕3537号），受广东省发展和改革委员会委托，举行了2013年度有偿配额竞价发放，发放的有偿配额量为300万吨，竞买人资格为纳入广东省碳排放权交易试点范围内的控排企业和新建项目企业、其他自愿申请纳入配额管理的排放企业。此后，广东省每年均推行了部分碳排放配额的有偿竞价发放，碳配额有偿发放推动了广东碳市场机制运转。二是市场持续活跃。GDEA成交量与成交金额，长期均居全国区域碳市场首位；CCER累计成交量也位居全国前列。三是履约期效应凸显。根据《广东省碳排放管理试行办法》（广东省政府令第197号）规定，每年6月20日前，控排企业和单位应当根据上年度实际排放量，完成配额清缴工作。广东碳市场履约成绩突出，履约率连续多年达到100%。四是投资机构仍是市场交易主力，个人碳交易表现抢眼。新开户数持续增长，自2018年1月1日以来，广碳所会员数量持续增长，交易量持续放大。投资机构交易持续活跃，个人会员参与意愿逐步增强。五是节能降碳成效显著。企业节能减碳意识明显提升，超过80%的控排企业实施节能减碳技术改造，超过58%的控排企业实现碳强度下降。而且，广东实现碳排放总量、碳强度双降，六大行业碳排放总量、控排企业主要产品碳强度均实现了下降。六是绿色金融及碳金融创新业务快速拓展。在碳金融业务方面，国内首笔民营企业碳配额抵押融资业务600万元，并产生国内首笔碳配额期权交易。在支撑绿色金融改革创新方面，广碳所扎实工作，成效显著。广碳所承担了广东绿金委秘书处职能，积极发挥广东绿金智库作用。截至2022年6月，广东绿金委现有成员单位共68家，涵盖银行、证券、保险、信托、高校、研究院等各类绿色金融相关机构，较去年同期增加17%。广碳所积极推动大湾区绿色金融交流合作，开展绿色金融标准制定和实施落地，提升绿色金融研究氛围。在中国碳市场100指数方面，广东的许多指数指标为全国首创，如考量碳交易管控企业绿色发展能力、将碳排放履约情况纳入编制办法、体现市场联动性、以碳排放管控行业为样本等。七是市场化补充机制有序推进,生态补偿“广东模式”日趋完善。随着广东省碳普惠项目的签发和国家 CCER 登记簿的重新启用,自愿减排量的交易也渐趋活跃。广东碳普惠作为生态文明建设、低碳发展的有力切入点,将为广东构建高质量现代化经济体系,建设美丽中国,贯彻落实新时代生态文明理念做出更大的贡献。总之,作为全国首个配额现货成交量突破 7000 万吨,成交金额突破 15 亿元的碳试点交易所,广碳所将充分利用绿色金融改革创新试验区的契机,稳妥有序探索建设环境权益交易市场,完善定价机制和交易规则,积极参与全国碳交易市场建设,深化区域碳市场机制,继续提升会员管理、风险控制、碳市场能力建设等服务,助力控排企业转型升级,实现绿色发展。

广东碳市场将进一步助力全国碳市场建设。第一,机制设计。广东碳市场将积极参与全国碳市场交易监管、会计税务处理等相关顶层机制研究。第二,基础设施建设。广东将共同参与全国碳排放权注册登记系统和交易系统的建设工作。第三,能力建设。依托全国碳市场能力建设(广东)中心,积极承接全国碳市场启动相关培训工作,助力重点排放单位向全国碳市场过渡。第四,产品创新。利用绿色金融改革试验区的契机,有序探索建设环境权益交易市场,稳妥推进区域碳市场,确保区域碳市场和全国碳市场的有效衔接。

(五)广东省碳排放交易管理的主要法律规定

1. 适用范围与监管体制

为实现温室气体排放控制目标,发挥市场机制作用,规范碳排放管理活动,结合广东省实际,2014 年 1 月 15 日广东省公布了《广东省碳排放管理试行办法》,2020 年 5 月 12 日作了修订。在本省行政区域内的碳排放信息报告与核查,配额的发放、清缴和交易等管理活动,适用本办法。企业碳排放信息报告核查、配额分配、金融服务支持等具体规定由省生态环境、地方金融监督管理部门依据本办法另行制定。碳排放管理应当遵循公开、公平和诚信的原则,坚持政府引导与市场运作相结合。

广东省生态环境部门负责全省碳排放管理的组织实施、综合协调和监督工作。各地级以上市人民政府负责指导和支持本行政辖区内企业配合碳排放管理相关工作。各地级以上市生态环境部门负责组织企业碳排放信息报告与核查工作。省工业和信息化、财政、住房和城乡建设、交通运输、统计、市场监督管理、地方金融监督管理等部门按照各自职责做好碳排放管理相关工作。

广东省鼓励开发林业碳汇等温室气体自愿减排项目,引导企业和单位采取节能降碳措施。提高公众参与意识,推动全社会低碳节能行动。

2. 碳排放信息报告与核查

广东省实行碳排放信息报告和核查制度。年排放二氧化碳 1 万吨及以上的工业行业企业,年排放二氧化碳 5000 吨以上的宾馆、饭店、金融、商贸、公共机构等单位为控制排放企业和单位(以下简称控排企业和单位);年排放二氧化碳 5000～10,000 吨以下的工业行业企业为要求报告的企业(以下简称报告企业)。交通运输领域纳入控排企业和单位的标准与范围由省生态环境部门会同交通运输等部门提出。根据碳排放管理工作进展情况,分批纳入信息报告与核查范围。

控排企业和单位、报告企业应当按规定编制上一年度碳排放信息报告,报省生态环境部门。控排企业和单位应当委托核查机构核查碳排放信息报告,配合核查机构活动,并承担核查费用。对企业和单位碳排放信息报告与核查报告中认定的年度碳排放量相差10%或者 10 万吨以上的,省生态环境部门应当进行复查。省、地级以上市生态环境部门对企业碳排放信息报告进行抽查,所需费用列入同级财政预算。

在广东省区域内承担碳排放信息核查业务的专业机构,应当具有与开展核查业务相应的资质,并在本省境内有开展业务活动的固定场所和必要设施。从事核查专业服务的机构及其工作人员应当依法、独立、公正地开展碳排放核查业务,对所出具的核查报告的规范性、真实性和准确性负责,并依法履行保密义务,承担法律责任。

3. 配额发放管理

(1)广东省实行碳排放配额[1](以下简称配额)管理制度。控排企业

---

〔1〕 广东省的碳排放配额,是指政府分配给企业用于生产、经营的二氧化碳排放的量化指标。1 吨配额等于 1 吨二氧化碳的排放量。

和单位、新建(含扩建、改建)年排放二氧化碳1万吨以上项目的企业(以下简称新建项目企业)纳入配额管理;其他排放企业和单位经省生态环境部门同意可以申请纳入配额管理。省配额发放总量由省人民政府按照国家控制温室气体排放总体目标,结合本省重点行业发展规划和合理控制能源消费总量目标予以确定,并定期向社会公布。配额发放总量由控排企业和单位的配额加上储备配额构成,储备配额包括新建项目企业配额和市场调节配额。

(2)省生态环境部门应当制定本省配额分配实施方案,明确配额分配的原则、方法以及流程等事项,经配额分配评审委员会评审,并报省人民政府批准后公布。配额分配评审委员会,由省生态环境部门和省相关行业主管部门,技术、经济及低碳、能源等方面的专家,行业协会、企业代表组成,其中专家不得少于成员总数的2/3。

(3)控排企业和单位的年度配额,由省生态环境部门根据行业基准水平、减排潜力和企业历史排放水平,采用基准线法、历史排放法等方法确定。控排企业和单位的配额实行部分免费发放和部分有偿发放,并逐步降低免费配额比例。每年7月1日,由省生态环境部门按照控排企业和单位配额总量的一定比例,发放年度免费配额。

(4)关于配额变更。控排企业和单位发生合并的,其配额及相应的权利和义务由合并后的企业享有和承担;控排企业和单位发生分立的,应当制定配额分拆方案,并及时报省、地级以上市生态环境部门备案。因生产品种、经营服务项目改变,设备检修或者其他原因等停产停业,生产经营状况发生重大变化的控排企业和单位,应当向省生态环境部门提交配额变更申请材料,重新核定配额。控排企业和单位注销、停止生产经营或者迁出本省的,应当在完成关停或者迁出手续前1个月内提交碳排放信息报告和核查报告,并按要求提交配额。

(5)关于配额清缴与抵消。每年6月20日前,控排企业和单位应当根据上年度实际碳排放量,完成配额清缴工作,并由省生态环境部门注销。企业年度剩余配额可以在后续年度使用,也可以用于配额交易。控排企业和单位可以使用国家核证自愿减排量作为清缴配额,抵消本企业实际碳排放量。但用于清缴的核证自愿减排量,不得超过本企业上年度实际碳排放量的10%,且其中70%以上应当是广东省温室气体自愿减排项目产生。控排企业和单位在其排放边界范围内产生的国家核证自愿减排量,不得用于抵消本省控排企业和单位的碳排放。1tCO_2e 的 CCER 中国可抵消 1 吨碳排放量。

(6)关于新建项目配额。新建项目配额,是指生态环境部门根据新建项目碳排放评估报告核定新建项目建成后预计年度碳排放量,并据此发放的配额。新建项目企业的配额,由省生态环境部门审核的碳排放评估结果核定。新建项目企业按照要求足额购买有偿配额后,方可获得免费配额。

(7)关于配额的竞价发放。省生态环境部门采取竞价方式,每年定期在省人民政府确定的平台发放有偿配额。竞价发放的配额,由现有控排企业和单位、新建项目企业的有偿发放配额加上市场调节配额〔1〕组成。广东省实行配额登记管理。配额的分配、变更、清缴、注销等应依法在配额登记系统登记,并自登记日起生效。

4. 配额交易管理

广东省实行配额交易制度。交易主体为控排企业和单位、新建项目企业、符合规定的其他组织和个人。交易平台为省人民政府指定的碳排放交易所(以下简称交易所)。交易所应当履行以下职责:(1)制定交易规则。(2)提供交易场所、系统设施和服务,组织交易活动。(3)建立资金结算制度,依法进行交易结算、清算以及资金监管。(4)建立交易信息管理制度,公布交易行情、交易价格、交易量等信息,及时披露可能导致市场重大变动的相关信息。(5)建立交易风险管理制度,对交易活动进行风险控制和监督管理。(6)法律法规规定的其他职责。交易规则应当报省生态环境部门、省地方金融监督管理部门审核后发布。

配额交易采取公开竞价、协议转让等国家法律法规、标准和规定允许的方式进行。配额交易价格由交易参与方根据市场供需关系确定,任何单位和个人不得采取欺诈、恶意串通或者其他方式,操纵交易价格。交易参与方应当按照规定缴纳交易手续费。

5. 监督管理

广东省生态环境部门应当定期通过政府网站或者新闻媒体向社会公布

〔1〕 广东省的市场调节配额,是指省政府为应对碳排放市场波动及经济形势变化,用于调节碳市场价格,预留的部分碳排放配额,其数量为现有控排企业和单位配额总量的5%。

控排企业和单位、报告企业履行本办法的情况。省生态环境部门应当向社会公开核查机构名录,并加强对核查机构及其核查工作的监督管理。广东省建立企业碳排放信息报告与核查系统和碳排放配额交易系统。控排企业和单位、报告企业应当按照要求在相应系统中开立账户和报送有关数据。

控排企业和单位对年度实际碳排放量核定、配额分配等有异议的,可依法向省生态环境部门提请复核。对年度实际碳排放量核定有异议的,省生态环境部门应当委托核查机构进行复查;对配额分配有异议的,省生态环境部门应当进行核实,并在20日内作出书面答复。省生态环境部门应当建立控排企业和单位、核查机构以及交易所信用档案,及时记录、整合、发布碳排放管理和交易的相关信用信息。同等条件下,支持已履行责任的企业优先申报国家支持低碳发展、节能减排、可再生能源发展、循环经济发展等领域的有关资金项目,优先享受省财政低碳发展、节能减排、循环经济发展等有关专项资金扶持。鼓励金融机构探索开展碳排放交易产品的融资服务,为纳入配额管理的单位提供与节能减碳项目相关的融资支持。配额的有偿分配收入实行收支两条线,纳入财政管理。

6. 法律责任

控排企业和单位、报告企业违反本办法相关规定,有下列行为之一的,由省生态环境部门责令限期改正;逾期未改正的,并处罚款:(1)虚报、瞒报或者拒绝履行碳排放报告义务的,处1万元以上3万元以下罚款。(2)阻碍核查机构现场核查,拒绝按规定提交相关证据的,处1万元以上3万元以下罚款;情节严重的,处5万元罚款。

违反本办法规定,未足额清缴配额的企业,由省生态环境部门责令履行清缴义务;拒不履行清缴义务的,在下一年度配额中扣除未足额清缴部分2倍配额,并处5万元罚款。交易所有下列行为之一的,由省生态环境部门责令改正,并处1万元以上5万元以下罚款:(1)未按照规定公布交易信息的;(2)未建立并执行风险管理制度的。

从事核查的专业机构违反本办法相关规定,有下列情形之一的,由省生态环境部门责令限期改正,并处3万元以上5万元以下罚款:(1)出具虚假、不实核查报告的;(2)未经许可擅自使用或者发布被核查单位的商业秘密和碳排放信息的。

生态环境部门、相关管理部门及其工作人员，违反本办法规定，有下列行为之一的，由有关机关责令改正并通报批评；情节严重的，对负有责任的主管人员和其他责任人员，由任免机关或者监察机关按照管理权限给予处分；构成犯罪的，依法追究刑事责任：(1)在配额分配、碳排放核查、碳排放量审定、核查机构管理等工作中，谋取不正当利益的；(2)对发现的违法行为不依法纠正、查处的；(3)违规泄露与配额交易相关的保密信息，造成严重影响的；(4)其他滥用职权、玩忽职守、徇私舞弊的违法行为。

五、深圳市碳排放权交易实践及立法

(一)深圳市碳排放权交易政策法规

深圳市人大常务委员会于2012年10月通过《深圳市经济特区碳排放管理若干规定》。随后，深圳市人民政府、深圳市市场监督管理局、深圳市发展和改革委员会先后出台了《深圳市碳排放权交易试点工作实施方案》《深圳市碳排放权交易管理暂行办法》等五项政府文件，为推动深圳碳市场健康发展营造了良好的政策法律环境。

深圳市碳交易主要的政策法规有：

《深圳经济特区碳排放管理若干规定》(2012年10月30日深圳市人大常务委员会通过，2019年8月29日修正)；

《深圳市碳排放权交易管理暂行办法》(已废止)；

《深圳市发展和改革委员会关于开展2016年度碳排放权交易工作的通知》；

《深圳市碳排放权交易市场抵消信用管理规定(暂行)》(深发改〔2015〕628号)；

《深圳排放权交易所核证自愿减排量(CCER)项目挂牌上市细则(暂行)》；

《深圳排放权交易所会员管理规则(暂行)》；

《深圳市标准化指导性技术文件——组织的温室气体排放核查规范及指南》(深圳市市场监督管理局2012年11月发布)；

《深圳市标准化指导性技术文件——组织的温室气体排放量化和报告规范及指南》(深圳市市场监督管理局2012年11月发布);

深圳市生态环境局印发的《深圳市2021年度碳排放配额分配方案》等。

2022年5月19日经深圳市人民政府七届四十二次常务会议审议通过了《深圳市碳排放权交易管理办法》,自2022年7月1日起施行。2014年3月19日发布的《深圳市碳排放权交易管理暂行办法》(深圳市人民政府令第262号)同时废止。

为了规范深圳市碳排放权交易活动,深圳排放权交易所还颁布了若干交易规则与技术规范,主要包括:

《深圳排放权交易所会员体系》(2014年12月);

《深圳排放权交易所交易收费标准》(排交所总字〔2013〕1002号);

《交易服务协议》(2013年12月16日);

《深圳排放权交易所现货交易规则(暂行)》(2013年6月8日起施行,2013年12月16日第一次修订,2014年8月15日第二次修订);

《深圳排放权交易所风险控制管理细则(暂行)》(2014年12月);

《深圳排放权交易所结算细则(暂行)》(2014年12月);

《深圳排放权交易所经纪会员管理细则(暂行)》(2014年12月);

《深圳排放权交易所托管会员管理细则(暂行)》(2014年12月);

《深圳排放权交易所违规违约处理实施细则(暂行)》(2014年12月);

《深圳排放权交易所异常情况处理实施细则(暂行)》(2014年10月);

《关于发布〈深圳排放权交易所风险控制管理细则(暂行)〉等相关管理制度的通知》(排交所总字〔2014〕1019号);

《深圳排放权交易所有限公司会员管理规则(暂行)》(排交所总字〔2013〕1003号);

《组织的温室气体排放核查指南》(SZDB/Z 70—2018);

《组织的温室气体排放量化和报告指南》(SZDB/Z 69—2018);

深圳市人居环境委、深圳市财政委《关于印发〈深圳市大气环境质量提升补贴办法(2018—2020年)〉的通知》;

《深圳排放权交易所有限公司信息披露管理细则(暂行)》等。

(二)深圳排放权交易所简介

深圳排放权交易所(以下简称深排交所)成立于2010年,是以市场机制促进节能减排的综合性环境权益交易机构和低碳金融服务平台。深排交所是深圳市启动的全球发展中国家首个碳市场,在国内率先引进境外投资机构,碳金融创新连续荣获七项全国第一,配额现货交易额率先突破亿元和10亿元,配额流转率连续6年位居全国首位,成为国内绿色低碳环保领域最具影响力的交易所品牌。2016年3月,成为国家发改委授权的全国首个全国碳市场能力建设中心。2017年6月,推动成立深圳绿金委,担任委秘书处。2019年6月,开启深圳市老旧机动车提前淘汰补贴业务。2019年10月,成功启动"绿色金融服务实体经济实验室"。

2019年9月,根据深圳市委市政府建立公共资源统一平台的指示精神,落实市国资国企改革有关决策部署,深排交所部分股权整合纳入深圳交易集团。目前,深排交所拥有7家股东,其中市属国企4家,分别为:深圳交易集团有限公司、深圳能源集团股份有限公司、深圳联合产权交易所和深圳国家高技术产业创新中心;央企3家,分别为中广核资本控股有限公司、大唐华银电力股份有限公司和普天新能源有限责任公司。

深排交所的经营范围包括:为温室气体、节能量及其相关指标、主要污染物、能源权益化产品等能源及环境权益现货及其衍生品合约交易提供交易场所及相关配套服务;为碳抵消项目、节能减排项目、污染物减排项目、合同能源管理项目以及能源类项目;能源及环境权益投资项目提供咨询、设计、交易、投融资等配套服务;为环境资源、节能环保及能源等领域股权、物权、知识产权、债权等各类权益交易提供专业化的资本市场平台服务;信息咨询、技术咨询及培训等。

(三)深圳碳排放权交易市场概况

2013年6月18日,深圳碳排放权交易市场正式启动,成为全国首个碳交易市场。启动当天,深圳碳排放权交易就完成了8笔,成交21,112吨配额。深圳碳排放权交易市场的正式启动再一次展现了深圳速度和敢为人先的精神,为试点工作积累了宝贵经验,具有重要的引领和示范意义。虽然深圳碳排放总量只占全国碳排放总量非常小的比例,但深圳碳排放权交易试点将有效体现市场机制在温室气体减排中的作用。深圳碳排放权交易试点为其他碳排放权交易试点和全国碳排放权交易体系的建立提供了有益经验和借鉴。

深圳市政府在国家发改委的指导下建立深圳碳排放权交易体系。深圳市发改委联合其他政府机构,领导包括深圳排放权交易所及其他科研机构在内的筹备团队,具体负责深圳碳排放权交易体系的设计和筹备。深圳市发改委负责碳排放权交易体系的整体管理和注册登记簿的运行。深圳排放权交易所为配额和核证自愿减排量的交易提供平台。深圳市碳市场的运行效果好于设计初期的预期。例如,在碳排放量和碳强度双双下降的同时,深圳 635 家管控单位 2015 年工业增加值,比 2010 年增加了 1484 亿元,增幅达 54.7%。深圳的实践证明,经济增长与减少碳排放并不矛盾,两者的脱钩是完全可能的。[1]

自碳市场启动以来,深圳市经过多年运行已初步建成多层次的碳交易市场。深排交所不断刷新的成交纪录,被视为深圳践行绿色低碳发展观的重要窗口。根据深圳市生态环境局《关于做好 2020 年度碳排放权交易试点工作的通知》,深圳市 8 家发电企业作为重点排放单位纳入全国碳排放权交易配额管理,不再参与深圳地方碳市场,剔除 59 家不宜继续纳管的企业,经深圳市政府同意,新增 51 家企业进入市碳排放权交易管控范围。调整后,深圳市 2020 年度碳排放管控单位共计 690 家。与北京、上海、天津、重庆、广东、湖北等首批碳排放权交易试点省市相比,深圳是最年轻的城市,产业结构中也缺乏传统重工业。但是,深圳却是国内碳排放配额流转率最高的交易场所,成熟的市场机制和丰富的商业机会使得深圳碳市场托管会员的数量全国最多。截至 2022 年 5 月底,深圳碳市场碳配额累计成交量 6570 万吨,成交金额 14.63 亿元;国家核证自愿减排量累计成交量 2871 万吨,成交金额 3.45 亿元,以约占全国 7 个碳交易试点 2.5% 的配额规模,实现了 12.81% 的交易量和 11.33% 的交易额占比,配额累计交易量、交易额分别居

---

〔1〕 吕绍刚、王星:《深圳碳交易 效果超预期》,载《人民日报》2017 年 3 月 27 日,第 14 版。

全国第三和全国第四，市场流动性连续多年位居全国第一。[1] 深排交所还是国内首个允许境外投资者参与的碳交易平台。2016年3月19日，深圳能源集团妈湾电力有限公司与英国BP公司在深排交所的牵线下，签订了一份以400万吨碳排放配额为交易标的的碳资产回购协议，这是国内首单跨境碳资产回购交易业务。[2]

2022年8月12日，深圳市生态环境局组织开展2021年度深圳碳排放配额有偿竞价发放工作，这是自应对气候变化职能转隶到生态环境部门后，深圳首次开展碳配额拍卖。本次配额有偿竞价发放总量约58万吨，竞买底价29.64元/吨。26家竞价成功，总成交量58万吨，总成交金额2526万元，平均成交价43.49元/吨。[3] 本次拍卖是深圳市因地制宜的举措，未来会持续进行碳配额“无偿＋有偿”相结合的方式，将逐步扩大有偿配额占比，以此挤压高排企业生存空间，持续优化本市产业结构，此举也有助于提高碳配额价格，刺激碳市场活跃。总之，深圳碳市场的制度体系完善、开放创新、市场化程度高，已经成长为全国最具价值的碳市场。

（四）深圳碳交易市场的特色与展望

其一，加速形成低碳发展观。深圳碳市场更大的价值是传导与践行绿色低碳的社会发展理念。与国内不少碳交易试点市场相比，深圳碳排放管控单位的年度履约积极性非常高。在从未推迟履约日期的情况下，履约年度均保持了和国际同行接近的高履约率。深圳的经济发展与节能减排之间是一种正向传导的关系。深圳经济的逐年攀升，也印证了深圳正在实践一条以更少的资源能耗和更低的环境代价，实现更有质量和可持续的绿色发展之路。

其二，低碳节能的生活理念深入人心。碳交易市场不应只局限于工业

---

〔1〕 参见《深圳碳市场流动性位居全国第一》，载《深圳特区报》2022年6月28日。

〔2〕 郑柱子：《国内首单跨境碳资产回购交易业务完成》，载央广网，https://news.cnr.cn/native/city/20160321/t20160321_521669798.shtml。

〔3〕 葛爱峰：《58万吨“碳”卖了2526万元！为何深圳碳市场流动率连续七年领跑全国?》，载百家号网，https://baijiahao.baidu.com/s? id=1741276548762563997&wfr=spider&for=pc，最后访问日期：2022年11月1日。

领域的温室气体减排，还可以将碳交易面向全社会的生活方式和消费方式减排。如深排交所参与发起“全民碳路”低碳公益主题活动，应用了物联网等技术，对市民每天的低碳行为，如步行、乘坐绿色公交、停驶私家车、资源回收等进行记录，并量化为相应碳积分或碳币，让更多市民在践行低碳行为的同时，可以兑换合作商家的绿色消费奖励。

其三，不断创新，助力深圳打造国际绿色金融高地。绿色金融已成为我国和全球金融发展的一大趋势。深圳金融业发达，身处其中的深圳碳市场也在绿色金融创新方面走在全国前列。成立以来，排交所积极与国内外金融机构、低碳企业开展合作，开发碳金融产品。通过搭建政策研究与沟通协调平台，探索实现绿色金融的实务创新与跨境合作，排交所是深圳绿金委的秘书长单位。随后，深圳绿金委在绿色金融领域实施了一系列行动。今后，深圳绿金委将利用深圳原有的证券交易所、排放权交易所、基金公司聚集和毗邻香港等重要优势，为政府和金融机构架起沟通的桥梁，推动业界与政府和监管部门的合作，推广绿色金融的理念、工具与方法，创新绿色金融产品和激励机制，辐射并带动粤港澳大湾区绿色金融的发展。

我国碳排放交易体系于 2017 年 12 月正式启动后，深圳碳市场进一步发挥“先行一步”的优势，发挥示范带动作用，继续扮演重要角色。深排交所继续承担深圳碳市场管理和运行责任，并积极转换角色，协助国家和地方碳市场主管部门，提高业务服务水平，支持管控企业实现绿色转型，促进碳交易服务于实体经济，助力碳市场平稳顺畅运行。

（五）深圳市碳排放权交易管理的主要法律规定

1. 适用范围与管理体制

为控制温室气体排放，实现城市碳排放达峰和碳中和愿景，建立健全碳排放权交易市场，深圳市制定了碳排放权交易管理办法，其上位法依据为《深圳经济特区生态环境保护条例》。纳入全国碳排放权交易管理的排放单位，按国家有关规定执行，因此，深圳市碳排放权交易管理的相关规定仅适用于该市行政区域内碳排放权交易及其监督管理。深圳市碳排放权交易坚持公开、公平、公正和诚信原则，坚持碳排放控制与经济发展阶段相适应。

从管理体制上讲，深圳市人民政府统一领导碳排放权交易工作，组织建设碳排放权交易市场。具体包括:第一,市人民政府应当建立稳定的碳排放权交易的财政资金投入机制,将碳排放权交易管理相关经费纳入财政预算。第二,深圳市生态环境主管部门对碳排放权交易实施统一监督管理。市生态环境主管部门的派出机构负责辖区内碳排放权交易的监督管理工作。第三,深圳市发展改革部门配合市生态环境主管部门拟定碳排放权交易的碳排放控制目标和年度配额总量。第四,市统计部门负责制定重点排放单位生产活动产出数据核算规则并采取有效的统计监督措施。第五,市工业和信息化、财政、住房建设、交通运输、国有资产监督管理、地方金融监管等部门按照职责分工对碳排放权交易实施监督管理。第六,供电、供气、供油等单位应当按照规定提供相关用能数据,用于碳排放权交易的管理工作。第七,市生态环境主管部门负责建立健全碳排放权注册登记、温室气体排放信息报送等碳排放权交易管理系统。深圳碳排放权交易机构(以下简称交易机构)负责组织开展碳排放权统一交易,提供交易场所、系统设施和服务,确保交易系统安全稳定可靠运行。此外,深圳市鼓励金融机构开展以增强重点排放单位减排能力及碳排放权交易市场功能为目的的金融创新,发展碳基金、碳债券、碳排放权质押融资、结构性存款等碳金融业务,鼓励探索碳信贷、碳保险等创新业务。探索与国内其他省市和国际碳排放权交易体系建立碳排放权交易合作。

2. 分配与登记

(1)关于重点排放单位。符合下列条件之一的单位,应当根据管理实际列入重点排放单位名单,参加深圳市碳排放权交易:第一,基准碳排放筛查年份期间内任一年度碳排放量达到3000tCO_2e以上的碳排放单位;第二,市生态环境主管部门确定的其他碳排放单位。纳入全国温室气体重点排放单位名录的单位,不再列入本市重点排放单位名单,按照规定参加全国碳排放权交易。市生态环境主管部门定期组织开展碳排放单位筛查,确定重点排放单位名单,对名单实行动态管理,并向社会公布。重点排放单位应当建立健全碳排放管理体系,配备碳排放管理人员,采取措施减少碳排放,报告年度碳排放数据和生产活动产出数据,完成碳排放配额履约,按规定公开碳排放相关信息。

重点排放单位有下列情形之一的,深圳市生态环境主管部门应当将其从重点排放单位名单中移出,并告知移出结果:其一,迁出本市行政区域的;其二,因停业、关闭等情况不再从事生产经营活动的;其三,启动破产程序的;其四,连续3年碳排放量低于3000tCO_2e的;其五,市生态环境主管部门确定的其他需要移出的情形。重点排放单位被移出名单后,应当在被移出名单后15日内将预分配配额缴纳至市生态环境主管部门。

(2)关于配额总量与配额分配。碳排放权交易实施碳排放配额固定总量控制。深圳市生态环境主管部门会同市发展改革部门,根据应对气候变化目标、产业发展政策、行业减排潜力、历史排放情况和市场供需等因素拟定碳排放权交易的碳排放控制目标和年度配额总量。年度配额总量由重点排放单位配额和政府储备配额构成,政府储备配额包括新建项目储备配额和价格平抑储备配额。

深圳市生态环境主管部门根据碳排放强度下降目标、行业发展情况、行业基准碳强度等因素确定重点排放单位的年度目标碳强度,采用基准法、历史法进行配额预分配,并核定实际配额。重点排放单位年度目标碳强度的设定不得超出上一年度目标碳强度。市生态环境主管部门应当根据配额分配方法确定重点排放单位的预分配配额,并于每年3月31日前签发当年度预分配配额。当年度预分配配额不能用于履行上一年度的配额履约义务。

市生态环境主管部门应当于每年6月30日前,核定上一年度重点排放单位实际配额。重点排放单位实际配额少于预分配配额的,应当在履约截止日期前将超出的预分配配额退回至市生态环境主管部门,未按时退回部分视同超额排放量;重点排放单位实际配额多于预分配配额的,市生态环境主管部门应当予以补发。

(3)关于储备配额。市生态环境主管部门预留年度配额总量的2%作为新建项目储备配额,可以根据实际情况动态调整比例。重点排放单位新建固定资产投资项目年排放量达到3000tCO_2e的,应当在投产前向市生态环境主管部门报告项目碳排放评估情况,在竣工验收前申请发放新建项目储备配额。当年度新建项目储备配额全部申请发放完毕后,当年度内不再新增新建项目储备配额。

市生态环境主管部门预留年度配额总量的2%作为价格平抑储备配额,可以根据实际情况动态调整比例。在市场配额价格出现大幅下跌,或者市场流动配额数量过高时,市生态环境主管部门可以将一定比例的有偿分配配额作为价格平抑储备配额。市场配额价格出现大幅上涨,或者市场流动配额数量过低时,市生态环境主管部门可以释放价格平抑储备配额。价格平抑储备配额只能由重点排放单位购买用于履约,不能用于市场交易。价格平抑储备配额采用拍卖的方式出售。

重点排放单位配额、新建项目储备配额分配以免费为主,适时引入有偿分配。深圳市生态环境主管部门应当制订年度配额分配方案,包括配额总量、配额分配方法、配额有偿分配比例等内容,报市人民政府批准后向社会公布并组织实施。

(4)关于配额分配程序。市生态环境主管部门根据年度配额分配方案,通过碳排放权注册登记系统向重点排放单位分配规定年度的碳排放配额,并告知重点排放单位。重点排放单位对分配的碳排放配额有异议的,可以自收到分配结果之日起7个工作日内向市生态环境主管部门申请复核;市生态环境主管部门应当自收到复核申请之日起10个工作日内作出复核决定,并将复核结果书面告知重点排放单位。重点排放单位应当在碳排放权注册登记系统开立账户,进行相关业务操作。

碳排放权注册登记系统记录碳排放配额和核证减排量的签发、持有、转移、质押、履约、抵消、注销和结转等信息,作为判断碳排放配额和核证减排量持有的依据。上一年度的配额可以结转至后续年度使用。

(5)关于配额质押。以配额或者核证减排量设定质押的应当办理质押登记,并向市生态环境主管部门提交下列材料:质押登记申请书;申请人的身份证明;质押合同;主债权合同;交易机构出具的质押见证书。申请人提交的申请材料齐全的,市生态环境主管部门应当自收到质押登记申请之日起10个工作日内,完成质押登记工作,并发布质押公告;申请人提交的申请材料不齐全的,应当一次性书面告知需要补齐的材料。质押公告包括下列内容:质押当事人;质押的配额或者核证减排量数量;质押的时间期限。

(6)关于配额调整。重点排放单位所属行业与年度配额分配方案确定的行业不一致的,应当于每年3月31日前向深圳市生态环境主管部门提交以下材料申请调整配额,调整后的年度目标碳强度不应高于其上一年度目标碳强度:变更申请书;涵盖单位主要产品、产值等相关内容的财务审计报告;营业执照复印件、法人授权委托书等材料。市生态环境主管部门受理申请后进行审核,重新确定申请单位的年度目标碳强度,并根据年度目标碳强度确定配额数量。

重点排放单位与其他单位合并的,其配额由合并后存续的单位或者新设立的单位承继,并自完成商事登记之日起15个工作日内报市生态环境主管部门备案。重点排放单位分立的,应当制定配额分割方案,并自完成商事登记之日起15个工作日内报市生态环境主管部门备案。未按时报市生态环境主管部门备案的,原重点排放单位的履约义务由分立后的单位共同承担。自重点排放单位合并或者分立的次年起,市生态环境主管部门根据合并或者分立后单位的所属行业为其设定年度目标碳强度,合并或者分立后单位的年度目标碳强度不得超出原重点排放单位上一年度目标碳强度。

3. 碳排放权交易

(1)交易规则与交易方式。交易机构负责制定交易方式、交易服务费等交易规则,报深圳市生态环境主管部门审核并报市地方金融监管部门备案后发布实施。碳排放权交易应当采用单向竞价、协议转让或者其他符合规定的方式进行。配额或者核证减排量持有人可以出售、质押、托管配额或者核证减排量,或者以其他合法方式取得收益或者融资支持。碳排放权交易主体不得交易非法取得的配额或者核证减排量,不得通过欺诈、恶意串通、散布虚假信息等方式操纵碳排放权交易市场,不得从事其他相关主管部门、交易机构禁止的交易活动。市生态环境主管部门及其他部门、交易机构、第三方核查机构及其工作人员,不得持有、买卖碳排放配额;已持有碳排放配额的,应当依法予以转让或者注销。

(2)参与主体与交易品种。重点排放单位以及符合交易规则规定的其他组织和个人,可以参与碳排放权交易,并按规定向交易机构缴纳交易服务费。碳排放权交易品种包括碳排放配额、核证减排量和市生态环境主管部门批准的其他碳排放权交易品种。鼓励创新碳排放权交易品种。

(3)交易资金。碳排放权交易资金实行第三方存管,存管银行应当按照有关规定进行交易资金的管理与拨付。碳排放权注册登记系统应当与碳排放权交易系统实现信息互联互通,及时完成交易品种的清算和交收。

(4)风险控制。交易机构应当建立大额交易监控、风险警示、涨跌幅限制等风险控制制度,维护市场稳定,防范市场风险。当发生重大交易异常情况时,交易机构应当及时向深圳市生态环境主管部门报告,并采取限制交易、临时停市等紧急措施。市生态环境主管部门会同市地方金融监管部门做好碳排放权交易场所金融风险监管和处置。

(5)碳中和。鼓励组织或者个人开立公益碳账户,购买核证减排量用于抵消自身碳排放量,实现自身的碳中和。市人民政府按照规定设立碳排放交易基金,用于支持碳排放权交易市场建设和碳减排、碳中和重点项目。

4. 排放核查与配额履约

(1)信息报送系统。深圳市生态环境主管部门应当建立温室气体排放信息报送系统,碳排放单位应当按照市生态环境主管部门的要求,根据行业数据基础条件等因素逐步实现在温室气体排放信息报送系统申报年度碳排放量等信息,申报单位具体范围由市生态环境主管部门另行确定。

(2)碳排放报告的编制、核查与复核。重点排放单位应当根据碳排放量化与报告技术规范编制上一年度的碳排放报告,于每年 3 月 31 日前向市生态环境主管部门提交,并对年度碳排放报告的真实性、完整性、准确性负责。碳排放报告所涉数据的原始数据凭证和管理台账应当至少保存五年。市生态环境主管部门组织开展对年度碳排放报告的核查,并将核查结果告知重点排放单位。核查结果作为重点排放单位碳排放配额的履约依据。重点排放单位对核查结果有异议的,可以自收到核查结果之日起 7 个工作日内申请复核,市生态环境主管部门应当自收到复核申请之日起 10 个工作日内进行复核并将复核结果书面告知重点排放单位。复核结果与核查结果不一致的,以复核结果作为重点排放单位碳排放配额的履约依据。市工业和信息化、住房建设、交通运输等部门应当配合市生态环境主管部门核查、复核重点排放单位的年度碳排放报告,配合提供重点排放单位能耗数据、生产经营状况等相关信息。市生态环境主管部门可以通过购买服务的方式委托具有相应能力的第三方核查机构提供核查、复核服务。

(3)数据报告。重点排放单位应当于每年 3 月 31 日前向深圳市生态环境主管部门提交上一年度的生产活动产出数据报告。市生态环境主管部门可以委托专业机构对重点排放单位生产活动产出数据报告进行核查,并于每年 5 月 31 日前会同有关部门开展生产活动产出数据的一致性审核工作。

重点排放单位的生产活动产出数据核算边界应当与碳排放数据核算边界保持一致,生产活动产出数据为负值时,认定为零。重点排放单位对其生产活动产出数据报告的真实性、完整性、准确性负责。

(4)履约清缴。重点排放单位应当于每年8月31日前向市生态环境主管部门提交配额或者核证减排量,配额及核证减排量数量之和不低于其上一年度实际碳排放量的,视为完成履约义务;逾期未提交足额配额或者核证减排量的,不足部分视同超额排放量。

(5)核证减排量抵消。市生态环境主管部门签发的当年度实际配额不足以履约的,重点排放单位可以使用核证减排量抵消年度碳排放量。一份核证减排量等同于一份配额。最高抵消比例不超过不足以履约部分的20%。可以使用的核证减排量包括下列类型:国家核证自愿减排量;深圳市碳普惠核证减排量;深圳市生态环境主管部门批准的其他核证减排量。重点排放单位在本市碳排放量核查边界范围内产生的核证减排量不得用于本市配额履约义务。

(6)配额或者核证减排量注销。深圳市生态环境主管部门应当注销下列配额或者核证减排量,并向社会公布除第三项以外的注销信息:第一,未使用的上一年度新建项目储备配额;第二,五年未使用的价格平抑储备配额;第三,实际配额核定后收回的重点排放单位配额;第四,重点排放单位为履行上一年度履约义务递交的配额和使用的核证减排量;第五,根据本办法第26条[1]规定收缴的配额;第六,自愿申请注销的配额或者核证减排量。

5.监督管理

(1)碳排放权交易地方标准。市生态环境主管部门和其他相关部门可以结合工作实际,组织制定碳排放权交易及其相关活动的地方标准。鼓励和支持交易机构、重点排放单位、第三方核查机构、专业机构、行业协会组织

---

〔1〕《深圳市碳排放权交易管理办法》第26条规定:"重点排放单位有下列情形之一的,市生态环境主管部门应当将其从重点排放单位名单中移出,并告知移出结果:(一)迁出本市行政区域的;(二)因停业、关闭等情况不再从事生产经营活动的;(三)启动破产程序的;(四)连续三年碳排放量低于三千吨二氧化碳当量的;(五)市生态环境主管部门确定的其他需要移出的情形。重点排放单位被移出名单后,应当在被移出名单后十五日内将预分配配额缴纳至市生态环境主管部门。"

制定碳排放权交易及其相关活动的企业标准或者团体标准。

(2)联合检查。市生态环境主管部门会同其他相关部门对重点排放单位、交易机构、第三方核查机构和专业机构进行联合检查。被检查者应当如实反映情况,并提供必要资料。检查人员实施检查时,应当出示证件,可以采取现场监测、查阅或者复制相关资料等措施,并对知悉的商业秘密予以保密。

(3)信息披露。深圳市生态环境主管部门应当定期公布重点排放单位年度碳排放配额履约情况等信息。交易机构应当建立健全信息披露制度,及时公布碳排放权交易市场相关信息,并定期向市生态环境主管部门报告碳排放权交易、结算等活动和机构运行情况。重点排放单位应当在完成履约后,于当年12月31日前在市生态环境主管部门指定平台公开上一年度目标碳强度完成情况。

(4)对第三方核查机构的监管。从事碳排放核查活动的第三方核查机构、从事生产活动产出数据核查活动的专业机构应当建立健全内部质量控制体系,对其出具的数据、报告等文件的真实性、完整性和准确性负责。第三方核查机构、专业机构应当独立、客观、公正地开展核查工作,并履行保密义务。市生态环境主管部门和其他相关部门应当加强对第三方核查机构、专业机构的培育,定期对重点排放单位、核查人员开展培训,提升业务能力。

(5)信用管理制度。建立碳排放权交易信用记录制度。碳排放权交易主体、第三方核查机构、专业机构违反相关规定被行政处罚的,市生态环境主管部门和其他相关部门应当记录其信用状况,并将信用记录按规定纳入公共信用信息管理系统向社会公布。

(6)交易市场运行评估。市生态环境主管部门可以对碳排放权交易市场运行成效开展评估,并根据评估结果调整年度配额分配方案。交易机构可以对碳排放权交易市场运行效率、安全性、稳定性等方面开展评估,并根据评估结果优化交易规则、创新交易品种。

(7)公众监督。任何组织或者个人可以向市生态环境、统计、地方金融监管等部门举报或者投诉碳排放权交易过程中的违法违规行为。受理举报或者投诉的部门对属于本部门职责的事项应当及时调查处理并将处理结果反馈举报人或者投诉人,同时对举报人或者投诉人的信息予以保密。任何组织或者个人认为市生态环境主管部门或者其他相关部门在碳排放权交易管理过程中作出的具体行政行为侵犯其合法权益的,可以依法申请行政复议或者提起行政诉讼。

6. 法律责任

行政机关及其工作人员未按照规定履行管理职责的,依法追究行政责任;涉嫌犯罪的,依法移送司法机关处理。

重点排放单位未在规定期限内提交年度碳排放报告的,市生态环境主管部门应当催告其限期提交;期满仍未提交的,处5万元罚款,由市生态环境主管部门测算其年度实际碳排放量,并将该排放量作为履约的依据。重点排放单位未在规定期限内提交生产活动产出数据报告的,市生态环境主管部门应当催告其限期提交;期满仍未提交的,由市生态环境主管部门将其生产活动产出数据认定为零。

有下列情形之一的,由深圳市生态环境主管部门按照下列规定处理:(1)重点排放单位未按时将超出的预分配配额退回的,责令限期改正;逾期未改正的,处超额排放量乘以履约当月之前连续6个月配额平均价格3倍的罚款。(2)重点排放单位未按时将合并或者分立情况报市生态环境主管部门备案的,责令限期改正;逾期未改正的,处5万元罚款,并依法没收违法所得。(3)重点排放单位被移出重点排放单位名单后预分配配额不足以收缴的,责令限期改正;逾期未改正的,处10万元罚款,并依法没收违法所得。(4)碳排放权交易主体违法从事交易活动的,责令停止违法行为,依法没收违法所得,并处5万元罚款,情节严重的,并处10万元罚款;造成损失的,依法承担赔偿责任;交易机构、第三方核查机构及其工作人员持有、买卖碳排放配额的,依法没收违法所得,并对单位处10万元罚款,对个人处5万元罚款。(5)碳排放单位未按要求在温室气体排放信息报送系统申报年度碳排放量等信息的,责令限期改正;逾期未改正的,处1万元罚款。(6)重点排放单位虚报、瞒报、漏报年度碳排放报告或者生产活动产出数据报告的,责令限期改正,处5万元罚款,情节严重的,处10万元罚款;对虚报、瞒报、漏报部分,等量核减其下一年度碳排放配额。(7)重点排放单位未按时足额履约的,责令限期补足并提交与超额排放量相等的配额或者核证减排量;逾期未补足并提交的,强制扣除等量配额,不足部分从其下一年度配额中直接扣除,处超额排放量乘以履约当月之前连续6个月配额平均价格三倍的罚款。(8)第三方核查机构、专业机构弄虚作假、篡改、伪造相关数据或者报告的,或者开展核查工作违反独立、客观、公正原则或者未履行保密义务的,责令限期改正,处5万元罚款,情节严重的,处10万元罚款;造成损失的,依法承担赔偿责任。

有下列情形之一的,由市生态环境主管部门或者相关部门按照下列规定处理:(1)交易机构制订的交易规则未按规定报市生态环境主管部门审核并报市地方金融监管部门备案的,责令限期改正,处5万元罚款。(2)交易机构未按规定履行报告义务或者未按规定采取紧急措施的,或者未按规定公布碳排放权交易市场相关信息的,责令限期改正,处5万元罚款,情节严重的,处10万元罚款。(3)重点排放单位未按规定公开上一年度目标碳强度完成情况的,责令限期改正;逾期未改正的,处5万元罚款,情节严重的,处10万元罚款。任何组织或者个人违反规定,阻挠、妨碍市生态环境主管部门或者相关部门监督检查的,由市生态环境主管部门或者相关部门处5万元罚款,情节严重的,处10万元罚款;涉嫌犯罪的,依法移送司法机关处理。

(六)新《深圳市碳排放权交易管理办法》解读

根据深圳市政府立法工作计划,市生态环境局起草《深圳市碳排放权交易管理暂行办法(修订送审稿)》并报市司法局审查。市司法局征求了各有关职能部门、各区政府、行业协会和立法联系点的意见,并在政府网站上公开征求广大市民意见;同时组织召开了座谈会、专家论证会,并就深圳碳市场运行情况等问题到深圳排放权交易所有限公司进行专题调研。在充分吸纳各方面意见的基础上,经过反复论证、修改,形成了《深圳市碳排放权交易管理办法》(以下简称《深圳碳交易办法》)。《深圳碳交易办法》于2022年5月19日通过,自2022年7月1日起施行。

《深圳市碳排放权交易管理暂行办法》之所以修订,一是贯彻落实我国二氧化碳达峰目标和碳中和愿景重要宣示要求的需要。深圳正在建设中国特色社会主义先行示范区,应当在“双碳”愿景中发挥“排头兵”作用,在全球和全国范围内“先行示范”。二是深化完善碳排放权交易市场的需要。《关于贯彻落实〈粤港澳大湾区发展规划纲要〉的实施方案》提出“大力开展生态制度创新”“稳步推进碳排放权交易市场建设”,《深圳市贯彻落实〈粤港澳大湾区规划纲要〉三年行动方案(2018—2020年)》明确提出“完善碳排放权交易”“探索将交通纳入碳排放市场交易体系”,对深圳碳市场深化完善、持续创新提出了要求。三是贯彻落实国家机构改革决策部署的需要。2019年1月,《深圳市机构改革方案》正式发布,根据深圳市改革方案的规定,应对气候变化和减排、碳排放交易管理职责划转至市生态环境局。四是优化碳交易制度强化碳市场监管的需要。深圳碳市场管理亟须解决的问题均需要通过修改并新增《暂行办法》具体条款予以解决。

《深圳市碳排放权交易管理暂行办法》修订的总体思路,一是贯彻落实“双区”建设要求,保障碳市场法律法规与最新政策要求和经济发展形势相匹配。二是坚持问题导向,以当前深圳碳市场突显出的问题和依法行政的困难为修法重点,确保政府部门执行工作有法可依。三是强化政府部门监管,依据集中监管职能、提高管理效率、优化管理流程的需求,进一步强化主管部门监管职责,合理确定惩处规则。

本次修改亮点很多,重点突出,如集中监管职能,根据机构改革方案调整碳排放权交易工作主管部门为市生态环境局;设立碳排放交易基金;引入年度配额管理实施方案;明确了管控单位退出机制;引入碳普惠体系;优化管控单位生产活动产出数据的报告流程;加强对第四方检查结果的应用等,具体的修订重点如下:

1. 碳排放交易的管理体制

根据最新国家和深圳机构改革方案的规定,《深圳碳交易办法》进一步调整完善了碳排放权交易管理体制:一是集中监管职能,提高管理效率。规定市生态环境主管部门对碳排放权交易实施统一监督管理,其派出机构负责辖区内碳排放权交易的监督管理工作。二是明确相关部门职责,形成监管合力。发改、统计、工信、交通运输、财政、住建、地方金融监管、国资管理等部门按照职责分工履行相应的监管职能。三是细化其他相关单位的责任,共同做好碳排放权交易工作。供电、供气、供油等单位按规定提供相关用能数据,碳排放权交易机构负责组织开展碳排放权统一交易。

2. 深圳市碳排放权交易市场与全国碳排放权交易市场的关系

深圳与全国碳排放权交易市场的交易主体有交叉和重叠,据核实,深圳市目前已有数家碳排放单位转入全国碳排放权交易市场进行配额管理和履约。对此,《深圳碳交易办法》进一步厘清了深圳市和全国碳排放权交易市场的管理边界,建立了相应的衔接机制:一是在适用范围上进行了衔接。《深圳碳交易办法》第2条明确了适用范围,即本办法适用于本市行政区域内碳排放权交易及其监督管理;纳入全国碳排放权交易管理的排放单位,按国家有关规定执行,确保本市与全国碳排放权交易市场的顺利衔接,同时避免法律适用上的混乱。二是在退出机制上进行了衔接。《深圳碳交易办法》第10条、第26条规定,对于深圳市已纳入全国温室气体重点排放单位名录的单位,不再列入本市重点排放单位名单,按照规定参加全国碳排放权交易,并应当在被移出本市重点排放单位名单后15日内将预分配配额缴纳至市生态环境主管部门。三是体现地方特色。在与全国碳排放权交易市场保持衔接的基础上,结合本市实际保留了地方特色:如碳排放管控单位的范围、鼓励开展碳金融创新业务、探索碳排放权交易市场对外合作、碳排放权交易实施碳排放配额固定总量控制、根据目标碳强度采用基准法、历史法进行配额预分配并核定实际配额、鼓励开立公益碳账户以实现自身的碳中和、建立本市碳普惠核证减排量抵消机制、鼓励创新碳排放权交易品种等;为全国碳排放权交易市场积累经验并形成补充。

3. 配额管理制度

《深圳碳交易办法》进一步优化了配额管理制度,提高管理效率:(1)建立碳排放配额固定总量控制制度。为贯彻落实国家关于碳达峰、碳中和行动方案的要求,碳排放权交易实施碳排放配额固定总量控制,由市生态环境主管部门会同市发改部门拟定碳排放权交易的碳排放控制目标和年度配额总量报市政府批准后组织实施,并适时引入配额有偿分配机制,逐步控制配额盈余量。(2)优化流程,提高管理效率。一方面,市政府对配额管理的重要事项进行审核把关。市生态环境主管部门制订年度配额分配方案(包括配额总量、配额分配方法、配额有偿分配比例等),报市政府批准。另一方面,市生态环境主管部门根据市政府批准的年度配额分配方案,组织实施配额管理,包括确定纳入配额管理的重点排放单位名单、配额预分配和实际配额核定等,优化流程,提高管理效率,增强配额管理的灵活性。(3)优化配额组成和配套市场机制:其一,优化整合配额组成。《深圳碳交易办法》优化整合了配额的组成，包括重点排放单位配额、政府储备配额（含新建项目储备配额和价格平抑储备配额），同时明确了配额的分配方式，细化了政府储备配额的适用情形。其二，调整配额分配方法。《深圳碳交易办法》结合实际简化了配额分配方法，根据目标碳强度采用基准法、历史法进行配额预分配并核定实际配额，具体计算公式在年度配额分配方案中明确，增强灵活性和适用性，避免频繁修改规章。其三，健全退出机制。在保留《深圳市碳排放权交易管理暂行办法》规定的迁出本市或者出现解散、破产等情形外，补充完善对重点排放单位不再实行碳排放管理的情形，包括因停业、关闭等情况不再从事生产经营活动、连续3年碳排放量低于3000tCO_2e、市生态环境主管部门确定的其他退出情形，增强碳排放管理的针对性。其四，增加重点排放单位行业变更后的配额调整机制。《深圳碳交易办法》规定重点排放单位所属行业发生变更的，应当向市生态环境主管部门申请配额调整，由主管部门重新确定其年度目标碳强度并据此确定配额数量。（4）优化碳排放权登记规定。《深圳碳交易办法》简化了碳排放权登记相关规定，保留并优化了注册登记和质押登记的相关内容，其他登记事宜由重点排放单位在碳排放权注册登记系统中进行相关业务操作，主管部门也可以制定相关操作指引予以引导。

4. 碳排放权交易活动

《深圳碳交易办法》进一步规范了碳排放权交易活动：一是整合了交易方式。包括单向竞价、协议转让或者其他符合规定的方式。二是创新设立公益碳账户。鼓励组织和个人开立公益碳账户，购买核证减排量抵消自身碳排放量，实现自身的碳中和。三是建立健全碳普惠制度。为推动形成绿色低碳生产生活方式，打造绿色发展的"深圳样板"，《深圳碳交易办法》明确将碳普惠核证减排量纳入碳排放权交易市场核证减排量交易品种，将低碳行为碳积分与碳排放权交易市场抵消机制联动，降低企业节能降碳成本。四是加强交易活动的监管。一方面，明确由交易所制订交易规则报市生态环境主管部门审核并报地方金融监管部门备案后发布实施，加强监管。另一方面，做好金融风险监管和处置。明确由市生态环境主管部门会同地方金融监管部门做好交易场所的风险监管和处置，维护市场稳定，防范市场风险。

5. 碳排放核查与配额履约

为提高核查效率,减轻重点排放单位负担,优化营商环境,《深圳碳交易办法》进一步优化了碳排放核查与配额履约制度:一是建立碳排放强制报告制度。明确市生态环境主管部门应当建立温室气体排放信息报送系统,碳排放单位应当按要求在该系统中申报年度碳排放量等信息,具体申报单位范围授权主管部门另行确定。二是调整优化碳排放和生产活动产出数据报告的核查方式和流程,以减轻企业负担,减少报送次数,优化营商环境,同时提高核查准确率。三是调整核证减排量的抵消比例。明确只有当年度市生态环境主管部门签发的实际配额不足以履约的重点排放单位,可以使用核证减排量抵消年度碳排放量,最高抵消比例不超过不足以履约部分的20%,同时明确了核证减排量的具体类型。

6. 碳排放权交易监督管理

为健全碳排放权交易监督管理,《深圳碳交易办法》制定了许多切实可行的措施:一是建立健全标准,提供技术支撑。二是规范行政检查和信息公开要求,确保依法行政。三是压实第三方核查机构、专业机构的核查责任,确保核查质量。四是强化信用管理。五是建立定期评估机制。

六、重庆市碳排放权交易实践及立法

(一)重庆市碳排放权交易政策法规概述

重庆市坚持制度与规则先行,从顶层设计,建立了一套比较完善的政策法规体系和操作规范,推动了碳试点工作顺利开展。重庆市人大常委会将《关于碳排放管理若干事项的决定》纳入了立法计划,市政府制定了《重庆市碳排放权交易管理暂行办法》,确定了碳交易试点原则。市发展改革委会同有关部门和碳排放权交易中心细化管理办法,制定了碳排放配额管理细则、工业企业碳排放核算报告和核查细则、碳排放权交易细则,以及交易结算管理办法、交易信息管理办法、交易风险管理办法、交易违规违约处理办法、核算和报告指南、核查工作规范等,为碳排放权交易提供了有力的制度保障。这些规范碳交易管理活动的政策法规主要有:

《重庆市碳排放权交易管理暂行办法》(渝府发〔2014〕17号);

《重庆市碳排放配额管理细则(试行)》(渝发改环〔2014〕538号);

《重庆市发展和改革委员会关于开展企业碳排放核查工作的通知》(渝发改环〔2018〕700号);

《重庆市发改委关于开展拟纳入全国碳交易市场企业2016、2017年度碳排放核算和报告相关工作的通知》(渝发改环〔2018〕446号);

2014~2017年度重庆市发展和改革委员会发布的《关于开展年度碳排放报告工作的通知》(重庆市发改委2014~2017年发布);

《关于申报年度碳排放量的通知》(重庆市发改委2015~2017年发布);

《重庆市发展和改革委员会关于下达2014年度审定碳排放量和碳排放配额(调整)的通知》(重庆市发展和改革委员会2015年5月22日下发);

《重庆市发展和改革委员会关于下达重庆市2016年度碳排放配额的通知》(渝发改环〔2017〕78号);

《重庆市发展和改革委员会关于开展2016年度企业碳排放核查工作的通知》(渝发改环〔2017〕1123号);

《重庆市发展和改革委员会关于抓紧做好2013~2014年度碳排放配额清缴工作的通知》(渝发改环〔2015〕666号);

《重庆市发展和改革委员会关于开展2014年度配额管理单位碳排放核查工作的通知》(渝发改环〔2015〕236号);

《重庆市发展和改革委员会关于印发重庆市企业碳排放核查工作规范(试行)的通知》;

《重庆市发展和改革委员会关于印发重庆市工业企业碳排放核算和报告指南(试行)的通知》;

《重庆市工业企业碳排放核算报告和核查细则(试行)》;

《重庆市生态环境局关于印发重庆市"碳惠通"生态产品价值实现平台管理办法(试行)的通知》(渝环〔2021〕111号);

《成渝地区双城经济圈碳达峰碳中和联合行动方案》(2022年2月15日,重庆市人民政府办公厅、四川省人民政府办公厅联合印发)等。

此外,作为碳交易平台的重庆联合产权交易所,为了维护碳交易秩序、规范交易行为,还发布了若干交易规则,如:

《重庆联合产权交易所碳排放交易细则(试行)》;

《重庆联合产权交易所碳排放交易结算管理办法(试行)》;

《重庆联合产权交易所碳排放交易风险管理办法(试行)》;

《重庆联合产权交易所碳排放交易信息管理办法(试行)》;

《重庆联合产权交易所碳排放交易违规违约处理办法(试行)》等。

重庆地方碳市场现有相关政策体系是依据国家和重庆市控制温室气体工作方案制定,随着形势变化,现有政策体系已不能满足当前工作需要,亟需对碳市场政策体系进行调整和完善。2021年以来,重庆市生态环境局加快推进《重庆市碳排放权交易管理暂行办法》(以下简称《重庆管理办法》)及配套制度修订工作。经过市场调研、座谈研讨、专家论证等过程,2021年7月形成《重庆管理办法》征求意见稿,充分征求了各区县(自治县,含两江新区、西部科学城重庆高新区、万盛经开区,以下统称各区县)人民政府,市应对气候变化领导小组成员单位以及社会公众意见。目前,该《重庆管理办法》已完成意见征集、公平竞争审查,经过不断修改完善,形成《重庆管理办法》送审稿,已经市生态环境局局务会审议通过,并完成市司法局合法性审核。为规范重庆碳排放权登记活动,保护重庆碳市场各参与方的合法权益,维护市场秩序,重庆市生态环境局起草了《重庆市碳排放权登记管理规则(征求意见稿)》,公开向社会征求意见。此外,为规范重庆碳市场碳排放配额管理,促进减排行动,保障碳排放权交易市场有序发展,重庆市生态环境局起草了《重庆市碳排放配额管理细则(征求意见稿)》,公开向社会征求意见。由于作为上位法的新《重庆管理办法》仍未出台,上述登记管理规则与配额管理细则亦未出台。

(二)重庆市碳排放权交易机构简介

2004年3月,为规范国有产权有序流转,防止国有资产流失,重庆市政府批准设立重庆联合产权交易所(以下简称为重庆联交所),纳入市属国有重点企业管理。作为重庆市碳排放交易指定平台,重庆联交所开发建设了碳排放权交易系统、登记注册系统及网站,完成了碳排放权交易、结算、信息发布等规则制定工作。

重庆联交所集团是一个综合性的要素资源交易市场,涵盖各种权益交易(股权、实物资产、知识产权、环境资源、特许经营权及其他权益)和配套金融服务,拥有中央企业、中央金融企业产权交易、中央国家机关事业单位资产处置、国家专利技术展示交易、中小企业产权交易和碳排放权交易等6个国家级交易资质和4个省级交易资质,累计形成了8大类20多个交易品种,特别是央企、诉讼资产交易和第三方支付结算业务,走在行业前列。在国内率先实现了公告、报名、竞价、结算全程互联网化,在各区县设立了31家分支机构,是全国唯一的省级区域全统一、全覆盖的交易市场。

2016年5月,按照国务院整合建立统一的公共资源交易平台的决策部署,重庆市委、市政府整合工程招投标、政府采购、土地和矿业权、机电设备招投标、国有资产等五个市级交易平台,组建重庆市公共资源交易中心,与重庆联交所集团"一个机构、两块牌子"运行,职能职责由重庆联交所集团承担,成为全国首个实行"政府强监管、市场化运行、企业化管理"的省级公共资源交易平台。2019年,按照市政府和市国资委关于交易平台专业化整合的改革部署,重庆药品交易所公司全面整合并入。经过近些年的创新发展,重庆联交所集团成为中西部地区唯一同时拥有中央企业、中央金融企业、中央行政事业单位国有资产"全牌照"的交易机构,场地智能综合管控平台被国家发改委列为2019年度创新成果和2020年典型经验,以国有企业体制机制整合运营公共资源交易平台的经验被深圳、广州等地借鉴。

(三)重庆市碳排放权交易市场概况

2012年年初,重庆作为率先开展碳排放权交易试点地区之一,为建立全国统一的碳排放交易市场进行探索,经过两年筹备,重庆市碳排放权交易于2014年6月19日正式开市,排放权交易中心首日交易16笔,交易14.5万tCO_2e,当天平均交易价30.5元/吨,交易总价445.75万元。重庆地方碳市场是西部地区唯一的试点碳市场,经历了8个履约年度,各项工作稳步推进,体制机制不断完善。

重庆是继深圳、上海、北京、广州、天津、湖北之后最后一个启动碳交易试点的地区。2014年5月29日,重庆市发改委发布了5个碳排放权管理文件,公布了重庆市的碳排放配额总量、配额分配方法、纳入企业的数量、核算方法学以及MRV制度的具体规定。根据规定,重庆市碳排放权交易试点共纳入了242家企业,2013年的碳排放配额总量共计1.25亿吨。CCER的使用不得超过审定排放量的8%。在国内七个碳交易试点省市中,重庆的碳配额总量高于北京和深圳,排名第五,也是唯一的一个交易对象覆盖六种温室气体的试点区域。而且,重庆在开市当日实行“允许个人或机构炒碳”、“鼓励金融机构参与”等一系列措施,以期刺激碳交易市场。

然而,自2014年6月19日正式启动至2015年7月,重庆碳市场一直处于交易极度不活跃的状态,仅产生了19笔交易,开市之初这样惨淡的局面直接原因是碳配额的严重过剩。碳排放配额设置是推动碳交易发展的关键和最大难题,配额过于宽松,缺乏强制性,无法体现市场的稀缺性,难以形成交易市场。根据《重庆市碳排放配额管理细则(试行)》,重庆市对配额实行总量控制,对企业的配额量则采取企业主动申报制,以配额管理单位既有产能2008～2012年最高年度排放量之和作为基准配额总量,2015年前按逐年下降4.13%确定年度配额总量控制上限,2015年前配额实行免费分配,2015年后根据国家下达的碳排放下降目标确定。这无疑使重庆碳市场配额分配相对宽松,并且给了企业极大的自主空间,在这样的政策下,企业碳配额基本处于一种过剩状态,造成了交易需求低迷。

2016年重庆碳市场交易日趋活跃。这固然有履约期限临近的原因,另一方面,也是因为碳排放核查工作已基本完成,控排企业、投资人对碳市场交易规则逐渐熟悉,参与碳市场交易能力大幅提高。2017年1月,重庆公布2016年度碳排放配额总量为100,371,810吨,5月初伴随着重庆碳配额价格的下降,成交量达到顶峰。出现这种局面的原因,一方面是因为重庆碳配额数量过剩,大量涌入市场,造成配额价格下降;另一方面,全国统一的碳市场即将启动,投资人对未来全国市场的行情看好,恰逢重庆碳配额价格的下降,资本涌入,使交易量猛增。2017年全年重庆碳市场交易活跃,碳排放配额累计交易量800余万吨,在试点碳市场中排名第五,表现出市场各方对重庆市场的信心,同时在活跃的市场交易过程中也暴露了系列问题。由于国家碳市场政策的不确定性,相关制度尚未作大幅调整。

2019年碳市场管理职能转隶后,重庆市生态环境局不断完善制度规范,严把数据关口,狠抓履约管理,强化改革创新,重庆地方碳市场交易日益活跃、量价齐升。截至2022年3月底,累计注册控排企业241家、投资机构182

家、个人客户 340 户,碳排放权累计成交量 3730 万吨,成交金额 7.37 亿元。2021 年度,重庆地方碳市场交易量和交易额在 7 个试点省市中均名列前茅。[1] 重庆地方碳市场为当地控制温室气体排放发挥了积极作用,为全国碳市场建设提供了可借鉴的独特试点经验,但在运行过程中还存在政策效力低、履约约束弱、配额分配欠合理等问题。目前,重庆市生态环境局正着手修订重庆地方碳市场有关政策制度,优化配额分配方法,扩大市场体量,更好地发挥碳市场在优化环境资源要素配置中的作用。2017 年 12 月 19 日,全国碳排放权交易市场正式启动,重庆成为西部地区唯一参与全国碳市场联建省市。

(四)重庆市碳交易市场的特点与展望

重庆作为中西部唯一的直辖市和国家统筹城乡综合配套改革试验区,全国老工业基地,开展碳排放权交易是推进重庆市生态文明制度改革创新的重大举措,将有利于发挥市场机制作用激励企业主动减排,推动工业转型升级,促进发展方式转变。

重庆市碳交易市场呈现了比较鲜明的地域特点:

一是突出工业重点领域,确定试点范围。重庆市既要加快工业化、城镇化发展,更要坚定不移走新型工业化道路,工业转型升级和实现低碳发展是发展方式转变的重中之重。重庆工业的二氧化碳排放量占全市排放量的 70% 左右,碳交易试点范围确定在 254 家年碳排放超过 2 万吨二氧化碳的工业企业,其排放量占工业碳排放总量近 60%,以期对控制全市温室气体排放工作起着强有力的推动工作。

二是实行碳配额总量控制目标。以所有试点企业 2008 ~ 2012 年既有产能最高年度排放量之和作为基准量,在 2013 ~ 2015 年逐年下降,实行总量控制,企业的碳配额量则采取企业主动申报制。既从严控制排放总量,又有利于发展和鼓励企业积极参与减排。同时,市场有明确预期,有利于企业决策

[1] 参见《重庆市生态环境局关于市政协五届五次会议第 1050 号提案办理情况的答复函》,载重庆市人民政府网,http://wap.cq.gov.cn/zwgk/zfxxgkml/jytabl/szxwytabl/202206/t20220630_10871466.html。

和活跃交易市场。这项政策出台的深层次原因是,重庆地处西部,经济社会发展水平尚处于欠发达地区和欠发达阶段,工业化、城镇化和农业现代化加快发展,企业控制碳排放的意识不强,政府对资源能源环境的约束力只能逐步加紧。

三是充分运用市场机制确定配额分配。试点企业的碳排放配额分配是在总量控制目标下,由企业通过年度碳排放量申报而确定其配额。如果企业年度申报量之和低于总量控制数,企业的年度配额按其申报量确定。如果企业年度申报量之和高于总量控制数,则根据企业申报量和历史排放量等因素按其权重确定其配额。同时,还建立了激励和约束申报配额的调整机制,在年度核查后增减相应配额。总体上,配额分配管理中政府主要控制排放总量,充分发挥市场配置资源作用,由企业通过申报竞争,公平获得配额;通过建立配额调整机制,能防止企业虚报;分配规则量化透明,限制了政府配额分配的自由裁定权;将企业实施减排项目产生的减排量纳入配额计算,鼓励企业技改升级。

作为西部地区唯一参与全国碳市场联建的省市,重庆碳交易各项制度还需要进一步完善,譬如,调整碳排放权交易体系纳入主体范围,核算与报告指南、核查技术规范等技术文件逐步与国家保持一致,调整配额总量控制和分配方法,完善信息公开和不履约处罚等制度,创新交易规则和产品,增强市场活跃度等。较全国碳排放权交易市场,重庆市碳市场覆盖行业多、参与主体复杂,需在国家统一的碳排放权交易体系基础上,进一步深化碳交易的制度建设,保证市场健康、持续发展,为控排企业向全国碳市场过渡积累经验,为利用市场化手段推进重庆市节能降碳提供支撑,为把重庆市建设成全国碳市场西部高地奠定基础。

重庆市将积极稳妥推进地方碳市场改革增效:一是深化地方碳市场管理体系建设。完成重庆市碳排放权交易管理办法等地方碳市场系列规章和政策性文件修订,推动碳排放计量、核算、报告和核查技术规范与国家统一,优化碳排放配额、自愿减排量交易机制,完善市场风险管理机制,稳妥解决存量问题,推动碳排放向总量和强度“双控”转变。二是推动地方碳市场扩容。推动完善重庆市试点碳市场制度体系建设,降低试点碳市场的纳入门槛,对不同行业、不同领域达到控排标准的企业应纳尽纳,扩大市场体量,增加交易活跃度。推动重庆地方碳市场在“十四五”期间扩容、增效、升级，与全国碳市场有效协调、相互补充，助力实现碳达峰、碳中和目标愿景。三是充分参与自愿减排市场。引导符合条件的项目业主做好项目储备，支持其按照相关规定开发温室气体自愿减排项目。培育和支持市内有能力的机构，获得国家应对气候变化主管部门备案的温室气体自愿减排项目审定与核证资格。进一步完善重庆“碳惠通”平台制度体系建设，拓展“碳惠通”平台功能，充分发挥平台在减排供需端的桥梁作用。四是深入推动气候投融资发展。会同有关部门对实施碳减排和履约信用好的企业，加大财税、金融支持力度，激发企业积极性和市场活力。发展碳金融，助力碳市场，研究开展碳远期、碳回购、碳质押、碳资产管理等碳金融创新业务。探索建立企业、个人等领域碳账户，为碳市场建设赋能。

（五）重庆市碳排放权交易管理的主要法律规定

1. 碳排放配额管理

重庆市实行碳排放配额管理制度。对年碳排放量达到规定规模的排放单位（配额管理单位）实行配额管理，鼓励其他排放单位自愿纳入配额管理。纳入配额管理的行业范围和排放单位的碳排放规模标准，由主管部门会同相关部门确定和调整，报市政府批准。配额管理单位的名单由主管部门公布。配额管理单位可以依法通过配额交易或者其他合法方式取得收益，履行碳排放报告、接受核查和配额清缴等义务。

建立碳排放权交易登记簿（以下简称登记簿），对配额实行统一登记。配额的取得、转让、变更、注销和结转等应当登记，并自登记日起生效。因交易等原因发生配额转移的，应当通过登记簿予以变更。登记簿由主管部门或者委托相关单位管理。

实行配额总量控制制度。配额总量控制目标在国家和本市确定的节能和控制温室气体排放约束性指标框架下，根据企业历史排放水平和产业减排潜力等因素确定。主管部门应当会同相关部门制定本市碳排放配额管理细则，根据配额总量控制目标、企业历史排放水平、先期减排行动等因素明确配额分配的原则、方法及流程等事项。配额管理细则制定过程中，应当听取市政府有关部门、配额管理单位、有关专家及社会组织的意见。主管部门在年度配额总量控制目标下，结合配额管理单位碳排放申报量和历史排放情况，拟定年度配额分配方案，通过登记簿向配额管理单位发放配额。

关于配额的清缴。配额管理单位应当在规定时间内通过登记簿提交与主管部门审定的年度碳排放量（即审定排放量）相当的配额，履行清缴义务。配额管理单位用于清缴的配额在登记簿予以注销。配额管理单位的配额不足以履行清缴义务的，可以购买配额用于清缴；配额有结余的，可在后续年度使用或者用于交易。

关于剩余配额的收回。配额管理单位发生排放设施转移或者关停等情形的，由主管部门组织审定其碳排放量后，无偿收回分配的剩余配额。

关于 CCER。配额管理单位的审定排放量超过年度所获配额的，可以使用 CCER 履行配额清缴义务。CCER 的使用数量不得超过审定排放量的一定比例，且产生 CCER 的减排项目应当符合相关要求。CCER 的使用比例和对减排项目的要求由主管部门另行规定。鼓励配额管理单位使用林业碳汇项目等产生的经国家备案并登记的减排量，按照上述规定履行配额清缴义务。

2. 碳排放监测、报告和核查

配额管理单位应当加强能源和碳排放管理能力建设，自行或者委托有技术实力和从业经验的机构核算年度碳排放量。

配额管理单位应当在规定时间内向主管部门报送书面的年度碳排放报告，同步通过电子报告系统提交。配额管理单位对碳排放报告的完整性、真实性和准确性负责。

主管部门在收到碳排放报告后 5 个工作日内委托第三方核查机构进行核查，核查机构应当在主管部门规定时间内出具书面核查报告。在核查过程中，配额管理单位应当配合核查机构开展工作，如实提供有关文件和资料。核查机构及其工作人员应当遵守国家和重庆市相关规定，独立、客观、公正地开展核查工作。核查机构应当对核查报告的规范性、真实性和准确性负责，并对配额管理单位的商业秘密和碳排放数据保密。主管部门应当建立向社会公开的核查机构名录，并加强对核查机构的监督管理。

主管部门根据核查报告审定配额管理单位年度碳排放量，并及时通知各配额管理单位。核查机构核定的碳排放量与配额管理单位报告的碳排放量相差超过10%或者超过1万吨的,配额管理单位可以向主管部门提出复查申请,主管部门委托其他核查机构对核查报告进行复查后,最终审定年度碳排放量。

3. 碳排放权交易

经重庆市人民政府批准,于2004年3月19日组建了重庆联合产权交易所股份有限公司(以下简称重交所),同时成立了重庆市国有资产产权交易中心。重交所与交易中心合为一体,交易中心利用重交所的交易平台进行国有产权交易,为重庆市国资委指定的重庆唯一的国有产权交易平台。重交所和交易中心成立以来,以对国资、交易各方、股东、会员及内部员工负责为宗旨,认真履行职能职责,做了大量卓有成效的工作。具有"起步规范,机制良好;政策业务,全国最多;物权交易,成效显著;市场体系,健全完善;信息系统,优势独特;廉政建设,卓有成效"等六大特点,现已成为重庆市资本要素市场的重要组成部分。2014年,经过十年发展的重交所正式更名为"重庆联合产权交易所集团股份有限公司"。

重交所主要履行下列职责:为碳排放权交易提供交易场所、交易设施、资金结算、信息发布等服务;组织并监督交易行为、资金结算等;监管部门明确的其他职责。交易所应当制定重庆市碳排放交易细则,明确交易参与人的条件和权利义务、交易程序、交易信息管理、交易行为监管、异常情况处理、纠纷处理、交易费用等内容。

交易品种为配额、国家核证自愿减排量及其他依法批准的交易产品,基准单位以tCO_2e计,交易价格以"元/tCO_2e"计。

关于交易主体。配额管理单位、其他符合条件的市场主体及自然人可以参与重庆市碳排放权交易,但是国家和本市有禁止性规定的除外。符合条件的市场主体和自然人参与本市碳排放权交易活动,应当在交易所开设交易账户,取得交易主体资格。根据《重庆市碳排放配额管理细则》的规定,企业法人注册资本金不得低于100万元,合伙企业及其他组织净资产不得低于50万元;而对于自然人而言,个人金融资产在10万元以上便可申请注册。交易主体开展碳排放权交易,应当缴纳交易手续费等相关费用,收费标准由市价格主管部门核定。

配额管理单位获得的年度配额可以进行交易,但卖出的配额数量不得超过其所获年度配额的50%,通过交易获得的配额和储存的配额不受此限。

重庆市碳排放权交易采用公开竞价、协议转让及其他符合国家和本市有关规定的方式进行。交易所对碳排放权交易资金实行统一结算,交易资金通过交易所指定结算银行开设的专用账户办理。碳排放权交易应当通过登记簿,实现交易产品交割。

重交所应当建立信息披露制度,公布交易行情、成交量、成交金额等交易信息,并及时披露可能对市场行情造成重大影响的信息。重交所应当加强碳排放权交易风险管理,建立涨跌幅限制、风险警示、违规违约处理、交易争议处理等风险管理制度。重交所对交易行为实行实时监控,并及时向监管部门和主管部门报告异常交易情况。重交所可以对出现重大异常交易情况的交易主体行使有关监管职权和采取必要的处理措施,并报监管部门和主管部门备案。

鼓励银行等金融机构优先为配额管理单位提供与节能减碳相关的融资支持,探索配额担保融资等新型金融服务。

4. 监督管理与法律责任

主管部门应当会同相关部门建立对配额管理单位、核查机构、交易所、其他交易主体等的监管机制,按职责履行监管责任。主管部门应当对配额管理单位的碳排放报告、接受核查和履行配额清缴义务等活动,核查机构的核查行为,交易产品交割,以及其他与碳排放权交易有关的活动加强监督管理。监管部门应当对交易所的交易组织、资金结算等活动,交易主体的交易行为,以及其他与碳排放权交易有关的活动加强监督管理。

主管部门实施监督管理可以采取下列措施:对配额管理单位、核查机构、交易所、其他交易主体进行现场检查并取证;询问当事人和与被调查事件有关的单位和个人,要求其对被调查事件有关情况进行说明;查阅、复制当事人和与被调查事件有关的单位和个人的交易记录、财务会计资料以及其他相关资料;查询当事人和与被调查事件有关的单位和个人的登记簿账户、交易账户和资金账户;主管部门依法可以采取的其他措施。

配额管理单位未按照规定报送碳排放报告、拒绝接受核查和履行配额清缴义务的,由主管部门责令限期改正;逾期未改正的,可以采取下列措施:公开通报其违规行为;3年内不得享受节能环保及应对气候变化等方面的财政补助资金;3 年内不得参与各级政府及有关部门组织的节能环保及应对气候变化等方面的评先评优活动;配额管理单位属本市国有企业的,将其违规行为纳入国有企业领导班子绩效考核评价体系。

核查机构未按规定开展核查工作的,由主管部门责令改正;情节严重的,公布其违法违规信息。给配额管理单位造成经济损失的,依法承担赔偿责任;涉嫌犯罪的,移送司法机关依法处理。

重交所在碳排放权交易活动中有违法违规行为的,由主管部门责令限期改正;给交易主体造成经济损失的,依法承担赔偿责任;涉嫌犯罪的,移送司法机关依法处理。

主管部门和其他有关部门的工作人员有违法违规行为的,依法给予处分;造成经济损失的,依法承担赔偿责任;涉嫌犯罪的,移送司法机关依法处理。

(六)《重庆市碳排放权交易管理办法(征求意见稿)》的主要内容

为落实国家关于碳排放权交易的决策部署,进一步规范和完善重庆市碳排放权交易制度体系,助推重庆市碳达峰、碳中和工作,重庆市生态环境局组织开展了《重庆市碳排放权交易管理暂行办法》(渝府发〔2014〕17 号)修订工作,2021 年 7 月 21 日至 8 月 19 日向社会公开征求了意见。《重庆市碳排放权交易管理办法(征求意见稿)》的主要内容如下。

1. 适用范围与管理体制

重庆市新的管理办法适用于该市行政区域内碳排放权交易及相关活动,包括碳排放配额分配与清缴,碳排放权登记、交易、结算,温室气体排放报告与核查等活动,以及对前述活动的监督管理。由全国碳排放权交易市场统一管理的,按国家有关规定执行。重庆市碳排放权交易及相关活动应当坚持市场导向、公平公开、诚实守信的原则。

重庆市生态环境主管部门负责对本市碳排放权交易市场建设和运行工作进行统筹协调、组织实施和监督管理。能源、工业、交通、建筑、大数据等行业主管部门负责有关行业碳市场建设基础数据支撑。统计主管部门负责碳市场有关统计数据支撑保障工作。财政主管部门负责碳市场建设和碳排放核查、注册登记、交易组织等运行经费保障,加强政府碳排放权出让资金管理。金融、市场监管等部门负责碳排放权交易监管工作。重庆资源与环境交易中心(以下简称环交中心)受市生态环境主管部门委托承担本市碳排放单位名录管理、碳排放配额分配与清缴管理、报告与核查管理等事务工作,负责开展温室气体排放复核及核查考评工作,根据本办法制定本市碳排放权注册登记规则,通过本市碳排放权注册登记系统(以下简称注册登记系统)开展本市碳排放权集中统一注册登记。重庆联合产权交易所集团股份有限公司(以下简称联交所)根据本办法制定本市碳排放权交易规则,组织开展本市碳排放权集中统一交易。区县(自治县)生态环境主管部门负责管理辖区内温室气体排放单位名录,对辖区内温室气体排放报告及核查、碳排放配额清缴等相关活动实施监督管理。

环交中心和联交所及其工作人员应当遵守本市碳排放权交易及相关活动的技术规范,并遵守其他有关主管部门关于交易监管的规定。

2. 温室气体排放单位

(1)纳入范围。年度温室气体排放量超过一定规模的,应当列入重庆市温室气体排放单位(以下简称排放单位)名录。排放单位应当控制温室气体排放,报告温室气体排放数据,清缴碳排放配额,公开交易及相关活动信息,并接受生态环境主管部门的监督管理。重庆市生态环境主管部门会同相关部门根据本市温室气体排放控制目标和相关行业温室气体排放等情况,确定和动态调整纳入本市排放单位名录的行业范围及排放单位的温室气体排放规模,报经市政府同意后施行。重庆市排放单位名录由市生态环境主管部门公布。

(2)排放单位名录移出。符合以下条件之一的,应当从重庆市排放单位名录中移出:第一,连续2年温室气体排放量未达到本市温室气体排放单位规定规模;第二,因停业、关闭等原因不再排放温室气体;第三,纳入全国碳排放权交易市场重点排放单位名录。

3. 分配与登记

(1)配额分配。重庆市生态环境主管部门应当根据本市温室气体排放控制要求,综合考虑经济增长、产业结构调整、能源管控、大气污染物排放协同控制等因素,制定碳排放配额总量确定与分配方案,核定排放单位年度碳排放配额,并及时书面通知排放单位。配额分配方案应包括重点排放单位名录、列入重点排放单位名录的企业排放规模标准、覆盖行业范围、年度配额总量、配额分配方法、核定配额中有偿发放的比例、发放规则、政府预留配额、减排量使用规则等内容。排放单位对碳排放配额分配结果有异议的,可以自接到通知之日起7个工作日内,向市生态环境主管部门申请复核;市生态环境主管部门应当自接到复核申请之日起10个工作日内作出复核决定。

(2)分配方式与配额预留。配额总量由重点排放单位配额和政府预留配额构成。当年度政府预留配额原则上不超过当年度配额总量的5%。每年度履约期截止,重庆市生态环境局对当年度未使用的政府预留配额予以注销。碳排放配额分配以免费分配为主,可以根据国家和本市有关规定和要求适时引入有偿分配。重庆市生态环境局根据重点排放单位的行业特点和数据质量情况,对正式投产时间满24个月的重点排放单位(含改、扩建的重点排放单位)采用行业基准线法、历史强度下降法或历史总量下降法等方法核定其配额。重庆市生态环境主管部门可以在碳排放配额总量中预留一定数量,用于有偿分配、市场调节等。政府预留配额可以通过拍卖、定价出售或其他合法合规的形式进行市场调节。

(3)注册登记。重庆市碳排放配额分配、清缴和碳排放权交易等活动应当在注册登记系统注册登记。排放单位发生合并、分立等情形需要变更单位名称、碳排放配额等事项的,应当报经本市生态环境主管部门审核后,在注册登记系统中对相关信息进行变更登记。登记包括初始登记、交易登记、履约登记、强制履约、减排量抵消、质押登记、自愿注销、配额继承、司法处置等内容。登记主体可以通过注册登记系统查询碳排放权持有数量和持有状态等信息。司法机关和国家监察机关依照法定条件和程序向注册登记机构查询重庆市碳排放权登记相关数据和资料的,注册登记机构应当予以配合。

4. 排放交易

(1)交易产品与交易主体。重庆市碳排放权交易市场的交易产品为碳排放配额,市生态环境主管部门可以根据国家有关规定增加其他交易品种。排放单位以及符合重庆市有关交易规则的机构和个人,是本市碳排放权交易市场的交易主体。

(2)交易方式。碳排放权交易应当通过重庆市碳排放权交易系统进行,可以采取协议转让或者符合国家和本市规定的其他方式。联交所应当按照有关规定,采取有效措施,发挥碳排放权交易市场引导温室气体减排的作用,防止过度投机的交易行为,维护市场健康发展。

(3)交易账户与资金结算。参与重庆市碳排放权交易活动,应当在联交所开设交易账户,取得交易主体资格。碳排放权交易的资金结算由联交所负责,其中市政府出让碳排放权的资金结算由市生态环境主管部门会同有关部门执行。市政府出让碳排放权获得的资金,全额缴入市级国库,实行收支两条线管理,专项用于温室气体排放控制相关工作。

(4)交易信息更新与数据交换。环交中心应当根据联交所提供的成交结果,通过注册登记系统为交易主体及时更新相关信息。环交中心和联交所应当按照国家有关规定,实现数据及时、准确、安全交换。注册登记机构和交易机构应当建立管理协调机制,实现注册登记系统与交易系统的互通互联,确保相关数据和信息及时、准确、安全、有效交换。

5. 排放核查与碳排放配额清缴

(1)排放报告。排放单位应当根据规定的温室气体排放核算与报告技术规范,编制该单位上一年度的温室气体排放报告,载明排放量,在每年4月30日前向市生态环境主管部门报送书面的年度温室气体排放报告,同步通过温室气体排放数据报送系统提交。排放报告所涉数据的原始记录和管理台账应当至少保存5年。排放单位应当对温室气体排放报告的真实性、完整性、准确性负责。排放单位编制的年度温室气体排放报告应当定期公开,接受社会监督,涉及国家秘密和商业秘密的除外。

(2)排放核查。重庆市生态环境主管部门应当组织开展对排放单位温室气体排放报告的核查,并将核查结果告知排放单位。排放单位对核查结果有异议的,可以自被告知核查结果之日起7个工作日内向市生态环境主管部门申请复核;市生态环境主管部门应当自接到复核申请之日起10个工作日内,作出复核决定。重庆市生态环境主管部门可以通过政府购买服务的方式委托技术服务机构提供核查服务。接受委托的技术服务机构应当对其提交的核查结果的真实性、完整性和准确性负责。

(3)配额清缴。排放单位应当在规定时间内通过注册登记系统提交与市生态环境主管部门核查结果确认的年度温室气体排放量相当的碳排放配额,履行清缴义务。排放单位的碳排放配额不足以履行清缴义务的,可以购买碳排放配额用于清缴;碳排放配额有结余的,可以在后续年度使用或者用于交易。排放单位发生排放设施移出重庆市或者关停等情形的,应履行年度内运营期间相应的清缴义务,其余免费分配的碳排放配额由市生态环境主管部门予以注销。

(4)减排量使用。排放单位可以使用国家核证自愿减排量或重庆市核证减排量[1]完成碳排放配额清缴。使用比例和要求由重庆市生态环境主管部门另行规定。

(5)保留配额的特殊规定。排放单位须保证其履行清缴义务前在注册登记系统中保留的碳排放配额数量不少于其免费获得的年度碳排放配额数量的50%。

6. 监督管理

(1)监督检查。重庆市生态环境主管部门加强对注册登记机构和注册登记活动的监督管理,可以采取询问注册登记机构及其从业人员、查阅和复制与登记活动有关的信息资料以及法律法规规定的其他措施等进行监管。区县(自治县)生态环境主管部门根据对排放单位温室气体排放报告的核查结果,确定监督检查重点和频次。应当采取"双随机、一公开"的方式,监督检查排放单位温室气体排放和碳排放配额清缴情况,相关情况报市生态环境主管部门。

(2)信息公开。重庆市生态环境主管部门定期公开排放单位年度碳排放配额清缴情况等信息。注册登记机构应当依照法律、行政法规及市生态环境局相关规定公开登记信息,对涉及国家秘密、商业秘密的,按照相关法律法规执行。

(3)责任追究。重庆市生态环境主管部门和区县(自治县)生态环境主管部门以及其他有关部门的工作人员,在本市碳排放权交易及相关活动的监督管理中滥用职权、玩忽职守、徇私舞弊的,由其上级行政机关或者监察机关责令改正,并依法给予处分。环交中心和联交所及其工作人员违反规定,有下列行为之一的,由重庆市生态环境主管部门依法给予处分:利用职

[1] 重庆市核证减排量,是指按重庆市规定进行量化核证,并经市生态环境主管部门审批的温室气体减排量。

务便利谋取不正当利益的;有其他滥用职权、玩忽职守、徇私舞弊行为的。环交中心和联交所及其工作人员违反本办法规定,泄露有关商业秘密或者有构成其他违反国家和本市交易监管规定行为的,依照其他有关规定处理。

(4)交易主体违规处置与核查考评。交易主体违反本办法关于碳排放权注册登记、结算或者交易相关规定的,环交中心和联交所可以按照有关规定,对其采取限制交易措施。重庆市生态环境主管部门应当加强对核查技术服务机构的监督管理,建立考评制度和黑名单制度,及时披露考评结果和黑名单等信息。

(5)排放单位处理。排放单位未全部按照规定履行温室气体排放报告、接受核查和碳排放配额清缴等义务的,由重庆市生态环境主管部门和区县(自治县)生态环境主管部门责令限期改正;逾期未改正的,可以采取下列措施:其一,公开通报其违规行为;其二,约谈单位负责人;其三,3 年以内不得享受节能环保及应对气候变化等方面的财政补助资金;其四,3 年以内不得参与各级政府及有关部门组织的节能环保及应对气候变化等方面的评先评优活动;其五,排放单位属本市国有企业的,将其违规行为纳入国有企业领导班子绩效考核评价体系;其六,对下一年度免费发放的碳排放配额进行扣减,扣减比例为 10%;其七,将其违规行为纳入银行征信系统、社会信用体系及环境信用体系,实施联合惩戒。

七、湖北省碳排放权交易实践及立法

(一)湖北省碳排放权交易政策法规概述

湖北省在碳排放权交易试点方面取得了丰富经验,这离不开政策与法律制度的保障。湖北省已经颁布并实施了包括《湖北省碳排放权管理和交易暂行办法》在内的一系列政策法规,初步形成了一套行之有效的政策法规体系。为了加强碳排放权交易市场建设,规范碳排放权管理活动,有效控制温室气体排放,推进资源节约、环境友好型社会建设,湖北省人民政府根据有关法律、法规和国家规定,结合本省实际,于 2014 年 3 月 17 日通过了《湖北省碳排放权管理和交易暂行办法》(省政府令第 371 号)。该暂行办法于

2016年9月26日进行了修改,修改了第5条第1款,修改内容为:“本省行政区域内实行碳排放配额管理的工业企业,依照国家和省政府确定的范围执行。”修改后的办法自2016年11月1日起施行。

除此之外,湖北省还颁布并实施了其他重要的政策法规,主要包括:

《湖北省碳排放权交易试点工作实施方案》;

《湖北省碳排放权交易注册登记管理暂行办法(试行)》;

每年度的《湖北省碳排放权配额分配方案》;

每年度的《湖北省发展改革委关于湖北省碳排放权抵消机制有关事项的通知》;

《湖北省“十三五”节能减排综合工作方案》;

《湖北省应对气候变化和节能“十三五”规划》;

《省发展改革委关于印发湖北省碳排放配额投放和回购管理办法(试行)的通知》;

《湖北省温室气体排放核查指南(试行)》;

《湖北省工业企业温室气体排放监测、量化和报告指南(试行)》;

《湖北省“十三五”控制温室气体排放工作实施方案》(鄂政发〔2017〕32号);

《湖北省“十四五”节能减排实施方案》(鄂发改环资〔2022〕329号);

《关于印发开展“碳汇+”交易助推构建稳定脱贫长效机制试点工作的实施意见的通知》(鄂环发〔2020〕60号);

《湖北省应对气候变化“十四五”规划》(鄂环发〔2022〕26号)等。

湖北碳排放权交易中心为了规范碳交易行为,制定了一系列交易规则:

《湖北碳排放权交易中心碳排放权交易规则(2016年修订)》;

《湖北碳排放权交易中心碳排放权现货远期交易风险控制管理办法》;

《湖北碳排放权交易中心碳排放权现货远期交易履约细则》;

《湖北碳排放权交易中心碳排放权现货远期交易结算细则》;

《湖北碳排放权交易中心碳排放权现货远期交易规则》;

《湖北碳排放权交易中心配额托管业务实施细则(试行)》;

《湖北碳排放权交易中心有限公司经纪类会员管理办法(试行)》;

《关于湖北碳排放权交易中心碳排放权基价和交易服务手续费收费标

准的公告》;

《湖北省碳排放第三方核查机构管理办法》(鄂环发〔2022〕12 号)等。

(二)湖北省碳排放权交易机构简介

湖北碳排放权交易中心(以下简称“湖北碳交”)是经国家发改委批准试点,湖北省政府批准设立的绿色要素交易机构。“湖北碳交”成立于 2012 年 9 月,注册资本金 3.3 亿元,由湖北宏泰集团控股二级公司负责管理湖北环境资源交易中心和武汉国际矿业权交易中心两个要素市场平台,拥有一支高素质专业人才队伍。

“湖北碳交”成立以来,始终坚持以“绿色要素市场交易”“绿色金融服务中心”“低碳经济发展平台”作为发展战略定位,承担了湖北试点碳配额市场、国家自愿碳减排交易平台、湖北省绿色金融综合服务平台、全国碳交易能力建设培训中心和生态环境部气候变化南南合作培训基地(湖北)的建设与运营工作。2014 年 11 月 26 日,“湖北碳交”举行湖北省碳金融创新项目签约仪式暨全国首支碳基金发布会,发布了全国首支监管部门备案的“碳排放权专项资产管理计划”基金,签署了规模达 20 亿元的全国最大碳债券意向合作协议及总额 4 亿元的碳排放权质押贷款协议。2015 年 3 月 6 日,湖北省碳交易首次履约动员暨核查工作启动会召开,湖北正式启动首年度碳排放核查工作;同年 6 月 4 日完成湖北首单 CCER 在线交易。2016 年 11 月 18 日,湖北碳排放权交易中心与平安财产保险湖北分公司签署了“碳保险”开发战略合作协议,此次协议的签订标志着全国首单“碳保险”正式落地湖北。2017 年 12 月 19 日,国家宣布由湖北省牵头承担全国碳排放权注册登记系统建设与运维任务。2017 年,湖北碳排放权交易试点工作被授予首届“湖北改革奖(项目奖)”,获“第四届湖北省环境保护政府奖”,2021 年获第三届“湖北改革奖(企业奖)”。

(三)湖北省碳交易市场概况

湖北省最早对碳排放权交易表示了浓厚兴趣。2009 年湖北省制定了全国第一个“碳盘查”标准,该标准在国家标准化委员会备案。2011 年国家发改委确定湖北省成为碳交易试点地之一。较之上海和广州等城市,湖北省的经济增长、产业结构和能源结构非常具有代表性,而湖北省内区域之间的差异也与全国平均水平接近。

2014年4月2日,湖北省碳排放权交易中心揭牌并开市,首日成交量达51万吨,成交额1071万元。根据对排放量的核定,湖北碳市场初期共有138家企业被纳入第一批碳排放权交易市场。之后,湖北省碳市场频传佳音,创造多个全国第一。2014年9月9日,湖北碳中心促成全国首单4000万元碳排放权质押贷款项目签约,标志着国内碳金融创新取得重大突破。同年12月8日,该中心发布《配额托管业务实施细则(试行)》,同日便促成全国首个碳配额托管协议签约。2015年7月24日,国内首个基于CCER的碳众筹产品——"红安县农村户用沼气CCER开发项目"在湖北碳排放权交易中心正式发布,并成功筹集CCER开发资金20万元。

通过碳市场的运行,湖北省碳市场激励机制初步形成,碳交易市场对节能减排的贡献效果显著。从实际运行情况来看,湖北省碳排放总量呈逐年下降趋势,连续几年控排企业交易参与率、履约率均为100%。根据湖北碳排放权交易中心的统计数据,2015年湖北省控排企业的碳排放总量与2014年相比下降6.02%,企业通过碳交易获取减排收益近2.02亿元。纳入控排的企业基本上都成立碳排放应对部门或建立了跨部门的联动工作机制,控排企业2015年在节能减排上的投入比2014年增加了38%。[1] 而在没有开展碳排放交易试点前,这些企业的节能减排投入一般趋于平稳,有的甚至为负数。

从参与主体来看,湖北碳交易市场参与主体数量全国第一,而且,湖北碳市场也是国内首个外资主体参与的碳市场。纳入交易的企业主体是湖北省行政区域内年综合能源消费量6万吨标煤及以上的工业企业。碳试点尽管纳入门槛较高,企业数量较少,但覆盖的碳排放比重较大,且注重配额分配灵活可控,初始配额分配整体偏紧,采用"一年一分配,一年一清算"制度,对未经交易的配额采取收回注销的方式。

湖北在碳排放权交易方面取得显著成果,得益于基于湖北在碳金融创

---

〔1〕 参见《湖北探路碳交易:已成为全国最大碳市场,试点经验辐射多省》,载网易网,http://news.163.com/17/0209/10/CCQUE50K000187VE.html,最后访问日期:2022年9月10日。

新方面取得的重大突破,湖北先后推出了碳资产质押贷款、碳众筹项目、配额托管、引入境外投资、建立低碳产业基金等五大创新之举,这些举措开创全国先河,并产生社会效益。除了上述的国内首个基于 CCER 的碳众筹产品,2015 年 6 月,国家外汇管理局正式批复同意合格境外投资者参与湖北碳市场,这意味着合格境外投资者均可以外汇或跨境人民币参与湖北碳排放权交易。2016 年 11 月 18 日,湖北碳金融创新又迈出重要一步。华新水泥集团与平安保险签署全国首个碳保险产品意向认购协议,全国首单"碳保险"落地湖北。"碳保险"旨在为企业在减排中因意外情况而未能完成减排目标提供保障。2016 年 5 月 16 日,湖北碳市场当日配额成交 623.79 万吨,累计成交量突破亿吨大关,自此,湖北碳市场率先跻身"亿吨俱乐部",配额交易量与交易额继续稳居全国首位。[1]

湖北省是中部地区唯一的一个参与碳交易试点的省份,湖北碳市场自运行以来,累计日均成交量、市场参与人、有效交易日占比、市场履约率、价格稳定性等主要指标均居全国前列,初步形成碳交易中心、碳定价中心和碳金融中心雏形,具备了建成全国碳市场中心的独特优势。[2] 截至 2022 年 7 月底,湖北试点碳市场系统安全运行 8 年,已纳入碳排放权交易配额管理企业 373 家,企业履约率保持 100%,碳排放年均下降 2% 左右,累计成交量 3.68 亿吨,成交额 87.55 亿元,交易规模、交易主体等市场指标保持全国领先地位;碳金融创新有突破,先后开展了碳资产托管、碳质押贷款、碳现货远期产品、碳众筹及碳保险等业务,帮助企业融资 15.4 亿元。其中,碳基金、碳托管、碳质押等碳金融产品均为首创。并且,承担了"低碳冬奥""低碳军运"等大型活动碳中和项目。此外,湖北碳市场的自愿减排交易也有亮点,开发了省内农林类自愿减排项目 128 个,累计使用来自省内贫困地区的减排量 217 万吨。[3] 总之,湖北省深入推进碳排放权交易,碳交易市场体系基本建立。全国碳排放权注册登记系统落户武汉,将促使湖北碳市场体系日臻完善。

---

[1] 梁婷:《湖北碳市场总交易额突破 69 亿元 居中国首位》,载中国新闻网,http://www.chinanews.com/ny/2017/01-17/8127125.shtml。

[2] 廖志慧:《全国碳交易市场注册登记系统落户湖北》,载《湖北日报》2017 年 12 月 20 日,第 5 版。

[3] 参见《湖北省应对气候变化"十四五"规划》(鄂环发〔2022〕26 号)。

(四)湖北碳交易市场的经验及展望

湖北碳市场建设的目的,一方面是要推动制度创新,促进低碳要素的优化配置,加快产业结构调整,推动发展低碳服务产业,提升经济增长的质量;另一方面,对纳入的高耗能、高排放产业以控制碳排放为约束手段,倒逼企业转型升级,引导投资方向,化解高碳落后产能。湖北碳市场在顶层制度设计、配额分配、市场机制建设、碳金融创新、低碳"精准"扶贫等方面开展了一系列的探索,促进了低碳产业的发展。

第一,正确处理了政府和市场的关系,建立并完善了市场制度体系。湖北碳市场建立了一套"政府负责政策制定,市场负责自发形成"的运行机制。政府制定出台了包括试点工作实施方案、管理暂行办法、分配方案、市场投放和回购以及基金管理、监测、量化和报告、交易规则等一系列法规和文件,实现了在顶层设计、配额发放、碳排放数据核查和市场交易等碳交易各个环节上均有法规政策支撑,形成了上下配套、左右衔接、立体多元的制度体系,为碳交易试点提供了有力的制度保障。

第二,科学制订了碳配额分配方案,保证了市场的平稳运行。湖北碳市场对纳入企业采取"抓大放小"的处理方法,提升了管理效率;通过采取逐年降低行业控排系数,利用市场调控因子将上个年度剩余配额在本年度扣除,免费发放配额(非交易配额)到期注销等措施,实现配额"适度从紧"分配;在排放数据质量逐年提高的基础上,扩大标杆法的应用范围,增加历史强度下降法,逐步优化分配方法;通过设定"双20"[1]的损益封顶措施,降低因排放数据质量、经济形势的不确定性带来的企业履约风险和过量配额对市场的冲击风险;配额一年一分,每年微调优化,保证了市场的平稳。

第三,充分发挥了市场机制对资源的配置作用,吸收社会资金入市,碳定价机制形成,市场激励机制初步建立。湖北碳市场重视市场流动性建设,根据企业需求开发多样的交易产品,利用降低投资主体的入市门槛、大力引

[1] "双20",即企业因增减设施,合并、分立及产量变化等因素导致碳排放量与年度碳排放初始配额相差20%以上或者20万吨二氧化碳以上的,应当向主管部门报告。主管部门应当对其碳排放配额进行重新核定。

入社会资金、吸引碳投资基金入市等手段促进了市场的交易。湖北碳市场引进市场投资人及社会资金数量,均居全国首位。在高流动性的基础上,市场价格相对平稳。有的控排企业通过碳市场交易获益较多,调动了节能降碳的积极性;另外,部分控排企业因排放过多配额不够,在市场购买配额花费较多,鞭策了企业进行节能改造。

第四,通过碳金融创新拓宽企业的融资渠道,降低了融资成本,形成了"碳金融创新推动碳市场建设、碳市场建设促进碳金融创新"的互利共赢格局。金融是绿色低碳经济发展的"倍增器",开发金融产品和创新碳金融业务可以吸引金融机构参与,有利于盘活企业碳资产,提升碳资产使用效率,避免碳资产的闲置。湖北碳金融创新种类、数量和推广规模领先全国:碳交中心先后和多家银行签署了全国最大的碳金融授信,用于支持节能减排技术应用和绿色低碳项目开发;吸引了全国的碳基金入市,增强了市场的稳定性;进行了全国性的碳资产托管业务,开展了全国最大的碳质押贷款;同时,开发了国内首个碳现货远期产品,推动了全国首单"碳保险"落地等。

第五,碳市场交易和碳金融调动了企业参与的积极性,推动了企业节能改造和转型升级,催生了一个新的绿色低碳产业。节能改造的高投入促进了转型升级,碳市场减排成效显著。同时,湖北碳市场的建立还吸引了几十家碳咨询、碳核查、碳托管、碳基金和交易等服务机构纷纷落地武汉,碳交易相关产业迅速发展,培育出了新的绿色经济增长点。

第六,基于碳市场开展"精准"扶贫,成功探索生态补偿路径,生态环境的经济效益显现。湖北二元化经济结构明显,湖北碳市场对农林资源丰富的贫困地区实施了低碳"精准"扶贫,大力促进农林类减排量的开发,构建了一个"政府引导、机构参与、农民受益"的运作机制,黄冈红安等一大批农林CCER项目成功落地。通山县竹子造林碳汇项目获得国家发改委项目备案,成为全国首个竹子造林碳汇项目。湖北省户用沼气项目数量居全国首位,"工业补偿农业、城市补偿农村、排碳补偿固碳"的生态补偿机制逐渐形成。[1] 此外,为充分发挥"碳汇+"交易在精准扶贫、巩固脱贫成果的作用,切实做好"碳汇+"交易助推构建长效稳定脱贫机制试点工作,2020年11月

[1] 齐绍洲、杨光星:《创新碳交易机制　促进低碳产业发展》,载《中国财政》2017年第17期。

6日，湖北省生态环境厅、省农业农村厅、省能源局、省林业局、省扶贫办共同制定了《关于开展“碳汇+”交易助推构建稳定脱贫长效机制试点工作的实施意见》。

第七，探索跨区域碳交易合作。目前，湖北已与山西、安徽、江西等中部非试点碳交易省份签订了“碳排放权交易跨区域合作交流框架协议”。

2017年12月19日，备受关注的全国统一碳排放权交易市场建设正式启动，湖北获批牵头承建全国碳交易注册登记系统。注册登记系统有利于湖北发展碳金融及其衍生品，是实现湖北省“十三五”规划提出的打造“全国碳交易中心和碳金融中心”战略目标的重要保障。这意味着，湖北省首次获得具有金融功能的全国性功能平台，对湖北加快建成中部地区崛起重要战略支点，并在转变经济发展方式上走在全国前列具有极为重要的意义。

今后，湖北碳市场将重点从以下几方面着手，深入推进碳市场建设，建成制度健全、主体明晰、交易规范、监管严格的区域碳市场，争取将武汉打造成全国碳金融中心：

其一，深入推进湖北碳市场建设。完善碳市场配套制度，修订《湖北省碳排放权管理和交易暂行办法》。优化碳排放配额分配方案，建设基础数据库，加强碳市场排放数据报送、配额分配、核查、履约等数据开发和管理，支撑区域碳市场健康发展。以武汉市为主体，研究降低企业纳入门槛，进一步扩大碳市场覆盖范围。加强碳市场风险监控和防范，确保控排企业履约，维护市场公平环境。强化企业责任，将重点排放单位数据报送、配额清缴履约等实施情况纳入企业环境信息强制性披露，依法公开交易及相关活动信息。

其二，拓展注册登记结算平台功能。修订完善注册登记结算机构组建方案，推动完成全国碳市场注册登记结算机构组建。进一步完善全国碳排放权注册登记结算系统平台功能，提升数据分析能力，确保系统安全运行，支撑全国碳市场平稳运行。

其三，加强碳排放数据质量管理。进一步规范碳排放监测、报告和核查制度，加强对第三方核查机构、碳交易咨询机构的监督管理，确保碳排放数据的真实性、准确性和交易的规范性、合法性。加强碳排放数据原始台账管理，定期核实，随机抽查，建立碳市场排放数据质量管理长效机制。加强碳排放数据专项监督执法，依法依规严肃查处数据造假等问题。

其四，推动碳金融集聚发展。支持武汉、十堰创建国家绿色金融创新改革试验区。推动组建武汉碳清算所。设立并用好碳达峰碳中和基金，突破性开展碳金融创新，出台碳排放权抵质押贷款相关规定，鼓励金融机构开展碳排放权、碳汇收益权等业务，深化碳债券、碳信托、碳保险等产品创新，推广绿色资产证券化融资工具，探索碳远期、碳期权、碳掉期等金融衍生品。引进碳资产管理咨询评估公司、第三方核查机构、会计师及律师事务所等，大力开展节能环保、节能低碳认证、碳审计核查、自愿减排咨询、碳排放权交易咨询等服务。加大对新能源汽车、新能源、资源综合利用和节能环保装备等项目的融资支持力度，推动绿色低碳产业集聚发展。

其五，建立"碳汇＋"交易机制。在碳汇资源丰富的县（市、区），开发光伏碳减排、林业碳汇、湿地碳汇、沼气碳减排等"碳汇＋"项目，构建政府主导、社会参与、市场化运作的"碳汇＋"交易机制，助推乡村振兴。逐步引入农田碳汇、测土配方减碳、矿产资源绿色开发收益共享等其他"碳汇＋"交易内容，探索其他生态保护补偿措施。完善"碳汇＋"交易管理平台功能，针对增汇减排项目，开展碳排放量数据动态采集、碳减排量智能核算及注销。

其六，建立碳普惠制。建立武汉市碳普惠体系，引领武汉都市圈碳普惠一体化发展。制定碳普惠核证规范、交易管理等配套政策，建立碳普惠标准。设立碳普惠运营管理机构，搭建碳普惠云平台，开设企业和个人碳账户，推动成立碳普惠商家联盟。完善碳普惠产品体系，推动绿色低碳技术、非化石能源、资源综合利用、生态系统碳汇重点领域项目开发，丰富低碳生活、公务等应用场景。推动碳普惠减排量与碳市场、各类试点示范衔接，鼓励各类低碳、近零碳试点单位优先使用碳普惠减排量抵消部分碳排放，鼓励大型活动优先采用碳普惠减排量实现碳中和。[1]

此外，拓展试点示范，实施"碳惠荆楚"工程，开展近零碳、气候投融资、气候适应型城市（区域）等试点示范，形成可复制、可推广样板。落实各类主体责任，全面推进应对气候变化治理体系和治理能力现代化，促进应对气候变化与生态环境保护协同共进，形成导向清晰、激励有效、多元参与、良性互动的气候治理体系。

---

〔1〕 参见《湖北省应对气候变化"十四五"规划》（鄂环发〔2022〕26号）。

(五)湖北省碳排放权管理和交易的主要法律规定

1.碳排放配额分配和管理

(1)配额总量的设定。在碳排放约束性目标范围内,主管部门根据湖北省经济增长和产业结构优化等因素设定年度碳排放配额总量、制定碳排放配额分配方案,并报省政府审定。碳排放配额总量包括企业年度碳排放初始配额、企业新增预留配额和政府预留配额。主管部门在设定年度碳排放配额总量、起草碳排放配额分配方案过程中,应当广泛听取有关机关、企业、专家及社会公众的意见。

(2)初始配额分配。每年6月最后一个工作日前,主管部门根据企业历史排放水平等因素核定企业年度碳排放初始配额,通过注册登记系统予以发放。企业新增预留配额主要用于企业新增产能和产量变化。政府预留配额一般不超过碳排放配额总量的10%,主要用于市场调控和价格发现[1]。其中,用于价格发现的不超过政府预留配额的30%。价格发现采用公开竞价的方式,竞价收益用于支持企业碳减排、碳市场调控、碳交易市场建设等。企业年度碳排放初始配额和企业新增预留配额实行无偿分配,具体分配办法另行制定。企业因增减设施,合并、分立及产量变化等因素导致碳排放量与年度碳排放初始配额相差20%以上或者20万吨二氧化碳以上的,应当向主管部门报告。主管部门应当对其碳排放配额进行重新核定。

(3)关于CCER。同时符合以下条件的CCER可用于抵消企业碳排放量:在湖北省行政区域内产生;在纳入碳排放配额管理的企业组织边界范围外产生。用于缴还时,抵消比例不超过该企业年度碳排放初始配额的10%,1 tCO_2e CCER相当于1吨碳排放配额。每年5月最后一个工作日前,企业应当向主管部门缴还与上一年度实际排放量相等数量的配额或CCER。

(4)剩余配额注销。每年6月最后一个工作日,主管部门在注册登记系统将企业缴还的配额、CCER、未经交易的剩余配额以及预留的剩余配额予以注销。

---

[1] 价格发现(Price Discovery),是指买卖双方在给定的时间和地方对一种商品的质量和数量达成交易价格的过程。

2. 碳排放权交易

湖北省关于碳排放权交易的主要规定包括：

(1)交易主体。碳排放权交易主体包括纳入碳排放配额管理的企业、自愿参与碳排放权交易活动的法人机构、其他组织和个人。

(2)交易品种。碳排放权交易市场的交易品种包括碳排放配额和CCER。鼓励探索创新碳排放权交易相关产品。

(3)交易方式与交易规则。碳排放权交易应当在指定的交易机构通过公开竞价等市场方式进行交易。交易机构应当制定交易规则，明确交易参与方的权利义务、交易程序、交易方式、信息披露及争议处理等事项。

(4)交易系统。交易机构应当建立交易系统。交易参与方应当向交易机构提交申请，建立交易账户，遵守交易规则。

(5)交易费用。交易参与方开展交易活动应当缴纳交易手续费，收费标准由省物价部门核定。

(6)风险管控。主管部门会同有关部门建立碳排放权交易市场风险监管机制，避免交易价格异常波动和发生系统性市场风险。禁止通过操纵供求和发布虚假信息等方式扰乱碳排放权交易市场秩序。

(7)跨区域交易。主管部门组织开展跨区域碳排放权交易规则、标准、方法学的研究，探索建立跨区域碳排放权交易市场。

3. 碳排放监测、报告与核查

(1)监测。纳入碳排放配额管理的企业应当制定下一年度碳排放监测计划，明确监测方式、频次、责任人等，并在每年9月最后一个工作日前提交主管部门。企业应当严格依据监测计划实施监测。监测计划发生变更的，应当及时向主管部门报告。

(2)碳排放报告。每年2月最后一个工作日前，纳入碳排放配额管理的企业应当向主管部门提交上一年度的碳排放报告，并对报告的真实性和完整性负责。

(3)核查。主管部门通过政府购买服务的方式公开择优确定核查机构。主管部门委托第三方核查机构对纳入碳排放配额管理企业的碳排放量进行核查。核查机构应当按照国家和湖北省相关文件规定和要求，遵循“客观独立、公平公正、诚实守信”的原则开展核查工作，保证核查资料采集完整、核查过程标准规范、核查结果真实准确、核查工作按时完成,并配合主管部门组织的温室气体排放报告及核查报告的复核或技术审查工作。核查机构应具备以下遴选条件:第一,具有独立法人资格和固定经营场所,具备独立开展核查活动的能力;第二,具有有效的风险防范机制、完善的内部质量管理体系和适当的公正性保证措施;第三,符合国家和湖北省现行规范性文件关于核查机构的有关规定和要求。[1]

(4)异议复查。纳入碳排放配额管理的企业对审查结果有异议的,可以在收到审查结果后的5个工作日内向主管部门提出复查申请并提供相关证明材料。主管部门应当在20个工作日内对复查申请进行核实,并作出复查结论。

4. 激励和约束机制

关于激励和约束机制的规定包括:其一,湖北省政府设立碳排放专项资金,用于支持企业碳减排、碳市场调控、碳交易市场建设等。其二,主管部门应当优先支持碳减排企业申报国家、省节能减排相关项目和政策扶持。其三,鼓励金融机构为纳入碳排放配额管理的企业搭建投融资平台,提供绿色金融服务,支持企业开展碳减排技术研发和创新,探索碳排放权质押等金融产品,实现银企互利共赢。其四,建立碳排放黑名单制度。主管部门将未履行配额缴还义务的企业纳入本省相关信用记录,通过政府网站及新闻媒体向社会公布。其五,未履行配额缴还义务的企业是国有企业的,主管部门应当将其通报所属国资监管机构。国资监管机构应当将碳减排及法规执行情况纳入国有企业绩效考核评价体系。未履行配额缴还义务的企业,各级发展改革部门不得受理其申报的有关国家和省节能减排项目。

5. 法律责任

(1)企业的法律责任。企业违反清缴义务的,由主管部门按照当年度碳排放配额市场均价,对差额部分处以1倍以上3倍以下,但最高不超过15万元的罚款,并在下一年度配额分配中予以双倍扣除;企业违反监测与报告规定的,主管部门予以警告、限期履行报告义务,可以处1万元以上3万元以下

[1] 参见《湖北省碳排放第三方核查机构管理办法》(鄂环发〔2022〕12号,湖北省生态环境厅2022年5月27日印发)。

的罚款;企业不配合第三方核查机构核查,不如实提供有关数据和资料,导致无法进行有效核查的,主管部门予以警告、限期接受核查。逾期未接受核查的,对其下一年度的配额按上一年度的配额减半核定。

(2)交易主体、交易机构的法律责任。碳排放权交易主体、交易机构通过操纵供求和发布虚假信息等方式扰乱碳排放权交易市场秩序的,主管部门予以警告。有违法所得的,没收违法所得,并处违法所得 1 倍以上 3 倍以下,但最高不超过 15 万元的罚款;没有违法所得的,处以 1 万元以上 5 万元以下的罚款。

(3)第三方核查机构的法律责任。第三方核查机构违反核查规定的,主管部门予以警告。有违法所得的,没收违法所得,并处以违法所得 1 倍以上 3 倍以下,但最高不超过 15 万元的罚款;没有违法所得的,处以 1 万元以上 5 万元以下的罚款。

(4)主管部门、有关行政机关及其工作人员的法律责任。上述人员在碳排放权管理过程中玩忽职守、滥用职权、徇私舞弊的,依法给予行政处分;构成犯罪的,依法追究刑事责任。

第三节　非试点地区碳排放权交易法律规定

我国除了在北京、上海、湖北、广东、深圳、天津、重庆七个地区开展了碳排放权交易试点,建立了碳交易试点市场,并且经国家备案,又新增了四川、福建两个非试点地区的地方碳交易市场。至此,全国经国家气候变化主管部门会同多部门联合评审后再备案、具有碳交易机构资质的地方碳交易市场达到 9 家。

一、四川省碳排放权交易主要法律规定

2016 年 12 月 16 日,四川碳交易市场开市。四川省成为全国非试点地区第一个、全国第八个拥有国家备案碳交易机构的省份,交易平台为四川省联合环境交易所。四川市场以 CCER 交易开市,不同于七个试点市场从排

放配额交易开市，其原因在于四川属于非试点省份，没有进行区域内的碳配额分配，暂时没有碳排放配额交易的基础条件；另一方面，CCER交易更符合国际上碳市场的发展趋势，更有利于节能减排。2017年我国全面启动全国碳排放权交易市场，为各省分配配额，首批纳入全国碳排放权交易体系的近300家四川企业，可在四川碳市场实现碳交易。这些本土企业大多来自石化、建材、钢铁、有色等高耗能行业。为开展跨区域碳交易市场合作，四川省发改委与西藏自治区发改委碳排放权交易市场建设战略合作框架协议，同时，四川联合环境交易所与中国银行四川省分行、兴业银行成都分行也分别签署了碳金融战略合作协议。

(一)四川省碳排放权交易机构简介

四川联合环境交易所有限公司(以下简称川环交所)于2011年9月成立，是四川省人民政府批准、国务院有关部际联席会议备案的交易机构，全国非试点地区第一家经国家备案的碳交易机构，也是全国碳市场能力建设(成都)中心的合署机构，国家开展用能权交易试点的交易机构，四川省以及成都市排污权交易机构。川环交所目前是全国唯一一家集碳排放权、用能权、排污权、水权交易为核心主业的环境资源交易平台，在国内交易机构中率先加入联合国负责任投资原则(Principles for Responsible Investment, PRI)，在实际经营活动中践行和倡导以绿色发展为核心的责任投资原则，备受国际国内市场关注。

按照四川省委省政府“加快建设西部碳排放权交易中心”“加快建设西部环境资源交易中心”“把四川联合环境交易所打造成为全国重要的环境资源权益交易市场”的决策部署，川环交所不断强化平台功能，已经形成以环境权益交易为核心主业，以绿色技术交易、自然资源交易为配套主业，以创新发展绿色金融、深入强化能力建设为重要抓手的业务体系。旨在充分发挥市场配置环境资源的决定性作用，促进环境资源要素化并推动要素流动，为全社会节能减排降碳提供投融资及其他增值服务，促进经济社会绿色发展、高质量发展。

（二）《四川省碳排放权交易管理暂行办法》的主要内容

为发挥市场机制作用，规范碳排放相关管理活动，保障碳排放权交易工作顺利进行，根据国家发改委《碳排放权交易管理暂行办法》《温室气体自愿减排交易管理暂行办法》等文件精神，四川省发改委印发了《四川省碳排放权交易管理暂行办法》（川发改环资〔2016〕385 号）。主要内容如下：

1. 适用范围

该办法适用于四川省碳排放配额、国家核证自愿减排量及其他符合规定交易产品和交易活动的监督管理。省发改委为本省碳排放权交易工作主管部门，市（州）和县（市、区）发展改革部门为碳排放权交易工作的综合协调部门。[1]

2. 配额管理

根据国家统一指导确定四川省重点排放单位名单及碳排放配额总量，省碳交易主管部门可预留一定的配额用于市场调节及新建项目等。配额分配采取免费分配和有偿分配相结合的方式。

3. 市场交易

省碳交易主管部门会同相关部门制定相关政策及管理制度，建立碳排放交易及信息管理系统，对交易市场进行管理。交易产品包括碳排放配额、国家核证自愿减排量等。

4. 核查与履约

重点排放单位需对其排放情况进行报告，并根据经碳排放第三方核查机构确认的排放量进行配额清缴和履约。允许重点排放单位使用一定比例的国家核证自愿减排量抵消部分配额。

5. 自愿减排项目管理与交易

鼓励符合交易规则规定的机构和个人积极参与自愿减排交易，鼓励机构、组织、企业和个人以“碳中和”的形式购买碳交易产品，推广低碳生产、生活和消费模式。

---

〔1〕 2018 年之后，碳排放权交易主管部门变更为生态环境主管部门。

6. 信息公开与监督管理

省碳交易主管部门应公开重点排放单位名单、排放和履约情况等，交易机构应及时公布交易行情、成交量、成交金额等信息。省碳交易主管部门和市(州)、县(市、区)碳交易综合协调部门分别对相关活动进行监督管理和督促指导。

7. 法律责任

重点排放单位有排放报告责任和履约义务，核查机构和交易机构分别有确保核查及交易依法依规进行的责任，主管部门有依法管理的责任。对市场参与者的违法违规行为将追究其责任。

(三)《四川省落实〈全国碳排放权交易市场建设方案(发电行业)〉工作方案》主要内容

为贯彻落实党中央、国务院关于生态文明建设的决策部署，积极参与全国碳排放交易市场(以下简称"碳市场")建设，根据《全国碳排放权交易市场建设方案(发电行业)》，四川省制定了《四川省落实〈全国碳排放权交易市场建设方案(发电行业)〉工作方案》(川节能减排办〔2018〕2号)。2018年4月11日，四川省节能减排及应对气候变化工作领导小组办公室印发了该工作方案。

1. 主要目标

2018年，优化升级四川省碳交易平台，确保与全国碳市场数据报送系统、注册登记系统、交易系统和结算系统以及全国公共资源交易平台顺利对接，研究制定碳排放权交易管理办法，深入开展碳市场能力建设。2019年，组织发电行业重点排放单位参与配额模拟交易，提升企业等各类主体参与全国碳交易的能力和管理水平。完善碳市场管理制度和支撑体系。2020年及以后，组织发电行业重点排放单位参与配额现货交易。根据国家统一安排，推动交易范围逐步扩大至其他高耗能、高污染和资源性行业，丰富交易品种和交易方式，支持国家核证自愿减排量参与交易。

2. 主要任务

一是制定完善碳市场管理制度体系。包括研究制定碳排放权交易管理办法，结合全国碳市场建设进程，研究制定四川省企业碳排放报告、市场交易管理、核查机构管理等配套制度等。

二是参与推进碳市场支撑系统建设。在省级权限和职责范围内，加强对全国重点排放单位碳排放数据报送系统的管理，探索与能耗在线监测系统互联互通。指导四川联合环境交易所加强与上海、湖北等国内碳交易机构的合作，进一步拓展业务领域、提升业务水平，积极参与和推进全国碳市场支撑系统建设运行。

三是开展碳排放监测、报告与核查。明确开展碳排放监测、报告与核查企业的纳入标准，确定核查企业名单，根据企业经营状况进行动态调整。委托并组织第三方核查机构对企业年度碳排放数据进行核查，并对排放监测计划进行审核，切实保证上报国家数据的真实性、准确性和完整性。根据国家配额分配标准和办法，向重点排放单位分配配额。组织并监督重点排放单位开展配额交易、完成清缴履约。

四是强化碳市场参与主体能力建设。充分发挥全国碳市场能力建设（成都）中心作用。做好全国碳市场覆盖行业的动员培训，先期针对发电行业重点排放单位，指导其建立完善内部碳排放数据监测统计和核算报告制度等。发挥智库引领和支撑作用，进一步加强技术支撑机构能力建设。以国有企业、上市公司、纳入碳排放权交易市场的企业为重点，推动建立企业碳排放信息披露制度。

五是积极培育碳市场相关延伸产业。积极培育核查机构、碳资产管理机构，发展壮大第三方核查服务市场，营造良好的市场竞争环境。探索推动银行业金融机构、风险投资基金、创投机构、社会资本共同设立碳基金。探索研发碳金融创新产品，有序发展碳金融产品和衍生工具，探索研究碳排放权期货、期权交易。

3. 保障措施

一是加强组织领导。充分发挥四川省节能减排及应对气候变化工作领导小组办公室、省碳交易工作协调小组办公室职能职责，加大统筹协调力度，确保碳市场建设工作顺利有序推进。完善省应对气候变化专家指导委员会运行机制，强化决策咨询作用。

二是细化责任分工。建立与全国碳市场管理体制相衔接的省、市两级管理制度。省应对气候变化主管部门会同省级相关部门（单位），负责碳市场建设工作的综合协调、组织实施和监督管理。各市(州)人民政府负责本辖区内的碳市场建设工作,督促指导重点排放单位碳排放监测、报告、核查和配额清缴履约,加强碳市场主体能力建设,积极培育碳市场相关产业等。

三是做好宣传引导。采取多种形式,大力宣传报道绿色循环低碳发展与碳市场相关政策,多渠道普及碳市场知识,宣传推广先进经验和成熟做法,提升企业和公众对碳减排重要性和碳市场认知水平,为碳市场建设运行营造良好社会氛围。

(四)《四川省碳市场能力提升行动方案》内容解读

2022年11月9日,四川省节能减排及应对气候变化工作领导小组办公室印发了《四川省碳市场能力提升行动方案》(以下简称《提升方案》),明确了"十四五"时期四川省碳市场能力提升的目标任务和重点工作。这是全国首份提升碳市场能力的专项行动方案。

1.《提升方案》编制的政策依据

建设全国碳市场是利用市场机制控制温室气体排放、推进绿色低碳发展的一项重大制度创新,也是推动实现碳达峰碳中和目标的重要政策工具。四川省委省政府历来重视碳市场建设和发展。《四川省国民经济和社会发展第十四个五年规划和二〇三五年远景目标纲要》提出,实施碳资产提升行动,推动林草碳汇开发和交易。《中共四川省委关于以实现碳达峰碳中和目标为引领推动绿色低碳优势产业高质量发展的决定》将探索碳排放权市场化交易改革作为三项具有牵引性的改革举措之一。《中共四川省委四川省人民政府关于完整准确全面贯彻新发展理念做好碳达峰碳中和工作的实施意见》将推进市场化机制建设列为重点任务。《四川省"十四五"生态环境保护规划》提出,实施碳资产能力提升行动。制定《提升方案》是四川省参与全国碳排放权和温室气体自愿减排交易市场建设的关键举措,是积极稳妥推进碳达峰碳中和、促进减污降碳协同增效的重要支撑。

早在2015年,四川省就印发《四川省碳排放权交易工作方案》,首次部署碳交易体系建设。全国碳排放交易体系启动后,2018年又制定《四川省落实〈全国碳排放权交易市场建设方案(发电行业)〉工作方案》。2022年版《提升方案》与以往类似方案既有一脉相承的地方,又结合新形势新政策新要求,推动管理与服务相结合,聚焦全国统一市场下地方和企业能力建设方面的短板和弱项,充分调查研究,细化实化各项措施,具有较强引领性和可操作性。

2.《提升方案》编制的基本思路

《提升方案》编制以市场化为导向,充分结合地方职责权限和能力建设需求,确保"有用、实用、管用"。第一,坚持全国"一盘棋"。将全国碳市场的"统一"要求贯穿始终,秉持全国统一规则之下,结合地方权责和实际工作需要进行布局谋划,增强适应和参与全国碳市场的能力。第二,坚持发展导向。兼顾发展与减排、治标与治本需要,调动各类市场主体积极性,推动降碳资产化、资产绿色化,既"节流"、减少碳排放配额缺口,又"开源"、促进碳资产开发,多措并举用好盘活碳资产,提升企业和行业低碳竞争力。第三,坚持系统思维。不仅考虑重点排放单位的碳市场能力提升,还统筹纳入碳资产管理、咨询、检测、核查、认证、金融等相关主体。不仅涉及数据质控环节,也涵盖碳资产开发、交易清缴、衍生金融、节能降碳等领域。第四,坚持协同融合。充分与上位碳排放权交易管理制度和技术规范衔接,同时考虑节能降碳、气候投融资、能源发展、电力交易等政策要求,增强目标的一致性和政策的兼容性。

3.《提升方案》的阶段性目标

《提升方案》提出,坚持稳中求进的工作总基调,以碳达峰碳中和目标愿景为引领,以推动绿色低碳优势产业高质量发展为导向,以系统布局和重点突破、政府引导和市场驱动、管理提质和交易提效为基本原则,以提升数据质量为重点,主动适应、积极融入全国碳排放权交易和温室气体自愿减排交易市场,全面提升各类主体参与碳市场能力,管好盘活碳资产,提升企业低碳竞争力,强化监管执法,夯实碳达峰碳中和基础。《提升方案》明确,到2025年,重点排放单位温室气体排放核算报告、核查溯源、质量管理体系更加完善,碳市场相关咨询、检测、核查、认证、交易、科技、金融等机构服务能力明显提升,碳市场监管执法全面加强,国家核证自愿减排项目备案数量居全国前列,碳排放管理人才队伍建设基本满足市场需求,全社会"排碳有成本、减碳有收益"的低碳发展意识明显增强。

4.《提升方案》的主要内容

《提升方案》从五个方面提出了23条具体任务,系统推进碳市场能力建设和提升。一是培育碳市场参与主体。要求加强重点企业名录管理、壮大碳资产管理机构、聚集培育技术服务机构、强化行业组织服务功能、支持交易服务平台发展、规范培育碳排放管理人才等任务。明确鼓励具备条件的企业设立碳资产管理公司,规范发展碳资产委托管理等"一站式"综合服务商业模式。二是提升碳排放数据质量。要求完善实施碳排放管理政策、提升企业碳排放管理水平、探索碳排放监测核算互证、规范关键核算参数检验行为、加强核查机构评价和管理、强化数据质量检查和执法等任务。开展检验检测市场专项整治行动,加强碳排放数据质量监管和执法能力建设。三是规范碳资产开发交易。要求推动自愿减排项目储备开发、促进碳排放配额清缴履约、用好碳排放权抵消机制、探索与用能权交易衔接等任务。有序开展林草碳汇项目开发试点,加强用能权交易与全国碳排放权交易的统筹衔接。四是推动碳金融创新发展。要求开展气候投融资试点和绿色金融创新示范、引导碳资产质押贷款发展、加大财政资金支持力度、推动环境信息依法披露等任务。明确要规范有序开展碳资产质押贷款,建立企业公开承诺、信息依法公示、社会广泛监督的环境信息披露制度。五是提升发展低碳化水平。要求推动发电行业改造提效、降低重点行业碳排放强度、促进可再生能源交易消纳、探索构建区域碳普惠机制等任务。明确要稳妥有序推动有条件的工业企业开展自备电厂电能替代和"煤改气",促进重点排放行业可再生能源电力和绿电交易、替代、消纳。

5. 落实《提升方案》的保障措施

为确保《提升方案》确定的各项目标任务得到有效落实,将从四个方面加强组织实施。第一,加强统筹协调。统筹推动和定期研究碳市场建设管理工作,加强各部门工作协调和信息共享,提高监管效能。督促地方监管部门提升业务及管理能力,强化监管执法。第二,提升支撑能力。鼓励加大高层次人才和团队培养引进力度,充实支撑和研究专家队伍。开展重点排放行业碳排放配额分配方法等区域性、关键性问题研究,加强碳排放权交易与用能权、电力交易的统筹衔接研究和跟踪分析。第三,拓展对外合作。建立与全国碳排放权注册登记机构和交易机构、温室气体自愿减排注册登记机构和交易机构的联系机制，加强账户开立、信息沟通、监测预警等领域合作。第四，做好宣传引导。加大绿色发展理念宣传力度，强化碳排放交易政策解读，定期开展碳市场能力建设和培训。畅通公众参与碳市场监督渠道，形成良好的舆论环境。

6. 四川省提升碳市场能力已开展的工作

"十四五"以来，四川省紧扣全国统一大市场建设要求，按照稳中求进的工作基调，持续推动碳市场能力建设。一是加强碳排放数据质量监管。组织2021年度发电、石化、化工、建材、钢铁、有色、造纸、航空八大行业273户企业开展温室气体排放报告与核查，落实数据质量控制计划。组织发电企业开展碳排放数据信息化月度存证，定期审核和通报存证质量。开展碳排放管理帮扶指导，对承担2019～2021年度企业温室气体排放报告核查的技术服务机构开展评估。二是持续开展基础能力建设活动。制定地方标准《企业温室气体排放管理规范》，指导编制《四川省碳市场数据质量控制管理常见问题清单》，推动发布《四川省碳资产提升创新行动倡议》《关于规范开展碳市场能力建设的倡议》。推动企业组建碳资产管理公司，培育全国碳市场能力建设（成都）中心。印发林草碳汇发展推进方案，启动林草碳汇项目开发试点。指导召开四川省降低碳市场清缴履约成本研讨会、四川省碳排放权交易管理制度建设研讨会及天府碳资产沙龙。三是规范发展碳资产抵质押贷款。以四川天府新区开展国家气候投融资试点为契机，人行成都分行、省发展改革委、生态环境厅、省地方金融监管局、四川银保监局联合印发《四川省环境权益抵质押贷款指导意见》，落地首单国家碳排放配额（CEA）、国家核证自愿减排量（CCER）、"碳惠天府"机制碳减排量（CDCER）质押贷款，不断丰富碳金融业态。

近期四川省生态环境厅将坚持市场化思维和法治思维，充分调动各方积极性，提升碳市场综合能力，切实发挥碳市场发现价格、倒逼转型、引导投资的功能和作用，助推经济社会高质量发展。第一，推动政策协同。全面落实国家碳市场相关制度规范，研究制定地方配套落实制度规范，面向基层做好政策解读和宣传贯彻，建立健全数据质量日常监管机制。以构建碳达峰碳中和"1＋N"政策体系为契机，推动《提升方案》目标任务与相关政策深度衔接，形成碳市场建设和监管合力。第二，推动重点工作。以全国碳市场第二个履约周期为契机，推动企业加大温室气体排放内部管理制度建设、人才队伍建设和基础设施建设，稳步提升碳排放和碳资产管理水平。支持四川联合环境交易所发展，稳定运行温室气体自愿减排交易市场。第三，夯实基础建设。研究制定专项政策，规范重点排放单位供热计量、煤炭化验检测等行为。加强碳排放管理人才队伍建设，规范培育咨询、核查、检验等技术支撑机构。加强省级和市（州）碳市场监管和执法队伍建设，提升综合监管效能。[1]

二、福建省碳排放权交易主要法律规定

作为我国首个国家生态文明试验区，福建积极发挥自身环境资源优势，加快碳交易市场建设，研究并推出省内碳市场可交易的林业碳汇项目。2016年12月22日，福建省碳排放权交易开市，交易平台为“海峡股权交易中心—环境能源交易平台”，纳入对象为电力、石化、化工、建材、钢铁、有色、造纸、航空、陶瓷等9个行业的277家企业。这些企业在2013～2015年中有一年综合能耗达1万吨标准煤（含）。碳市场启动之前，福建林业碳汇产品首发上市，发挥森林资源优势，推出在省内碳市场可交易的林业碳汇项目。福建省碳排放权交易市场自开市以来，运行平稳，重点排放单位节能降碳的意识进一步提高，普遍实现了排放强度和排放总量同步下降。碳市场的建设，有力促进了福建省为应对气候变化而控制温室气体排放以及推进国家生态文明试验区建设工作。[2]

福建碳市场试点相关工作虽起步较晚，但起点高。在碳市场的核心制度、运行规则、分配方法上全面对接全国碳市场总体思路，并结合福建实际积极创新，建立起了系统完善的制度体系。2016年市场建立时，初步构建了以《福建省碳排放权交易管理暂行办法》为核心，《福建省碳排放权交易市场建设实施方案》为总纲，7个配套管理细则为支撑的“1＋1＋7”政策体系。

---

〔1〕参见《四川省碳市场能力提升行动方案》（川节能减排办〔2022〕4号，四川省节能减排及应对气候变化工作领导小组办公室2022年11月9日印发）

〔2〕张辉、戴艳梅：《福建省发改委公布2017年度福建碳排放权交易市场履约情况：履约率达100%》，载《福建日报》2018年8月28日。

2020年,根据应对气候变化工作的新形势、新要求,福建省又及时对有关政策制度进行修订,进一步实现了交易手段市场化、交易主体多元化。在制度的保驾护航下,福建省碳市场持续健康运行,不断拓展覆盖面、创新交易品种,实现了配额总量、交易规模的"双增长"。2020年,福建碳市场发放的年度配额总量已突破2亿吨,位居地方碳市场第三,4个履约周期,履约率保持100%。截至2021年7月,福建碳排放配额(FJEA)已成交1136.16万吨、金额2.3亿元,CCER成交1329.57万吨、金额5亿元,特别是福建林业碳汇减排量(FFCER)成交283.93万吨、4000多万元,位居全国前列。[1]

(一)《福建省碳排放权交易管理暂行办法》的主要内容

1. 碳排放权交易适用范围、定义及原则

《福建省碳排放权交易管理暂行办法》规定福建省行政区域内的碳排放权交易及其监督管理活动,适用本办法。本办法所称碳排放权交易,是指由省人民政府设定年度碳排放总量以及重点排放单位的减排义务,重点排放单位通过市场机制履行义务的碳排放控制机制,主要包括碳排放报告报送、核查、配额核发、交易以及履约等。碳排放权交易坚持政府引导与市场运作相结合,遵循公开、公平、公正和诚信原则。

2. 碳排放权交易的管理职责与分工

省、设区的市人民政府发展改革部门是本行政区域碳排放权交易的主管部门,[2]负责本行政区域碳排放权交易市场的监督管理。省人民政府金融工作机构是全省碳排放权交易场所的统筹管理部门,负责碳排放权交易场所准入管理、监督检查、风险处置等监督管理工作。省、设区市人民政府经济和信息化、财政、住房和城乡建设、交通运输、林业、海洋与渔业、国有资产监督管理、统计、价格、质量技术监督等部门按照各自职责,协同做好碳排放权交易相关的监督管理工作。根据碳排放权交易主管部门的授权或者委托,碳排放权交易的技术支撑单位负责碳排放报送系统、注册登记系统的建设和运行维护等相关工作。

---

〔1〕 陈旻、王永珍:《碳市场建设的"福建经验"》,载《福建日报》2021年7月19日,第4版。

〔2〕 2018年之后,碳排放权交易主管部门变更为省、设区的市人民政府生态环境主管部门。

3. 碳排放权交易的覆盖范围

福建省人民政府碳排放权交易主管部门参照国务院碳排放权交易主管部门的相关规定,结合本省产业结构等实际情况,公布纳入碳排放权交易的温室气体种类、行业范围和重点排放单位确定标准。设区的市人民政府碳排放权交易主管部门按照省人民政府碳排放权交易主管部门公布的标准,提出本行政区域重点排放单位名单,由省人民政府碳排放权交易主管部门审定并向社会公布。根据福建省温室气体排放行业特点等因素,确定福建省首批纳入碳排放权交易市场的重点排放单位为2013~2015年中任意一年综合能源消费总量达1万吨标煤以上的企业,涉及电力、石化、化工、建材、钢铁、有色、造纸、航空、陶瓷等9个行业。

4. 碳排放总量的确定

碳排放总量控制是基础,只有实行总量控制,碳排放权才会成为稀缺资源,才会成为一种可交易的产品。福建省人民政府碳排放权交易主管部门根据本省温室气体控制总体目标,结合经济增长、产业转型升级、重点排放单位情况等因素,设定年度碳排放配额总量,制定碳排放配额分配和管理细则,报省人民政府批准后向社会公布。

5. 碳排放权配额分配

福建省人民政府碳排放权交易主管部门应当根据行业基准水平、减排潜力和重点排放单位历史碳排放水平等因素,经征求相关行业主管部门意见后,制定碳排放配额具体分配方案;设区的市人民政府碳排放权交易主管部门根据分配方案核定本行政区域重点排放单位的免费分配配额数量,通过注册登记系统向本行政区域的重点排放单位免费发放。碳排放配额实行动态管理,每年确定一次。碳排放配额初期采取免费分配方式,适时引入有偿分配机制,逐步提高有偿分配的比例。省人民政府碳排放权交易主管部门通过有偿分配取得的收益缴入省级财政金库,实行收支两条线管理,相关工作所需支出由省级财政统筹安排,用于促进本省减少碳排放及相关的能力建设。

6. 碳排放权交易

碳排放权交易的产品包括碳排放配额、国家核证自愿减排量以及福建省鼓励探索创新的碳排放权交易相关产品等。碳排放权交易的主体包括纳入碳排放配额管理的重点排放单位以及其他符合交易规则且自愿参与碳排放权交易的公民、法人或者其他组织。碳排放权交易应当在省人民政府确定的交易机构内进行,省人民政府碳排放权交易主管部门对其业务进行监督管理。交易机构应当制定交易规则,建立交易系统,建立信息披露制度,建立和执行风险管理制度。碳排放配额的交易价格由交易参与方根据市场供求关系确定,禁止通过操纵供求和发布虚假信息等方式扰乱碳排放权交易市场秩序。省人民政府碳排放权交易主管部门应当向社会公布相关信息。

7. 对第三方核查机构的管理

福建省人民政府碳排放权交易主管部门建立第三方核查机构名录库,加强动态管理,通过竞争性磋商等采购方式确定第三方核查机构,对重点排放单位的碳排放报告进行第三方核查。重点排放单位应当配合第三方核查机构开展核查工作,并按照要求提供相关材料,不得拒绝、干扰和阻挠。第三方核查机构应当按照省人民政府碳排放权交易主管部门的要求开展碳排放核查工作,出具核查报告,并履行保密义务。核查报告应当真实、准确。省人民政府碳排放权交易主管部门对核查报告进行抽查。核查、抽查费用从省级预算内基建资金中予以安排。

8. 关于重点排放单位的履约清缴

重点排放单位应当在每年6月底前向设区的市人民政府碳排放权交易主管部门提交不少于上年度经确认排放量的排放配额,履行上年度的配额足额清缴义务。鼓励重点排放单位使用经国家或者省人民政府碳排放权交易主管部门核证的林业碳汇项目自愿减排量抵消其经确认的碳排放量,也可以使用除林业碳汇外其他领域国家核证自愿减排量抵消其部分经确认的碳排放量,具体抵消办法另行规定。此外,为了充分发挥碳排放权交易市场在控制温室气体排放中的作用,提高履约率,《福建省碳排放权交易管理暂行办法》对重点排放单位的履约责任进行约束,明确了拒绝履约或未足额清缴配额的法律责任。

(二)《福建省碳排放权交易市场建设实施方案》的主要内容

制定《福建省碳排放权交易市场建设实施方案》,是为了贯彻落实《国家生态文明试验区(福建)实施方案》,进一步发挥福建省生态优势,加快林业碳汇和碳金融产品创新,建设具有福建特色的碳排放权交易市场。

1. 主要目标

其一,到2016年底,建立福建省碳排放报告和核查制度、配额管理和分配制度、碳排放权交易运行制度等基础支撑体系,实现碳排放权交易市场正式运行。其二,到2017年,实现与国家碳排放权交易市场的有效对接,并适时扩大交易范围,林业碳汇交易初具规模,碳金融产品进一步丰富,具有福建特色的碳排放权交易市场制度体系进一步健全,报送、登记、交易等基础支撑平台进一步完善。其三,到2020年,基本建成覆盖全行业、具有福建特色的碳排放权交易市场,推广林业碳汇交易模式,形成交易市场活跃、交易品种多样、在全国有重要地位的碳排放权交易市场。

2. 实施步骤

第一,明确实施范围。2016年,实施范围为福建省行政区域内电力、石化、化工、建材、钢铁、有色、造纸、航空、陶瓷等9个行业中2013~2015年中任意一年综合能源消费总量达1万吨标准煤以上(含)的企业法人或独立核算的单位(以下简称重点排放单位)。2017年,根据实际情况,将能源消费总量达5000吨标准煤以上(含)的工业企业,以及建筑、交通等行业企业纳入碳排放权市场交易。

第二,建立数据台账。一是建立报送系统。建立碳排放报告和核查报送平台,推进碳排放报告报送过程的电子化与网络化,强化碳排放数据管理。二是规范台账管理。指导重点排放单位做好碳排放监测计划,组织编制温室气体排放报告,确保碳排放数据真实可靠,台账清晰完整。三是开展数据核查。通过政府购买服务方式,委托符合条件的第三方核查机构对重点排放单位碳排放数据进行核查,明确核查程序、要求和标准,确保核查工作公正独立开展。充分利用在线监测平台,加强对报送、核查数据等的验证。

第三,依法核定配额。一是初始配额发放。按照国家要求,借鉴各试点省市经验,研究制定符合福建省实际的配额分配和管理方案。依据重点排放单位经核查的碳排放历史数据,核定其年度初始碳排放配额,并适时进行合理调整。研究建立有偿分配机制,适时推行有偿分配制度。二是新增配额发放。新建重大建设项目企业所需配额，由省碳排放权交易主管部门统筹考虑同类型重大项目情况，综合评估设区市碳排放权交易主管部门审核的碳排放结果，科学核定发放。三是配额注册登记。建立碳排放权交易注册登记系统，对配额初期免费发放、持有、转让、注销和结转等进行统一管理，做好相关服务。实现与国家配额分配、注册登记簿系统及福建省碳排放权交易系统的对接。

第四，搭建交易平台。交易主体包括纳入碳排放配额管理的重点排放单位，以及其他符合交易规则规定且自愿参与碳排放权交易的公民、法人或者其他组织。交易的产品包括碳排放配额、以林业碳汇为主的核证自愿减排量和福建省鼓励探索创新的碳金融产品等碳排放权交易相关产品。依托省政府确定的交易机构——海峡股权交易中心建设集交易账户管理、配额、国家核证自愿减排量和林业碳汇等交易品种、资金结算清算等功能于一体的全省碳排放权交易平台，并与注册登记系统等信息平台联网，实现信息互联。

第五，规范交易程序。遵循公开、公平、公正和诚信原则，制定交易规则，明确交易参与方的权利义务、交易程序、交易方式、信息披露及争议解决等事项。交易程序包括五个主要环节：一是开立交易账户。交易参与方向交易机构提交营业执照等开户材料，并签订开户协议，开立碳排放权交易账户。二是开立结算银行账户。交易参与方在结算银行开立结算账户，并办理银行结算账户与碳排放权交易账户资金划转关系的绑定。三是资金划转。交易参与方通过银行或交易机构发起资金划转操作，将资金从银行结算账户转入交易机构碳排放权交易账户。四是配额交易。交易参与方通过交易机构碳排放权交易系统买入（卖出）碳排放配额。五是结算（清算交收）。当日交易时间结束后，交易机构根据当日的交易情况办理交易参与方的碳排放权产品结算和资金结算，完成与交易有关的碳排放权产品、款项收付，并在注册登记系统中变更权属。《福建省交易场所管理办法》《福建省交易场所管理办法实施细则（试行）》等另有规定的，从其规定。

3. 保障措施

第一，加强组织领导。成立由省政府分管领导任组长的全省碳排放权交易工作协调小组，负责总体指导和统筹协调推进碳排放权交易重点工作。

协调小组办公室设在省碳排放权交易主管部门，负责碳排放权交易工作的具体推进落实。各设区市要设立相应工作机构，做到有编制、有经费、有人员，确保碳排放权交易工作顺利开展。省经济信息中心承担碳排放信息登记、重点排放单位碳排放数据采集、碳排放权交易数据研究分析、省级温室气体清单编制等工作。设立省碳排放权交易专家委员会，邀请省内外碳排放配额分配体系设计、碳排放权交易规则设计和碳核查等领域专家担任顾问，提供专业技术指导和决策咨询。

第二，加强制度建设。制定实施《福建省碳排放权交易管理暂行办法》和碳排放信息报告和核查制度、碳排放配额管理和分配制度、碳排放权交易运行制度等"1＋N"的制度体系。"1"是指按省政府规章制定程序，研究制定的《福建省碳排放权交易管理暂行办法》；"N"包括《福建省重点企(事)业单位温室气体排放报告管理办法(试行)》《福建省碳排放权交易第三方核查机构管理暂行办法》《福建省碳排放配额管理实施细则(试行)》《福建省碳排放权交易市场调节实施细则(试行)》《福建省碳排放权抵消管理办法(试行)》《福建省碳排放权交易规则(试行)》《福建省碳排放权交易市场信用信息管理实施细则(试行)》等。

第三，加强政策创新。充分发挥福建省林业生态优势，开展林业碳汇交易试点，适当简化流程，研究适合福建省林业特点的碳汇方法学、林业碳汇交易规则和操作办法，探索林业碳汇交易模式。支持南平、三明率先启动林业碳汇交易试点。鼓励发展各类碳金融产品，设立低碳产业基金，加大对低碳产业链、低碳基础设施等领域的投资。尝试碳配额中远期交易，融资回购、场外掉期和场外期权等创新型业务。建立和完善碳排放权交易信用评价制度，将评价结果纳入银行、工商和法院等跨部门协同监管和联合惩戒机制，强化对碳排放权交易市场参与方的约束。

第四，加强基础支撑。一方面，加大资金投入。省级预算内投资安排碳排放数据核查、抽查经费。各设区市财政要加大支持力度，将碳排放权交易工作列入市级财政预算，确保该项工作顺利实施。完善多元化资金投入机制，积极吸引企业和金融资本投入，参与碳排放权交易体系建设。另一方面，强化能力建设。加强碳排放权交易相关基础研究。加强重点企事业单位和相关机构的专业人才队伍建设，开展碳排放权交易专题培训，提高碳排放监测报告和管理能力、第三方机构核查能力、交易平台运行管理能力和管理机构监管能力。支持省内相关碳交易机构加快发展。

第五，加强市场监管。培育建立省市分级监管和专业执法力量，逐步完善碳排放权交易市场监管体系，做好对重点排放单位、核查机构、交易机构及其他市场参与主体的监管工作。加强重点排放单位排放报告、监测计划、排放核查、配额清缴和交易情况的监管。建立信用记录制度，纳入信用管理体系，促进碳市场公正、有效、平稳运行。

第六，加强宣传引导。综合运用电视、广播、网络、报纸、杂志等传统媒体及微信、微博等新媒体，采取多种形式，广泛宣传碳排放权交易的原理、规则和相关政策措施，加强舆论引导，凝聚社会共识，提高大众的节能降碳意识，营造良好的社会氛围。加强对重点排放单位的激励和动员，督促重点排放单位加强碳排放的监测、计量和统计等，主动、及时、真实提交碳排放数据，配合做好核查等工作，履行碳排放控制责任；引导交易主体遵守各项交易制度，积极参与碳排放权交易，推动福建省碳排放权交易市场有序运行。[1]

第四节　跨地区碳排放权交易立法及实践
——以京津冀区域为例

一、京津冀跨区域碳交易立法

作为中国北方重要的经济增长区域，京津冀地区面临温室气体控排与适应气候环境影响的现实压力，而应对气候变化协同立法的缺位也成为阻碍三地经济社会高质量发展的桎梏。在国家大力推动京津冀协同发展战略的背景下，将低碳发展融入三地生态文明一体化建设中，探索京津冀应对气

[1] 参见《福建省碳排放权交易市场建设实施方案》（闽政〔2016〕40 号，福建省人民政府 2016 年 9 月 26 日印发）

候变化协同立法的路径，具有现实必要性与可行性。[1] 2021 年 5 月 17 日，生态环境部联合商务部、发展改革委、住房和城乡建设部、人民银行、海关总署、能源局、林草局发布《关于加强自由贸易试验区生态环境保护推动高质量发展的指导意见》(以下简称《自贸区指导意见》)。《自贸区指导意见》提出，到 2025 年，基本形成自贸试验区生态环境保护推动高质量发展的架构，经济结构和开发格局较为合理，生态环境保护和风险防范水平显著提升，能耗强度和二氧化碳排放强度明显降低；支持北京、天津、河北自贸试验区参与碳排放权、排污权交易市场建设，开展生态环境治理合作，服务京津冀协同发展。京津冀跨区域碳交易立法工作，是以北京市为中心展开的，北京市积极与周边区域开展跨区域碳交易工作，为此制定了一些规范性文件予以指导。

(一) 推进京冀跨区域碳排放权交易试点

2014 年 12 月，北京市发改委与河北省发改委、承德市政府联合印发了《关于推进跨区域碳排放权交易试点有关事项的通知》(京发改〔2014〕2645 号)，正式启动京冀跨区域碳排放权交易试点。为更好地总结推广试点建设经验，充分挖掘区域环境协同治理潜力，推动京津冀协同发展，经三方研究同意，承德市作为河北省的先期试点，率先与北京市正式启动跨区域碳排放权交易市场建设，待成熟后全面推广。该通知规定了三方面的内容：第一，初步安排跨区域碳排放权交易试点。在国家政策、机制框架内，结合北京市现行法规政策，跨区域碳排放权交易市场实行二氧化碳排放总量控制下的配额交易机制。交易产品包括碳排放配额和经审定的碳减排量(核证自愿减排量、节能项目和林业碳汇项目产生的碳减排量)。市场交易主体为京承两市的重点排放单位、符合条件且自愿参与交易的其他机构和自然人等。根据河北省承德市的产业结构和碳排放实际情况，承德市先期将水泥行业纳入跨区域碳排放权交易体系。两市的市场交易主体可自由买卖碳排放配额和经审定的碳减排量并可用于履约。

第二，优先开发林业碳汇项目。为丰富跨区域碳排放权交易产品、拓宽

---

[1] 潘晓滨：《京津冀应对气候变化协同立法势在必行》，载《天津日报》2019 年 8 月 13 日。

重点排放单位履约渠道,积极利用市场手段推动跨区域生态环境建设,按照国家发布的相关管理办法和林业碳汇项目方法学的要求,参照北京市林业碳汇项目开发模式,两市林业部门应加大林业碳汇项目开发力度,促进碳汇项目碳减排量进入跨区域碳交易市场交易。两市的重点排放单位可使用经审定的碳减排量来抵消其排放量,使用比例不得高于当年核发碳排放配额量的5%。

第三,加强跨区域碳排放权交易市场管理。河北省承德市碳排放量大的水泥生产企业作为重点排放单位,须按照碳排放权交易流程做好相关工作,具体包括参照《北京市企业(单位)二氧化碳核算和报告指南(2014版)》进行碳排放核算工作,利用北京市温室气体排放数据填报系统报送企业年度碳排放报告,委托北京市第三方核查机构目录库中的第三方核查机构开展核查工作,利用北京市碳排放权注册登记系统做好配额的管理及履约工作,在北京环境交易所进行配额和经审定的碳减排量交易。承德市政府在参照北京市已有配额分配方法的基础上,使用相同的配额计算方法,与北京市建立配额分配协调机制,利用北京市碳排放权注册登记系统做好配额的核发和管理。为做好跨区域市场调节工作,北京市在依据碳排放权交易公开市场操作管理办法实施配额拍卖或回购时,将综合考虑京承地方经济发展水平差异,与河北省和承德市协商后推进。

(二)做好京承跨区域碳排放权交易试点的有关规定

2015年6月,北京市发改委联合承德市人民政府发布了《关于进一步做好京承跨区域碳排放权交易试点有关工作的通知》(京发改〔2015〕1248号)。为进一步做好京承跨区域碳排放权交易试点工作,该通知对承德市重点排放单位的确定、承德市重点排放单位配额核定方法、跨区域碳排放权各流程工作要求以及激励和约束机制等内容作出了明确规定。

(1)承德市重点排放单位的确定。跨区域试点建设初期,承德市先期将水泥行业纳入京承跨区域碳排放权交易体系,并将水泥行业年二氧化碳直接排放量与间接排放量之和大于16万吨(含)的单位作为重点排放控制单位,严格履行年度控制二氧化碳排放责任。随着跨区域试点建设的深入推进,再逐步扩大纳入交易体系的行业范围。未纳入重点排放单位的其他单位可自愿参加交易。

(2)承德市重点排放单位配额核定方法。承德市重点排放单位配额核定参照北京市碳排放权交易试点配额核定方法执行。按照正式启动碳排放权交易前4年作为历史基准年份的原则,承德市重点排放单位既有设施核定的基准年为2010~2013年。结合承德市"十二五"规划确定的节能减碳目标、水泥等重点行业的发展现状及节能减碳潜力,水泥行业重点排放单位2014年和2015年控排系数分别为0.989和0.980。2014年1月1日后投入运行的设施为新增设施。承德市水泥行业新增设施碳排放强度先进值为0.931tCO_2/吨水泥熟料。随着跨区域试点建设的深入推进,新纳入行业的控排系数及先进值另行研究确定。

(3)跨区域碳排放权各流程工作要求。承德市重点排放单位需按照碳排放权交易流程,参照北京市碳排放权交易的相关政策文件及工作要求,充分利用北京市已有的温室气体报送系统、注册登记系统、交易平台,依照相关规定做好碳排放报告报送、第三方核查及核查报告报送、配额交易及履约等工作。京承两地碳排放权交易主管部门按规定核发重点排放单位配额,重点排放单位须按规定在每年6月15日前完成上年度的碳排放履约工作。承德水泥行业重点排放单位须在2015年6月15日前完成2014年度的碳排放履约工作。

(4)激励和约束机制。为鼓励承德市重点排放单位深入挖掘节能减碳潜力,对按规定完成履约的重点排放单位,承德市政府在安排节能减排及环境保护等专项资金时将给予优先支持;北京市在节能技改、清洁生产等节能减碳方面也将给予技术等方面的支持。京承两地有关部门和单位要紧密合作,积极联合争取国家相关专项资金的支持。对未按规定完成碳排放权交易相关工作的重点排放单位,京承两地参照北京市相关政策法规,探索建立碳排放权交易的区域联动执法机制。同时,承德市加大节能、环保等节能减排领域的执法监察力度,对违法行为依法进行处罚。

(三)合作开展北京市周边地区跨区域碳排放权交易

为了促进区域间协同控制温室气体排放,为国家建设全国统一碳排放权交易市场积累经验,2016年3月9日,北京市发改委与内蒙古自治区发改委、呼和浩特市政府和鄂尔多斯市政府共同发布了《关于合作开展京蒙跨区域碳排放权交易有关事项的通知》（京发改〔2016〕395 号），探索联合开展北京市周边地区的跨区域碳排放权交易工作。主要内容如下：

1. 实行统一的碳排放权交易机制和规则

在国家政策、机制框架内，按照北京碳排放权交易市场现行政策，京蒙跨区域碳交易统一实行二氧化碳排放总量控制下的配额交易机制。交易产品包括碳排放配额和经审定的碳减排量（核证自愿减排量、节能项目、林业和草地碳汇项目产生的碳减排量）。市场交易主体为北京市、呼和浩特市和鄂尔多斯市的重点排放单位、符合条件且自愿参与交易的其他机构和自然人等。三市的市场交易主体可自由买卖碳排放配额和经审定的碳减排量，并可用于履约。

（1）重点排放单位范围。根据呼和浩特市、鄂尔多斯市产业结构和碳排放实际情况，先期将两市水泥行业、电力行业年直接排放达到 6 万 tCO_2e 的单位确定为重点排放单位，并纳入京蒙跨区域碳交易体系。列入名单的各单位应当严格履行年度控制二氧化碳排放责任，强制参与碳排放权交易。未纳入重点排放单位的其他单位可自愿参加交易。

（2）碳排放报告报送与第三方核查。呼和浩特市、鄂尔多斯市重点排放单位应当按照《北京市企业（单位）二氧化碳核算和报告指南（2015 版）》开展碳排放核算，利用北京市温室气体排放数据填报系统报送企业年度碳排放报告，委托北京市第三方核查机构开展核查工作。在通知规定的时间内，呼和浩特市、鄂尔多斯市重点排放单位应完成历史排放报告报送及第三方核查工作。

（3）配额核发与管理。呼和浩特市、鄂尔多斯市重点排放单位的碳排放配额核定，按照北京市碳排放权交易试点配额核定方法执行。京蒙两地碳排放权交易主管部门建立碳排放配额分配协调机制，统筹兼顾两地特点和实际需求，共同开展配额分配，并保障配额分配科学、合理。该通知规定，呼和浩特市、鄂尔多斯市重点排放单位既有设施核定的基准年为 2011～2014 年，2015 年 1 月 1 日后投入运行的设施为新增设施。呼和浩特市、鄂尔多斯市电力、水泥行业重点排放单位 2015 年控排系数及碳排放强度先进值，待完成历史排放报告报送及第三方核查工作后另行研究发布。

（4）配额清算与履约。呼和浩特市、鄂尔多斯市重点排放单位，须按照北京市碳排放权交易相关规定，利用北京市已有的温室气体报送系统、注册登记系统、交易平台，按照统一的流程参与碳排放权交易。该通知明确要求，京蒙两地碳排放权交易主管部门按规定核发呼和浩特市、鄂尔多斯市重点排放单位配额，重点排放单位须按规定在每年 6 月 15 日前完成上年度的碳排放履约工作，其中 2015 年度碳排放权履约工作须在 2016 年 6 月 15 日前完成。

2. 支持开发碳汇抵消项目

为丰富跨区域碳排放交易产品，拓宽重点排放单位履约渠道，鼓励三市的林业和草地碳汇项目碳减排量进入京蒙跨区域碳交易市场进行交易。三市的重点排放单位可使用经审定的碳减排量来抵消其排放量，使用比例不得高于当年核发碳排放配额量的 5%。碳汇项目碳减排量核算方法按照国家发展改革委发布的相关管理办法和林业、草地碳汇项目方法学执行，审核程序按照北京市碳排放权抵消项目开发流程和相关规定。

3. 完善激励约束机制

一方面，加大政策扶持力度。对参与京蒙跨区域碳交易的 26 家重点排放单位，给予历史排放数据核查费用补助。对按规定完成履约的重点排放单位，内蒙古自治区发展改革委、呼和浩特市和鄂尔多斯市在安排节能减排及环境保护等专项资金时将给予优先支持。北京市在节能技改、清洁生产等节能减碳方面也将给予培训指导、技术合作等支持。另一方面，严格监管执法。内蒙古自治区碳排放权交易主管部门会同有关单位制定相关监管措施，加大对重点排放单位履行碳排放权交易规定执行情况的监督检查力度，对未按规定完成碳排放权交易相关工作的重点排放单位依法依规进行处理，适时曝光典型案例。京蒙两地加强碳排放权交易执法交流合作，探索建立联动执法机制。

4. 多元参与

建设京蒙跨区域碳排放权交易市场是一项创新性、系统性很强的工作，跨区域、跨部门协作联动机制的建立，需要京蒙两地各部门、各主体积极参与，确保各环节、各流程有机衔接。根据全国统一碳排放权交易市场建设部署和先期试点实施情况，还应该适时扩大纳入京蒙跨区域碳交易体系的行业范围。[1]

二、京津冀跨区域碳交易实践

碳排放权交易是区域大气污染协同治理的一个重要举措，京津冀环保一体化实际上给跨区域碳交易市场的建立提供了很好的机遇。

在京津冀协同发展的大背景下，2013 年 11 月 28 日，北京与天津、河北、内蒙古、陕西、山东等签订了“开展跨区域碳排放权交易合作研究的框架协议”。北京和河北的合作首先是从承德的水泥行业开始。2014 年 12 月 18 日，京冀两地宣布率先启动跨区域碳排放交易试点，利用北京现有基础和政策体系推动跨区域碳市场建设，积极利用市场化机制吸引社会资本参与跨区域节能减排和生态环境建设。碳市场交易主体为京冀两地的重点排放单位、符合条件且自愿参与交易的其他机构和自然人。通过建立跨区域统一的核算方法、核查标准、配额核定方法、交易平台等，推动区域产业结构和能源结构的优化调整，也为建设全国统一的碳排放权交易市场铺路。作为合作的起点，承德首批将水泥行业纳入跨区域碳排放权交易体系，在参照北京已有碳配额分配方法的基础上，使用相同的配额计算方法，利用北京碳排放权注册登记系统做好配额的核发和管理。同时优先开发林业碳汇项目，京承两地的重点排放单位可使用经审定的碳减排量来抵消其排放量，使用比例不得高于当年核发碳排放配额量的 5%。[2]

根据京冀跨区域碳排放权交易试点选择优先开发林业碳汇项目的规定，河北省丰宁满族自治县潮滦源园林绿化工程有限公司按照《关于印发〈温室气体自愿减排交易管理暂行办法〉的通知》（发改气候〔2012〕1668 号）和《关于印发北京市碳排放权抵消管理办法（试行）的通知》（京发改规〔2014〕6 号）相关文件规定，开发了承德市丰宁千松坝林场碳汇造林一期项目，经审定，该项目第一个监测期（2006 年 3 月 1 日至 2014 年 10 月 23 日）核证的碳减排量为 160，571tCO_2e，北京市发展改革委按照相关规定，预签发

〔1〕 别凡：《京蒙启动跨区域碳排放权交易》，载《中国能源报》2016 年 4 月 7 日。

〔2〕 蒋梦惟：《京津冀碳交易艰难前行》，载《北京商报》2015 年 5 月 5 日，第 C02 版。

量为96,342tCO_2e。2014年12月30日,丰宁满族自治县潮滦源园林绿化工程有限公司在北京环境交易所挂牌交易,当天成交3450吨,成交额131,100元,成为首单成交的京冀跨区域碳汇项目。首单京冀跨区域碳汇项目的成交,进一步丰富了跨区域碳排放权交易产品、拓宽重点排放单位履约渠道,是北京市积极利用市场手段推动跨区域生态环境建设与生态补偿的一项重要机制创新,对推进京津冀多领域多层次协同发展具有重要的探索和实践意义。[1]

此外,截至2015年6月15日,河北承德市的六家水泥企业已全部纳入北京碳排放交易系统,初步测算,这六家企业占承德市碳排放的近60%。承德的林业碳汇项目在北京的环交所挂牌后,累计成交量已经达到7.05万吨。承德通过碳汇交易获得了一定的经济效益。北京和河北承德的携手合作,在中国碳交易市场中首次走出了一手跨区域交易的"活棋"。实践证明,跨区域碳交易不仅扩大了北京市碳交易市场的容量,提高了市场活跃度,也在探索利用市场化机制,实现跨行业、跨区域的生态补偿方式,迈出了坚实的一步。[2]

三、京津冀跨区域碳交易评析

根据当初的设想,北京跨区域碳交易市场将向更多地区开放,不仅是已经签订跨区域合作研究的华北六省市,也有可能会吸引其他区域的企业参与到北京市跨区域交易中来。然而,京津冀三地市场呈现截然不同的态势,北京碳市场发展良好,天津碳市场还不够活跃,而河北地区碳市场空缺。

河北省于2010年提出"十二五"期间逐步建立碳排放交易市场,同年,河北环境能源交易所在河北省产权交易中心成立。可是,作为大气污染比较严重的省份之一,河北省并没有被国家列为碳交易试点省份,也没有出台有关碳交易的地方政策。2015年,河北省发改委提出四项工作安排提速碳

---

〔1〕 北京环境交易所:《国内首单碳排放配额回购融资签约与首单京冀跨区域碳汇项目上线成交》,载碳排放网,http://www.tanpaifang.com/tanjiaoyi/2015/0127/41962.html。

〔2〕 肖杨:《6企业纳入北京碳交易系统 京津冀走出碳交易活棋》,载中国经济网,http://district.ce.cn/newarea/roll/201508/11/t20150811_6191318.shtml。

交易前期工作。2017 年 3 月，河北省政府颁布了《河北省“十三五”控制温室气体排放工作实施方案》，根据该方案，河北省将加快碳排放权交易体系建设，制定有关配套管理办法，完善碳排放权交易政策体系。但是，上述政策落实均较为缓慢，河北省碳交易市场仍未开始建设。

目前河北省推行的排污权有偿使用和交易，以及开展碳普惠制试点，这些工作还不属于碳排放权交易市场建设的举措，也不是碳交易的某一个环节。2016 年，河北省政府颁布了《河北省排污权有偿使用和交易管理暂行办法》，目的是规范和推进河北省排污权有偿使用和交易工作。该《办法》所称的排污权是指排污单位按照国家或者河北省规定的污染物排放标准，以及污染物排放总量控制要求，向环境直接或间接排放一定种类和数量重点污染物的权利。而所谓的重点污染物，是指国家和河北省作为约束性指标进行总量控制的污染物。[1] 因此，从范围上讲，此处所称的重点污染物比温室气体要宽泛，显然，此《办法》不能作为河北省开展碳排放权交易的直接依据，河北省也无法通过该《办法》与京津两地的碳交易市场对接。

2017 年，河北省发展改革委发布了《关于开展碳普惠制试点工作的通知》（冀发改环资〔2017〕1506 号）。2018 年 9 月，为引导全社会低碳行动，鼓励绿色低碳生产和生活方式，推进河北省碳普惠制试点工作开展，河北省发展改革委制定了《河北省碳普惠制试点工作实施方案》，虽然河北的碳普惠制与碳排放权交易在核证减排量交易制度上存在交集，且开展碳普惠制试点工作在践行绿色低碳理念、应对气候变化、促进资源节约和环境保护等方面，与碳交易制度的目标一致，但是，根据碳普惠制核证减排量交易的要求，其目的是在全国碳排放权交易市场的政策框架下，探索建立基于碳普惠制的省级核证减排量交易系统和交易规则，因此，两者从制度设计上讲，内容相差较大，无法与碳交易系统实现平行衔接。

当前，河北省重视建立健全河北省碳交易市场体系相关工作，成立了以河北省生态环境厅主要领导为组长的碳市场交易监督管理工作专班，统筹推进全省碳市场及碳排放数据质量监管工作，运用市场机制鼓励企业提升工业用能低碳化水平，开发应用先进低碳技术工艺，助力工业领域绿色低碳

---

〔1〕 参见《河北省排污权有偿使用和交易管理暂行办法》第 4 条。

发展,稳妥、科学、有序推动工业领域碳达峰。第一,积极参与全国碳排放权交易。积极指导9个行业428家重点排放单位编制碳排放报告,组织专业核查机构通过资料审查和现场核实进一步核定企业碳排放量,87家纳入全国碳市场的发电企业碳排放量4.51亿吨。充分发挥碳市场作用,推动发电企业开展第一个履约周期配额清缴工作,50家企业参与交易,累计买入218.53万吨,卖出880.53万吨,交易额4.49亿元。第二,健全企业碳排放数据质量管理体系。制定河北省碳排放数据质量管理细则、第三方核查技术服务机构管理办法等规范文件,明确省市生态环境部门、重点排放单位和第三方核查机构职责和要求,进一步加强规范管理。加强对控排企业的管理,落实主体责任,加大帮扶指导和培训力度,提升企业碳排放数据质量管理水平和能力;加强对核查机构的管理,规范核查流程,提高碳核查质量,对存在将核查业务转包、核查过程代签挂名、工作程序不符合规定的核查机构取消其核查资格,加大惩罚力度,列入失信名单;加强对检验检测机构的管理,会同省市场监管部门全面梳理省内参与碳排放数据检测机构,对篡改检测结果、送检日期、样品重量等关键信息,原始记录及台账档案管理混乱的检验检测技术机构全面落实整改,对检验检测弄虚作假等违法违规行为严查严罚,净化检验检测市场环境。第三,创新碳市场监管方式。建立河北省"智慧环保"碳排放大数据平台,强化信息化手段应用,精准识别、及时预警异常数据。组织控排企业利用环境信息平台做好碳排放相关数据信息化存证工作。推进碳监测评估试点,以发电行业为突破口开展碳排放在线监测,核验碳排放数据,将碳排放纳入环境影响评价和排污许可管理。第四,加强碳市场基础能力建设。推动地方成立应对气候变化专门处室,充实碳排放与执法监管队伍,落实碳核查监督检查以及能力建设等工作经费;补齐法律短板,研究查处碳排放交易相关案件的指导意见;强化培训指导,进一步提升管理人员、执法队伍、控排企业、技术服务机构的能力和水平,为碳市场数据质量提供强有力的保障。第五,探索建立降碳产品价值实现机制。为更好发挥碳市场作用,推进"两高"行业自愿减排,加快生态产品价值实现,河北省政府成立降碳产品价值实现工作领导小组,制定降碳产品价值实现机制实施方案,以林业固碳产品为载体,促成新兴铸管、港陆钢铁等11家钢铁、焦化企业与承德塞罕坝生态开发集团有限公司等4家林场交易森林固碳产品52.18万吨，实现生态价值2315万元。为规范交易行为、拓展交易范围，河北省进一步制定完善降碳产品核定、激励约束政策、价值实现管理办法3个配套政策，细化交易规则、碳排放环评、碳排放基准值3个支撑文件，加快建设管理、服务2个平台，构建起降碳产品价值实现的“1+3+3+2”制度体系。[1]

由于河北的碳排放权交易市场还没有启动，现实的做法是加强与北京的合作，依托河北省公共资源交易有关平台，以加快河北省的碳排放权交易平台建设，适时启动其省内碳排放权交易。[2] 为了建立科学合理的碳排放配额市场调节和抵消机制，探索多元化市场交易模式，促进企业节能降碳，减少污染物排放，河北编写了省内主要行业重点企业的温室气体排放核算方法与报告指南[3]。可是，在京冀地区碳排放交易实施之后，双方除了持续完成林业碳汇项目核定交易量外，真正有关线上碳交易的只是六家水泥企业纳入了北京的碳交易系统。作为全国七大碳交易试点的天津，开展碳交易的时间与北京相似，但至今仍然无法在跨区域碳交易市场的形成过程中产生太大的作用。

第五节　试点省市碳交易基本要素比较

碳排放权交易体系的基本要素包括覆盖范围、配额总量、配额分配、抵消机制、MRV制度、履约机制以及处罚机制等，这些内容都由碳交易的政策法规予以确定。碳排放权要实行跨区域交易，进而建成全国统一的碳交易体系，将面临各试点区域碳交易要素如何衔接、制度如何协调的问题，对比分析试点省市的碳交易要素，找出其内容的差异性，这对于破解跨区域碳交易存在的法律困境、拓展与完善全国统一的碳排放权交易体系都大有裨益。

---

〔1〕 参见《对政协河北省第十二届委员会第五次会议第0293号提案的答复》（河北省生态环境厅，2022年4月21日）。

〔2〕 参见《河北省“十三五”控制温室气体排放工作实施方案》（冀政字〔2017〕11号）。

〔3〕 蒋梦惟：《河北省碳排放权交易前期工作全面提速》，载碳交易网，http://www.tanjiaoyi.com/article-14400-1.html，最后访问日期：2022年9月10日。

一、碳交易地方立法效力层级

制定相关的政策法规，是开展碳交易工作的前提，中国碳交易试点省市在上位法缺失的情况下，通过自己的探索，出台了规范当地碳交易工作的地方性法规、地方政府规章、政策性文件等，确立了操作性较强的碳交易原则、制度及实施细则，以保障碳交易市场的平稳运行。

深圳市是第一个开展碳交易试点工作的城市，其碳交易获该市人大立法和政府规章的双重“护航”。2012 年 10 月 30 日，深圳市人大常委会的第十八次会议审议通过了地方性法规《深圳经济特区碳排放管理若干规定》，并在 2013 年 6 月 18 日正式开展碳交易。2014 年 3 月 19 日，深圳市人民政府发布《深圳市碳排放权交易管理暂行办法》，2022 年 5 月 29 日深圳市人民政府公布了《深圳市碳排放权交易管理办法》，自 2022 年 7 月 1 日起施行，《深圳市碳排放权交易管理暂行办法》同时废止。此外，深圳排放权交易所发布了《深圳排放权交易管理暂行办法》等一系列的配套规则，使碳交易过程中的各个程序都能有法所依。

北京碳交易市场于 2013 年 11 月 28 日正式启动。2013 年 12 月 30 日，北京市人大常委会颁布《关于北京市在严格控制碳排放总量前提下开展碳排放权交易试点工作的决定》。2014 年 5 月 28 日，北京市政府发布《北京市碳排放权交易管理办法（试行）》，以规范北京碳交易试点工作。北京市发改委和北京环境交易所也出台了相关的配套细则。为了规范执法行为，北京碳市场主管部门依据《关于规范碳排放权交易行政处罚自由裁量权的规定》，在七个试点省（市）中率先开展执法工作。严格执法确定了碳交易体系的严肃性，行政处罚自由裁量权的规定更保证了执法的透明度，为北京碳市场的稳定运行提供了保障。

上海市人民政府 2013 年 11 月 8 日公布了《上海市碳排放管理试行办法》，并于 2013 年 11 月 26 日正式启动碳交易。此外，上海市发布了碳排放交易规则和实施细则、年度碳排放配额分配方法等相关的实施细则，以保证碳交易的顺利开展。

2012 年 9 月 7 日，广东省政府发布的《广东省碳排放权交易试点工作实施方案》确定了框架性的碳交易制度,2013 年 11 月 25 日,《广东省碳排放权配额首次分配及工作方案(试行)》正式发布;2013 年 12 月 17 日,广东省政府发布了《广东省碳排放管理试行办法》,之后还颁布了《广东省碳排放配额管理实施细则(试行)》等配套法规。

2013 年 2 月 5 日,天津市政府颁布《天津市碳排放权交易试点工作实施方案》,规定碳交易的原则性制度,为后续出台"暂行办法"做了铺垫工作。2013 年 12 月 20 日,天津市政府正式发布《天津市碳排放权交易管理暂行办法》,内容包括总量控制、配额管理、交易制度、第三方核查制度及法律责任等,这是规范天津市碳交易的制度性文件。

重庆和湖北相对其他五个试点地区,启动碳交易工作较晚。湖北省政府在 2013 年 2 月 18 日发布《湖北省碳排放权交易试点工作实施方案》,规定全省碳交易的基本制度;2014 年 3 月 17 日审议通过《湖北省碳排放权管理和交易暂行办法》(根据 2016 年 9 月 26 日湖北省人民政府令第 389 号修订),并于 2014 年 6 月 1 日起实施,内容包括了碳交易试点工作的各个环节。2014 年 3 月 27 日,重庆市人民政府审议通过《重庆市碳排放权交易管理暂行办法》,这是重庆市碳交易工作主要依据的法律文件。[1]

通过前文所述,就试点七省(市)地方立法现状而言,只有北京和深圳这两个试点地区采用了人大立法的方式,制定的地方性法规效力层级最高,其他试点地区出台的均是地方政府规章或地方规范性文件,大部分试点省市开展碳交易工作均未出台地方性法规。毋庸置疑,地方性法规比地方政府规章(或地方规范性文件)更具权威性,后两者的法律约束力低于前者。地方政府规章的立法等级和效力、约束力不及地方性法规,政府规章属于行政系统的范畴,不能创设实体性的权利和义务,而地方性法规属于立法系统的范畴,是国家立法权在地方上的体现,在不与上位法抵触的前提下可以根据地方实际规定权利和义务。另外,在碳排放权交易的交易规则与程序规范等方面,各试点地区均发布了数量较多的政策性文件,政策数量多于法规规章,起着较重要的作用,但根据《立法法》的相关规定,政策是非正式的法律

[1] 彭峰、闫立东:《中国地方碳排放交易制度比较——基于七试点法律文本的考察》,载《中国地质大学学报(社会科学版)》2015 年第 4 期。

渊源,没有法律地位,约束力不足,终究来说,这对碳排放交易的实施效果、监管力度等将构成一定程度的影响。

总之,我国碳交易地方立法较为凌乱,试点地方的碳交易主要依赖的是地方政府规章、地方规范性文件或政策,存在的问题是:一是立法效力层次偏低,大多数均为地方政府规章和地方规范性文件,且政策的数量远多于规范性文件,效力不足,约束性差。二是欠缺跨区域的碳交易立法与政策,各个地方的规章与政策规定只能在其管辖范围内发生效力,如京津冀地区的碳交易,北京有北京的规定,不可能约束天津碳市场的交易,而河北省则没有出台相关的碳交易法规规章。三是碳交易法律制度定位不明确,新《环境保护法》没有把碳排放交易制度作为我国环保的基本法律制度[1]。四是碳交易相关规定分布于不同性质的政策性文件与法规中,不成体系性,颁发时间先后不一,这势必造成内容冲突,制度不明确,使地方政府在处理碳交易时依据不足或依据混乱。

二、碳配额总量设定模式

总量控制是将一定区域内的环境作为一个整体,根据要实现的环境质量目标,确定一定时间内污染物质的排放总量,以采取措施使得污染物质的排放量不超过区域可容纳的污染物质总量,保证实现控排目标。碳交易机制的配额总量设定,约束了所覆盖的排放企业碳排放量上限,也决定了可供分配的碳排放配额的总量。

碳配额总量的设定一般有以下三种模式:一是"自上而下"模式,这种模式从社会发展的宏观层面出发,根据社会发展的情况、国家节能减排的政策等宏观因素来设定、预测每年的排放总量。二是"自下而上"模式,这种模式从企业发展的层面出发,根据企业的技术进步,结合企业过去、现在、未来的排放水平评估其节能减排的可能性及成本,从而确定每年所有控排企业总的排放总量。三是"混合"模式,即通过比较研究前两种方式得到排放总量,综合提出区域排放总量。

---

[1] 王彬辉:《我国碳排放权交易的发展及其立法跟进》,载《时代法学》2015 年第 2 期。

在碳交易试点的七省市中,只有湖北试点最初采用第一种即“自上而下”模式设定本省的碳排放总量目标,如《湖北省碳排放权管理和交易暂行办法》第11条规定:“在碳排放约束性目标范围内,主管部门根据本省经济增长和产业结构优化等因素设定年度碳排放配额总量、制定碳排放配额分配方案,并报省政府审定。”其他试点均采用第三种“混合”模式,普遍通过结合“十二五”规划的二氧化碳排放强度目标要求、能量消费总量及增量的目标、社会经济发展水平等多重因素,设定该地区的总量排放目标。

排放总量的目标类型分为“绝对量化配额总量控制目标”和“相对柔性配额总量控制目标”,除重庆试点采用绝对量化的方式,明确约定在试点期间的下降比例外,[1]其他试点城市均采用相对柔性的控制方式,结合排放量的排量和增量,综合评估,设定弹性的控制目标。通过采用设定绝对量化的控制目标,明确在试点期间应达到的下降比例,可以更好的严控碳排放总量,有利于节能减排。

配额总量设定面临的问题是:各个控排企业的减排成本很难计算,导致碳排放总量很难准确预估。估计的总量配额过多或过少,都会影响碳排放权交易的效果。发放配额过多,则企业分得的配额高,达不到节能减排的效益;核定的总量配额过少,会导致企业的负担加重,不利于其经济发展,降低企业参与节能减排的积极性。另外,由于各试点省市的总量核定方式不一,也为建立全国统一的碳排放权交易规范带来一定的阻碍。[2] 从区域的碳排放总量核定,可预见全国乃至全球的环境质量与温室气体排放未来。如果不能将碳排放总量控制在合理的范围之内,当大气中的温室气体浓度超过全球气候系统承载量的时候,全球的生态环境就会遭受破坏,最终危及人类自身。

总之,碳试点各地的碳配额总量设定一般有三种模式:“自上而下”、

---

[1] 《重庆市碳排放配额管理细则(试行)》第7条第1款规定:本市对配额实行总量控制。以配额管理单位既有产能2008~2012年最高年度排放量之和作为基准配额总量,2015年前,按逐年下降4.13%确定年度配额总量控制上限,2015年后根据国家下达本市的碳排放下降目标确定。

[2] 刘小川、汪曾涛:《二氧化碳减排政策比较以及我国的优化选择》,载《上海财经大学学报》2009年第4期。

“自下而上”以及“混合”模式。在试点七省市中,湖北碳市场主要采用了“自上而下”的模式设定本省的碳排放总量目标,其他试点区域均采用“混合”模式,通过国家二氧化碳减排目标的要求、能量消费总量及增量的目标、社会经济发展水平等多重因素,设定本地区的总量控制目标与碳配额总量。

三、初始配额分配方式

要实行碳排放权交易,首先是明确碳排放配额的归属,这就要通过初始配额分配进行,而配额不是无限的,这就要求政府在设定排放总量上限的基础上,公平、合理地把碳排放配额分配给各控排企业。依据国家或地方政府的减排目标设定好总量后,再依据排放总量和各区域、行业、企业技术水平等因素,按照一定的法定标准,进行初始配额的分配。初始配额的分配影响着未来碳排放权交易的市场规模及价格,是碳排放交易一级市场的基础。政府在制定配额的初始分配方案时,需要综合考虑公平与效率、环境效果和竞争力保护等原则,初始配额分配不单单是分配方式的考量,也包括层级分配和补充机制。[1] 效率主要体现的是政府和企业在分配与被分配后能够实现的最少成本与最多利益,而公平不仅体现在企业、行业间,也体现在区域间。可以说,初始配额分配是碳排放权交易体系成败的关键一环;环境效果主要体现的是在一段时间内实现一定的减排目标,而长期上看可以形成稳定的控排水平;竞争力保护要考虑不同产业的不同生产成本和面临的不同市场竞争环境,要对碳配额成本十分敏感的,又在我国经济中占据重要地位的部门优先考虑无偿分配方式,给其设置碳交易的过渡阶段。[2]

碳排放配额包括无偿分配和有偿分配两种类型,一般通过以下三种方式分配:第一,免费分配,即根据控排企业的历史排放量按比例分配或者根据其产量按比例无偿分配;第二,拍卖,拍卖在理论层面可以实现排放配额

[1] 潘晓滨:《我国碳排放交易配额初始分配规则比较研究》,载《环境保护与循环经济》2017 年第 2 期。

[2] 潘晓滨、史学瀛:《碳排放交易配额厨师分配基本规则的构建》,载《世界经济》2015 年第 18 期。

更公平和有效的分配,也可以让政府取得一部分收益,可以用来支持低碳产业和补助给因减排对居民生活的影响;第三,有偿的分配方式,即按一定的价格收费。

免费分配方式又可分为"基准线法"和"祖父法"。"祖父法"是根据控排企业的历史排放量计算并进行分配的一种方法。欧盟最初采取的就是这种方法。但是,"祖父法"在经过多年实践后也暴露了不少缺点:首先,历史排放量不能完全代表企业的发展水平,后来扩大规模的企业依据历史排放量只能分到很少的配额,完全限制了其发展,也影响了企业的减排积极性;其次,欧盟最开始"由下而上"的分配政策使各国都采取宽松的减排标准,以此保护本国企业,最终使配额分配量过剩,碳价因此持续低迷,没有达到"谁污染、谁治理"的目的,也没有推动低碳技术及经济的发展;最后,"祖父法"无法体现出行业差异性。[1] "基准线法"是指通过对碳排放强度进行由大到小的排列,然后按照一定的规则确定其中的某一水平作为基准值,以此作为分配的主要依据。"基准线法"一般采取行业碳排放强度基准值乘以企业的实际生产水平来确定企业所能获得的免费配额数。相较于"祖父法","基准线法"更具公平性,被碳市场广泛采用。

中国七个碳交易试点地区的初始分配,采用免费分配为主、有偿分配为辅的分配方式。在2013~2014年碳试点第一个履约期实施过程中,只有广东和湖北两个试点区域在该履约期采用了拍卖的有偿分配方式,深圳和上海则在第一个履约期之后分别采用了拍卖方式的配额分配,而北京、天津、重庆三试点地区在初始分配阶段均采取免费的配额分配方式,并没有采取有偿分配方式。另外,在上述碳交易试点区域中,免费发放配额的比例、配额拍卖的比例都不相同。

然而,采用无偿分配为主、有偿分配为辅的分配方式,也会造成初始配额在企业间分配不公平。首先,在传统排污企业和节能减排企业之间造成分配不公平。碳排放权的初始配额主要根据各企业历史排放量免费分配,许多企业担心减排越多,日后发放的配额会越少,从而造成企业节能减排的

---

〔1〕 吴濛:《碳排放配额初始分配模式和方法研究——欧盟碳排放权初始的特点和启示》,浙江工业大学2017年硕士学位论文(非正式出版物)。

动力不足。其次,在先后加入控排的企业之间也造成分配的不公平。由于初始配额被无偿分配给了原排污企业,当新企业加入时,则需出资购买碳排放指标或者安装更先进的节能减排技术,这实际对新企业准入设置了更高的门槛,不利于企业在市场中的公平竞争。最后,采用拍卖的有偿分配方式是否有利于激发企业参与碳排放交易的积极性,是否能有效地促进节能减排,还没有定论,其成效需进一步观察。现在中国碳交易体系正处于建设的初级阶段,有偿的分配方式并不适宜大范围试用,随着碳交易制度的逐渐成熟与稳定后,将逐步成为主要的分配手段。

总之,从初始配额的分配方式来看,试点省市多采取"祖父法 + 基准线法"相结合的方式对控排企业发放初始配额,而部分试点地区采取单一的"祖父法"或"基准线法"的方式对初始配额进行分配。此外,碳排放配额总量还可区分为既有设施配额、新增设施配额、配额调整量三部分,每一项的配额分配方法都不一致,而各试点地区的行业发展状况与经济发展水平有很大差异,配额分配标准不一,基准线不一,配额分配面临的情况较为复杂。而且,上述各试点区域的免费发放配额的比例、采用拍卖法有偿分配的比例也各不相同。

四、碳交易参与主体准入标准

碳排放权交易市场的交易主体,即碳交易参与主体,根据交易主体的地位不同,划分为一级市场参与主体和二级市场参与主体。一级市场参与主体是指分配初始配额的政府部门和获得配额指标的控排企业,两者是管理与被管理的关系。二级市场参与主体是指碳交易中参与买卖的企业、机构、组织和个人。碳交易二级市场的买方由于碳排放配额不足或者其他原因,需从卖方处购得配额,卖方是将自己依法取得的、富余的碳排放配额卖给需求的企业、组织或个人,主体双方的法律地位平等,相互之间的买卖是一种平等的民事法律关系。碳试点期间,交易主体主要是重点排放单位和符合交易规则规定的组织、机构或者个人。(参见表3-2)

表3-2　各试点碳市场的交易主体比较

试点省市	二级市场参与主体
深圳	交易会员、通过经纪会员开户的投资机构和自然人
上海	纳入配额管理的单位、符合规定的其他组织和个人
天津	国内外机构、企业、团体、个人
北京	履约机构交易参与人、非履约机构交易参与人
广东	控排企业和新建项目业主,投资机构、其他组织和个人
湖北	纳入配额管理的单位、自愿参与的法人机构、其他组织、个人
重庆	纳入配额管理的单位、符合规定的其他企业、单位、个人

各试点碳交易市场缺少明确的市场准入制度,对机构、个人投资者的市场准入标准各不相同,市场效果自然也不同,如湖北碳试点立法规定,对个人投资者开放碳排放权交易,而有些碳交易试点区域对个人投资者持谨慎的态度,如上海、广东等。地区差异化的市场准入标准不利于"碳排放配额"的跨区域流通,因此,为规范、维护碳排放权交易秩序,跨区域的碳交易应统一规定碳交易参与主体市场准入制度,在允许地区差异的前提下设定"粗线条"的全国统一的市场准入标准,尤其是对个人投资者准入标准的设定。虽然吸引非排污的机构、组织和个人参与碳交易可以活跃碳交易市场,但是也要防范碳金融产品的操纵市场行为,防治碳产品的"过度金融化"和"过度资产化",规范"炒碳"行为,不能与减排的目标背道而驰。

五、碳市场交易客体

碳排放权交易制度下管制的温室气体主要包括六类,即二氧化碳、甲烷、氧化亚氮、氢氟碳化合物、全氟碳化合物、六氟化硫。在七个碳交易试点省市,在试点碳市场启动与运行的前期,除了重庆碳市场将六种温室气体同时纳入管控范围之外,其他六个试点省市碳市场都只将二氧化碳作为管控气体。例如,《重庆市碳排放权交易管理暂行办法》的立法目的则明确规定,是为了推动运用市场机制实现控制温室气体排放目标,制定依据是国务院《"十二五"控制温室气体排放工作方案》。并且,解释本办法的法律用语含义也明确，所谓的碳排放是指二氧化碳、甲烷、氧化亚氮、氢氟碳化物、全氟化碳、六氟化硫六类温室气体的排放，计量单位为“tCO_2e”。而其他六省市碳试点市场，有的明确规定，碳排放是指化石燃料燃烧、工业生产过程等产生的二氧化碳排放（直接排放和间接排放），不包含其他温室气体；有的地方虽然规定了目的是为控制温室气体排放，碳排放权是指排放二氧化碳等温室气体的权益，但配额仅仅指二氧化碳的排放配额，显然也不涵盖其他温室气体。现在，有的地方已对管控范围做了调整，例如，2022 年 6 月 30 日颁发的《深圳市碳排放权交易管理办法》明确将上述六种温室气体纳入碳交易范围。该办法的制定目的是控制温室气体排放，实现城市碳排放达峰和碳中和愿景，建立健全碳排放权交易市场。并且，该办法对温室气体进行了解释，即大气中吸收和重新放出红外辐射的自然和人为的气态成分。[1] 再考察域外碳市场，开展碳交易实践的地区或国家如欧盟、美国、英国等，都按照《京都协议书》的要求将上述六种温室气体纳入碳交易范围。欧盟在碳交易市场建立的初期，也仅将二氧化碳纳入管控气体，但在该制度逐渐成熟后则将以上六种温室气体都纳入了管控范围。而现在，欧盟还将电解铝等行业产生的其他温室气体纳入管控范围，进一步促进了碳交易制度的发展。

跨区域碳交易首先必定涉及交易客体的统一问题，中国已经启动全国碳交易体系，且碳市场已正式运行，如果各地管控的温室气体不一致，那么，某些温室气体的交易只能在特定区域进行，如氧化亚氮、甲烷、全氟化碳、氢氧化合物和六氟化硫等，而没有将这些气体纳入管控范围的省市，可能出现某些温室气体排放超标又无法管制的现象。因此，建设全国碳交易市场，应当明确温室气体管控的种类，在碳交易过渡期间引导地方碳交易市场调整交易对象。在碳市场建设初期，由于缺乏经验，可以只将二氧化碳纳入监管范围，随着交易市场的不断完善与发展，应当逐步扩大温室气体管控的范围。

---

〔1〕 根据2022 年新的《深圳市碳排放权交易管理办法》第55 条规定：温室气体，是指大气中吸收和重新放出红外辐射的自然和人为的气态成分，包括二氧化碳（CO_2）、甲烷（CH_4）、氧化亚氮（N_2O）、六氟化硫（SF_6）、氢氟碳化物（HFCs）、全氟碳化物（PFCs）和三氟化氮（NF_3）。其中，列举的三氟化氮（NF_3）不同于《京都协议书》列举的六氟化硫（SF_6）。笔者认为，法律上对温室气体的定义应该与科学上的定义区别开来，自然排放、非人为（直接或间接）排放的温室气体不应该、也不适合纳入法律的管控范围。因此，立法中对温室气体的解释，应该把“自然的气态成分”排除在外。

六、碳市场覆盖行业范围

试点省市碳交易市场覆盖行业的范围各有不同，这与各地的经济、社会发展状况以及产业结构各不相同是相关的。

第一，深圳市纳入碳交易体系的行业覆盖工业、交通和建筑三大独立运行交易板块。试点初期深圳覆盖工业板块和建筑板块，之后又将636家重点工业企业和197栋大型公共建筑纳入碳排放管控范围，但建筑行业因排放主体所有权问题，影响了碳交易履约工作的启动。2022年深圳市对碳排放管控单位作出调整：一是新增101家企业进入市碳排放权交易管控范围。二是剔除38家不宜继续作为纳管企业的单位。调整后，深圳市2021年度碳排放管控单位共计750家。[1] 又根据2022年《深圳市碳排放权交易管理办法》的规定：纳入全国温室气体重点排放单位名录的单位，不再列入深圳市重点排放单位名单，按照规定参加全国碳排放权交易。

第二，上海碳市场的覆盖范围包括辖区内的工业行业和非工业行业。工业行业包括钢铁、石化、化工、有色、电力、建材、纺织、造纸、橡胶、化纤等行业；非工业行业包括航空、港口、机场、铁路、商业、宾馆、金融等。截至2022年，上海市碳排放交易市场已纳入钢铁、电力、化工、航空、水运、公共建筑等行业300余家企业和500余家投资机构。[2]

第三，北京市纳入碳排放权交易体系的行业覆盖范围广、类型多，不仅覆盖了电力、热力、水泥、石化及其他工业、服务业等6大行业，还包括高校、医院、政府机关等公共机构。中央在京单位、外资企业或合资企业也占有较大的比重。2015年度北京市纳入强制性碳交易体系的控排单位数量为551家。2022年3月15日，北京市生态环境局、北京市统计局发布了《关于公布2021年度北京市重点碳排放单位及一般报告单位名单的通知》，对2021年度本市纳入全国碳市场履约的重点排放单位、2021年度纳入本市试点碳市

---

〔1〕参见《深圳市生态环境局关于做好2021年度碳排放权交易履约工作的通知》（深环〔2022〕83号）。

〔2〕参见《上海市人民政府对市政协十三届五次会议第0432号提案的答复》（沪发改环资提〔2022〕32号）。

场的重点碳排放单位及一般报告单位名单予以公布。其中,2021 年度全市重点碳排放单位共 886 家,一般报告单位共 430 家。2022 年 9 月 30 日,北京市生态环境厅发布《2022 年度本市纳入全国碳市场管理的排放单位名录》,其中石化、化工、建材、钢铁、民航行业共 8 家非发电企业首次纳入全国碳市场,应按照国家要求开展碳排放数据报送、核查工作,此外还有 14 家发电企业,应按照国家要求开展碳排放数据报送、核查及履约工作。纳入全国温室气体重点排放单位名录的单位,将不再列入北京市重点排放单位名单。

第四,与其他开展碳交易试点的省市相比,天津碳市场纳入首批试点的企业数量是最少的,这是因为天津的第二产业比较发达,排放大户比较集中。根据天津市温室气体排放主要集中在钢铁、化工、电力热力、石化、油气开采等行业的特征,选定上述五大行业中 2009 年以来年排放二氧化碳 2 万吨以上的企业,纳入初期市场覆盖范围。目前,天津碳市场年纳入行业范围进一步扩大,由 2020 年度的 8 个行业扩大到 2021 年度的 15 个行业,覆盖面扩大,碳减排成效更显著。截至 2022 年 8 月,天津市 139 家试点纳入企业全部完成 2021 年度碳配额清缴工作,并在全国率先完成履约,履约率连续 7 年保持 100%。[1]

第五,湖北省主要把工业企业中的能耗大户纳入交易系统,纳入交易的企业门槛是湖北省行政区域内年综合能源消费量 6 万吨标准煤及以上的工业企业。根据对排放量的核定,湖北碳市场初期共有 138 家企业被纳入第一批碳排放权交易市场。2015 年度共确定 167 家企业作为纳入碳排放配额管理的企业,涉及电力、钢铁、水泥、化工等 15 个行业。2022 年 11 月 11 日,湖北省生态环境厅发布《湖北省 2021 年度碳排放权配额分配方案》,该方案根据湖北省 2018 ~2021 年任一年综合能耗 1 万吨标准煤及以上的工业企业能耗情况,排除因关停、主体整合以及全面停产等原因退出的企业后,确定 339 家企业被纳入湖北省 2021 年度碳排放配额管理范围,被纳入的企业涉及钢铁、水泥、化工等 16 个行业。[2]

第六,作为西部地区唯一的碳市场试点省市,重庆是继深圳、上海、北

〔1〕 曲晴:《139 家试点企业全部完成碳配额清缴》,载《天津日报》2022 年 8 月 26 日,第 1 版。
〔2〕 参见《湖北省 2021 年度碳排放权配额分配方案》(湖北省生态环境厅,2022 年 11 月 11 日)。

京、广州、天津、湖北之后最后一个启动碳交易试点的地区,重庆市纳入碳交易系统的行业包括电力、冶金、化工、建材等多个行业。重庆市既是老工业基地城市,又是统筹城乡发展综合改革试验区,既要加快工业化、城镇化发展,更要坚定不移走新型工业化道路,工业转型升级和实现低碳发展是发展方式转变的重中之重。运行初期,重庆将工业企业纳入控排范围,将2008~2012年任一年度排放量达到2万tCO_2e设为准入门槛,共纳入重点排放单位242家。随着部分重点排放单位“关停并转”退出和转入全国碳市场,截至2022年4月,纳入重庆地方碳市场的重点排放单位共152家。[1] 重庆工业的二氧化碳排放量占全市排放量的70%左右,碳交易试点范围确定在年碳排放超过2万tCO_2e的工业企业,其排放量占工业碳排放总量近60%。

第七,根据《广东省碳排放管理试行办法》的规定:年排放二氧化碳1万吨及以上的工业行业企业,年排放二氧化碳5000吨以上的宾馆、饭店、金融、商贸、公共机构等单位为控制排放企业和单位(以下简称控排企业和单位);年排放二氧化碳5000吨以上1万吨以下的工业行业企业为要求报告的企业(以下简称报告企业)。交通运输领域纳入控排企业和单位的标准与范围由省生态环境部门会同交通运输等部门提出。根据碳排放管理工作进展情况,分批纳入信息报告与核查范围。2020年,广东碳市场共纳入了全省电力、水泥、钢铁、石化、航空、造纸6个行业250家左右控排企业,配额总量为4.65亿吨。2021年7月全国碳市场启动,广东省电力行业纳入全国碳市场,广东碳市场共纳入了除电力行业外5个行业178家控排企业,配额总量为2.65亿吨。目前,广东省碳市场拟扩大纳入行业范围,拟修订完善《广东省碳排放管理办法》,组织修订《广东省碳排放配额管理实施细则》《广东省企业碳排放报告核查实施细则》等文件,完善广东省碳交易法规体系建设。开展陶瓷、纺织、数据中心、公共建筑等行业领域纳入广东碳交易市场研究,研究报告指南、配额分配思路等。[2]

综上可见,试点各地碳市场覆盖行业的范围不一样。就纳入碳交易的

[1] 林楠:《截至2022年4月底重庆地方碳市场碳排放配额累计成交量3363.83万吨》,载百家号网,https://baijiahao.baidu.com/s?id=1734500117772974131&wfr=spider&for=pc,最后访问日期:2022年11月20日

[2] 杜娟:《广东探索建设粤港澳大湾区碳交易市场》,载《广州日报》2022年7月18日。

控排行业而言,各试点区域均覆盖了电力、水泥、石化、钢铁、冶金等高能耗、高排放行业,而经济欠发达的试点地区如重庆、湖北,则仅纳入高耗能、高排放的工业,在经济较发达的地区如北京、上海、深圳等,还将服务业、交通行业、大型公共建筑等纳入管控范围,这与各地区产业结构和经济发展水平密切相关。广东、天津、湖北和重庆的第二产业占比及其对 GDP 的贡献率约为 50%,单个企业排放量较大,因此,纳入企业也多属于第二产业的高排放企业。深圳、北京的第三产业占比及其对 GDP 的贡献率超过 60%,因此,这两个试点地区碳市场覆盖的第三产业企业较多。[1] 上海属于第二产业和第三产业都比较发达的地区,第二和第三产业占比及其对 GDP 的贡献率相近,因此上海碳市场覆盖的企业也大多属于第二和第三产业。重庆的第三产业近年来发展迅速,因此在首选覆盖第二产业作为控排目标之后,重庆又加入了金融、商贸等第三产业。总之,各地管控的涵盖范围与试点地区的产业结构息息相关。

七、碳交易方式和交易标准

碳排放权交易市场上存在三种交易方式:一是双边交易,即不需要中介的参与,交易双方直接进行碳交易,这种双边交易基于交易双方和市场都彼此了解,其特点是规模大,价格不透明。这是欧盟碳交易市场起步阶段最常见的交易方式。现在的双边交易大都依托交易所的清算业务来完成。二是场外交易,即交易主体间的交易通过交易的中介组织介绍完成。与双边交易不同,场外交易的双方不需要直接与对手进行谈判,只需要与中介进行交易,因而,此种交易方式可能存在信用风险的问题,也就是交易对手不交付或不能交付配额。三是场内交易,也称为交易所交易,即交易在交易所组织下完成,这种交易方式有利于降低交易风险,碳交易试点各地均建立了碳排放权交易所,其核心工作是发布交易信息、规范碳市场交易、为企业提供种类多样的交易方案。在中国七省市碳交易试点实践中,大多数试点区域采

〔1〕 张昕:《从试点经验看全国碳市场覆盖范围》,载网易网,http://news.163.com/14/1111/01/AAO22R8G00014SEH.html,最后访问日期:2022 年 9 月 13 日。

取的是场内交易和双边交易，仅北京还采用场外交易的方式。

《深圳排放权交易所现货交易规则（暂行）》第 1 条规定，深圳碳市场采用电子竞价、定价点选、大宗交易的碳交易方式；《上海市碳排放管理暂行办法》第 23 条规定，上海碳市场采用公开竞价、协议转让的交易方式；《天津碳排放权交易所碳排放权交易规则（试行）》第 3 条规定，天津采用协议、拍卖的交易方式；《北京市碳排放配额场外交易实施细则（试行）》第 2 条规定，北京采用公开交易、协议转让、场外交易的交易方式；《广州碳排放交易所（中心）碳排放交易细则》第 13 条规定，广东采用挂牌竞价、挂牌点选、单向竞价、协议转让的交易方式；《湖北省碳排放权管理和交易暂行办法》第 25 条规定，湖北采用公开竞价的交易方式；而《重庆市碳排放权交易管理暂行办法》第 40 条规定，重庆采用公开竞价、协议转让的碳交易方式。

总之，中国试点区域的碳交易总体上还不够活跃，交易规模也有限，当前的交易量和交易价格无法准确地反映碳市场的供需变化、企业的减排成本及履约情况，碳交易量也还达不到市场需求。如 2009 年北京环境交易所设立的针对中国市场的自愿减排“熊猫标准”，两年后才完成第一笔交易；[1] 2010 年深圳排放权交易所建成，但是建成后的几个月内交易量却屈指可数。而且，试点各地碳交易所的交易标准各不相同，如北京环境交易所制订的“熊猫标准”适用于农业行业；天津的碳排放权交易标准适用于建筑行业；上海制订的标准则行业覆盖面更广一些。因此，建立碳交易所统一的交易标准非常必要，欧盟、美国、英国等都建立了统一的碳排放权交易平台，在交易程序等方面设立了统一的标准，这有利于碳交易的统一管理，有利于提高交易效益。

八、监测、报告和核查（MRV）制度

MRV 制度是整个碳交易制度的核心，是确定碳排放配额总量及核定企

〔1〕 2011 年 3 月 29 日，时为方兴地产的中国金茂，通过北京环境交易所成功购买 1.68 万吨“熊猫标准”的自愿碳减排量，实现自愿减排标准“熊猫标准”的首笔交易。参见《中国金茂：肩负国企低碳环保使命释放城市未来生命力》，载《光明日报》2018 年 12 月 21 日，第 9 版。

业履约的基础性制度,其主要内容包括监测制度、参与主体的报告和第三方机构核查。

在报告和核查方面,北京、上海、广东、天津、深圳等试点区域,履行报告义务的主体范围多于履行核查义务的主体范围,二者的义务主体范围不一致,但湖北和重庆试点区域的报告与核查这二者义务主体范围是一致的。另外,在要求"哪些企业需要同时履行报告和核查义务"的规定上,湖北试点的门槛标准最高,为年能耗6万吨煤及以上的企业需履行报告和核查义务;[1]深圳市报告和核查的门槛标准最低,3000吨二氧化碳排放量的企业需同时履行报告义务和核查义务。[2]

在报告周期方面,试点七省市均采用年度报告的方式,而旧的《深圳市碳排放权交易管理暂行办法》还要求管控单位提交季度报告,这主要是因为深圳试点的参与企业大多数是中小企业,监管难度大,2022年7月1日起施行的《深圳市碳排放权交易管理办法》已没有此要求。根据碳排放量化与报告技术规范的要求,报告的主要内容是关于温室气体排放情况的基本信息、数据报告,目的是跟进排污企业的年度排放情况。除上述信息外,北京、上海还要求报告"温室气体排放不确定性分析"和"温室气体控制措施"等内容。

在核查制度上,为保证碳排放配额质量与数据的真实性,提高各地区碳配额交易的认可度,为碳交易市场的有效衔接奠定扎实的基础,碳交易体系中设置第三方核查制度非常必要。2014年国家发改委发布了《关于组织开展重点企(事)业单位温室气体排放报告工作的通知》,明确要求组织第三方机构对重点排放报告的数据信息进行核查。为保障核查工作的独立开展,各试点区域均采用由第三方机构进行核查的制度,但对第三方核查机构设置门槛的标准各不相同。根据试点各地的碳交易法规规定,北京、上海、深

---

[1] 根据《湖北省人民政府办公厅关于印发湖北省碳排放权交易试点工作实施方案的通知》规定,交易主体之一为"本省行政区域内2010年—2011年中任何一年年综合能源消费量6万吨标准煤及以上的重点工业企业"。

[2] 根据《深圳市碳排放权交易管理办法》规定,列入重点排放单位名单的条件之一为"基准碳排放筛查年份期间内任一年度碳排放量达到3000吨二氧化碳当量以上的碳排放单位"。并且,根据该办法第37条规定,重点排放单位应当编制上一年度的碳排放报告,市生态环境主管部门组织开展对年度碳排放报告的核查。

圳对第三方机构的门槛设置标准最高，旧的《深圳市碳排放权交易管理暂行办法》第 31 条还要求第三方机构具备一定的经济偿付能力，不过，2022 年的《深圳市碳排放权交易管理办法》已没有此要求；湖北对第三方机构设置的门槛标准相对较低，[1]而广东、重庆、天津对第三方机构的要求并未明确。

综上可见，碳交易试点地区的第三方核查机制缺少统一的标准。由于中国存在明显的地区差异，东西部的经济发展不协调，不同地区纳入监管与核算的碳排放源也存在差异，这给跨区域的核查工作带来了一定的困难，不利于中央层面对各地碳交易工作进行"同一尺度"的监管。此外，第三方核查机构的选聘存在地方保护主义、不公正的现象。部分地方只允许本地机构入场，或者对外地机构招标时设立不合理的门槛，而对当地一些机构则降低门槛；同时，核查机构的从业人员也无法保证专业性和独立性，导致核查结果的质量无法得到保证。

九、责任追究机制

为监督交易企业控排、履约情况，各试点省市通过法规、规章设立了多样化的责任追究机制，如规定的处罚形式主要有：

(1)罚款。对超排企业处以罚款是法规规定中最普遍的，也是最主要的处罚方式，主要包括普通罚款和加倍罚款两类，如北京、湖北、深圳采用加倍罚款的方式，而上海等其他试点则采用普通罚款的方式。

(2)信用管理。如《上海市碳排放管理试行办法》第 40 条第 1 项规定，违法行为将记入企业的信用信息记录，并向工商、税务、金融等部门通报有关情况，并通过政府网站或者媒体向社会公布等。[2]《湖北省碳排放权管理和交易暂行办法》规定，湖北碳交易试点市场建立黑名单制度，主管部门将未履行配额缴还义务的企业纳入本省相关信用记录，通过政府网站及新闻

[1] 参见《湖北省碳排放权管理和交易暂行办法》第 36 条。

[2] 参见《上海市碳排放管理试行办法》第 40 条第 1 项。

媒体向社会公布。[1]

(3)考核机制。中国部分碳试点区域通过地方规范性文件实行了国有企业绩效考核制,如《重庆市碳排放交易管理暂行办法》规定,配额管理单位属本市国有企业的,将其违规行为纳入国有企业领导班子绩效考核评价体系。再如,国家把各地区(行业)二氧化碳排放指标的完成程度纳入该地区(行业)社会经济发展综合评价体系及干部政绩考核体系的评价中。

(4)处罚与激励相结合。如《上海市碳排放管理试行办法》第40条第2项规定,对违法企业,取消其享受当年度及下一年度本市节能减排专项资金支持政策的资格,以及三年内参与本市节能减排先进集体和个人评比的资格。[2]《湖北省碳排放权管理和交易暂行办法(2016修订)》第41条规定,主管部门应当优先支持碳减排企业申报国家、省节能减排相关项目和政策扶持。

总的来说,碳试点省市对超额排放的企业主要采取罚款的惩罚机制,处罚形式单一,其他约束机制如企业诚信记录、激励措施等并不属于法律责任的范畴,也没有强制约束力;再者,地方政府规章或地方规范性文件的处罚权有限,对企业的处罚按照《行政处罚法》的要求,无法起到威慑作用。许多企业认为,交钱就能超额排放,没必要购买碳配额,对超排企业往往“一罚了之”。处罚力度不够,则不利于碳排放交易机制的运行与发展,也不利于持续减低碳排放总量。

十、碳交易注册登记系统

全国统一的碳配额交易注册登记系统(簿)将汇集全国重点控排企业信息,具有管理碳配额的发放、持有、变更与核证自愿减排量的录入、交易与注销等功能,作为碳交易市场体系的仓库、数据中枢和管理支撑系统,是全国碳市场体系建设的核心和基础。全国统一的碳交易市场建设需要四个系统的支撑,亦即碳排放的数据报送系统、碳排放权注册登记系统、碳排放权交

[1] 参见《湖北省碳排放权管理和交易暂行办法》第43条和第45条。

[2] 参见《上海市碳排放管理试行办法》第40条第2项。

易系统和结算系统。而在地方上，七个碳交易试点区域均采用了各自不同的标准建设其登记簿，各地的登记簿系统、碳交易系统和碳排放报告系统等都自成一统，各具自己的特色，这就涉及如何与国家碳交易登记簿衔接、如何避免重复建设的问题。

总之，试点省市碳配额立法内容的差异性，都是因经济社会发展不平衡而由各地因地制宜制定的，为建立全国统一碳交易市场体系积累了宝贵经验。

第四章　中国温室气体自愿减排交易实践及立法

第一节　中国温室气体自愿减排交易管理概述

为了保护生态环境，减少温室气体排放，我国逐步建立了碳交易体系。国际上大多数碳交易市场是“碳排放配额+自愿减排量”的交易机制。我国参考国际经验并结合实际国情，确立了以碳排放配额交易为主、自愿减排交易为辅的碳交易结构。可见，我国碳交易由两部分构成：一类是基于政策规章分配给企业的碳排放量配额交易，这是碳交易的主体部分；另一类是自愿减排交易，这是碳交易市场的辅助部分。自愿减排作为一种自愿参与减少温室气体排放的重要形式，一直是全球各国碳市场的有效补充，也是我国碳市场建设的主要内容之一。自愿减排交易，是指企业或个人受碳减排交易机制的激励，出于自愿而非行政强制的情况下，为了中和或抵消自己在生产生活中产生的碳排放，主动采取新能源等方式自愿减排或从自愿减排市场购买减排指标的行为。[1] 根据《温室气体自愿减排交易管理暂行办法》（以下简称《CCER暂行办法》）规定，参与自愿减排的减排量须经国家主管部门在国家自愿减排交易登记簿进行登记备案，经备案的减排量称为“国家核证自愿减排量”（CCER）。自愿减排交易运用市场机制而非行政行为来管理温室气体的排放，是完善碳交易市场体系、实现“双碳”目标愿景的重要手段。

一、中国自愿减排交易发展历程

1997年《京都议定书》确立了清洁发展机制（CDM），发达国家可通过购

〔1〕 丁丁：《开展国内自愿减排交易的理论与实践研究》，载《中国能源》2011年第2期。

买来自发展中国家的风电、水电、太阳能、碳汇等清洁项目产生的减排量以完成自身减排义务。中国对境内 CDM 项目实施行政许可管理,该机制实施以来,中国成为全球 CDM 项目开发数量最多的国家,产生的减排量占全球的 53.4%。据统计,中国通过 CDM 实际获益约 414 亿元,其中企业直接获益约占 2/3,国家收益约占 1/3,国家收益部分由财政部清洁发展机制基金管理中心管理,以支持应对气候变化领域项目。2012 年,欧盟出台法令限制购买来自中国的减排量,中国 CDM 项目的成交量和成交价格大幅下滑。考虑到 CDM 机制对清洁能源等项目支持效果明显,且市场经过几年培育已形成一定规模的产业,国家发改委决定参照 CDM 机制建立中国自己的 CCER 机制,CCER 的有关制度框架、项目和减排量认定流程、项目类型划分和有关技术要求等,均以 CDM 机制为基础,管理模式和监管方式根据中国实际情况制定,但减排量买方由发达国家变为中国境内的企业。

总的来说,温室气体自愿减排交易机制(以下简称自愿减排机制)在中国起步较早,发展比较迅速。2009 年年底,北京环境交易所推出了我国首个自愿减排标准——熊猫标准,旨在为国内外重点项目提供技术交易和投融资服务。2011 年,国家发展和改革委员会(以下简称国家发改委)发布《关于开展碳排放权交易试点的通知》,在全国七个省市开展碳排放交易试点工作,正式启动了北京、天津、上海、重庆、深圳、广东和湖北的碳交易试点工作,陆续地开展了配额机制、减排量抵消机制、核查指南和交易机制的研究工作,以及交易所建设、核查工作摸底等前期工作。2012 年 6 月,国家发改委印发《CCER 暂行办法》,同年 10 月印发《温室气体自愿减排项目审定与核证指南》。这两个文件为自愿减排机制提供了系统的管理规范和技术指导。2012 年 3 月国家发改委公布首批 54 个方法论,2013 年 1 月公布 5 家备案交易机构,2013 年 6 月公布第一批 2 家审定与核证机构,2013 年 10 月中国自愿减排信息平台上线。2014 年 1 月国家发改委召开自愿减排项目备案核证第一次会议。2014 年 12 月,《碳排放权交易管理暂行办法》发布。

2015 年,"自愿减排交易信息平台"在国家发改委的指导下开始上线,自愿减排交易信息平台对自愿减排项目的审定、注册、签发进行公示,核证通过后的减排量可以进入备案的自愿减排交易所进行交易。在这个平台上经过国家发改委签发的自愿减排项目的减排量,被称为国家核证自愿减排量

(CCER),CCER 正式纳入交易履约体系,将其作为抵消机制的主要形式,可以用来抵减企业碳排放。"自愿减排交易信息平台"的设立,标志着中国温室气体自愿减排交易机制取得了实质性进展。2015 年 3 月国内首单 CCER 交易在广州碳排放权交易所完成。

2017 年 3 月,国家发改委发布公告称:宣布暂停有关温室气体自愿减排交易方法学、项目、减排量、第三方审定与核证机构、交易机构备案的申请,待《CCER 暂行办法》修改完成并公布实施后,再按照新的办法受理。但已备案的 CCER 减排量继续交易和参与试点履约工作不受影响,同时承诺 729 个已接收但未办理的申请备案事项在恢复受理后将优先受理。

暂缓 CCER 事项受理的考虑因素较多,主要的原因在于,在自愿减排交易实践中,尽管我国温室气体自愿减排交易体系建设取得了重大进展,但也暴露出了一些问题,例如,与强制性的碳配额交易市场相比,中国的自愿减排交易市场涉及的范围比较小、自愿减排交易量少、个别项目不够规范、监管部门疏于对项目和减排量的事中事后监管等。此外,CCER 事项采用了"审批式"备案管理方式,同时管理事项过于微观具体,不符合国家发展改革委宏观协调的工作定位,并且,备案事项受理数量大,备案函占用了过多的文号资源等。上述问题与难题均需要进一步处理与纾解,监管方式也需要进一步优化。截至 2017 年 3 月,以国家发改委名义共备案 200 个减排方法学,9 家交易机构,12 个审定与核证机构,1315 个减排项目(其中,风电占 41.3%,光伏发电占 24.4%,沼气发电占 9.6%,水电占 7.0%,生物质发电占 5.2%,瓦斯发电占 2.4%,垃圾焚烧发电占 2.3%,碳汇占 2.1%,垃圾填埋气发电占 2.0%,热电联产、余热利用、天然气发电、交通等其他合计占 3.9%),以及 454 批次约 7800 万吨项目减排量。截至 2019 年底,CCER 累计成交量约 2.07 亿 tCO_2e,成交额约 16.4 亿元。备案的 7800 万吨减排量中,有约 1980 万吨用于试点碳市场的抵消履约,约 54 万吨自愿注销帮助企业履行社会责任,其余由项目业主等继续持有。迄今获得正式备案、可以从事 CCER 交易的 9 家交易机构分别是:北京绿色交易所、天津排放权交易所、上海环境能源交易所、广州碳排放权交易所、深圳排放权交易所、重庆联合产权交易所、湖北碳排放权交易中心、四川联合环境交易所、福建海峡股权交易中心。

目前,温室气体自愿减排项目已经在我国部分地区重启,但可以交易的项目仅限于暂停前已经获得审批的项目。总体上,温室气体自愿减排项目上述的相关工作仍然处于暂停状态,这使得市场参与者和项目业主对CCER交易市场无法形成合理预期,也不利于建立稳定的CCER交易市场。目前我国CCER存量已所剩无几,应重启相关工作,恢复受理CCER项目申请,故应该加快修订《CCER暂行办法》,出台CCER新的管理办法,加快公布相关配套规则。

2017年12月,国家发改委印发《全国碳排放权交易市场建设方案(发电行业)》,这份文件标志着发电行业的全国碳交易市场如约启动。2018年3月,应对气候变化的职责由国家发改委转而隶属于生态环境部。受部门职责转隶的影响,《CCER暂行办法》的修订工作进一步推迟,随着我国碳排放交易市场的进一步发展,社会各方对温室气体自愿减排项目和减排量的申请重启愈加期待。为了进一步完善我国温室气体自愿减排交易机制,推动温室气体自愿减排交易市场的长足发展,我国应该尽快修订《CCER暂行办法》,公布新的管理办法,并尽快完善相关配套措施。2019年4月,生态环境部发布《碳排放权交易管理暂行条例(征求意见稿)》,标志着中国碳市场由区域试点到全国统一碳交易市场的建立迈出重要一步,标志着全国碳市场将得到基础性制度支撑。

二、自愿减排项目在中国的分布及特点

(一)自愿减排项目在中国的地域分布

根据中国自愿减排交易信息平台的备案信息显示,我国大多数省市都有已经备案的温室气体自愿减排项目,由于我国各省市自然条件、地理形势和经济水平的不同,各省市备案的温室气体自愿减排项目也呈现不同的区域特点。如大多数风电项目集中于新疆与内蒙古等西北地区,水电项目多分布在水力资源丰富的云南、四川等地,农业沼气回收项目则是湖北省的特色优势项目,截至2016年8月10日,已备案温室气体自愿减排项目的地域分布如表4-1所示。

表4-1 中国已备案温室气体自愿减排项目的地域分布

省份	备案项目(个)	省份	备案项目(个)
湖北	73	宁夏	25
新疆	58	江苏	29
内蒙古	54	广西	20
云南	49	山西	33
四川	46	青海	26
河北	32	吉林	16
贵州	38	福建	20
浙江	35	黑龙江	17
甘肃	32	河南	14
广东	24	山东	26
江宁	20	上海	11
湖南	14	安徽	18
北京	11	重庆	5
深圳	4	江西	5
天津	3	陕西	3
海南	1		

资料来源:中国自愿减排交易信息平台。

截至2016年8月10日,中国自愿减排交易信息平台累计备案的温室气体自愿减排项目762个。其中,湖北已备案的温室气体自愿减排项目73个,继续蝉联第一,与上期相比新增2个项目,分别是风电项目和光伏项目;新疆已备案的温室气体自愿减排项目58个,项目数量居全国第二,与上期相比新增2个项目,分别是1个光伏项目,1个风电项目;内蒙古已备案的自愿减排项目54个,项目数量居全国第三,与上期相比项目数量增加2个,分别是1个风电项目和1个光伏项目;云南省已备案的自愿减排项目49个,与上期相比项目数量增加了1个风电项目;四川省已备案的自愿减排项目46个,与上期相比项目数量没有变化。对于其他省份的备案项目在此不再赘述。由上可知,我国的自愿减排项目主要分布在中西部地区,东部地区分布较少。新增的37个项目分布在安徽(4个)、甘肃(2个)、河北(4个)、黑龙江(1个)、湖北(2个)、江苏(5个)、江西(2个)、内蒙古(2个)、青海(2个)、山东(2个)、山西(4个)、新疆(2个)、云南(1个)、浙江(4个)等14个省份。[1]

截至2017年3月13日,七个试点碳市场的温室气体自愿减排项目数量总计131个,项目数量与上期相比增加了1个,分别是:湖北73个,广东24个,上海11个,北京11个,重庆5个,天津3个,深圳4个。[2]

(二)自愿减排项目在中国的领域分布

通过分析整理可知,上述的762个自愿减排项目分布领域广泛,涉及新能源和可再生能源、林业碳汇、节能和提高能效、甲烷回收利用等主要类型。

表4-2展示的是气体自愿减排备案项目的领域分布情况。就目前备案的自愿减排项目类型而言,以新能源和可再生能源项目居多,共计561个,占备案项目总数的73.6%,其中包括风电项目280个、光伏项目146个、水电项目87个、生物质能项目47个、地热项目1个。其次是避免甲烷排放类项目,共计94个,占备案项目总数的12%,再次是废物处置类项目,共计40个,占备案项目总数的5%。[3]

表4-2　中国已备案温室气体自愿减排项目的领域分布

备案项目类型	数量(个)	备案项目类型	数量(个)
风电项目	280	燃料转换项目	11
光伏项目	146	交通运输项目	2
避免甲烷排放项目	94	地热项目	1
废物处置项目	40		
水电项目	87	建筑能效	2
生物质能项目	47	区域供热项目	2

[1] 以上数据来自中国自愿减排交易信息平台,http://cdm.ccchina.org.cn/zylist.aspx?clmId=160,最后访问日期:2022年10月10日。

[2] 以上数据均来自各试点交易所公告。

[3] 以上数据来自中国自愿减排交易信息平台,http://cdm.ccchina.org.cn/zylist.aspx?clmId=160,最后访问日期:2022年10月10日。

续表

备案项目类型	数量(个)	备案项目类型	数量(个)
林业碳汇项目	12		
煤层气(煤矿瓦斯)项目	20	全氟化合物(PFCs)项目	1
废能利用项目	17		

资料来源:中国自愿减排交易信息平台。

(三)备案减排量在中国的地域和领域分布

1. 备案减排量在我国的地域分布

截至2016年8月10日,中国自愿减排交易信息平台公示的备案减排量是254个,与上期相比实际新增32个减排量备案项目。因其中20个项目有超过一次的减排量备案记录,属于项目记录重复,实际已备案减排量的项目数量为234个。湖北、华北地区(河北、内蒙古)及西南地区(贵州、云南和四川)申请及获得减排量备案的项目数量最多。

2. 备案减排量在我国的领域分布

通过对中国自愿减排交易信息平台公示的234个备案减排量可知,我国温室气体减排量备案项目分布领域广泛,包括新能源和可再生能源、林业碳汇、节能和提高能效、甲烷回收利用等主要类型。已备案温室气体自愿减排量的领域分布如表4-3所示。就目前已备案的温室气体减排量项目类型而言,以新能源和可再生能源项目居多,共计167个,占备案项目总数的71.4%,其中包括风电项目84个、光伏项目42个、水电项目30个、生物质能项目11个。其次是避免甲烷排放类项目,共计41个,占备案项目总数的17.5%,再次是废物处置类项目,共计8个,占备案项目总数的3.4%。[1]

---

〔1〕 以上数据来自中国自愿减排交易信息平台,http://cdm.ccchina.org.cn/zylist.aspx?clmId=160,最后访问日期:2022年10月10日。

表4-3　中国已备案温室气体自愿减排量的领域分布

备案减排量项目类型	数量(个)	备案减排量项目类型	数量(个)
风电项目	84	废能利用项目	5
光伏项目	42	煤层气(煤矿瓦斯)项目	5
水电项目	30	燃料转换项目	6
避免甲烷排放项目	41	林业碳汇项目	1
生物质能项目	11	交通运输项目	1
废物处置项目	8		

资料来源:中国自愿减排交易信息平台。

三、项目方法学概述

《CCER 暂行办法》第10条规定:"方法学是指用于确定项目基准线、论证额外性、计算减排量、制定监测计划等的方法指南。对已经联合国清洁发展机制执行理事会批准的清洁发展机制项目方法学,由国家主管部门委托专家进行评估,对其中适合于自愿减排交易项目的方法学予以备案。"由此可知,方法学是项目业主申请自愿减排项目及减排量的技术指导和依据。截至目前,中国共备案了12批温室气体自愿减排方法学,总计数量超过了200个,涉及16个主要领域,涵盖了大部分的减排类型。[1] 其中,绝大部分方法学为联合国清洁发展机制(CDM)转化而来,占据174种,剩余的26种则为新开发方法学,占比不足20%。在12批备案的方法学中,主要集中在可再生能源(风电、光伏、水电等)、废物处理(垃圾焚烧、垃圾填埋)、生物质发电、甲烷利用(沼气回收)等人们所熟知的领域。此外,随着温室气体自愿减排项目开发领域的扩大,一批我国特有的新方法学,如电动汽车充电站及充电桩温室气体减排方法学、公共自行车项目方法学、蓄热式电石新工艺温室气体减排方法学等也得到了备案。

[1] 据统计,目前,国家层面发布的12批CCER方法学,加上广东、北京、四川、贵州、重庆等10个地区的方法学,中央和地方开发的自愿减排方法学共计达275个,包括电力、交通、化工、建筑、碳汇等近40个领域。

笔者建议对《CCER暂行办法》关于方法学的定义进行修订,即修改为“方法学是指确定温室气体自愿减排项目基准线、论证额外性、制定监测计划、核算减排量等所依据方法的技术规范”,并放在新的管理办法最后的名词解释部分。上述所谓的“额外性”,是指相对于不实施项目活动,实施该项目活动后温室气体人为排放量减少或者人为清除量增加,即项目实施所带来的减排效果应当是额外的,并且如果没有自愿减排交易提供的激励,则项目存在财务、融资、关键技术等方面的障碍。申言之,额外性字面意思是“项目针对CCER机制是额外的”,具体指项目实施面临某种障碍,原本不会被实施,CCER机制帮助项目克服了障碍,项目获得实施。目前备案或申请备案的项目一般是通过财务收益障碍论述额外性,额外性论述过程中,需要关注财务收益障碍不仅仅是项目收益率,还需要进行敏感性分析和普遍性分析;此外,财务收益障碍也不是额外性障碍的唯一选择,还有技术障碍、政策障碍等方式。目前看,额外性是制约项目获得备案的重要因素,决定启动开发前,最好已经有完善的额外性论证方案。

四、审定与核证现状

审定与核证机构是指从事《CCER暂行办法》第二章规定的自愿减排交易项目审定和第三章规定的减排量核证业务的机构。根据《CCER暂行办法》的规定,审定与核证机构应向国家主管部门申请备案。目前,我国具备温室气体自愿减排交易审定与核证资质的机构有12家:中国质量认证中心(CQC)、中环联合(北京)认证中心有限公司(CEC)、中国船级社质量认证公司(CCSC)、环境保护部环境保护对外合作中心(MEPFECO)[1]、广州赛宝认证中心服务有限公司(CEPREI)、深圳华测国际认证有限公司(CTI)、北京中创碳投科技有限公司、中国农业科学院(CAAS)、中国林业科学研究院林业科技信息研究院(RIFPI)、中国建材检验认证集团股份有限公司

---

[1] 2019年1月,由生态环境部环境保护对外合作中心和中国—东盟环境保护合作中心整合组建了生态环境部对外合作与交流中心,为生态环境部直属事业单位。同时,该中心加挂环境公约履约技术中心、中国—东盟环境保护合作中心、中国—上海合作组织环境保护合作中心和澜沧江—湄公河环境合作中心。

(CTC)、中国铝业郑州有色金属研究院有限公司、江苏省星霖碳业股份有限公司(XLC)。其中,中国质量认证中心(CQC)、中环联合(北京)认证中心有限公司(CEC)、广州赛宝认证中心服务有限公司(CEPREI)、北京中创碳投科技有限公司、中国农业科学院(CAAS)、中国林业科学研究院林业科技信息研究院(RIFPI)这几家机构是能做林业方面项目审定与减排量核证的第三方机构。

《CCER 暂行办法》针对审定与核证机构备案的审查内容及申请备案的条件仅仅做了原则性规定,未明确审定与核证机构备案审查的具体标准,这容易导致备案的审定与核证机构其水平各不相同;《CCER 暂行办法》针对审定与核证机构的违法违规行为的处罚力度较小,其处罚措施仅限于责令改正、公布违法信息和取消备案等,无法达到惩戒的效果。另外,在具体实务过程中,12 家审定与核证机构的项目审定标准和减排量核证标准不甚相同,这就导致同一个项目及项目减排量在不同的审定与核证机构进行审定核证,可能会得到不同的审定与核证结果。

五、中国 CCER 项目开发流程

国家发改委于 2012 年印发《CCER 暂行办法》,支持将中国境内可再生能源、林业碳汇、农村户用沼气等温室气体减排效果明显、生态环境效益突出的项目,开发为温室气体减排项目,项目产生的减排量通过一定的程序和方法学进行量化,并可向国内碳排放权交易试点市场等出售。《CCER 暂行办法》对方法学、项目、减排量、审定与核证机构、交易机构等五个事项实施"审批式"备案管理。记录减排量产生、流转、注销全过程的注册登记系统由主管部门建立并运维。

根据《CCER 暂行办法》规定,CCER 项目具体的管理流程为,主管部门在受理上述 5 个事项备案申请材料后,组织专家对申请事项进行技术评审,评审合格后并召开项目审核理事会(成员单位包括国家发展改革委、科技部、外交部、财政部、环境保护部、农业部、中国气象局等 7 部门)进行审核,项目审核理事会审核通过的项目由国家主管部门出具备案函。2016 年 4 月后,取消了项目审核理事会审核环节,仅保留专家技术评审环节。

与管理流程相呼应的,CCER 项目的开发流程主要包括六个步骤,依次是项目申请、项目审定、项目备案、项目实施与检测、减排量核查与核证、减排量备案与交易。第一,项目申请。项目业主申请开发温室气体自愿减排项目,应该根据经国家主管部门公布的方法学或其他标准编制项目设计文件。第二,项目审定。项目业主应将项目设计文件交由经国家主管部门备案的审定机构审定,并出具项目审定报告。如前文所述,我国具备温室气体自愿减排交易审定与核证资质的机构共计 12 家。第三,项目备案。国家主管部门与有关部门依据专家评估意见对自愿减排项目备案申请进行审查,并于接到备案申请之日起 30 个工作日内对符合相关条件的项目予以备案,并在国家登记簿登记。第四,项目实施与监测。经备案的自愿减排项目产生减排量后,自愿减排项目业主应该依据项目设计文件和审定报告的要求监测项目运行状况并记录温室气体减排量,编制减排量监测报告。第五,减排量核查与核证。项目业主应将减排量监测报告交由经国家主管部门备案的核证机构核证,并由这些核证机构出具减排量核证报告。[1] 第六,减排量备案与交易。国家主管部门依据专家评估意见对减排量备案申请进行审查,并于接到备案申请之日起 30 个工作日内对符合相关条件的减排量予以备案。新核证的自愿减排量可以在国家减排交易体系内,依据国家减排交易体系制定的交易细则进行交易;用于抵消碳排放的减排量,应于交易完成后在国家减排登记簿中予以注销,同时国家减排交易体系和地方交易机构的交易系统与国家减排登记簿连接,实时记录减排量变更情况。

六、自愿减排交易登记簿和交易平台

《CCER 暂行办法》规定了国家自愿减排交易登记簿和 CCER 交易平台建设管理的基本内容。该暂行办法第 6 条规定,"国家对温室气体自愿减排交易采取备案管理。参与自愿减排交易的项目,在国家主管部门备案和登

---

〔1〕《CCER 暂行办法》规定:"经备案的自愿减排项目产生减排量后,作为项目业主的企业在向国家主管部门申请减排量备案前,应由经国家主管部门备案的核证机构核证,并出具减排量核证报告。"此处的"核证"环节,今后应更名为"核查"环节。

记，项目产生的减排量在国家主管部门备案和登记，并在经国家主管部门备案的交易机构内交易。”第 7 条规定，“国家主管部门建立并管理国家自愿减排交易登记簿（以下简称国家登记簿），用于登记经备案的自愿减排项目和减排量，详细记录项目基本信息及减排量备案、交易、注销等有关情况。”第 8 条规定，“在每个备案完成后的 10 个工作日内，国家主管部门通过公布相关信息和提供国家登记簿查询，引导参与自愿减排交易的相关各方，对具有公信力的自愿减排量进行交易。”第 22 条规定，“自愿减排项目减排量经备案后，在国家登记簿登记并在经备案的交易机构内交易。用于抵消碳排放的减排量，应于交易完成后在国家登记簿中予以注销。”第 23 条规定，“温室气体自愿减排量应在经国家主管部门备案的交易机构内，依据交易机构制定的交易细则进行交易。经备案的交易机构的交易系统与国家登记簿连接，实时记录减排量变更情况。”

从上述规定可知，《CCER 暂行办法》用较大篇幅规定了国家自愿减排交易登记簿、CCER 交易平台建设管理方面的内容，但是，鉴于该暂行办法属于部门规范性文件的法律性质，没有也无法对国家自愿减排交易登记簿、CCER 交易平台作出细化规定。如没有规定在国家自愿减排登记簿上的登记流程，没有规定 CCER 交易平台的交易主体、交易标准，没有规定各地碳市场 CCER 交易平台之间的关系、地方交易平台与全国交易平台的关系，没有规定经备案的交易机构交易系统与国家登记簿如何实现连接。

2015 年 1 月，自愿减排注册登记系统建成并启动运行。经过多年建设，自愿减排注册登记系统总体上运行平稳，有力地推动了我国自愿减排交易体系的发展。截至目前，我国自愿减排注册登记系统初步建成了管理政策和技术体系、监管组织体系，顺利开展了 CCER 注册登记管理工作、试点碳市场碳排放权抵消管理工作。虽然自愿减排交易注册系统取得了一定的发展，但其在运行管理中也存在一些问题，主要体现在以下几个方面：一是自愿减排交易监管体系有待加强与优化。二是自愿减排交易的保障运作维修能力有待提高，自愿减排交易注册登记系统运维管理缺少持续、稳定的资金保障，在运维管理团队建设、系统维护和升级、能力建设等方面还存在许多不足，严重影响了运维管理的工作效率。此外，由于受限于编制和薪酬，运维管理团队难以长期保证拥有 IT、法律等领域的高端技术人才，这些都已成为规范、专业、及时、高效管理注册登记系统面临的巨大挑战,特别是应对突发技术问题和法律事件能力较弱。[1] 三是自愿减排交易系统的功能有待完善。

我国 CCER 交易平台发展迅速,全国各地都纷纷建立气候环境交易所。2015 年,“自愿减排交易信息平台”在国家发改委的指导下开始上线,自愿减排交易信息平台对自愿减排项目的审定、注册、签发进行公示,核证通过后的减排量可以进入备案的自愿减排交易所进行交易。迄今已经有 9 家获得正式备案的国家温室气体自愿减排交易机构可以进行 CCER 交易,包括北京绿色交易所、天津排放权交易所、上海环境能源交易所、广州碳排放权交易所、深圳排放权交易所、重庆联合产权交易所、湖北碳排放权交易中心、四川联合环境交易所、福建海峡股权交易中心。

我国 CCER 交易平台在实践中也存在一些问题,例如,我国目前各地建立的 CCER 交易平台都是根据自身特点在不同交易机制基础上制定不同的交易标准,各交易平台的交易标准各异,服务重心也各不相同;再如,因各地碳交易平台对 CCER 的准入条件与交易标准不同,排放配额与 CCER 同质化受到影响,造成两者的不同质、不等价;此外,未建立全国统一的 CCER 交易平台。

针对 CCER 交易平台存在的问题,一方面,国家应规范 CCER 交易平台中关于 CCER 的交易量、交易价格与履约百分比等信息,从而提高 CCER 交易平台的信息透明度,创造公开透明的交易环境,为 CCER 交易提供参考与指导,保障我国 CCER 市场的健康发展。另一方面,应出台相应的法律法规对我国 CCER 交易平台建设中涉及的各方面问题作出更加明确的规定,国家主管部门应对各地的 CCER 交易平台运行情况加强宏观调控,促进各交易平台合作,推动全国统一的 CCER 交易平台建设。

七、中国试点碳市场的自愿减排交易

2011 年,国家发改委发布《关于开展碳排放权交易试点的通知》,在全国

---

[1] 张昕等:《国家自愿减排交易注册登记系统运维管理进展与建议》,载《中国经贸导刊(理论版)》2017 年第 26 期。

七个省市开展碳排放交易试点工作，正式启动了北京、天津、上海、重庆、深圳、广东和湖北的试点工作。中国自愿减排项目首批签发的CCER减排量于2015年进入各试点地区碳市场，发挥了补偿机制的作用。目前，我国碳市场交易的产品仍然是以现货产品为主，交易产品主要包括碳排放配额和项目减排量两种，项目减排量主要用于控排企业在履约时抵消一定比例的减排量，其余的用于机构或个人的碳中和行为或自愿注销。

CCER是优质的碳资产，是碳市场重要的标的物，温室气体自愿减排交易是我国试点碳交易市场的重要组成部分。七个省市试点碳市场都将温室气体自愿减排交易作为碳排放权交易的重要补充形式，CCER用于抵消碳排放配额，并在《CCER暂行办法》的基础上对用于抵消的CCER作了具体限制。目前，各试点碳市场对CCER的相关要求集中体现在比例限制、地域限制和类型限制三个方面。

表4-4　各试点碳市场温室气体自愿减排交易现状

试点省市	CCER抵消比例限制	抵消的限制条件	与配额的关系
北京	不得高于当年排放配额数量的5%	2013年1月1日后实际产生的减排量。全市每年的抵消总配额中，市内开发项目获得的CCER必须达到50%以上，市外开发项目的开发地优先考虑河北省、天津市、西郊地区。非HFCs、PFCs、N2O、SF6气体和水电项目减排量。非来自本市行政辖区重点排放单位固定设施减排量	1单位核证自愿减排量抵消1吨二氧化碳排放
天津	不得超出其当年实际碳排放量的10%	无地域来源、项目类型和边界限制	1单位核证自愿减排量抵消1吨二氧化碳排放
上海	不超过该年度企业通过分配取得的配额量的5%	不能使用在企业自身边界内产生的CCER用于配额抵消，2013年1月1日后实际产生的且不在本市试点企业排放边界范围内的自愿减排量	1单位核证自愿减排量抵消1吨二氧化碳排放

续表

试点省市	CCER 抵消比例限制	抵消的限制条件	与配额的关系
重庆	不超过该年度企业通过分配取得的配额量的 8%	无地域限制。减排项目应在 2010 年 12 月 31 日后投入运行,且属于以下类型之一:节能和提高能效、清洁能源和非水电可再生能源、碳汇、能源活动、工业生产过程、农业废弃物处理等领域减排	1 单位核证自愿减排量抵消 1 吨二氧化碳排放
湖北	不超过该企业年度碳排放初始配额的 10%	产生于本省行政区域内,且在纳入碳市场控排企业边界外产生的	1 单位核证自愿减排量抵消 1 吨二氧化碳排放
广东	最高抵消比例不高于管控单位年度碳排放量的 10%	省内开发项目获得的 CCER 必须至少为 70%,控排企业在其排放边界范围内产生的 CCER 不得用于抵消	1 单位核证自愿减排量抵消 1 吨二氧化碳排放
深圳	最高抵消比例不高于管控单位年度碳排放量的 10%	控排企业单位在其排放边界范围内产生的 CCER 不得用于抵消	1 单位核证自愿减排量抵消 1 吨二氧化碳排放

资料来源:各试点能源交易所。

由表 4 -4 可知,各试点碳市场 CCER 抵消碳排放配额的比例限制分 5%、8%、10%三档,其中北京、上海两地 CCER 抵消配额的比例限制是不超过该年度企业通过分配取得的配额量的 5%,重庆 CCER 抵消比例限制是不超过该年度企业通过分配取得的配额量的 8%,深圳、广东、天津、湖北四地的 CCER 抵消比例限制是最高抵消比例不高于管控单位年度碳排放量的 10%。除了重庆、天津外,各地一般规定了 CCER 的地域来源和本地 CCER 项目最低占比,并且规定控排企业单位在其排放边界范围内产生的 CCER 不得用于抵消。在准入类型方面,除上海外,各地均排除部分水电项目。另外,除了北京、上海、重庆外,各地对项目减排量产生时间没有限制。七个试点碳市场都规定 1 单位核证自愿减排量抵消 1 吨二氧化碳排放。[1]

[1] 以上数据均来自各试点交易所公告。

第二节　温室气体自愿减排交易管理政策与法规梳理

一、自愿减排交易管理政策梳理

中国温室气体自愿减排交易是中国碳交易的组成部分之一，其产品国家核证自愿减排量（CCER）在碳排放权交易市场中可进行抵消或进行自愿减排交易，即为实现碳中和，国家在进行减排量核证的基础上，允许个人或企业为中和自己生活或生产经营过程中产生的碳排放而主动从自愿减排市场购买碳减排指标的行为。[1] 由于自愿减排交易具备自愿性，因此它被视为强制性碳排放交易制度的补充。目前，采用国家核证减排量抵消企业实际排放是国家碳交易市场的通行做法，也被认为是在碳市场竞争中取得先机的标志。[2] 自愿减排交易市场随《京都议定书》而产生，21 世纪以后进入快速发展阶段，该市场的需求方和认购方没有强制性减排标准的约束，完全出于不受强迫的个体意愿而采取减排行动。中国的第一起自愿减排交易发生于 2009 年，同碳排放权交易市场的发展特点相同，呈现出"相关政策先行，试点随后，法律滞后"的特点。

2007 年 6 月 3 日，国务院发布《中国应对气候变化国家方案》。这是中国第一部应对气候变化的全面的政策性文件，也是发展中国家颁布的第一部应对气候变化的国家方案。该方案虽未专门涉及温室气体自愿减排，但提出应该努力控制和减缓温室气体排放，控制节能降耗，发挥以市场为基础的节能新机制，可以说这是采用市场手段进行温室气体控制的政策雏形。2011 年国务院印发《"十二五"节能减排综合性工作方案》，指出要推广节能减排市场化机制，推进碳排放权交易试点建设，建立自愿减排机制，这是温室气体自愿减排机制第一次进入了国家工作方案中。2011 年 12 月 1 日，国

[1] 冷罗生：《中国自愿减排交易的现状、问题与对策》，载《中国政法大学学报》2012 年第 3 期。

[2] 鄢德春：《创新碳抵消机制设计增强上海碳市场跨省区辐射力》，载《科学发展》2013 年第 3 期。

务院发布《"十二五"控制温室气体排放工作方案》,明确建立自愿减排交易机制:"制定温室气体自愿减排交易管理办法,确立自愿减排交易机制的基本管理框架、交易流程和监管办法,建立交易登记注册系统和信息发布制度,开展自愿减排交易活动。"2014年9月19日,国家发改委发布《关于印发国家应对气候变化规划(2014—2020年)的通知》,在"建立碳交易制度"一节中提到,要推动自愿减排交易活动,"实施《温室气体自愿减排交易管理办法》,建立自愿减排交易登记注册系统和信息发布制度,推动开展自愿减排交易活动。探索建立基于项目的自愿减排交易与碳排放权交易之间的抵消机制。"该通知基本上确定了中国未来七年内自愿减排交易市场的发展方向。2016年11月25日,国务院办公厅印发《关于完善集体林权制度的意见》,指出推进集体林业多种经营,鼓励林业碳汇项目产生的减排量参与温室气体自愿减排交易,促进碳汇进入碳交易市场。除重工业以外,这是首次在国家层面,将其他产业纳入自愿减排交易的范畴。2017年1月24日,国务院印发《"十三五"促进民族地区和人口较少民族发展规划》,对民族地区开展森林碳汇参与温室气体自愿减排交易试点表示了支持。2020年8月30日,国务院《关于北京、湖南、安徽自由贸易试验区总体方案及浙江自由贸易试验区扩展区域方案的通知》明确指出,支持设立全国自愿减排等碳交易中心。2021年9月12日,中共中央办公厅、国务院办公厅印发《关于深化生态保护补偿制度改革的意见》,意见要求健全以国家温室气体自愿减排交易机制为基础的碳排放权抵消机制,将具有生态、社会等多种效益的林业、可再生能源、甲烷利用等领域温室气体自愿减排项目纳入全国碳排放权交易市场。综上可见,国家支持建立全国统一的温室气体自愿减排交易系统,鼓励具有生态、社会等多种效益的其他领域温室气体自愿减排项目纳入全国碳排放权交易市场,并要求完善以国家温室气体自愿减排交易机制为基础的碳排放权抵消机制。

二、自愿减排交易管理法规体系

(一)自愿减排交易的法律依据

为鼓励温室气体自愿减排交易活动的有序展开,2012年6月,国家发改委颁布了《温室气体自愿减排交易管理暂行办法》(《CCER 暂行办法》),为构建统一的自愿减排交易法规体系而打下法律基础,明确了管理范围和主管部门,构建了基本的交易规则,规定了相关的自愿减排方法学、项目、减排量、交易机构、审定和核证机构申请备案的要求和程序。[1] 关于自愿减排范围,该办法明确规定,适用于自愿减排的温室气体包括六种,和《京都议定书》规定的 CDM 覆盖的温室气体类型完全相同,主管部门则为国家发展改革委自愿减排交易应遵循为公开、公平、公正和诚信的法律气体,且要求产生的具体减排量符合真实性、可测量性和额外性要求。采用的方法学分为两种:一种是直接使用已经联合国清洁发展机制执行理事会批准的清洁发展机制项目方法学;另一种是新开发的方法学,即国内项目开发者向国家主管部门申请备案和批准的新方法学。

目前,中国尚未制定关于气候变化应对的专项立法,对温室气体的管制亦缺乏直接法律依据。[2] 2013 年,《中华人民共和国应对气候变化法》草案完成,但迄今该法没有出台。《环境保护法》是中国针对环境保护的一部综合性法律,但遗憾的是,2014 年修订的《环境保护法》并没有就温室气体减排问题进行专门规定,直到 2016 年《大气污染防治法》修订,在该法总则部分提出对"大气污染物和温室气体实施协同控制",虽然温室气体控制在《大气污染防治法》修订之时被纳入立法,但在大气污染防治法律框架之下,温室气体控制与大气污染物控制的法律地位仍然存在差异,集中表现为温室气体排放的管控不能直接以《大气污染防治法》为依据。[3] 不过,虽然法律层面的制度设计缺乏,但在中国已实际运行的几大碳排放试点市场中,却基本都发布了与自愿减排相关的交易管理法规。[4]

---

[1] 张昕、张敏思:《中国温室气体自愿减排交易发展现状、问题与解决思路》,载《中国经贸导刊》2017 年 8 月。

[2] 赵俊:《中国环境信息公开制度与〈巴黎协定〉的适配问题研究》,载《政治与法律》2016 年第 8 期。

[3] 杜群、张琪静:《〈巴黎协定〉后中国温室气体控制规制模式的转变及法律对策》,载《中国地质大学学报(社会科学版)》2021 年第 21 卷第 1 期。

[4] 李峰、王文举、闫甜:《中国试点碳市场抵销机制》,载《经济与管理研究》2018 年第 12 期。

(二)《CCER 暂行办法》内容评介

2017 年 3 月 17 日,国家发改委发布公告,宣布暂停有关 CCER 方法学、项目、减排量、审定与核证机构、交易机构备案的申请,待《CCER 暂行办法》修订完成并发布后,再依据新办法受理。CCER 相关工作暂停的原因之一是《CCER 暂行办法》还有不足,管理方式不符合"放管服"改革要求,管理环节有待进一步优化,无法适应 CCER 进一步发展的需要。

《CCER 暂行办法》共分为六章:第一章介绍了"办法"的总体内容,指出本办法制定的目的是"为了鼓励基于项目的温室气体减排交易和保障有关交易活动有序开展",并明确规定了可以适用于自愿减排交易的六种温室气体,这个交易范畴是在考虑了国内减排项目涉及的潜在领域以 及国内外市场的需求之后,决定完全沿用《京都议定书》下清洁发展机制(CDM)覆盖的温室气体类型。本章内容还规定了自愿减排交易应遵循的几个原则,包括公开、公平、公正和诚信原则;产生的用于交易的减排量必须基于具体项目;以及交易的减排量应具备真实性、可测量性和额外性的要求。《CCER 暂行办法》规定了温室气体自愿减排交易的主管部门为国家发改委,专家审核理事会等部门没有出现在本办法中。第 5 条规定了参与国内温室气体自愿减排交易的主体范围,国内外机构、企业、团体和个人均可参与,这也为全民参与节能减排事业提供了法律依据。第 6 条则说明了国家发改委对自愿减排交易将要采取的管理手段为备案管理。需要备案的内容包括:参与自愿减排的项目、项目产生的减排量、方法学、审定与核证机构、从事核证减排量交易的交易机构。并规定,国家主管部门建立并管理国家自愿减排交易登记簿,用于登记经备案的自愿减排项目和减排量,详细记录项目基本信息及减排量备案、交易、注销等有关情况。《CCER 暂行办法》还规定了备案后的政府工作时间限制,为备案完成后的 10 个工作日之内。

《CCER 暂行办法》第二章的内容主要是自愿减排项目管理,规定了自愿减排方法学及自愿减排项目申请备案的要求和程序。参与自愿减排交易的项目必须有适当的方法学,并且项目应符合方法学的相关应用条件,才可以进行项目开发和设计文件的撰写。《CCER 暂行办法》中提到的方法学主要有两种:一种是直接使用来自联合国清洁发展机制执行理事会批准的清洁发展机制项目方法学;另一种是国内项目开发者向国家主管部门申请备案的新方法学。这两类方法学在委托专家进行评估之后,都可以由国家主管部门进行备案,为自愿减排项目的开发和申请提供技术基础。

在使用合适的方法学完成了项目设计文件之后,向国家主管部门申请备案的自愿减排项目还必须经过国家主管部门备案的审定机构进行审定,以便确定该项目是否符合自愿减排项目要求,且满足主管部门和方法学的规定。在获得审定机构出具的审定报告之后,即可申请备案。《CCER 暂行办法》还详细指出了审定报告应包括的主要内容、申请备案的自愿减排项目应符合的类别、申报备案的具体部门、申请备案需提交的相关材料和主管部门审批的时间限制等。

《CCER 暂行办法》第三章的内容为项目减排量管理,规定了自愿减排项目减排量申请备案的要求和程序,以及减排量在国家登记簿登记的要求等内容。《CCER 暂行办法》规定,在经过核证机构核证,并出具减排量核证报告之后,自愿减排项目可以连同减排量备案申请函、项目业主或项目业主委托的咨询机构编制的监测报告和核证单位编制出具的减排量核证报告等一起向国家主管部门提交申请减排量备案。再经过专家评估和主管部门的审查之后,即可批准符合相关要求的减排量进行备案。经备案的减排量称为"国家核证自愿减排量"(CCER),备案后的减排量在国家登记簿登记并在经备案的交易机构内交易。用于抵消碳排放的减排量,应于交易完成后在国家登记簿中予以注销。

《CCER 暂行办法》第四章和第五章的内容为减排量交易和审定与核证管理,分别明确了交易所及审定和核证机构申请备案的要求和程序、开展相关工作的原则和内容以及对违规机构的处罚措施等。交易机构通过其所在省、自治区和直辖市发展改革部门向国家主管部门申请备案,并提交以下材料:机构的注册资本及股权结构说明;章程、内部监管制度及有关设施情况报告;高层管理人员名单及简历;交易机构的场地、网络、设备、人员等情况说明及相关地方或行业主管部门出具的意见和证明材料;交易细则。《CCER 暂行办法》明确规定,国家主管部门对交易机构备案申请进行审查,审查时间不超过6 个月,并于审查完成后对符合以下条件的交易机构予以备案:在中国境内注册的中资法人机构,注册资本不低于1 亿元人民币;具有符合要求的营业场所、交易系统、结算系统、业务资料报送系统和与业务有关的其他设施;拥有具备相关领域专业知识及相关经验的从业人员;具有严格的监察稽核、风险控制等内部监控制度;交易细则内容完整、明确,具备可操作性。目前,我国共有9家交易机构获得国家温室气体自愿减排交易正式备案,可以从事CCER交易。

根据《CCER暂行办法》规定,从事自愿减排交易项目审定和减排量核证业务的机构,应通过其注册地所在省、自治区和直辖市发展改革部门向国家主管部门申请备案,并提交相关材料。国家主管部门接到审定与核证机构备案申请材料后,对审定与核证机构备案申请进行审查,审查时间不超过6个月,并于审查完成后对符合下列条件的审定与核证机构予以备案:成立及经营符合国家相关法律规定;具有规范的管理制度;在审定与核证领域具有良好的业绩;具有一定数量的审核员,审核员在其审核领域具有丰富的从业经验,未出现任何不良记录;具备一定的经济偿付能力。

如前文所述,目前由国家备案的具备CCER审定与核查资质的单位共有12家。值得注意的是,一些关键问题,比如交易所申请备案的注册资金要求、审定和核证机构申请备案的业绩证明材料和经济偿付能力等,《CCER暂行办法》并没有给出明确的规定。

自愿减排交易管理实践证明,《CCER暂行办法》还存在一些不足。在温室气体自愿减排交易体系建设中,政府应担当建章立制、监督指导的责任,通过建立完善的政策法规体系、构建坚实的技术规范体系,确保CCER作为具有国家公信力的优质碳信用,并确保CCER及其交易的有效性和公平性,确保对CCER管理机构和交易机构依法有效监督。除此之外,政府还应保证相关政策法规的稳定性,充分发挥对减排项目的导向作用,避免CCER交易市场由于政策频繁变化导致的剧烈波动,避免减排项目领域过度集中,并合理引导资金和技术流向绿色低碳发展领域。另外,为保障自愿减排量的质量,自愿减排交易及相关活动应遵循公平、公正、公开、诚信和自愿的原则。自愿减排项目应当具备真实性和额外性,项目产生的减排量应当可测量、可核查。拟开发的自愿减排项目应当有利于经济社会发展全面绿色转型,有利于能源绿色低碳发展,有利于保护生态环境,能够实现温室气体排放的替代、减少或者清除。根据法律法规规定或者基于强制减排义务实施的减排项目,不能被开发为温室气体自愿减排项目。为此,政府还应协调好温室气体自愿减排交易与碳排放权交易、绿色证书交易、用能权交易、节能量交易等政策工具的关系,防止政策工具重复,减少管理成本,提高企业参与的积极性。在温室气体自愿减排交易市场建设和管理中,大型企业是主要的参与主体。碳交易主管部门必须充分调动大型企业和行业协会的能动性,与它们建立互动监管机制,充分发挥大型企业在资金、技术和管理方面的优势,共同营造良好的市场环境,创造市场需求,提高市场监管效率。

此外,对于 CCER 项目和减排量备案及签发过程中的违法违规行为,《CCER 暂行办法》的惩罚较轻,其处罚措施仅限于责令改正、公布违法信息和取消备案等,无法引起利益相关方的重视。因此,《CCER 暂行办法》的修订应提升其效力层级,以便引入严格且明晰的处罚机制,提高违法成本,进一步规范各市场参与者的市场行为,特别是加大对中介机构的监管力度,从而间接降低由于违法违规行为给政府或相关部门带来的额外管理成本。

2017 年,由于种种原因,温室气体自愿减排暂缓了申请受理。目前,国家层面仍未重启 CCER 项目,交易的只是暂停前已获批项目减排量。CCER 相关工作仍处于暂停状态,对项目业主以及市场参与者带来了一定的影响。随后几年,网上一直有关于重启 CCER 市场的讨论,2022 年随着碳排放权交易市场第一个履约期收官,重启温室气体自愿减排交易市场的呼声越来越高,减排项目申报重启的市场预期激增。因此,为进一步完善我国温室气体自愿减排交易体系,同时为未来将 CCER 适时纳入全国碳排放权交易体系奠定良好的基础,提振市场参与者信心,应尽快修订完善《CCER 暂行办法》,并加快发布相关配套细则。[1]

(三)自愿减排交易地方立法

2014 年 3 月 19 日,最早开展碳排放交易试点的深圳市人民政府制定了《深圳市碳排放权交易管理暂行办法》,对温室气体自愿减排政策进行了简略规定。之后,深圳排放权交易所发布《核证自愿减排量项目挂牌上市细则

〔1〕 赵小鹭:《对 CCER 未来发展的几点期望》,载碳交易网,http://www.tanjiaoyi.com/article-31038-1.html,最后访问日期:2022 年 8 月 30 日。

(暂行)》,对核证自愿减排项目的挂牌要求、程序、命名、交易等进行了规定,为相关项目提供了挂牌交易的实施细则。同时,深圳修订了《深圳碳排放权交易所现货交易规则》,对核证减排量的现货实名交易作出了规定。2015 年 6 月 2 日,深圳市发改委发布《深圳市碳排放权交易市场抵销信用管理规定(暂行)》,该规定所称的抵消信用,是指国家备案签发的核证自愿减排量(CCER)。该规定所称的合格抵消信用(SZ - CCER),是指深圳市发改委根据本市管控单位减排工作的开展情况和碳市场发展的实际需要确定的,可以由深圳市管控单位替代配额用于履约的抵消信用。该管理规定明确要求,具有国家签发 CCER 资质的管控单位可以进入深圳碳市场进行交易,抵消最多 10% 的年度碳排放配额。且该管理规定鼓励当地企业开发全国减排项目,并给予相应政策优惠。2021 年 3 月,深圳市正式实施的《深圳经济特区绿色金融条例》提出了完善碳普惠制度。2021 年 9 月起正式实施的《深圳经济特区生态环境保护条例》提出应当建立碳普惠机制,推动建立深圳市碳普惠服务平台。2021 年 11 月 12 日,深圳正式出台《深圳碳普惠体系建设工作方案》,致力于构建全民参与且持续运营的碳普惠体系,“深圳碳普惠模式”第一次有了体系化实施规划。为规范深圳市碳普惠管理,根据《深圳经济特区绿色金融条例》《深圳经济特区生态环境保护条例》《深圳市碳排放权交易管理办法》《深圳碳普惠体系建设工作方案》等相关规定,结合深圳市实际,深圳市生态环境局于 2022 年 8 月 2 日制定了《深圳市碳普惠管理办法》,该办法所称的碳普惠,是指为小微企业、社区家庭和个人等的减碳行为进行具体量化和赋予一定价值,并建立起以商业激励、政策鼓励和核证减排量交易相结合的正向引导机制,主要内容包括碳普惠方法学管理、碳普惠项目审定及其减排量核证管理流程、碳积分管理流程、碳普惠场景管理等。

2012 年 9 月 7 日,广东省人民政府印发《广东省碳排放权交易试点工作实施方案》,在该实施方案中对广东省的自愿减排交易市场进行了顶层设计,该方案将广东省温室气体自愿减排项目初步分为了启动、实施和深化三个阶段。2014 年 1 月 15 日,为呼应该实施方案,广东省人民政府发布了《广东省碳排放管理试行办法》,鼓励开发林业碳汇等温室气体自愿减排项目,并规定控排企业使用核证自愿减排量抵消实际减排量的相关限制,即控排企业和单位可以使用中国核证自愿减排量作为清缴配额,抵消本企业实际碳排放量。但用于清缴的中国核证自愿减排量,不得超过本企业上年度实际碳排放量的10%,且其中70%以上应当是本省温室气体自愿减排项目产生。控排企业和单位在其排放边界范围内产生的国家核证自愿减排量,不得用于抵消本省控排企业和单位的碳排放。2015年7月7日,广东省发改委印发《广东省碳普惠制试点工作实施方案》和《广东省碳普惠制试点建设指南》。明确了关于开展创新性碳普惠制试点的重要意义、工作目标、主要任务、组织实施等内容。碳普惠机制为广东省首创,该省所谓的"碳普惠制",是指运用相关市场机制,通过社会广泛参与促使减少温室气体排放及增加碳汇行为的制度,包含碳普惠行为的确定、碳普惠行为产生减排量的量化及获益等环节,碳普惠制核证减排量的单位为二氧化碳当量。广东省推行碳普惠制的目的是,建立以商业激励、政策鼓励和核证减排量交易相结合的正向引导机制,助力全民绿色低碳生产生活方式。经广东省各地自愿申报和评选,首批纳入碳普惠制试点地区的分别是广州、东莞、中山、惠州、河源、韶关等六个市。该实施方案把广东省建设碳普惠制试点的主要工作任务分为省直部门工作任务和各试点地区工作任务,要求省直部门搭建碳普惠制推广平台、量化核证体系、基于核证减排量的交易机制以及商业激励机制,而试点地区则负有落地实施和宣传推广的义务;2017年4月14日,为加快推进广东省碳普惠制试点,进一步规范碳普惠制核证减排量管理工作,广东省发改委印发《关于碳普惠制核证减排量管理的暂行办法》,该暂行办法适用于广东省碳普惠核证减排量(简称PHCER),包括碳普惠试点地区的企业或个人自愿实施的低碳行为,从方法学管理、核证减排量管理、监督管理等几个方面进行了规定。然而,该办法自2017年4月24日起施行,有效期只有三年。2022年4月,广东省修订了《广东省碳普惠交易管理办法》,将原办法中试点地区运行推广至全省,扩展碳普惠覆盖城市及涉及领域,完善碳普惠制自愿减排交易体系。已发布林业、光伏发电、使用高效节能空调、使用家用型空气源热泵热水器、共享单车、废弃衣服再利用等6个碳普惠方法学。截至2022年6月底,碳普惠核证减排备案累计签发191万吨,提供资金3931余万元,其中来源于贫困地区林业碳普惠减排量118万吨,为乡村振兴地区、民族地区及重点革命老区苏区提供资金2467余万元。碳普惠成为精准扶贫、生态补偿,推动节能减排、新能源发展,普及公众低碳意识的重要市场机制,充分发挥市场对资源配置的主导作用。[1]

2012 年 7 月 3 日,上海市人民政府发布《上海市人民政府关于本市开展碳排放交易试点工作的实施意见》,将核证自愿减排量纳入交易标的。2013 年 11 月 18 日,《上海市碳排放管理试行办法》对于核证自愿减排量的抵消机制进行了规定,但没有指明具体比例,之后由上海市国家发展改革委制定了 5% 的比例要求。上海市年度使用 CCER 的抵消比例并不固定,如《上海市 2016 年碳排放配额分配方案》中规定 2016 年履约年度上海 CCER 使用比例从原来的 5% 降低至 1% 。上海环境能源交易所对碳现货、远期交易、创新产品业务都制定了相应的交易规则,其中 2015 年 5 月 25 日发布的《上海环境能源交易所协助办理 CCER 质押业务规则》对碳金融产品的质押申请、变更、补办、解除和违约处理都作出了规定,而上海也是各试点地区中碳衍生产品最为兴盛的市场,[2]这是上海市碳金融发展程度的有力证明。2022 年 11 月 22 日,上海市生态环境局、市发改委等 8 个部门联合发布了《上海市碳普惠体系建设工作方案》,提出要积极开发碳普惠减排项目,探索纳入个人减排场景,拓宽完善消纳渠道,借鉴国家核证自愿减排量(CCER)机制,丰富项目范畴,助力我国多层次自愿减排市场体系建设,构建可持续发展的碳普惠体系,打通上下游碳普惠价值链,将碳普惠打造成为上海践行绿色低碳发展的重要品牌。并规定,逐步建立个人减排场景申报评估机制、有序推动个人减排场景接入与开发,建立抵消机制对接上海碳排放交易市场,鼓励通过购买和使用碳普惠减排量实现专门场景和活动的碳中和,优化资源共享的碳普惠生态圈。

2013 年 11 月 20 日,北京市发改委员会发布《关于开展碳排放权交易试点工作的通知》,仅围绕二氧化碳一类温室气体进行初步的碳试点市场构建,并规定符合标准的核证自愿减排量可部分(不超过当年排放配额数量的 5%)用于抵消排放量。2014 年 5 月 28 日,北京市人民政府印发《北京市碳排放权交易管理办法(试行)》规定,重点排放单位可以用经过审定的碳减排

[1] 参见《广东省生态环境厅关于省政协十二届五次会议第 20220137 号提案答复的函》(粤环函〔2022〕418 号),载广东省生态环境厅官网,http://gdee. gd. gov. cn/shbtwj/content/post_3975007. html,最后访问日期:2022 年 7 月 15 日。

[2] 张黎黎:《透视中国碳市场发展》,载《中国金融》2021 年第 5 期。

量抵消其部分碳排放量，使用比例不得高于当年排放配额数量的5%，并且重申了来源于本市行政区域内重点排放单位固定设施化石燃料燃烧、工业生产过程和制造业协同废弃物处理以及电力消耗所产生的核证自愿减排量不得用于抵消。2014年9月1日，北京市发改委、市园林绿化局联合印发了《北京市碳排放权抵消管理办法（试行）》（京发改规〔2014〕6号），明确规定重点排放单位可使用的经审定的碳减排量包括核证自愿减排量、节能项目碳减排量、林业碳汇项目碳减排量，并对抵消比例、用于抵消的碳减排量应满足的要求、申报材料等作出规定。之后，北京绿色交易所相继制定了交易收费、交易规则及配套细则以及相关公平交易、信息披露、风险控制、纠纷调解等一系列与自愿减排交易相关的管理办法。2020年，北京市创新提出基于MaaS[1]的绿色出行碳普惠机制，上线"MaaS出行 绿动全城"碳普惠激励行动，激励引导公众绿色出行。2021年，达成全球首笔绿色出行碳普惠交易，实现绿色出行碳普惠激励机制闭环。据悉，北京市正在研究制定《北京MaaS2.0工作方案》，将聚焦服务场景功能拓展、多场景无感式碳赋能等方面，持续优化以"轨道+"为核心的城市出行、跨区域出行以及"交通+生活"等场景出行服务；将小汽车停驶、合乘等低碳出行情景纳入碳普惠激励范围。2022年8月10日，北京绿色生活碳普惠平台"绿色生活季"小程序暨北京个人碳账本正式上线，为市民积极践行绿色生活、参与减污降碳提供重要抓手。北京绿色生活碳普惠平台基于标准和算法，利用数字技术打通出行、快递、外卖、消费等各个场景，实现个人减排量的滤重和融合汇总，建立个人碳账本，以市场化方式带动市民减污降碳行为。今后，北京市应继续推进数字平台碳普惠发展，开展创新型自愿减排机制碳普惠，激励公众参与减排，引导公众践行绿色低碳生活方式并取得实质性成效。

福建省碳排放权交易依托海峡股权交易中心进行，2016年福建统一制定、发布了一系列的政府规章以及其他政策性文件。9月22日，福建省政府发布《碳排放权交易管理暂行办法》，鼓励发展林业碳汇项目，该省林业碳汇减排量简称FFCER。9月26日，福建省人民政府印发的《福建省碳排放权交易市场建设实施方案》明确规定，福建省碳交易平台交易的产品包括碳排放

---

〔1〕 MaaS是英文"Mobility as a Service"（出行即服务）的简写。

配额、以林业碳汇为主的核证自愿减排量和本省鼓励探索创新的碳金融产品等碳排放权交易相关产品。依托福建省政府确定的交易机构——海峡股权交易中心建设集交易账户管理、配额、国家核证自愿减排量和林业碳汇等交易品种、资金结算清算等功能于一体的全省碳排放权交易平台,并与注册登记系统等信息平台联网,实现信息互联。并规定,鼓励重点排放单位通过购买林业碳汇减排量抵消其经确认的碳排放量,支持林业发展。11 月 28 日,福建省发改委、林业厅、经信委联合印发了《福建省碳排放权抵消管理办法(试行)》(闽发改生态〔2016〕848 号),对 CCER 和 FFCER 的抵消比例、项目来源、用于抵消的碳减排量应满足的要求等均作出了规定。2021 年 9 月 14 日,福建省人民政府印发《福建省加快建立健全绿色低碳循环发展经济体系实施方案》提出,健全绿色交易市场机制,推进排污权、用能权、碳排放权、用水权等资源环境权益交易市场建设,进一步完善拓展在全国走前列做示范的福建排污权综合交易模式。健全碳汇补偿机制,积极参与国家碳排放权交易市场建设。

2014 年 3 月 17 日,湖北省人民政府发布了《湖北省碳排放权管理和交易暂行办法》(2016 年 9 月 26 日修订),该暂行办法明确规定,"所称碳排放权交易是指碳排放权交易主体在指定交易机构,对依据碳排放权取得的碳排放配额和中国核证自愿减排量(CCER)进行的公开买卖活动",并对 CCER 可用于抵消企业碳排放量的条件、抵消比例、抵消时限、注销要求、CCER 录入等作出了规定。2018 年 5 月 30 日,为完善湖北省碳排放权交易制度体系,规范抵消机制,鼓励自愿减排,湖北省发改委发布了《关于 2018 年湖北省碳排放权抵消机制有关事项的通知》,该通知对湖北省自愿减排量的抵消条件、抵消程序进行了明确规定。

2013 年 12 月 20 日,天津市人民政府首次在《天津市碳排放权交易管理暂行办法》中对核证自愿减排的抵消比例作了规定,即纳入企业可使用一定比例的、依据国家相关规定取得的核证自愿减排量抵消其碳排放量。抵消量不得超出其当年实际碳排放量的 10%。此后,天津市人民政府分别于 2016 年 3 月 21 日、2018 年 5 月 20 日、2020 年 6 月 10 日发布的《天津市碳排放权交易管理暂行办法》均对核证自愿减排量(CCER)抵消碳排放量及抵消比例进行了相同的规定。2015 年 5 月,天津市发改委印发了《关于天津市碳排放权交易试点利用抵消机制有关事项的通知》(津发改环资〔2015〕443号),规定用于抵消的CCER应同时符合以下条件:其一,核证自愿减排量的使用比例不得超过纳入企业当年实际碳排放量的10%;其二,核证自愿减排量应按照国家有关规定进行备案和登记;其三,核证自愿减排量所属的自愿减排项目,其全部减排量均应产生于2013年1月1日后;其四,优先使用津京冀地区自愿减排项目产生的减排量,天津市及其他碳交易试点省市纳入企业排放边界范围内的核证自愿减排量不得用于本市的碳排放量抵消;其五,核证自愿减排量仅来自二氧化碳气体项目,且不包括水电项目的减排量。2021年1月22日,天津市生态环境局印发《关于进一步优化营商环境以生态环境高水平保护推动经济高质量发展的若干举措》(津环综〔2021〕10号)提出:"编制《天津市碳排放权抵消管理办法(试行)》,允许交易试点企业通过购买项目减排量抵消其排放量,支持我市林业碳汇项目开发,活跃碳排放权交易市场。"2022年7月6日,天津市生态环境局印发的《天津市碳普惠体系建设方案(征求意见稿)》提出,天津市碳普惠开展的时间安排为2022~2024年,开展碳普惠体系顶层设;2025~2026年,基本形成碳普惠制度框架;2027~2030年,完善和深化碳普惠制度标准和运营机制。明确提出探索将碳普惠核证减排量纳入天津碳市场核证自愿减排量交易品种,明确抵消规则,鼓励本市纳入管理企业购买碳普惠核证减排量运用于碳市场履约抵消。

2014年4月26日,重庆市人民政府发布的《重庆市碳排放权交易管理暂行办法》(渝府发〔2014〕17号)规定,配额管理单位的审定排放量超过年度所获配额的,可以使用国家核证自愿减排量(CCER)履行配额清缴义务,1吨国家核证自愿减排量相当于1吨配额。国家核证自愿减排量的使用数量不得超过审定排放量的一定比例,且产生国家核证自愿减排量的减排项目应当符合相关要求。并规定,重庆市碳排放权交易平台的交易品种为配额、国家核证自愿减排量及其他依法批准的交易产品,基准单元以tCO_2e计。2014年5月28日发布的《重庆市碳排放配额管理细则(试行)》第20条规定了自愿减排的抵消比例和抵消项目限制,具体内容为:2015年前,每个履约期国家核证自愿减排量使用数量不得超过审定排放量的8%,减排项目应当于2010年12月31日后投入运行(碳汇项目不受此限),且属于以下类型之一:节约能源和提高能效;清洁能源和非水可再生能源;碳汇;能源活动、工业生产过程、农业、废弃物处理等领域减排。重庆市发改委结合本市产业结构调整、节能减排和控制温室气体排放等情况对减排项目的要求进行调整。2021年9月14日,重庆市生态环境局发布了《重庆市“碳惠通”生态产品价值实现平台管理办法(试行)》,规定了“碳惠通”方法学、项目及减排量管理、“碳惠通”减排量抵消管理、“碳惠通”低碳场景建设等内容。“碳惠通”项目包括非水可再生能源、绿色建筑、交通领域的二氧化碳减排,森林碳汇、农林领域的甲烷减少及利用,垃圾填埋处理及污水处理等方式的甲烷利用等项目,以及根据“十四五”重庆市应对气候变化工作实际,市生态环境局允许抵消的其他温室气体减排项目。重庆碳排放权交易中心(以下简称“交易中心”)为重庆核证自愿减排量(以下简称CQCER)交易提供交易场所、交易设施,以及提供资金结算、信息发布等服务,按照有关规定组织交易活动,对交易行为进行监督管理。明确规定,CQCER与CCER不得重复申报。2022年8月29日,重庆市生态环境局发布了《重庆市碳排放配额管理细则(征求意见稿)》向社会各界公开征求意见,该意见稿对减排量的使用进行了规定,即重点排放单位可以使用国家核证自愿减排量、重庆市核证自愿减排量或其他符合规定的减排量完成碳排放配额清缴。重点排放单位使用的减排量比例上限为其排放量的10%,具体减排量使用比例、减排项目的使用类型等在年度配额分配方案中明确。其中:使用产生于重庆市行政区域以外的减排量比例不得超过其减排量使用总量的50%。重点排放单位在其核算范围内产生的国家核证自愿减排量、重庆市核证自愿减排量或其他符合规定的减排量,不得用于抵消重庆碳市场重点排放单位的温室气体排放量。并规定,重庆市生态环境局结合本市产业结构调整、节能减排和温室气体排放控制等情况对自愿减排项目的要求进行调整。

2016年4月26日,国家发改委发出《温室气体自愿减排交易机构备案通知书》,予以四川联合环境交易所温室气体自愿减排交易机构资质。四川联合环境交易所成为非碳排放权交易试点地区第一家获得备案的交易机构、全国第八家温室气体自愿减排交易机构。8月9日,四川省发展改革委印发《四川省碳排放权交易管理暂行办法》,允许重点排放单位使用本省的国家核证自愿减排量抵消部分年度配额排放量,抵消比例由省碳交易主管部门确定;也允许重点排放单位可使用省外的国家核证自愿减排量抵消其部分排放量，抵消比例由省碳交易主管部门确定。该暂行办法专设一章规定了“自愿减排项目管理与交易”，明确规定，鼓励省内、外重点排放单位及符合交易规则规定的机构和个人主动参与温室气体自愿减排交易。鼓励本省交易主体积极参与省内、外配额市场交易及温室气体自愿减排交易。并且提出，四川省碳交易主管部门应当将配额有偿分配所取得的收益，部分用于购买碳交易产品，用作市场调节和碳减排激励。鼓励机构、组织、企业和个人以“碳中和”的形式购买碳交易产品，抵消因举办展览、会议、竞赛等活动或生产、生活消费产生的碳排放量，体现绿色低碳社会责任。省碳交易主管部门应会同有关部门开展碳普惠制度研究和设计，推广低碳生产、生活和消费模式。然而，该暂行办法的有效期仅为两年。2016 年 12 月 16 日，四川碳市场鸣锣开市，标志着四川正式跨入温室气体自愿减排交易行列。

2020 年 3 月，成都市人民政府发布《关于构建“碳惠天府”机制的实施意见》，明确以公众碳减排积分奖励、项目碳减排量开发运营为路径的碳普惠机制建设思路。2020 年 10 月，成都市生态环境局印发《成都市“碳惠天府”机制管理办法（试行）》，该管理办法规定了公众碳减排积分奖励、成都核证自愿减排量（以下简称 CDCER）交易的运行规则和流程，界定参与主体的权利、责任和义务。“碳惠天府”机制的运营平台、交易平台、管理平台分别由成都产业集团、四川联合环境交易所、成都市生态环境局负责建设和管理。2022 年 3 月，成都市生态环境局等 7 部门发布《成都市近零碳排放区试点建设工作方案（试行）》，在“零碳排放”目标上通过认购 CDCER 以实现，并要求近零碳排放园区试点认购 10% 以上年度碳排放量的 CDCER 用于抵消，对近零碳排放公共机构试点这一比重提高至 50% 以上。

2021 年 3 月 29 日，四川省生态环境厅等五部门印发《四川省积极有序推广和规范碳中和方案》（川环发〔2021〕5 号），明确提出依托四川联合环境交易所建设集碳中和申请、碳排放核算、碳中和方式选择、碳排放抵消、碳中和评价等碳中和全流程，以及相关知识普及、信息查询等功能为一体的碳中和公益服务平台，提供便捷、高效、规范的碳中和服务。服务平台提供碳配额、国家核证自愿减排量、四川省生态环境主管部门备案或认可的碳减排量等多种碳信用产品选择。要求丰富碳减排信用产品，鼓励优先采用国家碳配额、国家核证自愿减排量实施碳中和，推动依托国家温室气体自愿减排方法学开发减排项目。加快建立包括“碳惠天府”在内的区域碳减排机制，重点围绕公众行为减排、林草碳汇提升、城乡环境整治、节能低碳改造，创新开发区域核证碳减排量，畅通低碳价值转化路径。从表4-5中可以看出我国各地自愿减排交易可供抵消的减排量类型、抵消比例等不同规则。

表4-5　我国各地自愿减排交易相关规定对比

省市	可供抵消的减排量及项目类型	最高抵消比例	碳排放权交易配额分配方法	减排量来源区域限制
北京	CCER、节能项目碳减排量、林业碳汇项目碳减排量（BCER）	当年排放配额数量的5%	历史法和基线法，初始份额免费分配	本地区，京外项目2.5%的比例限制
重庆	CCER、CQCER	配额管理单位审定排放量的5%	政府总量控制与企业竞争博弈相结合，初始份额免费分配	无
福建	CCER、FFCER	当年经确认的排放量的10%	历史强度法和基线法相结合，免费分配	本省行政区内
广东	PHCER、CCER	上年度实际碳排放量的10%	历史法和基线法，初始份额免费分配和有偿分配（电力企业免费份额95%）	70%以上在本省自愿减排项目中产生
湖北	CCER	年度碳排放初始配额的10%	历史法和基线法，初始份额免费分配	本省行政区域内和与本省签署了碳市场合作协议的省市
上海	CCER、上海市碳普惠项目减排量（拟推出）	试点企业该年度通过分配取得的配额量的5%	历史法和基线法，初始份额免费分配	不包含纳入企业边界范围内产生的核证减排量
深圳	CCER，深圳市合格抵消信用（SZ-CCER），深圳市碳普惠项目核证减排量，风力发电、太阳能发电和垃圾焚烧发电项目碳减排量	管控单位年度碳排放量的10%	竞争博弈（工业）与总量控制（建筑）相结合，初始份额免费分配	与本市签署碳交易区域战略合作协议的省份或地区；梅州、汕尾、新疆等省份和地区。

续表

省市	可供抵消的减排量及项目类型	最高抵消比例	碳排放权交易配额分配方法	减排量来源区域限制
天津	CCER、天津市碳普惠核证减排量（拟推出）	当年实际排放量的10%	历史法和基线法，初始份额免费分配	优先使用京津冀地区自愿减排项目
四川	CCER，CDCER	抵消比例不得超过应清缴碳排放配额的5%	历史法和基线法，初始份额免费分配	无

资料来源：《深圳市碳排放权交易市场抵销信用管理规定（暂行）》《北京市碳排放权抵销管理办法（试行）》《广东省碳排放管理试行办法》《重庆市碳排放配额管理细则（试行）》《福建省碳排放权抵消管理办法（试行）》《关于天津市碳排放权交易试点利用抵消机制有关事项的通知》《湖北省碳排放权管理和交易暂行办法》等相关文件。

三、自愿减排交易技术支撑体系

温室气体自愿减排交易的技术支撑体系由《温室气体自愿减排项目审定与核证指南》（发改办气候〔2012〕2862号，以下简称《审定与核证指南》）、项目审定和减排量核证方法学等共同构成。《审定与核证指南》起到基础和支撑作用。

《审定与核证指南》由国家发改委办公厅印发，目的是保证审定与核证结果的客观性和公正性，其主要内容包括以下两个部分：一是关于审定与核证机构备案的相关要求；二是关于温室气体自愿减排审定与核证工作的程序和要求。国家发改委对审定与核证机构提出了严格的资质要求，如要求其必须具备独立法人资格，拥有固定的开展活动的场所和设施，健全的组织机构和完善的内部管理制度，已建立应对风险的基金或保险。具有开展业务活动所需的稳定的财务支持和完善的财务制度，并具有应对风险的能力，确保对其审定与核证活动可能引发的风险能够采取合理有效措施，并承担相应的经济和法律责任。具有规定数量的专职审定和（或）核证人员，以确保其有能力在获准的专业领域内开展审定与核证工作。并要求在审定与核证领域内具有良好的业绩，且在所从事的审定与核证业务活动中没有任何违法违规行为记录等。根据《审定与核证指南》的规定，审定与核证机构在准备、执行和报告审定及核证工作时,应遵循客观独立、公正公平、诚实守信、认真专业的基本原则。关于审定程序,《审定与核证指南》要求审定机构应按照规定的程序进行审定,主要步骤包括合同签订、审定准备、项目设计文件公示、文件评审、现场访问、审定报告的编写及内部评审、审定报告的交付等七个步骤。审定机构可以根据项目的实际情况对审定程序进行适当的调整,但调整理由需在审定报告中予以说明。自愿减排项目应当满足项目资格条件、项目设计文件、项目描述、方法学选择、项目边界确定、基准线识别、额外性、减排量计算和监测计划等九个方面的要求。核证要求分为减排量的核证要求和项目备案后变更的审定要求:前者要求自愿减排项目减排量具有唯一性,项目实施与项目设计文件、监测计划与方法学、监测与监测计划、校准频次均有符合性,减排量计算结果具有合理性;后者要求项目备案之后可能会发生监测计划的偏移或修订、项目设计文件中的信息或参数的纠正、计入期开始日期的变更以及项目设计的变更。对这些变更的审定可以与项目减排量的核证同时进行,并且可以将对变更的审定以附件的形式写入核证报告中。此外,根据《CCER 暂行办法》,对于审定与核证机构,国家实施备案制管理,《审定与核证指南》依据审定与核证机构的资质要求,对备案申请材料作出了相应规定。备案以后,当法定代表人、工作场所等内容发生变更时,审定与核证机构负有报告义务,应同时报备国家和省级发改委;当审定与核证机构的能力不再满足规定的备案要求时,国家发展改革委将通告其备案无效;对由于自身过失而造成的项目减排量签发不足,或过量签发,审定与核证机构应按照与客户协商或相关的仲裁结果予以赔偿。

项目审定和减排量核证方法学是自愿减排项目开发的科学基础。有方法学的项目才可以被开发,没有方法学的项目可以先申请方法学备案。方法学与项目场景吻合度越高,开发成功率越高。随着减排技术进步,很多项目还需要开发新的方法学。方法学分为基准线方法学和检测方法学,前者确定基准线情景、项目额外性、计算项目减排量;后者是确定计算基准线排放、项目排放和泄露所需监测的数据和信息的方法。方法学在自愿减排项目的各个阶段都起到重要作用,首先一个项目能够申请就必须选择经国家备案的方法学;其次,项目审定和备案阶段,又要对方法学的合理应用进行审查;最后,项目监测中,将对方法学的具体实施和监测计划的可行性进行检验。目前,现有方法学体系基本可以满足温室气体自愿减排项目开发和减排量核证的需要。与此同时,全国温室气体自愿减排项目审定和减排量核证机构已达12家,包括中国质量认证中心、中环联合认证中心、中国船级社等权威机构。[1]

由于中国碳市场政策先行的特点,地方碳市场也在尝试构建自己的技术支撑体系。在各地碳排放权交易市场中,广东省较为典型,其在自愿减排核证与抵消机制的规定和实践上均更为多样而健全。以广东省的自愿减排方法学的发展现状为例,2017年1月,广东省发改委发布《广东省控排企业使用国家核证自愿减排量(CCER)抵消2016年度实际碳排放工作指引》,规定该省(除深圳之外)的控排企业可以使用CCER作为清缴配额,抵消本企业2016年度实际碳排放量。此抵消规定限制比较严格。2017年4月,《广东省发展改革委关于碳普惠制核证减排量管理的暂行办法》发布,该办法适用于企业或个人自愿参与实施的减少温室气体排放和增加绿色碳汇等低碳行为所产生的广东省碳普惠核证减排量(PHCER)的管理和使用,同时,为了协调PHCER与CCER的关系,规定相关企业或个人申请参与碳普惠试点活动后,不可重复申报国家核证自愿减排量。此外,为了保证PHCER能够正常运行,广东省同时备案了3批PHCER方法学,包括森林保护碳普惠方法学、森林经营碳普惠方法学、安装分布式光伏发电系统碳普惠方法学、使用高效节能空调碳普惠方法学、使用家用型空气热泵热水器碳普惠方法学。2019年6月,广东省生态环境厅恢复受理省级碳普惠核证减排量备案申请,并对广东省现有的5个方法学进行了修订和结构梳理、调整(主要涉及森林保护和森林经营的两个碳普惠方法学),重新对森林管护和经营过程中实施林业增汇行为产生的PHCER的流程和方法进行了规定。与此同时,全新推出了广东省自行车骑行碳普惠方法学,将广东省境内开展普惠制试点城市中相关企业或个人的自行车骑行活动也纳入了碳普惠的管理范围。

---

[1] 马爱民等:《中国温室气体自愿减排交易体系建设》,载中国社会科学网,https://www.163.com/dy/article/DA4RNHA3051495OJ.html,最后访问日期:2022年12月12日。

四、CCER 国际化的法律准备

CCER 国际化是中国温室气体自愿减排交易机制被国际社会碳界认可的必然要求,也是自愿减排交易市场走向规范、成熟的重要标志。申请 CCER 作为国际民航组织(ICAO)合格减排单位,是 CCER 国际化的重要一步。2016 年 ICAO 第 39 届大会通过决议,确立了 2020 年全球国际航空"碳中性"目标,并建立了"国际航空碳抵消和减排机制"(Carbon Offsetting and Reduction Scheme for International Aviation, CORSIA)帮助实现该目标。CORSIA 是全球第一项行业部门基于市场的碳减排措施,参与该机制的各国航空企业需购买国际民航组织认定的合格碳减排机制产生的减排量,抵消其超出部分的碳排放。CORSIA 是 ICAO 官方认定的合格减排项目体系,该机制目前正处于 2021 ~ 2023 年的自愿试点阶段,之后第一阶段将在 2024 ~ 2026 年之间实施,虽然仍为自愿阶段,但要求发达国家率先参与。强制性的第二阶段将在 2027 ~ 2035 年之间实施,所有航空大国均要求参与。全球共有 14 个碳减排机制向国际民航组织提出申请,并接受国际民航组织的技术测评。如中国能参与 CORSIA,国内航空企业则可以购买中国自己的减排量控制和降低履约成本。如中国不参与,则中国开发的 CCER 项目减排量也可以向国际航空市场出售,打开新的资金渠道。中国于 2019 年 7 月向国际民航组织提交了材料,申请将 CCER 列为该组织认可的合格减排机制,并接受了技术测评。2020 年 3 月,ICAO 第 219 届理事会审议通过了其技术咨询小组出具的关于 CORSIA 合格减排项目体系的评估报告。其中认可了包括中国 CCER 在内的 6 个减排项目体系在 2021 ~ 2023 年的 CORSIA 试点期内为其提供合格碳减排指标。CORSIA 要求合格碳减排指标必须由 2016 年 1 月 1 日以后投产的减排项目产生,且时间不得晚于 2020 年 12 月 31 日。今后,中国应按照充分尊重民航行业特点、集中统一管理的基本原则,深入参与编制航空碳减排行动方案。合理确定民航碳减排力度,研究将民航业国内航空部分纳入全国碳市场统一管理,国际航空部分采用 CCER 进行碳排放抵消。跟踪研究国际民航组织对于合格减排机制的有关进展和技术要求,充分借鉴国外减排机制的管理方式,做好《CCER 暂行办法》修订起草和与航空碳减排行动方案衔接工作。ICAO 虽然认可了中国的 CCER,但仅为 2021～2023 年 CORSIA 试点期内的合格碳减排指标,自愿试点阶段将于 2023 年年底结束,然而,中国国内 CCER 事项却仍未启动,过去国家签发的 CCER 存量所剩无几,现今仍没有 CCER 新的增量可以供给,应抓紧修订《CCER 暂行办法》,出台 CCER 新的管理办法,为 CCER 的国际化提供法律支持。

五、国内相关立法评析

通过对我国温室气体自愿减排项目各省市的法律法规、政策文件等的梳理,可以看出,中国目前的 CCER 市场,还是一个分散的地方市场,各省市的抵消比例、项目来源、项目产生地等基本要求都不尽相同。国家暂缓 CCER 项目备案时曾声明,温室气体自愿减排的交易量比较少,个别的项目也不够规范。而这些问题反应于 CCER 市场机制中,则具体表现于以下几个方面。首先,CCER 法律规则体系构建不够健全。一般认为,CCER 交易既有一般资产交易的法律共性,又具有碳资产交易的特殊性。CCER 兼具"资产"和"权利"、"公权"和"私权"、"环保性"和"金融性"等多重属性。基于此,其交易可能受到《民法典》《行政处罚法》《民事诉讼法》《企业国有资产法》《证券法》《仲裁法》等法律的调整。CCER 交易直接依据的是国家发改委于 2012 年 6 月 13 日印发的部门规范性文件《CCER 暂行办法》。然而,CCER 交易是一项全新的交易模式,其涉及面广、操作环节多、程序复杂,《CCER 暂行办法》毕竟法律层级较低,作为过渡的规范性法律文件,其内容并不完善全面。《CCER 暂行办法》囿于法律效力层级的限制,仅设定警告或者一定数额罚款的行政处罚,也无法充分满足行政监管需求,与碳排放权交易市场相同,CCER 交易也面临上位法缺失的困境,导致相关规定强制性不足或缺乏规制。目前,《碳排放权交易管理暂行条例》(草案修改稿)正在审议之中,草案修改稿经国务院立法程序审议通过后,将作为行政法规正式发布,成为我国碳市场领域统领全局的最高效力层级的法律文件,虽然,其中对 CCER 交易的规定着墨比较少,但依然被认为可能为将来 CCER 市场提供支撑性指引作用。其次,CCER 的技术支撑体系仍存在不足。技术支撑体系是CCER得以产生,进而产生公信力的科学基础。目前,CCER的技术支撑主要依赖《审定与核证指南》和200多个方法学,这些技术支持对具体操作环节的指导性是不足的,有关项目的可操作空间很大,有的CCER项目并未配备适格的审定与核查人员,导致CCER项目可能在质量上存在瑕疵。再次,目前各地的CCER交易和抵消机制存在差异性,CCER不具备同质性。CCER市场较之碳排放权交易市场发展较缓,尚未建立起全国统一的运作机制。而各试点地方碳市场在CCER交易上"各自为政",产生要求、抵消比例、抵消地域限制等规定都不相同,这就导致各地CCER产品的成本与质量可能有差异。而且,各地碳市场碳配额的分配方法、稀缺程度、市场价格均存在差异,致使各地的碳配额缺乏同质性和可比性,但CCER的备案和签发规则在国家的统一规定之下,碳配额市场无法为CCER提供一个基本合理的价格参照,使本应具备同质性的CCER价格在各地区出现了差异。

温室气体自愿减排交易机制是全国碳市场的重要组成部分和补充机制,根据《碳排放权交易管理办法(试行)》的规定,重点排放单位每年可以使用CCER抵消碳排放配额的清缴,抵消比例不得超过应清缴碳排放配额的5%。第一个履约周期在发电行业重点排放单位间开展碳排放配额现货交易,847家重点排放单位存在配额缺口,缺口总量为1.88亿吨。第一个履约周期累计使用CCER约3273万吨用于配额清缴抵消。通过抵消机制,全国碳市场第一个履约周期为风电、光伏、林业碳汇等189个自愿减排项目的项目业主或相关市场主体带来收益约9.8亿元,为推动我国能源结构调整、完善生态补偿机制发挥了积极作用。截至2022年6月17日,CCER累计成交量约4.54亿tCO_2e,成交额约59.73亿元。[1] 我国CCER签发自2017年3月份起已暂停。存量CCER恐难满足全国碳排放权交易市场第二个履约周期的清缴需求,这也增加了CCER交易市场(包括CCER签发等)重启的迫切性。中国启动了全国碳交易市场,这是一个重大的进展,下一步中国还要不断完善全国碳交易市场,同时争取尽早重启中国CCER市场。目前,中国已经是全球最大的国际自愿碳信用供应国之一。为进一步完善我国温室气

---

〔1〕 参见《全国碳市场累计成交破百亿2023年碳市场扩容、CCER重启受关注》,载21世纪经济报道南方号网,http://static.nfapp.southcn.com/content/202301/04/c7234412.html。

体自愿减排交易机制,应做好以下几方面工作:

第一,健全 CCER 规则体系,重视法律的规范与引导作用。相对于法律,政策呈现出更加灵活、多样的特点,中国仍处于自愿减排交易探索期内,政策在自愿减排市场的建立、运行、发展中起到不可或缺的作用。通过及时出台多样政策,可以应对自愿减排市场中出现的种种问题。良好的政策要及时上升为法律,赋予自愿减排市场以法律上的合理性,不仅是保障这一市场能够稳定发展的基础,也是市场主体的信赖来源之一。但是中国的《碳排放权交易管理办法(试行)》仅为部门规章层级,作为强制交易市场补充的自愿减排交易,其相关管理文件的效力层级应当也不会高于此。面对这种现实,一方面可通过其他法律进行填补,如《大气污染防治法》修订中已经增加关于对"大气污染物和温室气体实施协同控制"的法律规定,并将其置于"总则"位置。该规定是将温室气体减排纳入法律框架控制的初步尝试,力图改变温室气体减排无法可依的法律缺位现状。虽然对于二氧化碳等温室气体是否属于污染物,学界存有争议,立法也采用将两者并列的方式,态度模糊,但这一修订内容已是进步,此修订内容之所以成为可能,是因为协同控制传统的大气污染物与温室气体已成为我国新发展阶段面临的重要任务之一,我国在协同控制立法和政策制定等方面走在世界前列,许多法规与政策性文件均明确提出将污染物和温室气体协同控制,且应对气候变化的职能已并入生态环境主管部门,这都为大气污染物和温室气体协同控制做好了体制机制上的准备。另一方面,应当将已经停摆的《中华人民共和国气候变化应对法》立法重新提上议程,哥本哈根世界气候大会前后,许多国家开始重视应对气候变化立法,如英国的《气候变化法》、韩国的《气候变化对策基本法》,新西兰的《应对气候变化法》等,[1] 中国于 2009 年也提出"加强应对气候变化的相关立法",但该立法却几次启动,几次搁置,直到 2016 年国务院印发《"十三五"控制温室气体排放工作方案》又一次提出"推动制定应对气候变化法"。《气候变化应对法(征求意见稿)》试图对中国碳排放权交易市场的构建提供相关的法律基础,同时也考虑到了参与国际市场碳交易法律

---

[1] 田丹宇、郑文茹:《国外应对气候变化的立法进展与启示》,载《气候变化研究进展》2020 年第 4 期。

保障问题,[1]总之,应重启《气候变化应对法》立法,并对中国温室气体自愿减排交易管理及其相关活动作出明确规定,使之成为 CCER 领域相关活动的最高法律依据。

第二,健全 CCER 技术规范体系,完善相关技术支撑。目前,生态环境部正在积极推进建设全国统一的温室气体自愿减排交易市场。为进一步完善温室气体自愿减排项目方法学体系,提升方法学的科学性、适用性和合理性,一方面是对旧方法学进行改进,目前 CCER 备案的 12 批方法学中,继承清洁发展机制的方法学占比 80% 以上,但这些方法学如今是否真正适配于 CCER 市场的需求是存疑的。在重启 CCER 市场时,需要对这批方法学进行更新。此外,还应该引导社会力量开发新的方法学,向全社会公开征集温室气体自愿减排项目方法学建议。根据方法学的技术性、专业性、前沿性特点,具备自愿减排项目方法学开发或编制技术条件的行业协会、科研机构、高校、大型企业、咨询机构等单位均可提出方法学建议。诚然,拟提出的新的方法学应当符合国家相关产业政策要求,体现绿色低碳技术发展方向,有利于保护生态环境,有利于推动实现碳达峰碳中和目标,能够实现温室气体排放的替代、减少或者清除。新的方法学编制依托的具体技术应具有较为显著的减排效果或低碳示范效应。另一方面,要完善 CCER 抵消管理规则和交易流程,使之具有完整性、统一性和连续性,保证全国统一交易和监管办法,交易不受地域限制。目前的碳市场中,自愿减排交易的主要用途是用于碳配额抵消,而根据生态环境部公开的数据,全国碳市场于 2021 年 7 月 16 日正式启动上线交易,第一个履约周期共纳入发电行业重点排放单位 2162 家,2021 年全国碳市场年覆盖约 45 亿吨二氧化碳排放量,那么按照 5% 的抵消比例测算,一年 CCER 的需求量就会达到 2 亿多吨。未来随着全国碳市场扩容,CCER 需求量也会进一步提升。此外,根据新的 CCER 管理办法,还应该重新修订《审定与核证指南》,发布新的项目审定与减排量核查技术规范。

第三,健全 CCER 运行体系,建立完善有效的信息披露制度。核证自愿减排量的抵消机制和交易属性,都要求其必须具有可统计、可监测、可衡量、

---

[1] 参见《气候变化应对法(征求意见稿)》第 99 条。

可评估的特点，[1]但是统计、监测、衡量、评估都建立在高精度信息准确获取的前提下，这就对信息披露制度提出了要求，然而，中国目前尚无碳市场信息披露相关的专门立法，自愿减排的信息披露法律依据不足。值得注意的是，中国七大碳试点市场均已认识到信息披露的重要性，《深圳市碳排放权交易管理暂行办法》《天津市碳排放权交易管理暂行办法》《湖北省碳排放权管理和交易暂行办法》《重庆市碳排放权交易管理暂行办法》《上海碳排放管理试行办法》《广东省碳排放管理试行办法》《北京市碳排放权交易管理办法（试行）》规定了相关主体负有公开碳排放权交易相关信息的义务，但是公布范围普遍狭窄，对于控排单位碳排放数据、政府配额分配情况、核查机构核查信息的公开亦均未涉及，至于公开的程度和方式，亦相对缺乏可操作性。[2] 如上海环境能源交易所等以交易中心规则的形式，对信息管理的相关内容提出了要求，《上海环境能源交易所碳排放交易信息管理办法（试行）》规定，交易所实行信息披露制度，披露内容包括交易行情、交易数据统计资料、通知及重大政策信息等，此外，还专门针对 CCER 的质押进行了规定，即在 CCER 质权人遗失质押证明书时，要求其必须在指定的信息披露媒体上刊登作废声明。并且，完善有效的信息披露制度，提高 CCER 市场交易信息的透明度，还能对企业参与交易及制定履约策略提供参考和指导。信息透明度的提升还可以减少第三方机构利用信息不透明获取暴利的空间，降低温室气体控排单位参与 CCER 交易的门槛，提升 CCER 在全国及地方碳市场交易的活跃度。

[1] 周珂、金铭：《生态文明视角下中国绿色经济的法制保障分析》，载《环境保护》2016 年第 11 期。
[2] 吕忠梅：《碳市场建设要拓宽信息公开范围和主体》，载《环境经济》2017 年第 199 期。

第五章　全国统一碳交易市场体系建设及政策法律

第一节　全国统一碳交易市场体系建设及展望

全国统一的碳排放权交易市场的建成,还需要大量的法规、政策、数据、系统、技术、队伍建设等作为支撑条件,其中,完善的法律制度是其运行的基础,因此,从碳交易试点到跨区域交易,再到全国统一碳市场的建成并平稳运行,必将经历一个比较长的发展过程。全国碳市场建设大致可分为碳交易试点的基础建设期、由区域市场向全国市场过渡的模拟运行期和全国市场建立之后的深化完善期等,每一阶段都有自己的建设任务与完成目标。

一、碳交易试点阶段

2011 年 10 月 29 日,国家发改委办公厅正式下发《关于开展碳排放权交易试点工作的通知》,批准在北京、天津、上海、重庆、湖北、广东、深圳等“两省五市”开展碳排放权交易试点工作,标志中国碳排放权交易市场从规划走向实践。随后各试点省市着手进行碳交易体系的研究及设计、行业排放量摸底调查、核算指南编制、报送核查体系以及支撑系统平台的建设等各项工作。

国家启动部分省市进行碳排放权交易试点的目的很明确,就是为建立全国碳排放权交易市场探索路径。目前,七试点省市都建立起了自己的碳排放权交易制度体系,并先后启动碳市场进行碳交易。虽然有数据显示,自碳排放权交易试点以来,交易不连续、碳价波动大等现象都曾不同程度在各个试点出现,但是,碳试点市场总体上运行还是顺利、平稳的。更重要的是,试点地区根据当地实际情况开展的大量基础性工作以及创新性尝试，验证了建设碳市场的可行性，积累了丰富的地方碳交易管理的立法经验、市场建设和运行经验，为全国跨区域碳市场建设奠定了良好的基础。

2014 年 12 月国家发改委发布《碳排放权交易管理暂行方法》，确立全国碳市场总体框架。2015 年 9 月《中美元首气候变化联合声明》提出，中国于 2017 年启动全国碳排放交易体系。2017 年 12 月 19 日，国家发改委发布《全国碳排放权交易市场建设方案（发电行业）》，宣布以发电行业为突破口的全国碳排放权交易市场正式启动。

二、碳市场过渡阶段

2018 年以来，生态环境部积极推进全国碳市场建设各项工作，构建了支撑全国碳市场运行的制度体系，同时稳妥制定配额分配实施方案，扎实开展数据质量管理工作，完成相关系统建设和运行测试任务，组织开展能力建设、提升能力水平。2021 年 7 月 16 日，全国碳市场正式上线运行，首批纳入电力行业，覆盖了我国 40% 以上的化石燃料燃烧产生的二氧化碳排放，成为全球规模最大的碳市场。全国碳市场选择以发电行业为突破口，基于两方面的考虑：一是发电行业的二氧化碳排放量比较大；二是发电行业的管理制度相对健全，数据基础比较好。将发电行业首先纳入，可以起到减污降碳协同的作用。

全国碳排放权交易市场已经正式启动，但试点省市的碳交易市场以及非试点区域的已经开展碳交易的地方市场，仍然会继续运行。在全国碳交易市场的运行进入成熟期之前，还会经历相当长的一段时间，即碳交易市场从地方交易到全国交易的过渡阶段。这一过渡阶段，有人曾乐观地设想是从 2017 年至 2020 年全国碳市场进行成熟运行为止。笔者认为，不应该给这一过渡期设定一个具体的执行时间，在这个过渡阶段，全国碳交易市场的建设任务还很重，还要完成碳交易体系的模拟实验、试运行与制度完善等环节，要承担体制机制与政策的创新探索任务。全国碳交易相关制度的完善，很难说在某一具体的时间节点之前能够完成，碳交易市场成熟与否，需要市场自身的检验。在这个阶段，全国试运行的碳交易市场与地方业已运行的碳交易市场会“并驾齐驱”,同时并存,相互发展。

全国碳交易市场启动后,碳市场建设要坚持将碳市场作为控制温室气体排放政策工具的工作定位,明确了碳市场建设要遵循稳中求进的工作要求,分阶段、有步骤地稳步推行碳市场建设。在碳市场过渡阶段,应做好以下工作:一是重点加强三项制度建设,即碳排放监测、报告、核查(MRV)制度;重点排放单位的配额管理制度以及市场交易的相关制度。二是推动四个支撑系统的建设,包括碳排放的数据报送系统、碳排放权注册登记系统、碳排放权交易系统和结算系统。三是逐步推进区域试点向全国市场过渡,先将试点地区符合条件的重点排放单位纳入全国市场统一管理,条件成熟后逐步扩大纳入范围,完成温室气体排放重点领域、重点控排单位从地方碳市场向纳入全国统一市场的过渡。

三、碳市场平稳运行阶段

全国碳市场经过一年多的运行,总体来看整体运行平稳。截至 2022 年 10 月 28 日,全国碳市场累计成交量 1.96 亿吨,其中,第一个履约期成交量 1.79 亿吨,成交额 76.6 亿元,履约完成率 99.5%,其中央企履约完成率 100%。全国碳市场基本框架初步建立,价格发现机制作用初步显现,企业减排意识和能力水平得到有效提高,促进企业减排温室气体和加快绿色低碳转型的作用初步显现。[1] 全国碳市场在覆盖范围、准入门槛、配额分配方面的制度设计和地方试点碳市场有一定的差异,全国碳市场建设以后,工作重点将转向确保全国统一的碳排放权交易市场平稳、有效运行。

中国提出要在 2030 年左右达到碳排放峰值,碳市场的平稳运行对于中国实现该目标具有重要意义。在 2030 年之前,全国碳交易市场会逐步走向成熟。刚启动的全国碳排放权交易市场仅仅覆盖发电行业这一个行业,未来将在碳市场平稳有效运行的基础上,逐步扩大参与碳市场的行业覆盖范围和交易主体范围、增加交易品种,最终建立起归属清晰、保护严格、流转顺

---

[1] 中国电力企业联合会:《以发电行业为突破口推动全国碳市场建设不断完善》,载《中国电力企业管理》2022 年第 12 期。

畅、监管有效、公开透明的碳市场。从碳市场的覆盖范围来说，全国碳市场应该在稳定运行的前提下，逐步引入石化、化工、建材、钢铁、有色、造纸、航空等重点行业，以及丰富交易品种和交易方式，并探索开展碳排放初始配额有偿拍卖、碳金融产品引入以及碳排放交易国际合作等工作。

在2030年碳排放达峰以后，中国可能将进入碳排放绝对量较为快速下降的发展阶段，中国的碳市场需要从服务于碳强度下降目标，转而服务于碳排放绝对量下降目标。在这一背景下，碳配额会日益成为稀缺“商品”，碳交易价格会逐步上升，初始配额的有偿分配比例也将进一步提高，碳金融产品种类会增多，国际碳交易合作将进一步加强。

目前，参与全国碳市场的发电行业重点排放单位不再参加地方碳市场的交易，避免一个企业既参加地方碳市场又参加全国碳市场的情况。可以预见，即便是在全国碳交易市场平稳运行之后，地方上的碳交易市场也应该有其生存发展的空间，全国碳交易市场与地方碳交易市场应该同时并存，甚至两者今后应当长期共存，最后形成地方碳市场与全国碳市场相辅相成的、地方碳市场突出地域特点、全国碳市场“抓大放小”的具有中国特色的碳排放交易市场体系。

四、全国碳交易市场发展展望

中国启动全国统一的碳排放权交易体系蕴含着无可避免的国际属性，吸引着包括欧洲能源交易所(European Energy Exchange，EEX)在内的国际社会的广泛关注：首先，中国启动全国统一的碳排放权交易体系将显著增加受碳定价约束的温室气体的数量，为解决气候变化这一全球化问题作出贡献；其次，中国启动全国统一的碳排放权交易体系将极大提升碳定价的全球影响力，通过展现减少碳排放与促进经济增长并非对立而是共赢，从而促使其他国家和地区选择相似路径；最后，在当今高度全球化的时代，中国和海外的商业行为早已紧密交织在一起，许多国际公司或将直接受到中国碳排放权交易体系的约束和影响。譬如，引入国际资金参与国内CCER项目的开发；放开二级市场，允许符合要求的国际机构、境外的企业和个人进入中国碳市场，参与交易等。

今后几年将是全国碳排放权交易体系建设与完善的关键时期,在这一时期,如何实现必要的立法基础、坚实的排放数据库构架、集中的交易所和注册登记系统等一系列支撑碳排放权交易体系的基础设施建设,都是即将面临的挑战。碳排放权交易必须在既定的法律框架中才能稳定运行,交易得以开展的前提是有可靠的碳排放数据作为基础且交易系统与中央碳登记系统实现平稳对接。在具备上述前提条件的基础上,碳交易所可以为碳排放权交易体系提供以下至关重要的服务:为参与碳交易的企业提供一个稳定、安全、可靠的交易环境,为市场提供价格信号以便参与人及时做出准确的投资决策以及激励未来的技术革新等。我国政府为完善全国碳排放权交易市场建设,积极稳妥推进制度体系、技术规范、基础设施建设、能力建设等各项工作任务,目前,已初步形成了“配额分配—数据管理—交易监管—执法检查—支撑平台”一体化的管理体系。

全国碳排放权交易体系建设需要专业人才与运营经验。碳市场建设是一个复杂的系统工程,专业队伍建设非常重要。2021 年 3 月,碳排放管理员已被列入《中华人民共和国职业分类大典》。今后,加强碳排放领域、碳市场相关的专业人才队伍建设、提升相关人员的能力,仍将成为全国碳市场建设的重要基础性工作。通过试点阶段的经验积累,中国储备了大批的人才和专家队伍,这将在全国层面的碳排放权交易体系建设中发挥重要作用。此外,国外碳交易市场运行积累的丰富经验也可供中国借鉴。

第二节 中央层面碳交易法规政策梳理

碳排放配额交易市场属强制性市场,根据国际和国内试点省市的经验,必须依靠强有力的立法,对参与的企业范围、碳排放配额的清缴义务、碳排放报告与核查要求、相关的处罚措施等作出具有较强法律约束力的规定,市场才能正常运转。

碳排放交易体系的建立绝非一蹴而就,而是一个循序渐进的过程,不同的时期会出现不同的问题,为此应颁布针对性政策与法规,取得经验再向前推进。与欧盟碳排放交易体系的建设路径类似,中国碳排放交易体系的建设也大致分为三个阶段:地方试点阶段、过渡阶段和平稳运行阶段。“由点到面”全面铺开碳排放权交易,过渡阶段承上启下,极为关键。碳交易市场中的总量核定、配额发放、参与主体、核证规则、利益冲突防范等问题,都需要法律法规予以明确。在地方试点阶段,试点省市为推动碳交易运行均制定了各自的碳交易法规。为建设全国统一的碳排放交易体系,中央层面也出台了相关的政策法规。虽然全国碳排放交易体系已经启动,但目前仍处在过渡阶段,在此阶段,中央与地方的碳交易法律制度如何衔接,便成为全国碳交易市场能否全面实施与正常运转的核心问题。

一、碳交易政策法规与管理体制概述

(一)中央层面碳交易政策法规概述

目前,中央层面碳排放交易立法仅仅停留在部门规章一级,效力等级不高,而且,大多数相关规定是以行政规范性文件(广义的国家政策)的形式出台的。此处的行政规范性文件,是指除国务院的行政法规、决定、命令以及部门规章和地方政府规章外,由行政机关或者经法律、法规授权的具有管理公共事务职能的组织依照法定权限、程序制定并公开发布,涉及公民、法人和其他组织权利义务,具有普遍约束力,在一定期限内反复适用的公文。[1]

为推动实现碳达峰、碳中和目标,中国将陆续发布重点领域和行业碳达峰碳中和实施方案和一系列支撑保障措施,构建起碳达峰、碳中和“1 + N”政策体系。碳达峰碳中和“1 + N”政策体系,其中的“1”是指中共中央、国务院印发的《关于完整准确全面贯彻新发展理念做好碳达峰碳中和工作的意见》;“N”则包括国务院印发的《2030 年前碳达峰行动方案》,以及其他重点领域和行业政策措施和行动,后续将继续完善包括能源、工业、交通运输、城乡建设等分领域分行业碳达峰实施方案,以及财政金融价格政策、标准计量

[1] 参见《国务院办公厅关于加强行政规范性文件制定和监督管理工作的通知》(国办发〔2018〕37号)。

体系、督查考核等保障方案，共同确保碳达峰碳中和工作的顺利进行。[1] 从上述碳达峰碳中和"1+N"政策体系中，按照颁发的时间轴线，可以梳理出与碳交易相关的一系列规范性文件（含部门工作文件），主要有：

《国务院关于清理整顿各类交易场所切实防范金融风险的决定》（国发〔2011〕38号）；

《国务院关于印发〈"十二五"控制温室气体排放工作方案〉的通知》（国发〔2011〕41号）；

《清洁发展机制项目运行管理办法》（国家发展改革委、科技部、外交部、财政部令第11号）；

《国家发展改革委办公厅关于开展碳排放权交易试点工作的通知》（发改办气候〔2011〕2601号）；

《国家发展改革委关于印发〈温室气体自愿减排交易管理暂行办法〉的通知》（发改气候〔2012〕1668号）；

《国务院办公厅关于进一步推进排污权有偿使用和交易试点工作的指导意见》（国办发〔2014〕38号）；

《国家发展改革委关于组织开展重点企（事）业单位温室气体排放报告工作的通知》（发改气候〔2014〕63号）；

《国家林业局关于推进林业碳汇交易工作的指导意见》（林造发〔2014〕55号）；

《国家发展改革委关于落实全国碳排放权交易市场建设有关工作安排的通知》（发改气候〔2015〕1024号）；

《关于构建绿色金融体系的指导意见》（银发〔2016〕228号）；

《国家发展改革委办公厅关于切实做好全国碳排放权交易市场启动重点工作的通知》（发改办气候〔2016〕57号）；

《国务院关于印发〈"十三五"控制温室气体排放工作方案〉的通知》（国发〔2016〕61号）；

《中国应对气候变化的政策与行动2016年度报告》（国家发展改革委，

[1] 马克：《碳中和碳达峰"1+N"政策体系落地，这些行业将迎来新机遇》，载 https://m.sohu.com/a/502838214_523420?ivk_sa=1026860c，最后访问日期：2022年10月20日。

2016年10月)；

《国务院关于印发〈"十三五"节能减排综合工作方案〉的通知》(国发〔2016〕74号)；

《国家发展改革委办公厅关于印发〈"十三五"控制温室气体排放工作方案部门分工〉的通知》(发改办气候〔2017〕1041号)；

《国家林业局办公室关于印发〈2016年林业应对气候变化政策与行动白皮书〉的通知》(办造字〔2017〕163号)；

《国家发展改革委关于开展第三批国家低碳城市试点工作的通知》(发改气候〔2017〕66号)；

《国家发展改革委办公厅关于做好2016、2017年度碳排放报告与核查及排放监测计划制定工作的通知》(发改办气候〔2017〕1989号)；

《中国应对气候变化的政策与行动2017年度报告》(国家发改委,2017年10月31日发布)；

《全国碳排放权交易市场建设方案(发电行业)》(发改气候规〔2017〕2191号)；

《生态环境部办公厅关于做好2018年度碳排放报告与核查及排放监测计划制定工作的通知》(环办气候函〔2019〕71号)；

《碳排放权交易有关会计处理暂行规定》(财会〔2019〕22号)；

《生态环境部办公厅关于印发〈企业温室气体排放报告核查指南(试行)〉的通知》(环办气候函〔2021〕130号)；

《生态环境部办公厅关于加强企业温室气体排放报告管理相关工作的通知》(环办气候〔2021〕9号)；

《生态环境部关于发布〈碳排放权登记管理规则(试行)〉〈碳排放权交易管理规则(试行)〉和〈碳排放权结算管理规则(试行)〉的公告》(生态环境部公告2021年第21号)；

《生态环境部办公厅关于做好全国碳排放权交易市场数据质量监督管理相关工作的通知》(环办气候函〔2021〕491号)；

《生态环境部办公厅关于做好全国碳排放权交易市场第一个履约周期碳排放配额清缴工作的通知》(环办气候函〔2021〕492号)；

《生态环境部办公厅关于做好全国碳市场第一个履约周期后续相关工

作的通知》(环办便函〔2022〕58号);

《生态环境部办公厅关于做好2022年企业温室气体排放报告管理相关重点工作的通知》(环办气候函〔2022〕111号)等。

中央层面制定的有关碳排放权交易管理的法规有:

《碳排放权交易管理暂行办法》(2014年国家发展改革委令第17号,已失效);

《温室气体自愿减排交易管理暂行办法》(发改气候〔2012〕1668号);

《碳排放权交易管理办法(试行)》(生态环境部2020年12月31日发布);

《碳排放权登记管理规则(试行)》(生态环境部2021年5月14日发布);

《碳排放权交易管理规则(试行)》(生态环境部2021年5月14日发布);

《碳排放权结算管理规则(试行)》(生态环境部2021年5月14日发布)等。

此外,2016年,国家发改委还起草了《碳排放权交易管理条例(送审稿)》提交至国务院,但由于种种原因,至今未见出台。生态环境部2019年3月起草了《碳排放权交易管理暂行条例(征求意见稿)》,已经向社会公开征求意见,截至2022年年底尚未出台。

(二)碳交易管理体制及变化

我国碳排放权交易的政府主管部门曾经为国家发改委,具体是由应对气候变化司负责。例如,《碳排放权交易管理暂行办法》(以下简称《碳交易暂行办法》)第5条规定,国家发展和改革委员会是碳排放权交易的国务院碳交易主管部门,依据本办法负责碳排放权交易市场的建设,并对其运行进行管理、监督和指导。各省、自治区、直辖市发展和改革委员会是碳排放权交易的省级碳交易主管部门,依据本办法对本行政区域内的碳排放权交易相关活动进行管理、监督和指导。其他各有关部门应按照各自职责,协同做好与碳排放权交易相关的管理工作。《全国碳排放权交易市场建设方案(发电行业)》(以下简称《碳市场建设方案》)对碳交易监管机构的规定是:国务院发展改革部门与相关部门共同对碳市场实施分级监管。国务院发展改革部门会同相关行业主管部门制定配额分配方案和核查技术规范并监督执行。各相关部门根据职责分工分别对第三方核查机构、交易机构等实施监管。省级、计划单列市应对气候变化主管部门监管本辖区内的数据核查、配额分配、重点排放单位履约等工作。各部门、各地方各司其职、相互配合,确保碳市场规范有序运行。

2018 年 3 月,碳交易管理体制有了重大变化,原国家发改委气候司的应对气候变化和减排职责从国家发改委划转至生态环境部。这个改变也是落实《巴黎协定》和推动低碳转型任务的重大举措。气候司的职能虽然从发展改革系统转至生态环境系统,但中国碳交易的政策和相关目标并没有改变。监管机构的调整为实现应对气候变化与环境污染治理的协同增效提供了体制机制保障,大气污染治理和应对气候变化在目标措施等方面是有协同效应的,更好地协调相关政策和行动将更好地发挥协同增效的作用,这有利于进一步促进应对气候变化工作。今后,生态环境部将在应对气候变化、温室气体排放控制、大气污染治理以及更广泛的生态环境保护工作中,在监测观测、目标设定、制定政策行动方案、政策目标落实的监督检查机制等方面进一步统筹融合、协同推进。总之,在生态环境部的部署下,应对气候变化工作将继续推进,同时也将为我国大气污染治理发挥协同效应。

二、《碳排放权交易管理办法(试行)》主要内容

2014 年,国家发改委以部门令出台了《碳交易暂行办法》,对碳排放权交易的主要环节作了明确规定,是开展前期基础工作的依据。《碳交易暂行办法》是一部针对碳排放权交易实施规范管理的框架性文件,明确了全国碳市场建立的主要思路和管理体系,可操作性不强,具体的操作细则有待配套文件进一步细化。其性质上属于部门规章,效力等级低于行政法规。从碳排放权交易试点省市的实践看,部门规章的效力等级不高,应该在更高层级上立法,才能支撑碳排放权交易市场的建立和运行。

为落实党中央、国务院关于建设全国碳排放权交易市场的决策部署,在应对气候变化和促进绿色低碳发展中充分发挥市场机制作用,推动温室气

体减排,规范全国碳排放权交易及相关活动,根据国家有关温室气体排放控制的要求,2020 年 12 月 25 日生态环境部审议通过了《碳排放权交易管理办法(试行)》(以下简称《碳交易试行办法》),自 2021 年 2 月 1 日起施行。同时,《碳交易暂行办法》不再适用,失去效力。

(一)适用范围与管理体制

从适用范围来讲,《碳交易试行办法》适用于全国碳排放权交易及相关活动,包括碳排放配额分配和清缴,碳排放权登记、交易、结算,温室气体排放报告与核查等活动,以及对前述活动的监督管理。

从管理体制来说,生态环境部按照国家有关规定建设全国碳排放权交易市场。生态环境部按照国家有关规定,组织建立全国碳排放权注册登记机构和交易机构,组织建设全国碳排放权注册登记系统和交易系统。全国碳排放权注册登记机构通过注册登记系统,记录碳排放配额的持有、变更、清缴、注销等信息,并提供结算服务。全国碳排放权注册登记系统记录的信息是判断碳排放配额归属的最终依据。全国碳排放权交易机构负责组织开展全国碳排放权集中统一交易。全国碳排放权注册登记机构和交易机构应当定期向生态环境部报告全国碳排放权登记、交易、结算等活动和机构运行有关情况,以及应当报告的其他重大事项,并保证全国碳排放权注册登记系统和交易系统安全稳定可靠运行。

《碳交易试行办法》规定了中央和地方的监管职责分配,即生态环境部负责制定全国碳排放权交易及相关活动的技术规范,加强对地方碳排放配额分配、温室气体排放报告与核查的监督管理,并会同国务院其他有关部门对全国碳排放权交易及相关活动进行监督管理和指导。省级生态环境主管部门负责在本行政区域内组织开展碳排放配额分配和清缴、温室气体排放报告的核查等相关活动,并进行监督管理。设区的市级生态环境主管部门负责配合省级生态环境主管部门落实相关具体工作,并根据本办法有关规定实施监督管理。

(二)温室气体重点排放单位

《碳交易试行办法》规定了温室气体重点排放单位的列入条件与移出条

件。即温室气体排放单位符合下列条件的,应当列入温室气体重点排放单位(以下简称重点排放单位)名录:其一,属于全国碳排放权交易市场覆盖行业;其二,年度温室气体排放量达到 2.6 万 tCO_2e。省级生态环境主管部门应当按照生态环境部的有关规定,确定本行政区域重点排放单位名录,向生态环境部报告,并向社会公开。温室气体排放单位申请纳入重点排放单位名录的,确定名录的省级生态环境主管部门应当进行核实;经核实符合本办法规定条件的,应当将其纳入重点排放单位名录。纳入全国碳排放权交易市场的重点排放单位,不再参与地方碳排放权交易试点市场。

存在下列情形之一的,确定名录的省级生态环境主管部门应当将相关温室气体排放单位从重点排放单位名录中移出:一是连续两年温室气体排放未达到 2.6 万 tCO_2e 的;二是因停业、关闭或者其他原因不再从事生产经营活动,因而不再排放温室气体的。

(三)碳排放配额的分配与登记

《碳交易试行办法》规定,碳排放配额分配以免费分配为主,可以根据国家有关要求适时引入有偿分配。生态环境部根据国家温室气体排放控制要求,综合考虑经济增长、产业结构调整、能源结构优化、大气污染物排放协同控制等因素,制定碳排放配额总量确定与分配方案。省级生态环境主管部门应当根据生态环境部制定的碳排放配额总量确定与分配方案,向本行政区域内的重点排放单位分配规定年度的碳排放配额。

省级生态环境主管部门确定碳排放配额后,应当书面通知重点排放单位。重点排放单位对分配的碳排放配额有异议的,可以自接到通知之日起 7 个工作日内,向分配配额的省级生态环境主管部门申请复核;省级生态环境主管部门应当自接到复核申请之日起 10 个工作日内,作出复核决定。

重点排放单位应当在全国碳排放权注册登记系统开立账户,进行相关业务操作。重点排放单位发生合并、分立等情形需要变更单位名称、碳排放配额等事项的,应当报经所在地省级生态环境主管部门审核后,向全国碳排放权注册登记机构申请变更登记。全国碳排放权注册登记机构应当通过全国碳排放权注册登记系统进行变更登记,并向社会公开。

《碳交易试行办法》规定,国家鼓励重点排放单位、机构和个人,出于减少温室气体排放等公益目的自愿注销其所持有的碳排放配额。自愿注销的碳排放配额，在国家碳排放配额总量中予以等量核减，不再进行分配、登记或者交易。相关注销情况应当向社会公开。

（四）排放交易

《碳交易试行办法》规定，全国碳排放权交易市场的交易产品为碳排放配额，生态环境部可以根据国家有关规定适时增加其他交易产品。重点排放单位以及符合国家有关交易规则的机构和个人，是全国碳排放权交易市场的交易主体。

碳排放权交易应当通过全国碳排放权交易系统进行，可以采取协议转让、单向竞价或者其他符合规定的方式。全国碳排放权交易机构应当按照生态环境部有关规定，采取有效措施，发挥全国碳排放权交易市场引导温室气体减排的作用，防止过度投机的交易行为，维护市场健康发展。

全国碳排放权注册登记机构应当根据交易机构提供的成交结果，通过全国碳排放权注册登记系统为交易主体及时更新相关信息。全国碳排放权注册登记机构和交易机构应当按照国家有关规定，实现数据及时、准确、安全交换。

（五）排放核查与配额清缴

《碳交易试行办法》规定，重点排放单位应当根据生态环境部制定的温室气体排放核算与报告技术规范，编制该单位上一年度的温室气体排放报告，载明排放量，并于每年 3 月 31 日前报生产经营场所所在地的省级生态环境主管部门。排放报告所涉数据的原始记录和管理台账应当至少保存五年。

重点排放单位对温室气体排放报告的真实性、完整性、准确性负责。重点排放单位编制的年度温室气体排放报告应当定期公开，接受社会监督，涉及国家秘密和商业秘密的除外。

省级生态环境主管部门应当组织开展对重点排放单位温室气体排放报告的核查，并将核查结果告知重点排放单位。核查结果应当作为重点排放单位碳排放配额清缴依据。省级生态环境主管部门可以通过政府购买服务的方式委托技术服务机构提供核查服务。技术服务机构应当对提交的核查结果的真实性、完整性和准确性负责。

重点排放单位对核查结果有异议的,可以自被告知核查结果之日起7个工作日内,向组织核查的省级生态环境主管部门申请复核;省级生态环境主管部门应当自接到复核申请之日起10个工作日内,作出复核决定。重点排放单位应当在生态环境部规定的时限内,向分配配额的省级生态环境主管部门清缴上年度的碳排放配额。清缴量应当大于等于省级生态环境主管部门核查结果确认的该单位上年度温室气体实际排放量。

《碳交易试行办法》还规定了国家核证自愿减排量抵消及其比例,即重点排放单位每年可以使用国家核证自愿减排量抵消碳排放配额的清缴,抵消比例不得超过应清缴碳排放配额的5%。并规定,用于抵消的国家核证自愿减排量,不得来自纳入全国碳排放权交易市场配额管理的减排项目。目前,生态环境部正在制定《温室气体自愿减排交易管理办法(试行)》,由于受碳数据质量保障以及相关制度支撑体系尚需完善的影响,新的办法仍未向社会公开征求意见,条件成熟后将择机出台。

(六)监督管理

《碳交易试行办法》规定,上级生态环境主管部门应当加强对下级生态环境主管部门的重点排放单位名录确定、全国碳排放权交易及相关活动情况的监督检查和指导。设区的市级以上地方生态环境主管部门根据对重点排放单位温室气体排放报告的核查结果,确定监督检查重点和频次。设区的市级以上地方生态环境主管部门应当采取"双随机、一公开"的方式,监督检查重点排放单位温室气体排放和碳排放配额清缴情况,相关情况按程序报生态环境部。生态环境部和省级生态环境主管部门,应当按照职责分工,定期公开重点排放单位年度碳排放配额清缴情况等信息。

全国碳排放权注册登记机构和交易机构应当遵守国家交易监管等相关规定,建立风险管理机制和信息披露制度,制定风险管理预案,及时公布碳排放权登记、交易、结算等信息。全国碳排放权注册登记机构和交易机构的工作人员不得利用职务便利谋取不正当利益,不得泄露商业秘密。

交易主体违反关于碳排放权注册登记、结算或者交易相关规定的,全国碳排放权注册登记机构和交易机构可以按照国家有关规定,对其采取限制交易措施。

《碳交易试行办法》对碳交易信息披露和有奖举报制度做了原则性规定。即要求重点排放单位和其他交易主体应当按照生态环境部有关规定,及时公开有关全国碳排放权交易及相关活动信息,自觉接受公众监督。鼓励公众、新闻媒体等对重点排放单位和其他交易主体的碳排放权交易及相关活动进行监督。公民、法人和其他组织发现重点排放单位和其他交易主体有违反本办法规定行为的,有权向设区的市级以上地方生态环境主管部门举报。接受举报的生态环境主管部门应当依法予以处理,并按照有关规定反馈处理结果,同时为举报人保密。

(七)罚则

《碳交易试行办法》设置了罚则部分,明确规定生态环境部、省级生态环境主管部门、设区的市级生态环境主管部门的有关工作人员,在全国碳排放权交易及相关活动的监督管理中滥用职权、玩忽职守、徇私舞弊的,由其上级行政机关或者监察机关责令改正,并依法给予处分。全国碳排放权注册登记机构和全国碳排放权交易机构及其工作人员违反规定,有下列行为之一的,由生态环境部依法给予处分,并向社会公开处理结果:利用职务便利谋取不正当利益的;有其他滥用职权、玩忽职守、徇私舞弊行为的。全国碳排放权注册登记机构和全国碳排放权交易机构及其工作人员违反本办法规定,泄露有关商业秘密或者有构成其他违反国家交易监管规定行为的,依照其他有关规定处理。

《碳交易试行办法》规定,重点排放单位虚报、瞒报温室气体排放报告,或者拒绝履行温室气体排放报告义务的,由其生产经营场所所在地设区的市级以上地方生态环境主管部门责令限期改正,处1万元以上3万元以下的罚款。逾期未改正的,由重点排放单位生产经营场所所在地的省级生态环境主管部门测算其温室气体实际排放量,并将该排放量作为碳排放配额清缴的依据;对虚报、瞒报部分,等量核减其下一年度碳排放配额。重点排放单位未按时足额清缴碳排放配额的,由其生产经营场所所在地设区的市级以上地方生态环境主管部门责令限期改正,处2万元以上3万元以下的罚款;逾期未改正的,对欠缴部分,由重点排放单位生产经营场所所在地的省级生态环境主管部门等量核减其下一年度碳排放配额。

违反《碳交易试行办法》规定涉嫌构成犯罪的,有关生态环境主管部门应当依法移送司法机关。

《碳交易试行办法》对条文中的相关用语含义进行了解释。温室气体,是指大气中吸收和重新放出红外辐射的自然和人为的气态成分,包括二氧化碳、甲烷、氧化亚氮、氢氟碳化物、全氟化碳、六氟化硫和三氟化氮。碳排放,是指煤炭、石油、天然气等化石能源燃烧活动和工业生产过程以及土地利用变化与林业等活动产生的温室气体排放,也包括因使用外购的电力和热力等所导致的温室气体排放。碳排放权,是指分配给重点排放单位的规定时期内的碳排放额度。国家核证自愿减排量,是指对我国境内可再生能源、林业碳汇、甲烷利用等项目的温室气体减排效果进行量化核证,并在国家温室气体自愿减排交易注册登记系统中登记的温室气体减排量。

(八)《碳交易试行办法》与《碳交易暂行办法》的主要区别

《碳交易试行办法》与《碳交易暂行办法》的主要区别主要有:第一,碳排放权交易的主管部门发生变更,即随着气候变化应对职能由国家发改委转隶生态环境部,全国碳排放权交易主管部门也由生态环境部取代了原国家发改委。第二,法律原则有所变化,即由政府引导与市场运作相结合,变更为全国碳排放权交易及相关活动应当坚持市场导向、循序渐进、公平公开和诚实守信的原则。第三,对于重点排放单位的确定标准更加明确,且省级主管部门不得修改标准,只能按照标准上报本行政区域重点排放单位名录,不再有“省级碳交易主管部门可适当扩大碳排放权交易的行业覆盖范围,增加纳入碳排放权交易的重点排放单位”的放权,且增设了重点排放单位名录的移出条件和主动申请纳入重点排放单位名录的规定。第四,明确规定,纳入全国碳排放权交易市场的重点排放单位,不再参与地方碳排放权交易市场,建立了多层次的碳排放交易市场体系。第五,省级主管部门向本行政区域内的重点排放单位分配规定年度的碳排放配额,不再要求报国务院碳交易主管部门确定,并相应建立了重点排放单位的异议机制。第六,明确规定了CCER 清缴碳排放配额及其比例,即重点排放单位每年可以使用国家核证自愿减排量抵消碳排放配额的清缴,抵消比例不得超过应清缴碳排放配额的5%,并规定用于抵消的国家核证自愿减排量,不得来自纳入全国碳排放权交易市场配额管理的减排项目。第七,列举了协议转让、单向竞价作为交易方式,并允许其他可能的方式作为创新。第八,细化了碳信息披露制度,即规定了温室气体排放报告的报告时间、信息披露的责任主体、档案保管时间、定期披露制度;第九,加强了法律责任追究机制,规定了责任衔接制度等。

三、有关碳排放权登记、交易、结算的管理规则

为进一步规范全国碳排放权登记、交易、结算活动,保护全国碳排放权交易市场各参与方合法权益,生态环境部根据《碳交易试行办法》,2021 年 5 月组织制定了《碳排放权登记管理规则(试行)》《碳排放权交易管理规则(试行)》《碳排放权结算管理规则(试行)》。并规定,全国碳排放权注册登记机构成立前,由湖北碳排放权交易中心有限公司承担全国碳排放权注册登记系统账户开立和运行维护等具体工作。此外,全国碳排放权交易机构成立前,由上海环境能源交易所股份有限公司承担全国碳排放权交易系统账户开立和运行维护等具体工作。

(一)《碳排放权登记管理规则(试行)》的主要内容

本规则的适用范围是,全国碳排放权持有、变更、清缴、注销的登记及相关业务的监督管理。全国碳排放权注册登记机构(以下简称注册登记机构)、全国碳排放权交易机构(以下简称交易机构)、登记主体及其他相关参与方应当遵守本规则。本规则主要内容有:

1. 统一登记

注册登记机构通过全国碳排放权注册登记系统(以下简称注册登记系统)对全国碳排放权的持有、变更、清缴和注销等实施集中统一登记。注册登记系统记录的信息是判断碳排放配额归属的最终依据。重点排放单位以及符合规定的机构和个人,是全国碳排放权登记主体。全国碳排放权登记应当遵循公开、公平、公正、安全和高效的原则。

2. 账户管理

注册登记机构依申请为登记主体在注册登记系统中开立登记账户，该账户用于记录全国碳排放权的持有、变更、清缴和注销等信息。每个登记主体只能开立一个登记账户。登记主体应当以本人或者本单位名义申请开立登记账户，不得冒用他人或者其他单位名义或者使用虚假证件开立登记账户。登记主体申请开立登记账户时，应当根据注册登记机构有关规定提供申请材料，并确保相关申请材料真实、准确、完整、有效。委托他人或者其他单位代办的，还应当提供授权委托书等证明委托事项的必要材料。

登记主体申请开立登记账户的材料中应当包括登记主体基本信息、联系信息以及相关证明材料等。注册登记机构在收到开户申请后，对登记主体提交相关材料进行形式审核，材料审核通过后5个工作日内完成账户开立并通知登记主体。登记主体下列信息发生变化时，应当及时向注册登记机构提交信息变更证明材料，办理登记账户信息变更手续：(1)登记主体名称或者姓名；(2)营业执照，有效身份证明文件类型、号码及有效期；(3)法律法规、部门规章等规定的其他事项。注册登记机构在完成信息变更材料审核后5个工作日内完成账户信息变更并通知登记主体。

登记主体应当妥善保管登记账户的用户名和密码等信息。登记主体登记账户下发生的一切活动均视为其本人或者本单位的行为。注册登记机构定期检查登记账户使用情况，发现营业执照、有效身份证明文件与实际情况不符，或者发生变化且未按要求及时办理登记账户信息变更手续的，注册登记机构应当对有关不合格账户采取限制使用等措施，其中涉及交易活动的应当及时通知交易机构。对已采取限制使用等措施的不合格账户，登记主体申请恢复使用的，应当向注册登记机构申请办理账户规范手续。能够规范为合格账户的，注册登记机构应当解除限制使用措施。

3. 登记账户注销

发生下列情形的，登记主体或者依法承继其权利义务的主体应当提交相关申请材料，申请注销登记账户：(1)法人以及非法人组织登记主体因合并、分立、依法被解散或者破产等原因导致主体资格丧失；(2)自然人登记主体死亡；(3)法律法规、部门规章等规定的其他情况。登记主体申请注销登记账户时，应当了结其相关业务。申请注销登记账户期间和登记账户注销后,登记主体无法使用该账户进行交易等相关操作。登记主体如对限制使用措施有异议,可以在措施生效后15个工作日内向注册登记机构申请复核;注册登记机构应当在收到复核申请后10个工作日内予以书面回复。

4. 登记

登记主体可以通过注册登记系统查询碳排放配额持有数量和持有状态等信息。注册登记机构根据生态环境部制定的碳排放配额分配方案和省级生态环境主管部门确定的配额分配结果,为登记主体办理初始分配登记。注册登记机构应当根据交易机构提供的成交结果办理交易登记,根据经省级生态环境主管部门确认的碳排放配额清缴结果办理清缴登记。重点排放单位可以使用符合生态环境部规定的国家核证自愿减排量抵消配额清缴。用于清缴部分的国家核证自愿减排量应当在国家温室气体自愿减排交易注册登记系统注销,并由重点排放单位向注册登记机构提交有关注销证明材料。注册登记机构核验相关材料后,按照生态环境部相关规定办理抵消登记。登记主体出于减少温室气体排放等公益目的自愿注销其所持有的碳排放配额,注册登记机构应当为其办理变更登记,并出具相关证明。碳排放配额以承继、强制执行等方式转让的,登记主体或者依法承继其权利义务的主体应当向注册登记机构提供有效的证明文件,注册登记机构审核后办理变更登记。司法机关要求冻结登记主体碳排放配额的,注册登记机构应当予以配合;涉及司法扣划的,注册登记机构应当根据人民法院的生效裁判,对涉及登记主体被扣划部分的碳排放配额进行核验,配合办理变更登记并公告。

5. 信息管理

司法机关和国家监察机关依照法定条件和程序向注册登记机构查询全国碳排放权登记相关数据和资料的,注册登记机构应当予以配合。注册登记机构应当依照法律、行政法规及生态环境部相关规定建立信息管理制度,对涉及国家秘密、商业秘密的,按照相关法律法规执行。注册登记机构应当与交易机构建立管理协调机制,实现注册登记系统与交易系统的互通互联,确保相关数据和信息及时、准确、安全、有效交换。注册登记机构应当建设灾备系统,建立灾备管理机制和技术支撑体系,确保注册登记系统和交易系统数据、信息安全,实现信息共享与交换。根据规划,全国碳排放权注册登记系统数据中心场地基本确定,将在武汉光谷和武昌建立两个数据中心,在北京建立一个数据灾备中心,以确保数据稳定与安全。2022 年 4 月,碳排放权登记结算(武汉)有限责任公司对外发布了招标公告,开始启动全国碳排放权注册登记系统异地灾备中心建设工作。

6. 监督管理

生态环境部加强对注册登记机构和注册登记活动的监督管理,可以采取询问注册登记机构及其从业人员、查阅和复制与登记活动有关的信息资料以及法律法规规定的其他措施等进行监管。各级生态环境主管部门及其相关直属业务支撑机构工作人员,注册登记机构、交易机构、核查技术服务机构及其工作人员,不得持有碳排放配额。已持有碳排放配额的,应当依法予以转让。任何人在成为前款所列人员时,其本人已持有或者委托他人代为持有的碳排放配额,应当依法转让并办理完成相关手续,向供职单位报告全部转让相关信息并备案在册。注册登记机构应当妥善保存登记的原始凭证及有关文件和资料,保存期限不得少于 20 年,并进行凭证电子化管理。

(二)《碳排放权交易管理规则(试行)》的主要内容

本规则适用于全国碳排放权交易及相关服务业务的监督管理。全国碳排放权交易机构(以下简称交易机构)、全国碳排放权注册登记机构(以下简称注册登记机构)、交易主体及其他相关参与方应当遵守本规则。全国碳排放权交易应当遵循公开、公平、公正和诚实信用的原则。主要内容如下:

1. 交易管理

全国碳排放权交易主体包括重点排放单位以及符合国家有关交易规则的机构和个人。全国碳排放权交易市场的交易产品为碳排放配额,生态环境部可以根据国家有关规定适时增加其他交易产品。碳排放权交易应当通过全国碳排放权交易系统进行,可以采取协议转让、单向竞价或者其他符合规定的方式。协议转让是指交易双方协商达成一致意见并确认成交的交易方式,包括挂牌协议交易及大宗协议交易。其中,挂牌协议交易是指交易主体通过交易系统提交卖出或者买入挂牌申报,意向受让方或者出让方对挂牌申报进行协商并确认成交的交易方式。大宗协议交易是指交易双方通过交易系统进行报价、询价并确认成交的交易方式。单向竞价是指交易主体向交易机构提出卖出或买入申请,交易机构发布竞价公告,多个意向受让方或者出让方按照规定报价,在约定时间内通过交易系统成交的交易方式。交易机构可以对不同交易方式设置不同交易时段。交易主体参与全国碳排放权交易,应当在交易机构开立实名交易账户,取得交易编码,并在注册登记机构和结算银行分别开立登记账户和资金账户。每个交易主体只能开设一个交易账户。

碳排放配额交易以 tCO_2e 为计价单位,买卖申报量的最小变动计量为 $1tCO_2e$,申报价格的最小变动计量为 0.01 元人民币。交易机构应当对不同交易方式的单笔买卖最小申报数量及最大申报数量进行设定,并可以根据市场风险状况进行调整。单笔买卖申报数量的设定和调整,由交易机构公布后报生态环境部备案。交易主体申报卖出交易产品的数量,不得超出其交易账户内可交易数量。交易主体申报买入交易产品的相应资金,不得超出其交易账户内的可用资金。碳排放配额买卖的申报被交易系统接受后即刻生效,并在当日交易时间内有效,交易主体交易账户内相应的资金和交易产品即被锁定。未成交的买卖申报可以撤销。如未撤销,未成交申报在该日交易结束后自动失效。买卖申报在交易系统成交后,交易即告成立。符合本规则达成的交易于成立时即告交易生效,买卖双方应当承认交易结果,履行清算交收义务。依照本规则达成的交易,其成交结果以交易系统记录的成交数据为准。

已买入的交易产品当日内不得再次卖出。卖出交易产品的资金可以用于该交易日内的交易。交易主体可以通过交易机构获取交易凭证及其他相关记录。碳排放配额的清算交收业务,由注册登记机构根据交易机构提供的成交结果按规定办理。交易机构应当妥善保存交易相关的原始凭证及有关文件和资料,保存期限不得少于 20 年。

2. 风险管理

生态环境部可以根据维护全国碳排放权交易市场健康发展的需要,建立市场调节保护机制。当交易价格出现异常波动触发调节保护机制时,生态环境部可以采取公开市场操作、调节国家核证自愿减排量使用方式等措施,进行必要的市场调节。交易机构应建立风险管理制度,并报生态环境部备案。交易机构实行涨跌幅限制制度,应当设定不同交易方式的涨跌幅比例,并可以根据市场风险状况对涨跌幅比例进行调整。交易机构实行最大持仓量限制制度,对交易主体的最大持仓量进行实时监控,注册登记机构应当对交易机构实时监控提供必要支持。交易主体的交易产品持仓量不得超过交易机构规定的限额。交易机构可以根据市场风险状况,对最大持仓量限额进行调整。

交易机构实行大户报告制度。交易主体的持仓量达到交易机构规定的大户报告标准的,交易主体应当向交易机构报告。交易机构实行风险警示制度。交易机构可以采取要求交易主体报告情况、发布书面警示和风险警示公告、限制交易等措施,警示和化解风险。交易机构应当建立风险准备金制度。风险准备金是指由交易机构设立,用于为维护碳排放权交易市场正常运转提供财务担保和弥补不可预见风险带来的亏损的资金。风险准备金应当单独核算,专户存储。

交易机构实行异常交易监控制度。交易主体违反本规则或者交易机构业务规则、对市场正在产生或者将产生重大影响的,交易机构可以对该交易主体采取以下临时措施:一是限制资金或者交易产品的划转和交易;二是限制相关账户使用。上述措施涉及注册登记机构的,应当及时通知注册登记机构。因不可抗力、不可归责于交易机构的重大技术故障等原因导致部分或者全部交易无法正常进行的,交易机构可以采取暂停交易措施。导致暂停交易的原因消除后,交易机构应当及时恢复交易。交易机构采取暂停交易、恢复交易等措施时,应当予以公告,并向生态环境部报告。

3. 信息管理

交易机构应建立信息披露与管理制度,并报生态环境部备案。交易机构应当在每个交易日发布碳排放配额交易行情等公开信息,定期编制并发布反映市场成交情况的各类报表。根据市场发展需要,交易机构可以调整信息发布的具体方式和相关内容。交易机构应当与注册登记机构建立管理协调机制,实现交易系统与注册登记系统的互通互联,确保相关数据和信息及时、准确、安全、有效交换。交易机构应当建立交易系统的灾备系统,建立灾备管理机制和技术支撑体系,确保交易系统和注册登记系统数据、信息安全。交易机构不得发布或者串通其他单位和个人发布虚假信息或者误导性陈述。

4. 监督管理

生态环境部加强对交易机构和交易活动的监督管理，可以采取询问交易机构及其从业人员、查阅和复制与交易活动有关的信息资料以及法律法规规定的其他措施等进行监管。全国碳排放权交易活动中，涉及交易经营、财务或者对碳排放配额市场价格有影响的尚未公开的信息及其他相关信息内容，属于内幕信息。禁止内幕信息的知情人、非法获取内幕信息的人员利用内幕信息从事全国碳排放权交易活动。禁止任何机构和个人通过直接或者间接的方法，操纵或者扰乱全国碳排放权交易市场秩序、妨碍或者有损公正交易的行为。因为上述原因造成严重后果的交易，交易机构可以采取适当措施并公告。交易机构应当定期向生态环境部报告的事项包括交易机构运行情况和年度工作报告、经会计师事务所审计的年度财务报告、财务预决算方案、重大开支项目情况等。交易机构应当及时向生态环境部报告的事项包括交易价格出现连续涨跌停或者大幅波动、发现重大业务风险和技术风险、重大违法违规行为或者涉及重大诉讼、交易机构治理和运行管理等出现重大变化等。交易机构对全国碳排放权交易相关信息负有保密义务。交易机构工作人员应当忠于职守、依法办事，除用于信息披露的信息之外，不得泄露所知悉的市场交易主体的账户信息和业务信息等。交易系统软硬件服务提供者等全国碳排放权交易或者服务参与、介入相关主体不得泄露交易或者服务中获取的商业秘密。交易机构对全国碳排放权交易进行实时监控和风险控制，监控内容主要包括交易主体的交易及其相关活动的异常业务行为，以及可能造成市场风险的交易行为。

5. 争议处置

交易主体之间发生有关全国碳排放权交易的纠纷，可以自行协商解决，也可以向交易机构提出调解申请，还可以依法向仲裁机构申请仲裁或者向人民法院提起诉讼。交易机构与交易主体之间发生有关全国碳排放权交易的纠纷，可以自行协商解决，也可以依法向仲裁机构申请仲裁或者向人民法院提起诉讼。申请交易机构调解的当事人，应当提出书面调解申请。交易机构的调解意见，经当事人确认并在调解意见书上签章后生效。交易机构和交易主体，或者交易主体间发生交易纠纷的，当事人均应当记录有关情况，以备查阅。交易纠纷影响正常交易的，交易机构应当及时采取止损措施。

（三）《碳排放权结算管理规则（试行）》的主要内容

本规则适用于全国碳排放权交易的结算监督管理。全国碳排放权注册登记机构（以下简称注册登记机构）、全国碳排放权交易机构（以下简称交易机构）、交易主体及其他相关参与方应当遵守本规则。注册登记机构负责全国碳排放权交易的统一结算，管理交易结算资金，防范结算风险。全国碳排放权交易的结算应当遵守法律、行政法规、国家金融监管的相关规定以及注册登记机构相关业务规则等，遵循公开、公平、公正、安全和高效的原则。主要内容如下：

1. 资金结算账户管理

注册登记机构应当选择符合条件的商业银行作为结算银行，并在结算银行开立交易结算资金专用账户，用于存放各交易主体的交易资金和相关款项。注册登记机构对各交易主体存入交易结算资金专用账户的交易资金实行分账管理。注册登记机构与交易主体之间的业务资金往来，应当通过结算银行所开设的专用账户办理。注册登记机构应与结算银行签订结算协议，依据中国人民银行等有关主管部门的规定和协议约定，保障各交易主体存入交易结算资金专用账户的交易资金安全。

2. 结算

在当日交易结束后，注册登记机构应当根据交易系统的成交结果，按照货银对付的原则，以每个交易主体为结算单位，通过注册登记系统进行碳排放配额与资金的逐笔全额清算和统一交收。当日完成清算后，注册登记机构应当将结果反馈给交易机构。经双方确认无误后，注册登记机构根据清算结果完成碳排放配额和资金的交收。当日结算完成后，注册登记机构向交易主体发送结算数据。如遇到特殊情况导致注册登记机构不能在当日发送结算数据的，注册登记机构应及时通知相关交易主体，并采取限制出入金等风险管控措施。交易主体应当及时核对当日结算结果，对结算结果有异议的，应在下一交易日开市前，以书面形式向注册登记机构提出。交易主体在规定时间内没有对结算结果提出异议的，视作认可结算结果。

3. 监督与风险管理

注册登记机构针对结算过程采取以下监督措施：第一，专岗专人。根据结算业务流程分设专职岗位,防范结算操作风险。第二,分级审核。结算业务采取两级审核制度,初审负责结算操作及银行间头寸划拨的准确性、真实性和完整性,复审负责结算事项的合法合规性。第三,信息保密。注册登记机构工作人员应当对结算情况和相关信息严格保密。

注册登记机构应当制定完善的风险防范制度,构建完善的技术系统和应急响应程序,对全国碳排放权结算业务实施风险防范和控制。注册登记机构建立结算风险准备金制度。结算风险准备金由注册登记机构设立,用于垫付或者弥补因违约交收、技术故障、操作失误、不可抗力等造成的损失。风险准备金应当单独核算,专户存储。注册登记机构应当与交易机构相互配合,建立全国碳排放权交易结算风险联防联控制度。

当出现以下情形之一的,注册登记机构应当及时发布异常情况公告,采取紧急措施化解风险:一是因不可抗力、不可归责于注册登记机构的重大技术故障等原因导致结算无法正常进行;二是交易主体及结算银行出现结算、交收危机,对结算产生或者将产生重大影响。

注册登记机构实行风险警示制度。注册登记机构认为有必要的,可以采取发布风险警示公告,或者采取限制账户使用等措施,以警示和化解风险,涉及交易活动的应当及时通知交易机构。出现下列情形之一的,注册登记机构可以要求交易主体报告情况,向相关机构或者人员发出风险警示并采取限制账户使用等处置措施:第一,交易主体碳排放配额、资金持仓量变化波动较大;第二,交易主体的碳排放配额被法院冻结、扣划的;第三,其他违反国家法律、行政法规和部门规章规定的情况。

提供结算业务的银行不得参与碳排放权交易。交易主体发生交收违约的,注册登记机构应当通知交易主体在规定期限内补足资金,交易主体未在规定时间内补足资金的,注册登记机构应当使用结算风险准备金或自有资金予以弥补,并向违约方追偿。交易主体涉嫌重大违法违规,正在被司法机关、国家监察机关和生态环境部调查的,注册登记机构可以对其采取限制登记账户使用的措施,其中涉及交易活动的应当及时通知交易机构,经交易机构确认后采取相关限制措施。

本规则所指的清算,是指按照确定的规则计算碳排放权和资金的应收应付数额的行为。交收,是指根据确定的清算结果,通过变更碳排放权和资金履行相关债权债务的行为。头寸，指的是银行当前所有可以运用的资金的总和，主要包括在中国人民银行的超额准备金、存放同业清算款项净额、银行存款以及现金等部分。注册登记机构可以根据本规则制定结算业务规则等实施细则。

四、《碳排放权交易管理条例(送审稿)》简介

2016 年，国家发改委在《碳排放权交易管理暂行办法》的基础上，组织专家对《碳交易暂行办法》的内容进一步提炼和简化，起草了《碳排放权交易管理条例(送审搞)》[以下简称《碳交易条例(送审稿)》]，拟作为行政法规，按照相关的立法程序提请国务院审议。国务院出台《碳交易条例》的目的是作为实施全国碳排放权交易的法律依据，届时，《碳交易暂行办法》将自动废止。不过，《碳排放权交易管理条例》至今没有出台。

《碳交易条例(送审稿)》共七章，37 条，涵盖了碳排放权交易的各个环节。其主要内容如下：(1)“总则”，阐明了立法目的，明确了碳排放权交易的适用范围、管理部门及其职责，以及覆盖范围的确立原则。(2)“配额管理”(第 5～15 条)，明确了碳排放权交易的配额管理制度，包括重点排放单位和排放配额总量的确定、配额权属、排放配额的分配原则、分配方法和分配程序、配额分配收益，明晰了地方剩余配额的归属等关键问题。(3)“市场交易”(第 16～20 条)，明确了交易产品、交易主体、交易机构和交易信息公开，同时对市场调节等重要问题进行了规定。(4)“报告、核查与清缴”(第 21～27 条)，规定了重点排放单位碳排放监测、报告与核查的程序和要求，以及对相关机构的管理程序。确定了重点排放单位履行配额清缴义务的程序、使用抵消机制和公布清缴情况的要求。(5)“信息公开和监督管理”(第 28～30 条)，明确了碳排放权交易的信息公开、国务院和省级碳交易主管部门的监管范围、相关的信用管理制度等。(6)“法律责任”(第 30～35 条)，规定了对重点排放单位、核查机构、交易机构、主管部门和各参与方的法律责任，以及对违法违规行为实施处罚的方式和程序。(7)“附则”(第 36～37 条)，对《碳交易条例(送审稿)》中的出现的专有名词进行了解释，并明确了本条例的生效时间。

五、《碳排放权交易管理暂行条例(征求意见稿)》简介

由于种种原因,《碳排放权交易管理条列》没有出台,2018 年生态环境部承继了国家发改委气候司应对气候变化和减排的职责。为落实党中央、国务院重大决策部署,利用市场机制控制温室气体排放、推动绿色低碳发展,生态环境部 2019 年起草了《碳排放权交易管理暂行条例(征求意见稿)》[以下简称《碳交易条例(征求意见稿)》],同年 3 月 29 日向社会公开征求意见。由此可见,前述国家发改委起草的《碳交易条例(送审稿)》将被目前生态环境部起草的《碳交易条例(征求意见稿)》所取代。

《碳交易条例(征求意见稿)》的条款较之《碳交易条例(送审稿)》有较大幅度的消减,共 27 条。主要内容如下:

(1)立法目的,即为了规范碳排放权交易,加强对温室气体排放的控制和管理,推进生态文明建设,促进经济社会可持续发展。

(2)明确规定了碳排放权交易的"基本原则",即实行政府引导和市场调节相结合,坚持公开、公平、公正的原则,促进温室气体排放控制与经济发展阶段相适应、与其他相关政策目标相协调。

(3)关于职责分工,《碳交易条例(征求意见稿)》规定,国务院生态环境主管部门负责全国碳排放权交易相关活动监督管理。国家建立碳排放权交易工作协调机制,负责研究、协调与碳排放权交易有关的重大问题。地方人民政府生态环境主管部门负责本行政区域内碳排放权交易相关活动的监督管理。所谓地方人民政府生态环境主管部门,是指省、自治区、直辖市和国务院确定的其他城市的人民政府生态环境主管部门。

(4)覆盖范围和登记系统。国务院生态环境主管部门应当会同国务院有关部门,按照国家确定的温室气体排放控制目标,适时提出纳入碳排放权交易的温室气体种类、行业范围以及重点排放单位确定条件,报国务院批准后公布。国务院生态环境主管部门负责组织建立、运行、维护并会同国务院有关部门监督管理统一的国家碳排放权注册登记系统和国家碳排放权交易系统。

(5)重点排放单位。地方人民政府生态环境主管部门应当按照公布的

纳入碳排放权交易的温室气体种类、行业范围以及重点排放单位确定条件，提出本行政区域内的重点排放单位名录，经本级人民政府同意后报国务院生态环境主管部门。国务院生态环境主管部门审定后及时向社会公布重点排放单位名录。

（6）配额分配。国务院生态环境主管部门应当会同国务院有关部门综合考虑国家温室气体排放控制目标、经济增长、产业结构调整等因素，制定并公布碳排放配额分配标准和方法。

（7）监测、报告、核查（MRV）。重点排放单位应当加强温室气体排放管理，合理控制温室气体排放量。重点排放单位应当按照国务院生态环境主管部门的规定，对本单位温室气体排放情况进行监测，并每年向所在地地方人民政府生态环境主管部门提交本单位上年度温室气体排放报告和核查机构的核查报告。重点排放单位可以在国务院生态环境主管部门公布的核查机构名录内自主选择核查机构。核查机构应当遵守国务院生态环境主管部门制定的核查技术规程，对核查报告的真实性和准确性负责，不得弄虚作假，不得泄露重点排放单位的商业秘密。核查所需经费纳入中央预算安排，不得向重点排放单位收取任何费用。

（8）排放量和排放配额核定。地方人民政府生态环境主管部门应当自收到温室气体排放报告和核查报告之日起30日内组织核定重点排放单位上年度温室气体实际排放量及相关数据。地方人民政府生态环境主管部门根据公布的碳排放配额分配方法和标准，核定重点排放单位应取得的碳排放配额，并报国务院生态环境主管部门。

（9）排放配额登记和预分配。碳排放配额是所有权人的资产，其权属通过国家碳排放权注册登记系统登记确认，权属变更自登记时起发生法律效力。重点排放单位的年度温室气体排放量和取得的碳排放配额应在国家碳排放权注册登记系统登记。地方人民政府生态环境主管部门可以根据公布的碳排放配额分配方法和标准向重点排放单位预分配部分碳排放配额。预分配的配额应在重点排放单位相应年度配额中予以扣除。

（10）配额清缴。重点排放单位应在规定的时间向所在地地方人民政府生态环境主管部门提交与其上年度核定的温室气体排放量相等的配额，以完成其配额清缴义务。结余配额可以出售，也可以结转使用，不足部分应当在当年12月31日前通过购买等方式取得。符合国务院生态环境主管部门规定的碳减排指标可用于履行上款规定的配额清缴义务,视同碳排放配额管理。

(11)交易主体和交易方式。重点排放单位和其他符合规定的自愿参与碳排放权交易的单位和个人可以从事碳排放权交易。国家碳排放权注册登记系统和交易系统运行管理机构、核查机构及其工作人员不得从事碳排放权交易。

重点排放单位和其他符合规定的自愿参与的单位和个人可以购买碳排放权,也可以出售、抵押其依法取得的碳排放权。碳排放权交易可以采取集中竞价、协议等方式进行。

(12)交易规则。重点排放单位和符合规定的其他自愿参与的单位和个人应当遵守国务院生态环境主管部门制定的碳排放权交易规则开展交易。禁止任何单位、个人通过欺诈、恶意串通、散布虚假信息等方式操纵碳排放权交易。

《碳交易条例(征求意见稿)》还对信息披露作出了规定,即国务院生态环境主管部门应当组织定期公布碳排放权交易信息和各年度重点排放单位的碳排放配额提交完成情况。

(13)市场调节。国务院生态环境主管部门应当加强碳排放权交易风险管理,建立涨跌幅限制、风险警示、异常交易处理、违规违约处理、交易争议处理等管理制度。根据调节经济运行、稳定碳排放权交易市场需要,国务院生态环境主管部门商国务院有关部门同意,可以以拍卖等方式向重点排放单位有偿分配碳排放权,或者组织购买重点排放单位、其他自愿参与碳排放权交易的单位依法取得的碳排放权。有偿分配碳排放权的收入、购买碳排放权的费用纳入中央预算安排。

(14)退出规定。重点排放单位终止,或者因为分立、温室气体排放量变化等原因不再符合重点排放单位确定条件的,不再按照重点排放单位管理,国务院生态环境主管部门应当及时予以确认并公布。上述规定的单位有结余的碳排放配额或者尚未履行配额清缴义务的,其权利义务承继依照有关法律规定处理;但是,依照本条例"预分配"取得的相应碳排放配额,应在注册登记系统注销。

(15)监督管理。国务院生态环境主管部门、地方人民政府生态环境主管部门履行监督管理职责,可以采取下列措施,重点排放单位、核查机构、其他自愿参与碳排放权交易的单位和个人等不得拒绝、阻挠:一是对重点排放单位、核查机构、其他交易主体进行现场检查;二是查阅、复制有关文件资料,查询、检查重点排放单位、核查机构、其他交易主体有关信息系统和监测设施;三是要求重点排放单位、核查机构、其他交易主体就有关问题做出解释说明;四是向其他有关单位和个人调查取证。

(16)信用惩戒等其他措施。国务院生态环境主管部门、地方人民政府生态环境主管部门应当对重点排放单位、核查机构、其他自愿参与碳排放权交易的单位等有关单位和个人有关违法行为予以记录,并依法纳入信用管理体系。

(17)法律责任。第一,重点排放单位的法律责任。重点排放单位的违法行为包括不按规定对本单位温室气体排放情况进行监测,不按时提交温室气体排放报告、核查报告,或者提交虚假的温室气体排放报告、核查报告,未按时提交与其排放量相等的配额等。第二,核查单位的法律责任。核查机构的违法行为包括在核查中弄虚作假,向重点排放单位收取费用,泄露重点排放单位商业秘密,参与碳排放权交易,有违反核查技术规程的其他行为等。第三,交易主体的法律责任。交易主体是指重点排放单位,其他符合规定的自愿参与碳排放权交易的单位和个人。交易主体的违法行为包括通过欺诈、恶意串通、散布虚假信息等方式操纵碳排放权交易,或者其他违反碳排放权交易规则的行为。第四,抗拒监督检查的法律责任。抗拒监督检查,是指重点排放单位、核查机构、其他自愿参与碳排放权交易的单位等有关单位和个人拒绝、阻挠监督检查。承担法律责任的方式包括:责令限期改正、予以警告、限期履行清缴义务、没收违法所得、罚款、禁止从事核查工作、注销碳排放配额、禁止在一定年限内参与碳排放权交易。追责机关是地方人民政府生态环境主管部门和国务院生态环境主管部门。

此外,重点排放单位、核查机构、其他自愿参与碳排放权交易的单位等有关单位和个人违反碳排放权交易管理的法律规定,给他人造成损失的,依法承担民事责任;构成犯罪的,依法追究刑事责任。重点排放单位、核查机构、其他自愿参与碳排放权交易的单位等有关单位和个人认为国务院生态环境主管部门、地方人民政府生态环境主管部门的具体行政行为侵犯其合法权益的,可以依法申请行政复议或者提起行政诉讼。

最后,《碳交易条例(征求意见稿)》还对主管部门的法律责任作出了明确规定。国务院生态环境主管部门、地方人民政府生态环境主管部门及其工作人员违反规定,滥用职权、玩忽职守、徇私舞弊的,对直接负责的主管人员和其他直接责任人员依法给予处分;直接负责的主管人员和其他直接责任人员构成犯罪的,依法追究刑事责任。

六、《碳交易条例(征求意见稿)》与《碳交易条例(送审稿)》的比较

(一)《碳交易条例(征求意见稿)》与《碳交易条例(送审稿)》相比较的特点

第一,内容大为简化。《碳交易条例(征求意见稿)》共27条,《碳交易条例(送审稿)》共37条,而《碳排放权交易管理暂行办法》则有48条。相比之下《碳交易条例(征求意见稿)》简化了管理方面的规定,体现了其作为碳市场指导法规的纲领性地位。由于内容的简化,《碳交易条例(征求意见稿)》没有对配额总量、配额预留、分配原则、分配方法、免费配额分配、地方剩余配额归属等问题做出明确要求,也未涉及碳金融衍生品的相关规定。这也侧面透露出主管部门对碳市场的监管立场,碳金融的发展必须建立在健康稳定发展的碳市场基础上。同时,也说明碳金融监管部门及其职责分工尚未明确。

第二,对碳排放配额属性定义不同。《碳交易条例(征求意见稿)》第10条规定,“碳排放配额是所有权人的资产,其权属通过国家碳排放权注册登记系统登记确认,权属变更自登记时起发生法律效力。”这说明,碳排放配额的资产属性拟通过立法予以确认,但具体隶属于哪类资产尚未明确。而《碳交易条例(送审稿)》第11条将碳排放配额按无形资产处理,是对碳排放配额资产属性的进一步划分。有人猜测,发生变更的原因可能是,一旦在法律上确认碳配额的无形资产属性,那么,在碳排放权会计处理上,就要按照企业会计准则第6号“无形资产”对碳配额进行确认、计量、列报和披露。但

是,根据目前国内外试点的实际操作经验,"无形资产准则"还无法完全适配对碳配额的会计处理,对其资产属性的确认还需商榷。

第三,强调碳信息披露的重要性。《碳交易条例(征求意见稿)》第15条对信息披露作出专门规定,以强调碳市场信息披露的重要性。生态环境部将组织定期公布碳排放权交易信息和各年度重点排放单位的碳排放配额提交完成情况。而对有碳市场违法行为的行为主体,依法纳入信用管理体系。碳信息披露是监管部门对市场主体进行有效监管的重要途径之一。充分的碳信息披露不仅可使投资者全面认识企业碳市场活动现状,有助于投资者识别风险;同时还可以帮助监管部门充分了解企业实际参与碳市场情况,为制定符合实际的风险防范监管要求提供依据。

第四,建立市场调节制度,加强风险管理。《碳交易条例(征求意见稿)》第16条规定,国务院生态环境主管部门应当加强碳排放权交易风险管理,建立涨跌幅限制、风险警示、异常交易处理、违规违约处理、交易争议处理等管理制度。并规定,根据调节经济运行、稳定碳排放权交易市场需要,可以以拍卖等方式向重点排放单位有偿分配碳排放权,或者组织购买重点排放单位、其他自愿参与碳排放权交易的单位依法取得的碳排放权。政府的有效监管是碳排放总量控制目标完成的关键,市场调节机制的设立强调了政府作为市场规则制定者对碳市场监管和调控的地位。

(二)《碳交易条例(征求意见稿)》的意义

其一,为全国碳市场建设提供法律依据。从国内试点省市的实践看,地方政府规章的法律效力远不能达到有效监管的目的,必须要有更高层级的法律依据才能保证全国碳市场的正常运行。《碳交易条例(征求意见稿)》将来作为一部碳排放权交易管理的行政法规,比部门规章的法律效力要高,将成为全国统一碳交易市场的法律依据。

其二,为碳市场交易主体提供交易指引。《碳交易条例(征求意见稿)》规定,重点排放单位应在规定时间向所在地生态环境主管部门提交与其上年度核定的温室气体排放量相等的配额,以完成其配额清缴义务。结余配额可以出售,也可以结转使用,不足部分应当在当年12月31日前通过购买等方式取得。这可以增加企业年报的准确性,防止履约期与会计报告期期间错配造成的会计报表失真问题。违反规定未按时提交与其排放量相等配额的,将被处以警告、限期履行清缴义务,并处按照该年度市场均价计算的碳排放配额价值2倍以上5倍以下罚款。且将有关违法行为予以记录,并依法纳入信用管理体系。

其三,规范碳市场相关行业的发展。《碳交易条例(征求意见稿)》规定,控排单位有义务对本单位温室气体排放情况进行监测并提供核查报告。在核查机构的选择上,重点排放单位可自主在国务院主管部门公布的核查机构名录内选择任意机构进行核查。另外,国家碳排放注册登记系统和交易系统运行管理机构、核查机构以及工作人员不得从事碳排放权交易,防止舞弊现象发生。这一规定使得只有符合资质要求的核查机构才能进入到碳核查工作中,提高碳核查工作的真实性、可靠性,确保市场的公平性,规范行业发展。

此外,《碳排放权交易管理条例》的出台对全国碳市场的发展具有指导意义。《碳交易条例(征求意见稿)》是全国碳市场自2017年年底宣布启动后出台的第一份相关文件。虽然还在征求意见阶段,却向市场传递信号,全国碳市场的基础设施建设正在进行中。这一条例的出台,无疑增加了行业从业人员的积极性。另外,也给我国环境权益交易市场提供了重要参考,促进整个环境权益市场的活跃与发展。[1]

七、《全国碳排放权交易市场建设方案(发电行业)》简介

2017年12月18日,国家发改委印发了《全国碳排放权交易市场建设方案(发电行业)》(以下简称《碳市场建设方案》),标志着以发电行业为突破口的全国碳排放交易体系正式启动。与《碳交易暂行办法》相比,《碳市场建设方案》对碳配额衔接的规定更加具体,其主要内容如下:

第一,率先把发电行业纳入全国碳排放交易体系,分阶段稳步推行碳市场建设。初期交易主体为发电行业的重点排放单位,重点排放单位的门槛

---

〔1〕 洪睿晨:《〈碳排放权交易管理条例〉解析及政策建议》,载碳交易网,http://www.tanjiaoyi.com/article-26524-1.html,最后访问日期:2022年9月10日。

为,发电行业年度排放达到 2.6 万 tCO_2e 的企业或其他经济组织。据测算,首批纳入碳交易的企业共有 1700 余家,年排放总量超过 30 亿 tCO_2e,约占全国碳排放量的 1/3。[1]

第二,明确规定,初期交易产品为碳配额现货,条件成熟后增加符合交易规则的国家核证自愿减排量及其他交易产品。

第三,在碳交易市场衔接方面,《碳市场建设方案》规定,2011 年以来开展区域碳交易试点的地区将符合条件的重点排放单位逐步纳入全国碳市场,实行统一管理。区域碳交易试点地区继续发挥现有作用,在条件成熟后逐步向全国碳市场过渡。

第四,在碳配额分配方面,发电行业配额按国务院发展改革部门会同能源部门制定的分配标准和方法进行分配(发电行业配额分配标准和方法另行制定)。

第五,在市场监管方面,采取各部门、各地方各司其职、相互配合的监管方式,即国务院发展改革部门与相关部门共同对碳市场实施分级监管。

第六,在制度建设上,《碳市场建设方案》规定了碳排放监测、报告与核查(MRV)制度,重点排放单位配额管理制度,以及其他的市场交易相关制度。

第七,为保障碳配额交易的数据可靠、交易公平、结果真实,《碳市场建设方案》设计了四大支持系统,即重点排放单位碳排放数据报送系统、碳排放权注册登记系统、碳排放权交易系统与碳排放权交易结算系统,这四大系统相互连接、彼此配合,以此实现对碳市场的服务与监管。

全国碳排放交易体系启动之后,将加快碳市场管理制度建设,加快推动出台行政法规《碳排放权交易管理条例》和配套管理办法;推动碳市场基础设施建设,包括注册登记、交易系统,以及管理机构的组建;推动重点单位碳排放权交易配额总量设定和配额方案的发布,尤其是发电行业配额分配技术指南;针对机构调整带来管理体系的变化,有针对性地开展能力建设,确保碳市场稳定运行。

---

[1] 寇江泽:《少排可以卖配额 多排就要掏钱买》,载《人民日报》2018 年 9 月 15 日,第 9 版。

第六章　中国碳交易法律制度构建的难点与重点

第一节　跨区域碳交易面临的法律困境

通过对试点省市碳交易政策法规的内容进行比较分析，可以看出，各试点碳交易地方立法的外在表现形式与效力层级各不相同，碳市场的基本要素均存在差异，这些差异性无助于全国统一碳交易市场体系的制度完善，也是跨区域碳交易的制度障碍。以京津冀为例，跨区域碳交易还面临一些突出的法律困境。[1]

一、跨区域交易法律依据方面的问题

京津冀跨区域碳交易只有北京与天津纳入试点范围，主要依赖地方性法规、政府规章与政策，北京与河北的跨区域碳交易试点依据的仅仅是政策性文件，没有正式的法律依据。上述三地碳交易立法，北京的碳交易立法层次略高，为北京市人大常委会制定的地方性法规，即《关于北京市在严格控制碳排放总量前提下开展碳排放权交易试点工作的决定》（2013 年 12 月 27 日），其他的还有地方规范性文件，如《北京市碳排放权交易管理办法（试行）》（京政发〔2014〕14 号）、《关于调整〈北京市碳排放权交易管理办法（试行）〉重点排放单位范围的通知》（京政发〔2015〕65 号）、《天津市碳排放权交易管理暂行办法》（津政办规〔2020〕11 号）。

---

〔1〕 谭柏平、郝洁媛：《京津冀地区碳交易市场形成的制度建构》，获第十二届"环渤海区域法治论坛"优秀奖（中国法学会终评并公示），2017 年 8 月。

关于京津冀跨区域碳排放交易在法律层面的文件还是空白状态,欠缺跨区域的碳交易立法与政策,各地方的规章与政策规定只能在其管辖范围内发生效力,如京津冀跨地区碳交易,北京市的规定不可能约束天津市的碳交易,而天津市的规定也不可能成为河北省的碳交易依据。尤其关于京津冀各地方政府在协作中的权利与义务、职责等核心内容都没有涉及,在合作冲突的解决、跨区域管理协调组织的法律地位等方面都找不到法律依据,这就为地方政府在处理碳排放权交易时基本无法可依,更谈不上统一的规划。目前,北京与河北的跨区域碳交易仍然仅针对承德市开展,河北省内并没有针对此事出台新的政策制度,相关部门还在进行开展基础性的推进工作。另外,各地碳交易立法效力层次凌乱,大多数均为地方规范性文件,且政策的数量远多于规范性法律文件,效力不足,稳定性差。碳交易相关规定分布于不同的政策性文件中,不成体系,这势必容易造成内容不清晰,制度不明确,这在一定程度上肯定对跨地区碳交易市场的形成产生不利影响。如在京津冀地区,京津两地的碳交易立法各自进行,尽管北京绿色交易所、天津排放权交易所的成立为京津冀碳排放权交易奠定了坚实的市场基础,但是,企业甚至政府开展跨区域交易的积极性并没有想象中的高,部分原因在于各地自行立法制章造成碳交易市场的人为分割。此外,从碳交易法律依据的顶层设计上讲,碳交易法律制度定位不明确,《环境保护法》没有把碳排放交易制度作为我国环保的基本法律制度。[1]

二、碳配额初始分配方面的问题

碳排放权交易的对象是企业的碳配额[2]。从法律角度来看,碳排放配额是占用一定的环境容量并可以使用的许可,所以碳排放配额初始分配的实质是对环境容量资源的初次分配。碳排放配额初始分配是自上而下的,体现了行政主体对碳排放行为的监督、管理和调控,政府地位和权利责任在

---

〔1〕 王彬辉:《我国碳排放权交易的发展及其立法跟进》,载《时代法学》2015 年第 2 期。

〔2〕 即政府分配给重点排放单位指定时期内的碳排放额度,是碳排放权的凭证和载体。1 单位配额相当于 $1tCO_2e$。

很大程度上决定着初始分配各方权利主体的分配结果。只有综合考虑各方影响因素,如地区差异、行业企业差异等,制定公平、合理、统一的碳配额分配方案,依法约束政府分配权力和划定权力边界,才能避免碳排放配额初始分配成为政府与个别碳排放主体合谋的工具。国家发改委颁布的《碳排放权交易管理暂行办法》(国家发展改革委令第17号)对碳排放配额初始分配的方式进行了规定,即排放配额分配在初期以免费分配为主,适时引入有偿分配,并逐步提高有偿分配的比例〔1〕。2016年《碳排放权交易管理条例(送审稿)》中也对配额分配方法进行了规定,即"国务院碳交易主管部门负责确定全国统一的免费配额分配方法。各省级碳交易主管部门可提出比全国统一的免费配额分配方法更加严格的免费分配方法,经国务院碳交易主管部门审定后在本行政区域内实施。"〔2〕2019年《碳排放权交易管理暂行条例(征求意见稿)》则规定,"国务院生态环境主管部门应当会同国务院有关部门综合考虑国家温室气体排放控制目标、经济增长、产业结构调整等因素,制定并公布碳排放配额分配标准和方法。"〔3〕可见,拟出台的新条例对碳排放配额分配标准和方法并没有明确规定,回避了碳配额分配是否"免费"的问题。2020年12月颁布的《碳排放权交易管理办法(试行)》规定:"生态环境部根据国家温室气体排放控制要求,综合考虑经济增长、产业结构调整、能源结构优化、大气污染物排放协同控制等因素,制定碳排放配额总量确定与分配方案。省级生态环境主管部门应当根据生态环境部制定的碳排放配额总量确定与分配方案,向本行政区域内的重点排放单位分配规定年度的碳排放配额。""碳排放配额分配以免费分配为主,可以根据国家有关要求适时引入有偿分配。"〔4〕可见,新的试行办法仅规定生态环境部制定碳排放配额总量确定与分配方案,而具体的分配工作交由省级生态环境主管部门完成。这依然是一种"自上而下"的分配方式。

目前,京津冀碳排放初始配额分配采用排放总量控制下的配额交易机

〔1〕 参见《碳排放权交易管理暂行办法》第9条。

〔2〕 参见《碳排放权交易管理条例(送审稿)》第9条。

〔3〕 参见《碳排放权交易管理暂行条例(征求意见稿)》第7条。

〔4〕 参见《碳排放权交易管理办法(试行)》第14、15条。

制,即“总量控制与交易”机制[1]。但是,国家没有出台针对跨区域的阶段性碳排放总量目标以及各城市配额分配比例的法律细则,京津冀如何合理分配碳排放配额还没有妥善的解决办法。因此,完善跨区域的碳排放配额分配制度,建立全国碳排放总量控制机制和落实制度,是面临的一个重要问题。比如,河北承德金隅水泥是新企业,作为首批尝试与北京开始交易的六家水泥企业之一,没有历史排放值作为参考,所以其碳配额是按照北京20家先进企业平均值确定的,达标压力非常大。另外,有些企业对于配额的分配都各有自己的诉求,各家都希望自己分到的多一些,在市场上花钱购买的少一些,因此,河北在跨区域碳交易中就会遇到类似水泥行业的配额分配争议问题。再者,京津冀“府际”之间存在地区和行业企业等方面的差异,国家给各省市确定的目标不一样,各省市对辖区内的各地下达的目标也不一样,比如河北省对于承德市和石家庄市所确定的目标和要求就不一样。承德市其他企业参与跨区域碳交易还要全面考虑地区及自身的经济发展情况,因为,钢铁和电力是承德的支柱行业,其税收贡献占财政收入比率超过一半,若参与交易,将对企业收益产生一定影响,所以,碳配额如何在这些企业中进行分配则显得尤为重要。

总之,跨区域的碳排放权交易要在“府际”之间形成一个统一市场以进行碳交易,碳排放配额的分配便成为一道需要逾越的障碍。在确定配额的过程中要充分考虑地区、行业、企业间的差异性,通过确定总量目标、企业排放数据登记、核查认证、数据分析等程序,使配额分配建立在科学、公平、合理的基础上,同时要尽快建立全国碳排放总量控制制度和分解落实机制。《碳交易条例(征求意见稿)》所言,“制定并公布碳排放配额分配标准和方法”,应由国务院生态环境主管部门会同国务院有关部门在条例出台后尽早制定出来。

---

[1] 即政府设定配额总量,发放给企业后让其自由交易,其核心思想是:在限定总量的前提下,赋予特定主体合法的碳排放权,并允许这种权利像商品那样买入和卖出。碳排放权交易是一种融合了政府权力与私主体权利,兼具公法与私法性质的法律行为。

三、跨区域碳交易规则方面的问题

在碳交易市场尤其是跨区域碳交易市场,统一而详细的交易规则是必备条件。碳交易所作为碳交易市场主体参与交易的重要平台,为参与主体提供交易信息、交易场地、交易设施以及结算等服务,同时监管市场参与主体的交易行为、交易账户资金变动情况,对违规市场参与主体采取措施,以及为碳交易市场参与主体间、交易主体与交易所间的纠纷,提供救济,从而保障碳交易市场的健康、安全、有序、可持续运行。

我国七个试点省市均有自己的交易所,如北京绿色交易所、天津排放权交易所、广州碳排放权交易所,各个交易所均有自己的一套交易规则,各交易规则存在诸多差异。以京津冀区域为例,北京的碳交易市场制定了自己的交易规则,就交易产品而言,目前,北京碳市场的交易产品主要包括两类五种,两类分别是北京市碳排放配额和经审定的项目减排量。北京碳市场的交易主体(交易参与人),是符合北京绿色交易所规定的条件,开户并签署《碳排放权入场交易协议书》的法人、其他经济组织或自然人,分为履约机构、非履约机构和自然人三类。关于交易方式,北京碳市场的交易方式分为线上公开交易和线下协议转让两大类。所谓的线上公开交易,是指交易参与人通过交易所电子交易系统,发送申报/报价指令参与交易的方式。而所谓的线下协议转让,是指符合《北京市碳排放配额场外交易实施细则(试行)》规定的交易双方,通过签订交易协议,并在协议生效后到交易所办理碳排放配额交割与资金结算手续的交易方式。根据要求,符合一定条件的交易行为如大宗交易,必须采取协议转让的方式。显然,天津碳交易市场在交易产品、交易主体、交易方式等方面遵循自己市场的交易规则,与北京的不同。而河北省甚至还没有自己的碳交易市场,2022 年 1 月 5 日,河北省委、省政府出台《关于完整准确全面贯彻新发展理念认真做好碳达峰碳中和工作的实施意见》,这是全国首个出台“双碳”实施意见的省份。该实施意见提出,河北将积极组建中国雄安绿色交易所,推动北京与雄安联合争取设立国家级 CCER 交易市场。[1] 目前,京冀跨区域碳交易平台借助的是北京绿色交易所,天津碳交易则借助于自身的交易所进行。然而,河北省的经济社会发展与北京的不处在一个阶段,河北借助北京的碳交易市场,遵守北京碳市场的交易规则,这存在一个公平公正问题。如果碳交易规则不同,则不利于跨区域碳交易市场的健康、可持续发展,也不利于全国统一碳交易市场的建立。

因此,京津冀跨区域的碳交易市场和全国统一的碳交易市场的建设,需要统一各交易所的交易规则,保证跨区域碳交易市场的正常运行。

四、碳交易监管机制方面的问题

跨区域碳交易市场监管,不仅包括政府监督管理机制,还应包括社会监督机制,这些监管机制是平衡各种社会利益冲突的有效手段,有利于各部门、企业认真履行职责。

就政府监管而言,监管力度有待加强。碳配额交易主要是在二级市场进行,在一级市场的行政行为基础上建立,因此,相关的行政部门会参与碳交易审核,同时政府还会委托第三方机构协助监管。现实中有很多问题需要解决:一是碳排放交易监管体制不明晰。通过碳排放交易试点省市可知,碳交易管理过去由发改委牵头安排,交易主体由工业和信息化部管理,交易所和交易平台的管理还涉及到证监会和证监局等部门。[2] 二是在实践中有些地区政府对于企业偷排、超额排放和弄虚作假的行为熟视无睹,单纯的"GDP 至上"造成了政府监管机制过于放松,执法不严。三是环保部门监管能力不足,碳排放计量的基础过于薄弱,大部分地区不具备完备的检测条件,导致相关的环保部门无法掌握碳排放单位实际排放数量,无法全面有效

---

〔1〕 参见《河北出台碳达峰碳中和实施意见将组建中国雄安绿色交易所》,载江苏节能网,http://www.jsjnw.org/news/220718-2990.html。

〔2〕 中山大学法学院课题组:《论中国碳交易市场的构建》,载《江苏大学学报(社会科学版)》2012年第1期。

地对交易情况进行记录与核实。虽然中国引入了第三方机构[1]协助政府进行核查,但是,其开展核查工作必须依据国家或地方试点颁布的企业温室气体排放核算方法与报告指南,而目前还未解决国家与地方不同行业不同企业温室气体排放核算方法与报告指南的一致性、执行性及其监管责任的问题。

就社会监督而言,能源协会、大众媒体、信用评定机构以及投资者等都可以成为监督主体,[2]他们对碳交易市场拥有监督的权利,可以监督政府的碳排放总量控制、配额分配、行政处罚等,监督碳交易所的会员管理与服务、交易纠纷处理、信息发布,监督第三方核查机构,监督交易主体的不正当竞争行为等。然而,《碳排放权交易管理暂行办法》只对国务院碳交易主管部门和省级碳交易主管部门的职责进行了规定[3],并没有将社会监督主体纳入监管主体范围。2020 年 12 月颁布的《碳排放权交易管理办法(试行)》规定,鼓励公众、新闻媒体等对重点排放单位和其他交易主体的碳排放权交易及相关活动进行监督。并规定,公民、法人和其他组织发现重点排放单位和其他交易主体有违反本办法规定行为的,有权向设区的市级以上地方生态环境主管部门举报。这是完善碳交易监管机制的最新立法成果。而北京碳交易规定没有涉及社会监督的内容。2020 年 6 月颁发的《天津市碳排放权交易管理暂行办法》增加了社会监督的内容,规定天津市生态环境局应公布举报电话和电子邮箱,接受公众监督。任何单位和个人有权对碳排放权交易中的违法违规行为进行投诉或举报。天津市生态环境局应如实登记并按有关规定进行处理。

碳泄漏是跨区域碳交易监管不可忽视的一个问题。碳泄漏的发生往往是由于碳排放管制区域内的企业整体或者将高碳排放的产能转移到未实行碳排放管制的区域,从而造成碳排放管制政策的失灵。碳泄漏很可能发生

---

〔1〕 第三方机构行使碳交易市场监管权力,须拥有国家规定的软件和硬件资质,一旦国家认可其资质,第三方机构就要按照与控排企业的委托协议,开展具体的核查工作,对控排单位的温室气体减排活动进行核查与证实.

〔2〕 李挚萍:《碳交易市场的监管机制研究》,载《江苏大学学报(社会科学版)》2012 年第 1 期。

〔3〕 《碳排放权交易管理暂行办法》对国务院碳交易主管部门和省级碳交易主管部门监督职责进行了规定,包括信息公布、建立信息披露制度、重点排放单位报告核查、配额清缴、信用管理体系等。

在排放政策不对称的区域、部门和企业之间。例如,一个地区碳市场的实施可能会促使该地区未被碳市场纳入的实体的碳排放增加。中国的碳排放交易试点均独立运作,试点之外的地区尚未进行碳排放管制,因此,试点范围内的企业很有可能转移至试点外地区,从而产生碳泄漏问题。[1] 为了防止碳泄漏,欧洲议会考虑建立碳边界调整机制(CBAM),该机制从电力和能源密集型工业部门开始,对从温室气体排放规定不如欧盟严格的国家进口某些产品征收碳税。中国的碳市场按照碳排放强度衡量配额的方法也可能降低碳泄漏的可能性。总之,应加强跨区域"府际"之间碳排放的协同监管,运用碳税、价格等经济手段和市场机制从更深层次上解决碳泄漏问题。

五、碳配额交易价格方面的问题

碳价反映了社会短期边际碳减排成本,合理的碳价是促进控排企业实现低碳转型的有效手段之一,良性与协调的碳价机制是全面实施统一碳排放交易市场的关键步骤。根据《2018 年中国碳价调查》的数据,可以看出试点省市的碳配额价格及特点,以京津冀地区为例,北京碳市场已取代深圳,成为全国碳价最高的市场,2017~2018 年北京的碳价维持在 50 元/吨以上,2022 年 12 月上旬,北京碳市场交易活跃度降低,碳价再次冲高,12 月 7 日北京碳价再创历史新高,达到 149.00 元;[2] 而同一区域的天津,其碳交易活跃度则较低,碳价位于 10~15 元/吨之间。整体而言,我国试点各地碳配额供过于求,对碳配额价格有较大影响,且存在较大不确定性,进而市场活跃度较低。碳价形成机制不规范,碳配额价格差距较大,必然对于跨区域碳交易市场的建立也会产生不利影响。

总之,各地在产业与能源结构、经济与社会发展阶段、城市功能定位、居民收入等各方面都还存在较大差异,这些"法律之外"的差距肯定会在"法律之内"体现出来,即在跨区域碳交易立法中通过交易要素的不同体现出来,

---

[1] 曹明德等:《中国碳排放交易法律制度研究》,中国政法大学出版社 2016 年版,第 266 页。

[2] 参见《北京碳价又创历史新高到 149 元》,载搜狐网,http://news.sohu.com/a/616792376_121628734,最后访问日期:2022 年 12 月 20 日。

从总量核定、初始配额分配、碳交易规则到碳市场的监管等,肯定都有不同,并最终影响跨区域碳交易市场的走向。

六、地方政策执行方面的问题

在国家贯彻区域碳减排目标时,经常会遇到地方政府"自下而上"的"变通"与"软化"。在权威型的社会治理中,国家制度逻辑已经对地方政府产生了影响。由于京津冀区域经济差异及文化场域、行为习惯等不同,跨区域碳交易法规政策其产生的作用往往会因地而异。当跨区域碳交易法规政策蕴含的环境正义和低碳减排目标与地方政府的"GDP"目标产生冲突时,地方政府会通过"自下而上"的"变通"机制创设出新的制度,这种制度在精神和形式上与"自上而下"的制度保持一致,但其内涵或目标可能不尽相同,这也日渐成为达到碳减排目标的新常态。

通常,跨区域碳交易构建中的地方政府通过四种方式来实现"变通"的目的:其一,给"硬性"的法规政策以"弹性"的新解释,"软化"其约束性,以此削弱温室气体减排目标对当地经济发展的束缚。其二,利用碳交易法规政策原则性的"空白"和"软法"[1]机制来化解低碳减排和经济发展的冲突。其三,根据原法律制度不清晰之处,出台地方性方案来实施法令规定。以京津冀为例,北京最早开展了跨区域碳排放权交易,与河北承德实行"统一机制、一个市场"的跨区域碳交易机制,但河北承德纳入北京碳交易体系是参照北京已有的配额分配方法,使用相同的配额计算方法与北京建立配额分配协调机制。[2] 其四,"选择性"完成碳排放交易法规政策的要求。虽然地方政府拥有相对的地方自治权,但因其受统一碳交易法令的约束,所以在新的政策制度规定上几乎没有太多的自主性。这样,在相关法令尤其是政策向下传达的过程中,地方政府往往会"选择性"执行,或虽然规定了但不

[1] 碳交易规则有两条并行的主线:一是相对严苛的法律标准;二是中央政府提出的指导性原则。地方政府往往根据政策"不划定利益边界、自行摸索空间大"这个特点,软化相对严格的法律标准。

[2] 参见《河北承德6家水泥企业纳入北京碳交易体系》,载建材工业技术网,http://www.itibmic.com/info_main/20141222/270303.html。

执行，仅仅“转发”而已，或将主观意志强加于其上，或遗漏相关规定，甚至根据自身利益故意曲解某些规则的“原意”。毋庸置疑，这些“变通”可能有助于地方政府达到碳减排和经济发展的双重目的，但部分法规政策被回避、悬空或搁置，更多的是削弱了制度的权威性，减损了其法律效力。

第二节　温室气体自愿减排交易机制存在的不足

一、自愿减排交易机制有待改进

温室气体自愿减排交易机制（以下简称自愿减排交易机制）是相对于《京都议定书》中清洁发展机制（CDM）的，旨在利用市场机制推动能源结构调整、促进生态保护补偿、鼓励全社会自愿参与控制温室气体排放的重要政策工具。我国于2012年首建并试行自愿减排交易机制，但由于运行欠规范，实施效果不尽如人意，该机制于2017年被按下暂停键。2020年9月，中国在第七十五届联合国大会上郑重提出了我国自主贡献目标：力争2030年前二氧化碳排放达到峰值，努力争取2060年前实现碳中和（亦即“双碳”目标），实现“双碳”目标，需要重启自愿减排交易机制。鉴于自愿减排项目量大面广，牵涉利益众多，因此，亟待通过构建完备的法律制度以保障自愿减排交易机制规范运行、行稳致远。然而，作为国内外公认行之有效的节能减排方式，我国开展温室气体自愿减排活动与发达国家相比，还存在较大的差距。我国温室气体自愿减排交易市场尚不成熟，在实施过程中存在很多问题。从减排意识、信息透明度、交易标准、专业人员等角度看，我国温室气体自愿减排交易机制还需要进一步完善。

一是节能减排意识有待加强，法律制度有待完善。目前，我国主要依靠行政手段进行干预，而非利用市场机制来促进温室气体减排目标的实现，有些控排企业缺乏节能减排意识，处于被动减排的样态，政府机构、社会团体及个人尚未树立节能减排的意识。另外，自愿减排制度的良好运行，离不开完善的法律保障，而我国目前关于自愿减排制度的相关法律规定存在不足，且法律位阶较低，很多细节有待完善。这两方面都影响自愿减排市场的高效运行,不利于自愿减排市场的健康、有序运行。因此,国家应面向社会大力宣传自愿减排理念,促进全社会树立节能减排意识。同时国家应出台相关法律法规,提高自愿减排交易机制的立法层级,完善自愿减排制度的细节规定。

二是各交易所交易标准差异化,业务范围重叠交叉。目前,我国存在九家获得正式备案的国家温室气体自愿减排交易机构可以进行 CCER 交易,包括:北京绿色交易所、天津排放权交易所、上海环境能源交易所、广州碳排放权交易所、深圳排放权交易所、重庆联合产权交易所、湖北碳排放权交易中心、四川联合环境交易所、福建海峡股权交易中心。然而各交易所关于 CCER 的交易规定各不相同,都是根据自身特点在《CCER 暂行办法》基础上制定了适合自身的交易细则,努力发展特色服务。首先,从交易规则来看,各交易所关于自愿减排交易的抵消比例、交易地域限制、交易时间限制、交易领域限制各不相同;从业务范围上看,目前各交易所都可以进行 CCER 交易,同时各交易所之间合作较少,不利于形成统一的自愿减排交易市场,也不利于综合各交易所的优势吸引国际买家,促进自愿减排交易的国际合作。因此,各交易所应在国家主管部门的指引下,加强区域之间的合作,改变我国按照行政区域分解碳减排指标的方式,按照行业进行碳减排指标的分解,从而促进全国统一的自愿减排市场的形成与发展。

三是交易透明度不高,信用基础薄弱。碳减排信用的形成主要依赖可靠的标准体系的开放和第三方审定与核证机构的标准认定。可靠的碳减排信用是进行自愿减排交易的前提和基础,而我国目前,一方面,没有形成完善的标准体系;另一方面,由于交易透明度差,减排量产生后善意第三方无法得知该减排量是否存在重复计算的现象,这就有可能导致一个减排量卖给好几家。另外我国尚未形成完善的监督管理体系对自愿减排进行监管,这使得碳减排信用度不高。因此,国家一方面要完善第三方审定与核证机构的资质认定标准,以及统一的审定与核定核证标准,避免同一项目被多次申请减排量;另一方面应建立统一的交易信息平台,实现交易信息的实时更新,从而提高交易透明度,避免同一减排量多次交易。同时国家自愿减排交易体系和地方交易机构的交易系统应当与国家自愿减排注册登记簿连接,实时记录减排量变更情况,从而提高碳减排信用。

四是专业人才紧缺,技术支撑体系不完善。目前我国自愿减排交易的技术基础主要是2012年10月印发的《温室气体自愿减排项目审定与核证指南》,但是对于温室气体自愿减排交易这样一个新兴的交易方式而言,仅仅依靠该核证指南是远远不够的。目前我国还没有完整的技术体系作为支撑,自愿减排法律制度不完善、国家政策不连续,这直接导致缺乏自愿减排方面的专业技术人才,技术信息不畅通,给温室气体自愿减排市场的发展带来了不利影响。因此,国家应该为温室气体自愿减排市场的健康发展储备丰富的专业人才资源,以弥补不足。

此外,完善自愿减排交易机制还依赖于具体制度的进一步落实与实施,举其要者包括但不限于:第一,就监管体制来说,按照"审管联动"原则,如何划分CCER国家主管部门与省级主管部门之间的监管职责?CCER监管职责能否下放至地方生态环境主管部门?生态环境主管部门如何会同市场监管部门对审定与核查机构及其审定与核查活动进行监督管理?第二,就项目范围来说,拟开发的温室气体自愿减排项目应当自何时起算?减排项目应该从自愿减排交易机制实施即2012年6月13日之后起算,还是应该从国家暂缓受理CCER各类事项备案申请即2017年3月17日之后起算?相应地,申请核证的自愿减排量产生的日期应当从何时起算?2020年9月22日提出"双碳"目标之后产生的,还是2017年3月17日暂缓受理CCER各类事项备案申请之后产生的?根据法律法规规定或者基于强制减排义务实施的减排项目,能否被开发为温室气体自愿减排项目?如何保证项目的唯一性、减排量的额外性?第三,就项目和减排量申请而言,项目设计文件与审定报告、减排量核算报告与核查报告等项目和减排量的申请材料,是由项目业主通过注册登记系统提交,还是项目业主、审定与查机构分别提交?或者由项目业主向省级生态环境主管部门提交,省级主管部门进行形式审查之后再通过注册登记系统上传?第四,就发挥专家的作用而言,专家评估是否作为CCER开发流程中的必备环节?温室气体自愿减排技术评估专家库,是由生态环境部建立并组织评估?还是授权注册登记机构建立专家库,并组织技术评估?专家库成员的选聘办法、任期、职责以及专家库的工作程序和议事规则等,是否需要另行制定规范性文件进行详细规定?第五,就第三方机构而言,从事CCER项目审定与减排量核查的审定与核查机构,其市场准入条件如何规定？市场监督管理部门和生态环境主管部门针对审定与核查机构,如何分配监管职责？等等。

二、自愿减排交易管理方式需要优化

(一)《CCER 暂行办法》规定的备案管理体制

2012 年,国家发改委发布了《温室气体自愿减排交易管理暂行办法》(《CCER 暂行办法》)。《CCER 暂行办法》第 6 条规定:“国家对温室气体自愿减排交易采取备案管理。参与自愿减排交易的项目,在国家主管部门备案和登记,项目产生的减排量在国家主管部门备案和登记,并在经国家主管部门备案的交易机构内交易。中国境内注册的企业法人可依据本暂行办法申请温室气体自愿减排项目及减排量备案。”由此可知,我国温室气体自愿减排交易管理体制与管理方式是备案管理,即根据《CCER 暂行办法》的规定,国家对自愿减排交易的方法学、项目、减排量、审定与核证机构、交易机构等五个事项实施备案管理。主管部门在受理五个事项备案申请材料后,组织专家对申请项目进行技术评审(30 日),商有关部门依据专家意见对备案申请进行审查。实际工作中,参照清洁发展机制(CDM)项目管理经验,定期召开项目审核理事会(参与审核的成员单位包括气候司、科技部社会发展司、外交部条法司、财政部国合司、原环境保护部科技司、原农业部科教司、中国气象局科技司等相关部门)。项目审核理事会审核通过的项目,予以备案。项目审核理事会审核未通过的项目,不予以备案。2016 年至 2017 年,根据“放管服”改革要求,取消了项目审核理事会审查环节,在组织专家对申请项目进行技术评审后(30 日),根据专家建议办理备案手续(5 日)。2017 年 3 月,主管部门发布公告暂缓受理备案事项。

(二)CCER 对中国应对气候变化工作的意义

CCER 对中国应对气候变化工作具有的重要意义体现在:一是 CCER 为中国支持可再生能源和林业碳汇等产业发展提供了重要政策工具。可再生能源、林业碳汇等项目开发的 CCER 减排量可以通过市场进行出售,为项目带来额外的资金收益。同时,CCER 也能够作为财政资金支持可再生能源和林业碳汇产业发展的有益补充。打开全国碳市场和国际航空市场后,CCER价格预计将会上涨,从而为有关项目带来持续的可观收益。此外,CCER 还可助力生态保护补偿、精准扶贫、碳中和等重要工作。二是 CCER 是全国碳市场和试点碳市场的必要组成部分。根据《全国碳排放权交易市场建设方案(发电行业)》,全国碳市场将以发电行业为突破口率先开展交易。按照当前配额分配的方法设计,发电行业配额总量存在缺口,在其他配额调节机制尚未确定的情况下,只能以 CCER 作为抵消机制平衡发电行业配额缺口。中国碳交易试点地区均建立了碳交易的抵消机制,规定重点排放单位可使用一定比例的 CCER 减排量抵消其碳排放量,履行其控制温室气体排放义务。三是 CCER 有助于树立中国负责任的大国形象。CCER 成为体现中国积极参与国际民航组织 CORSIA 工作的重要成果,也是维系中国和国际民航在 CORSIA 议题上合作关系的纽带。CCER 作为国际民航组织认定的合格减排单位,还可以向其他参与 CORSIA 的国家出售,做好 CCER 工作有助于提升我国在应对气候变化减排领域的国际影响力,树立我积极负责任大国形象。

(三)CCER 管理存在的主要问题

第一,暂停受理 CCER 备案事项的时间过长,减排量供给不足。自 2017年 3 月暂停受理 CCER 备案事项以来,CCER 市场无新增项目和减排量,还有 729 项国家发改委接收但积压未办复的备案事项需要处理。市场对CCER 前景缺乏明确政策预期,行业培育多年的咨询机构、审定与核查机构的从业人员流失严重。部分项目也已着手将温室气体减排项目开发为黄金标准(GS)、国际自愿减排标准(VCS)等国际减排机制项目。此外,国际民航组织(ICAO)规定用于 CORSIA 试验期(2021 ~ 2023 年)的减排量需满足一定时限条件,中国符合上述条件的 CCER 项目减排量数量较少。全国碳市场将 CCER 作为抵消机制,现有 CCER 存量难以满足履约需求。

第二,温室气体自愿减排交易机制是一项系统工程,短期内恢复 CCER正常运行的难度较大。完善 CCER 管理机制,尽快恢复 CCER 正常运行需要满足诸多要求,面临多方面困难。其一,CCER 管理应满足“放管服”改革要求,如果不再采用“审批式备案”管理方式,则应设计一套新的管理模式,加强事中事后监管。其二,各项关键环节均采用备案管理方式进行管理,可能会导致市场上交易的减排量良莠不齐,造成主管部门监管风险较高。其三,CCER 具有特殊性,减排量在签发后,可以快速完成交易,较难参照环评的模式进行事中事后监管。其四,CCER 国际化面临许多难题,CCER 要满足国际民航组织合格减排机制的技术性要求。国际民航组织对合格减排机制的条件有明确要求,有关机制如作出调整,需重新接受技术评审。此外,组建全国统一的 CCER 交易机构也存在许多难题,短期内难以实质性开展有关工作。

第三,备案管理方式存在缺陷。根据《CCER 暂行办法》规定,CCER 交易采取备案管理方式,即对温室气体自愿减排项目、减排量、方法学、审定与核证机构以及交易机构等五个事项采取备案管理。温室气体自愿减排(CCER)的开发流程主要包括六个步骤,依次是项目申请、项目审定、项目备案、项目实施与检测、减排量核查与核证、减排量备案与交易。参与 CCER 交易的项目及其产生的减排量要分别在国家主管部门进行备案和登记,目前我国各试点均可进行 CCER 交易。CCER 备案管理的主要问题在于,以“备案管理”之名,行“行政许可”之实。自愿减排项目备案和减排量备案逻辑上属于前后关系。同一个项目,首先需经过审定备案后,再申请减排量备案。备案项目需采用经国家主管部门备案的方法学,经过审定与核证机构审定并出具审定报告后,提交主管部门申请备案。项目获得备案后,减排量需经审定与核证机构核证并出具核证报告后,提交主管部门申请备案。减排量获得备案后,可在经备案的交易机构交易。《CCER 暂行办法》对 CCER“审批式”的备案管理流程,一方面挫伤了项目业主的积极性和主动性,另一方面有可能造成机会丧失和利益损失。因此,有必要改善 CCER 的管理流程,优化自愿减排交易管理方式。CCER 相关工作重启后,对于特定的“小微项目”,可以考虑从开发侧,改善相关管理流程,降低其开发成本,避免成本过高给项目业主带来较大的前期开发压力,否则将不利于相关项目特别是具有扶贫和生态系统修复功能的农林类“小微项目”的开发与推广,进而导致 CCER 项目开发向大型项目倾斜。同时,对于减排量和影响力都特别显著的 CCER 项目,则应保证其质量。从管理侧来看,由于大量项目的备案管理集中在主管部门,这一方面给主管部门带来较大的工作压力,另一方面也导致 CCER 方法学、项目与减排量的备案及签发流程复杂、耗时长、部分权责不明晰,因此,应由主管部门委托具有非营利性特征和政府公信力的专业机构负责相关事宜,并履行监管职责。[1]

第四,CCER 在开发过程中还面临一些实际困难。一方面没有中央财政资金支持,CCER 注册登记系统运维工作难以为继。注册登记簿按照安全等级保障国家标准,应该每年开展安全评估,因无经费支持,首次上线运行安全评估通过后,至今未开展新的评估。登记簿数据库硬件设备已经超期服役,多次发出故障信号,但没有相关资金更新设备或维修。减排量的编码设置无法满足有关国际标准,需要重新设计编码规则。项目评估专家咨询费用无法解决,至今仍拖欠专家费。另一方面,CCER 领域的人力资源配备不足,项目受理等日常管理工作无法满足项目需求。根据管理经验,需要配备 7 位专职人员开展工作,其中 4 名为注册登记簿管理人员,3 名为项目受理和项目组织评审人员。现有办公场所条件和人员均无法满足基本需求。

目前,应尽快恢复 CCER 正常运行,为此,又存在两种截然不同的思路。第一种思路是对《CCER 暂行办法》作出修订后,再恢复 CCER 运行。拟按照"放管服"改革要求对有关事项全部实施告知式备案管理。其中,方法学转为由生态环境部发布行业技术规范。项目和减排量等 2 个事项实施行业自律管理,由项目业主自证,审定与核证机构审核,实行信息披露与社会监督相结合的方式进行监管。审定与核证机构由市场监管总局下属中国合格评定国家认可中心(CNAS)根据有关 ISO 标准对审定和核证机构进行资质认可。交易系统由新组建的交易机构负责运维,现有 9 家已备案交易平台成为交易机构的代理会员。按照上述方式进行管理,符合"放管服"改革要求,但可能会导致市场上交易的减排量良莠不齐,造成监管风险较高,能否满足国际民航组织合格减排机制要求也有一定不确定性。第二种思路是按照已有办法恢复 CCER 运行,同步对原有办法进行修订或申请设立行政许可。譬如,可依据现行仍有效的《CCER 暂行办法》先行恢复受理 CCER 备案事

〔1〕 赵小鹭:《对 CCER 未来发展的几点期望》,载碳交易网,http://www.tanjiaoyi.com/article-31038-1.html,最后访问日期:2022 年 11 月 2 日。

项。恢复受理期间,抓紧扩大一批 CCER 减排量供给,并解决长时间暂缓备案事项带来的遗留问题。同时,对《CCER 暂行办法》进行修订,或以国际民航组织相关规定为依据,申请设立行政许可。这种观点认为,设立行政许可有利于增强 CCER 公信力,也能充分满足国际民航组织对合格减排机制的要求。但新设立行政许可需制定法律法规或报请国务院出台专门决定,在“放管服”改革背景下,两种方式新设立行政许可的难度均较大,且法律依据不足,也不符合“放管服”改革和实施“双随机、一公开”常态化监管要求。

三、自愿减排交易管理环节存在缺陷

(一)自愿减排项目的审定问题

《CCER 暂行办法》第 9 条规定:“参与温室气体自愿减排交易的项目应采用经国家主管部门备案的方法学并由经国家主管部门备案的审定机构审定。”由此可知,自愿减排项目由备案的审定机构进行审定,但是《CCER 暂行办法》仅规定了自愿减排项目审定的基本程序及应提交的基本材料。目前,我国有 12 家备案的审定机构,由于《CCER 暂行办法》缺乏对自愿减排项目的细化规定,国家发改委发布的《温室气体自愿减排项目审定与核证指南》(《审定与核证指南》)内容陈旧,面临修订,各个审定机构具体的项目审定标准存在差异,这就导致同一个自愿减排项目在不同的审定机构审定可能会得到不同的结果。针对自愿减排项目审定存在的问题,主管部门可以考虑在适当时机,会同相关部门制定审定规则,针对项目开发和减排量核证中存在的问题,在修订《CCER 暂行办法》之后,抓紧修订出台新的《审定与核证指南》。修订后的《审定与核证指南》应简化审定与核证流程,优化监管环节,提高 CCER 的同质性,进一步改善 CCER 质量。

(二)方法学的开发问题

《CCER 暂行办法》第 10 条规定:“方法学是指用于确定项目基准线、论证额外性、计算减排量、制定监测计划等的方法指南。对已经联合国清洁发展机制执行理事会批准的清洁发展机制项目方法学,由国家主管部门委托专家进行评估,对其中适合于自愿减排交易项目的方法学予以备案。”由此可知,方法学是项目业主申请自愿减排项目的技术指导和依据。我国应加大对新方法学的开发力度,以满足自愿减排项目开发的需要。另外在已公布 CCER 方法学中,常规方法学约占总数量的 54.4%,小型项目方法学约占总数量的 43%,林业碳汇项目方法学约占总数量的 2.6%。且同领域内方法学众多,同类源项目缺乏统一、权威的方法学。对于同类源的项目形成具有统一和符合发展需求的方法学,有利于提升执行和监督的可行性,减少人为操作空间。随着碳市场可能的覆盖范围增加,且环保政策趋于收紧,现有方法学适用的减排项目未来可能逐步纳入碳市场,或采取的排放基准值不断下调,导致难以匹配行业发展实际情况。目前,CCER 各类备案事项已经暂停 6 年,自愿减排项目与国家温室气体减排要求均有新的变化,加之,2018 年国家发改委的应对气候变化和减排职责划转至生态环境部,200 个 CCER 方法学均需要逐一筛选、审查评估、重新公布,并根据新的形势需要,接纳社会各界提交新的方法学,审查评估后予以公布。

(三)审定与核证机构的监管问题

审定与核证机构是指从事《CCER 暂行办法》第二章规定的自愿减排交易项目审定和第三章规定的减排量核证业务的机构。根据《CCER 暂行办法》的规定,审定与核证机构应向国家主管部门申请备案。目前,我国具备温室气体自愿减排交易审定与核证资质的机构有 12 家。目前,《CCER 暂行办法》针对审定与核证机构备案的审查内容仅仅作了比较原则的规定,未明确审定与核证机构备案审查的具体标准;另一方面,《CCER 暂行办法》针对审定与核证机构违法违规行为的处罚较轻,其处罚措施仅限于责令改正、公布违法信息和取消备案等,处罚力度过小,无法达到惩戒审定与核证违法行为的效果。此外,《CCER 暂行办法》规定,由国家发展改革委对符合条件的审定与核证机构予以备案,无视市场监管部门对第三方机构市场准入的监管措施,属于重复监管,浪费行政资源,也加大了第三方机构的负担。

对于第三方机构名称的叫法不一,《CCER 暂行办法》称为“审定与核证机构”,可市场监管部门以及其他规范性文件,称为“审定与核查机构”。项目审定,这一称呼准确,而对于包括自愿减排量在内的碳数据,其核实过程使用核查的称呼其实更为准确。自愿减排量从产生到成为商品,应该包括核查与核证两个环节,对于项目产生减排量的核实过程可称为核查,而核证可作为整个过程的最后一道环节,以国家核证来体现其公信力。

(四)CCER 交易市场存在的问题

温室气体自愿减排制度是国内外公认的行之有效的节能减排方式,但我国开展的温室气体自愿减排活动与发达国家相比,还存在差距。我国温室气体自愿减排市场尚处于地方碳市场的探索阶段,在实施过程中存在很多问题。以下从市场需求、市场覆盖范围、交易标准、专业技术人员等角度分析我国温室气体自愿减排交易市场存在的问题。

第一,异地交易,交易效率低下。由于 CCER 项目分散于全国各地,其中又以西部欠发达地区为主,而这些地区的金融资源、投资机构及交易场所又十分匮乏,且根据目前的法律法规,由于各地发改委均表示只接受经过本地碳交易平台交易所得的 CCER 用于清缴,并且要求用于碳排放抵消的 CCER 应优先使用本行政区域内产生的,而对产生于本行政区域之外 CCER 的数量都设置了大小不一的抵消比例限制,这也可视为一种生态环境的地方保护主义,不利于国家温室气体减排目标的实现。再者,7 个试点省市的配额价格、准入门槛及 CCER 供需关系均有不同,且随市场状况不断波动,故 CCER 卖家(业主)如期望获得最大化的利润,则不得不随着减排量的陆续签发,不断面临异地开户、异地挂牌、异地交易等问题。作为传统风、光、水能源项目的拥有,需要在全国七个试点省市的交易场所往返奔波,大幅增加交易成本,降低了效率。[1]

第二,CCER 价值发生分化,交易不透明。我国试点碳市场 CCER 用于履约抵消限制条件的差异直接导致了 CCER 价值发生分化,可用于履约的 CCER 价格明显高于不能用于履约的 CCER 价格,最高成交价格与最低成交价格相差几十元。另外,全国九个独立的 CCER 交易平台割裂了温室气体自愿减排交易市场,进一步加剧了 CCER 价值分化。九个独立的交易平台

---

〔1〕 张远:《论 CCER 一级市场对全国自愿减排交易体系的重要性》,载《当代石油石化》2014 年第 10 期。

交易规则不同,服务地区不同,产生了九个不同的 CCER 的交易价格,造成 CCER 同质不同价,进一步分化了 CCER 的价值。试点碳市场一般采用线上公开交易和线下协议交易的方式开展 CCER 现货交易,尽管有的试点碳市场规定了大宗 CCER 交易必须线上公开进行,但是多数 CCER 交易还是以线下协议交易的形式进行,且线上成交价格远高于线下协议成交价格,客观上造成了线上交易与线下交易脱钩、线上交易价格对线下协议价格不能发挥指导作用的情况；而且,交易信息,特别是成交价格不透明,既为主管部门监管 CCER 交易市场制造了障碍,也不利于交易参与方分析判断 CCER 供求趋势和价格变化,以及识别 CCER 交易市场风险。CCER 价值发生分化、各试点碳市场 CCER 价格不同且差异较大等都为一些机构过度投机 CCER 市场创造了机会,增加了交易风险。[1]

第三,交易标准不一,业务范围重叠。目前,我国获得正式备案的温室气体自愿减排交易机构共有九家,除了原七家试点碳市场,还有后来国家备案的四川联合环境交易所和福建海峡股权交易中心,上述九家地方碳市场均可以从事 CCER 交易。然而,目前我国各地建立的碳交易所根据自身特点在不同的交易机制基础上制定了不同的交易标准,交易规则各不相同,并根据自身特点以及合作伙伴的优势,努力发展特色服务。各交易所的主要业务仍集中于清洁发展机制、项目服务、合同能源管理、排污权交易几类,业务范围重叠,减排企业、项目分散于不同的交易所。[2] 从各地碳交易所不同的交易标准和分散的业务范围中,很难培育出全国自愿减排交易统一的市场规则。

第四,市场层次不清晰,指标分解不够精确。我国的 CCER 市场仍处于初步建设阶段,从市场层次来说,目前的 CCER 市场结构很模糊,区域交易所各自发展成为了小型的交易市场,然而并没有对市场层次进行划分,这也使得各交易所对自身的定位并不明确。CCER 交易市场划分不明确,目标定位不清晰,业务重叠,很多资源并没有得到有效利用。另一方面,CCER 交易

[1] 张昕等:《我国温室气体自愿减排交易发展现状、问题与解决思路》,载《中国经贸导刊》2017 年第 23 期。

[2] 王吉昌:《国内外碳交易发展现状及企业参与对策研究》,载《节能》2012 年第 7 期。

指标体系并不完善，除对抵消比例进行规定之外，其他的指标并不清晰，比如CCER的市场准入指标还没有明确的规定，对CCER项目减排量的核算、核查指标也不够具体。此外，由于自愿减排出于自愿，还需要设计出能激发企业自愿减排积极性的更加完善的激励机制与相应的指标体系。

此外，CCER开发、交易及履约抵消的信息披露制度仍不够完善。有关部门应该提高CCER交易及其履约信息披露频率和信息透明度，规范全国碳排放权交易体系中有关CCER的交易量、成交价格与履约百分比等信息的公开频率、形式、内容以及信息发布的平台，提高CCER市场交易信息的透明度，从而对企业参与交易及制定履约策略提供参考和指导。此外，信息透明度的提升还可以减少中介机构利用信息不透明获取暴利的空间，降低控排企业参与CCER交易的门槛，提升CCER在全国及地方碳市场交易的活跃度。[1]

四、自愿减排交易注登系统需要完善

国家自愿减排交易注册登记系统（以下简称注减排册登记系统）是温室气体自愿减排交易体系（以下简称自愿减排交易体系）的核心支撑系统，既是温室气体自愿减排项目产生的CCER确权和管理的工具，又是CCER交易监管工具，主要用于CCER的注册与登记管理，包括开户和账户管理，详细记录CCER签发、持有、转移、履约清缴、自愿减排注销等流转全过程及其权属变化的信息。[2]《CCER暂行办法》第23条规定："温室气体自愿减排量应在经国家主管部门备案的交易机构内，依据交易机构制定的交易细则进行交易。经备案的交易机构的交易系统与国家登记簿连接，实时记录减排量变更情况。"为了实现交易机构的CCER交易系统与国家登记簿的连接，我国进行了大量细致的、探索性的工作。2015年1月减排注册登记系统正式上线运行，由国家发改委应对气候变化司委托国家应对气候变化战略

---

〔1〕 赵小鹭：《对CCER未来发展的几点期望》，载碳交易网，http://www.tanjiaoyi.com/article-31038-1.html，最后访问日期：2022年11月2日。

〔2〕 张昕等：《国家自愿减排交易注册登记系统运维管理进展与建议》，载《中国经贸导刊（理论版）》2017年第26期。

研究和国际合作中心进行国家自愿减排交易注册登记系统的运维和管理,经国家备案的七家温室气体自愿减排交易机构是减排注册登记系统开户的指定代理机构,自愿减排交易相关参与方可在任意一家指定代理机构提交开户申请材料。四川联合环境交易所于2016年4月26日,海峡股权交易中心(福建)有限公司于2016年7月18日,分别经国家备案,作为新增加的温室气体自愿减排交易机构,可代理开户事宜。自此,CCER实现交易并用于碳市场履约成为现实,国内七个碳交易试点地区2015年全部启动CCER开户与上市交易的有关工作,并在2015年3月由广州碳排放权交易所完成了全国首单CCER交易。[1]

减排注册登记系统正式上线运行以来,减排注册登记系统以"公平、安全、高效"为首要原则,开展CCER注册登记管理,并提供相关信息咨询服务。减排注册登记系统设置有国家管理账户、省级管理账户、持有账户和交易机构交付账户等,不同账户赋予不同权限和功能。例如,国家账户可以管理待签发的CCER等,省级管理账户可以管理CCER参与碳排放权履约抵消等,交易机构交付账户可以实现CCER交易流转登记和交割等。减排注册登记系统实时记录CCER在这些不同账户之间发生流转的每个过程,并对其进行管理。减排注册登记系统为项目业主同时开设两个账户,即一般持有账户和交易账户。一般持有账户用于证明对CCER的持有,实现CCER到交易账户转移,以及清缴注销等功能。交易账户主要是与交易所连通,实现从交易账户转移到交易所进行市场交易的功能。截至2016年12月,减排注册登记系统累计开户814个,其中CCER项目业主持有账户295个,一般持有账户519个,共签发CCER约6800万tCO_2e。此外,减排注册登记系统已与分布全国各地的九家CCER交易平台的交易系统相连接,推动形成了全国CCER交易网络。截至2016年12月,减排注册登记系统记录CCER累计成交量约为8100万tCO_2e。[2]

虽然减排注登系统较好地完成了CCER注册登记管理,但与此同时,其

[1] 杨旷怡:《鼓励开发优质CCER项目》,载《浙江智库》2016年第9期。

[2] 马爱民等:《中国温室气体自愿减排交易体系建设》,载新能源网,http://www.china-nengyuan.com/exhibition/exhibition_news_120927.html,最后访问日期:2022年10月10日。

运维管理方面也暴露出一些问题,主要体现在以下几方面:第一,监管体系与追责机制均亟待加强。总的来说,减排注册登记系统运维管理监管能力较弱。目前,国家碳交易主管部门仅出台了两个部门规范性文件,原则规定了CCER交易和注册登记管理。自2015年1月减排注册登记系统上线运行以来,国家发改委气候司委托国家气候战略中心成立管理办公室并开展对系统的运维管理。此后,该运维管理办公室逐渐建立了内部管理制度,制定了20余件CCER减排注册登记系统管理和技术内部规范,确保了CCER减排注册登记系统平稳运行,支撑了CCER交易和试点碳市场碳排放权履约抵消。虽然运维管理办公室制定了一系列管理办法和技术规范,但其效力有限,无法形成追究责任的直接法律依据。另外,尽管初步形成了纵横监管网络,但仍未通过法规的形式确定各参与方的监管对象、责任和权利,从而无法实现强有力的事前和事中监管。例如,曾经出现过个别开户代理机构给地方温室气体排放核查机构开户的情况,还有某投资机构拟通过多个开户代理机构重复开户的情况。虽然运维管理办公室及时制止了上述违规行为,但是由于缺乏追究责任的直接法律依据,运维管理办公室无法严肃处理事故相关责任方,更无法从制度上杜绝类似事故再发生。

第二,减排注册登记系统新的功能亟待完善。2018年应对气候变化职能转隶到生态环境部之后,温室气体自愿减排交易注册登记系统管理办公室(以下简称登记管理办公室)组织协调北京、天津、上海、重庆、湖北、广东、深圳、福建、四川九省市国家核证自愿减排量(CCER)交易机构顺利完成与升级后的减排注登系统的对接调试。目前,减排注册登记系统与九家交易平台的交易系统对接,这种单一减排注册登记系统对接九个不同技术规范的交易系统的运维管理模式,存在较大的技术风险和数据安全隐患。另外,各试点碳市场已经开发了包括现货远期交易在内的10余种基于CCER的碳金融衍生品,与此同时,参与主体和监管部门对减排注册登记系统的碳金融监管功能要求也越来越多,但减排注册登记系统尚未设置相应的碳金融监管功能、电子对账功能等,而且其异地灾备系统建设滞后,减排注册登记系统与交易系统间易出现数据传输差错,减排注册登记系统的数据安全性和可恢复性较弱。

第三,运维管理与保障能力亟待加强。减排注册登记系统运维管理缺少持续、稳定的资金保障，在运维管理团队建设、系统维护和升级、能力建设等方面常常受到羁绊，严重影响了运维管理的工作效率。此外，由于受限于编制和薪酬，运维管理团队难以长期保证拥有 IT、法律等领域的高端技术人才，这些都已成为规范、专业、及时、高效管理减排注册登记系统面临的巨大挑战，特别是应对突发技术问题和法律事件能力较弱。[1]

针对减排注册登记系统在运维管理方面存在的问题，减排注册登记系统运维管理必须得到长期、持续、稳定的保障，包括人员支持、资金支持和能力建设等。人员支持是指必须建立一支人员相对稳定、懂管理、懂技术、懂法律、有责任感的运维管理团队，包括 IT、法律、金融、管理等领域专业人员，提供高效便捷的"一网式、一站式服务、一体化创新"管理与服务。资金支持是指必须落实减排注登系统运维管理经费，以满足人员、日常管理、设备维护等基本工作需要。建设初期，可以通过财政资金支持的方式，确保减排注册登记系统的运维管理经费；随着碳市场发展逐渐成熟，监管机制逐渐完善，可以探索通过市场化的方式，为减排注册登记系统运维管理注入稳定的资金。此外，还应持续开展多层次的能力建设活动，针对不同用户的不同需求，通过培训、视频、用户手册、互联网答疑平台等多种形式，做好宣传引导，不断提高减排注册登记系统各类用户的意识和能力水平。

为迎接 CCER 事项的全国重启，还必须考虑 CCER 减排注册登记系统与全国碳市场注册登记系统的对接问题，且为了 CCER 国际化需要，还应该加强网络平台建立，满足国际航空碳减排交易的要求。当前，CCER 种类事项正面临重启。

五、责任追究机制和多元化监管体系有待加强

《CCER 暂行办法》未设专章规定自愿减排交易及管理的违法违规行为及其处罚。《CCER 暂行办法》第 26 条规定，对自愿减排交易活动中有违法违规情况的交易机构，情节较轻的，国家主管部门将责令其改正；情节严重

〔1〕 张昕等：《国家自愿减排交易注册登记系统运维管理进展与建议》，载《中国经贸导刊（理论版）》2017 年第 26 期。

的,将公布其违法违规信息,并通告其原备案无效。第 29 条规定:经备案的审定和核证机构,在开展相关业务过程中如出现违法违规情况,情节较轻的,国家主管部门将责令其改正;情节严重的,将公布其违法违规信息,并通告其原备案无效。除了第 26、29 条以外,《CCER 暂行办法》未规定其他的违法违规行为。由此可知,《CCER 暂行办法》对自愿减排交易及管理的违法违规行为的规定较少,仅规定了交易机构、审定和核证机构的法律责任,而且处罚力度较低,其处罚措施仅限于责令改正、公布违法信息和取消备案等,无法引起利益相关方的重视。

因此,自愿减排交易的责任追究机制有待进一步加强,一方面可设专章规定自愿减排交易及管理的违法违规行为并加大惩罚力度,提高违法成本,除了规定交易机构、审定和核证机构的法律责任之外,还应该规定项目业主、其他参与交易的主体、管理部门和机构及其工作人员等的法律责任,促进自愿减排交易市场的健康发展。另一方面,构建多元化的依法监管机制。CCER 来源、交易主体和交易目的具有多样性,为保障 CCER 交易市场顺利运行,必须构建一个多元化的监管体系。首先,借助全国碳市场建设契机,尽快出台 CCER 交易监管政策法规,优化监管路径、明确监管主体、加强监管措施、理顺监管关系。其次,依托全国碳市场监管体系,借助现有监管力量,构建一个由生态环境部牵头,国家发改委、银监会、证监会、认监委、市场监督总局、统计局等多部门组成的多元化监管体系,既可以发挥各部门专业化优势,对 CCER 产生和交易的全过程实施监管与执法,同时也可以做到协同监督。最后,在强化主管部门应依法严格监管的同时,还要建立 CCER 交易的信用管理制度,同时充分发挥重点排放单位、交易所、机构团体、公众、媒体等的监督作用,形成主体多元、形式多样的监管网络。[1] 通过构建多元化的依法监管机制来减少违法违规行为的发生,既能促进自愿减排交易健康、有序开展,又能推动自愿减排交易市场的建设与发展。

---

〔1〕 张昕等:《我国温室气体自愿减排交易发展现状、问题与解决思路》,载《中国经贸导刊(理论版)》2017 年第 23 期。

六、全国碳市场启动对自愿减排交易机制的促进

作为推动我国碳减排工作的重要抓手，碳市场建设一直备受关注。2020年12月，生态环境部发布《碳排放权交易管理办法（试行）》，以及配套的配额分配方案和重点排放单位名单，自2021年1月1日起，全国碳市场第一个履约周期正式启动。此后，生态环境部陆续发布排放报告、核查、登记、交易、结算等配套文件。《碳排放权交易管理办法（试行）》要求重点排放单位自行核算并上报温室气体排放报告，省级生态环境主管部门进行核查，以核查结果作为配额清缴的依据。省级生态环境主管部门可以通过政府购买服务的方式，委托技术服务机构提供核查服务。在此前的自愿减排交易机制下，获得温室气体自愿减排交易审定与核证备案的第三方机构数量并不多，共计12家。根据《碳排放权交易管理办法（试行）》的相关规定，重点排放单位每年可以使用国家核证自愿减排量抵消碳排放配额的清缴，抵消比例不得超过应清缴碳排放配额的5%。用于抵消的CCER，不得来自纳入全国碳排放权交易市场配额管理的减排项目。这一机制为尚未纳入碳市场的其他减排主体参与交易提供了很大的市场空间，也有利于进一步激发CCER机制的活力，吸引更多的市场主体参与自愿减排。各相关行业企业，如生物质发电、沼气利用、绿色交通等温室气体减排效果突出的环保类企业，可以加强减排方法学方面的研究与实践，积极自愿减排交易及相关活动。此前已经参与了CDM等国际碳减排机制的企业，也可以有更多的机会参与国内市场的自愿减排交易。[1] 全国碳排放权市场启动上线交易具有重大意义，这将促进自愿减排交易活动的增加，有效推动我国温室气体自愿减排交易市场的发展，自愿减排交易机制与管理体制也将逐步得到完善。自愿减排交易市场是全国碳排放权交易市场重要且有益的补充，这一市场的建立健全将有利于“双碳”目标愿景的实现，尤其是助推2060碳中和的实现。

---

〔1〕 中国自愿减排交易信息平台，http://cdm.ccchina.org.cn/zylist.aspx?clmId=160，最后访问日期：2022年10月10日。

第三节 碳交易法律制度构建的重点

一、自愿减排交易监管路径探索

(一)现行自愿减排交易管理困境梳理

国家发改委发布的《温室气体自愿减排交易管理暂行办法》(《CCER暂行办法》),是目前中国唯一一部从国家层面对温室气体自愿减排交易机制(自愿减排机制)进行规制的部门规范性文件。除此之外,地方在进行碳市场试点建设时对自愿减排机制也进行了探索性立法,以深圳市为例,其形成了从地方性法规《深圳经济特区碳排放管理若干规定》(2019年修订),到地方政府规章《深圳市碳排放权交易管理办法》,再到深圳排放权交易所内部规章《深圳碳排放权交易所核证自愿减排量(CCER)项目挂牌上市细则(暂行)》的三级结构。事实上,正是这种层级各有殊异的法规、交易所规章共同构成了中国温室气体自愿减排机制的整体法治框架。但是,由于碳相关法律框架存在上位法欠缺等关键缺失,[1]在实际运行中存在诸多有待补足的方面。

事实上,多年来自愿减排机制的管理方式屡遭诟病。《CCER暂行办法》第6条规定,"国家对温室气体自愿减排交易采取备案管理"。实际运行中,主管部门对自愿减排项目、减排量、审定与核证机构及交易机构的管理,形成了一种多重备案的管理体制。然而,由于这种管理流程非常繁琐,几次备案、审批之间间隔时间不短,实际上这已经异化为一种变相的行政许可,即"以备案管理之名,行行政许可之实",在"放管服"改革的背景下,这样的管理方式已然不合适。

第一,行政许可缺乏设定依据。现行关于自愿减排机制的法律规定中已排斥行政许可的设立。原因在于,《行政许可法》对行政许可的设定作了

---

[1] 王江:《论碳达峰碳中和行动的法制框架》,载《东方法学》2021年第5期。

严格的限制性规定，其正式设定依据为法律、行政法规、地方性法规，或者国务院决定（过渡性的），省级政府规章（临时性的）。与温室气体相关的法规中，《碳排放权管理办法（试行）》属于部门规章，而《温室气体自愿减排交易管理暂行办法》则属于部门规范性文件，即使日后生态环境部重新出台一部新的《温室气体自愿减排交易管理办法》，由于自愿减排市场是强制性的碳排放配额交易市场的补充，从调整主体的地位来看，可以想见，它的法律层级几乎不能超越部门规章，而部门规章不允许设定行政许可。因此，现行规制自愿减排机制的专门立法，均不能设定行政许可。此外，在自愿减排交易的相关上位法中也难以寻找设定行政许可的依据。《碳排放权交易管理暂行条例》是自愿减排机制的直接上位法，目前尚未出台，此前公布的建议稿中也并无对自愿减排机制设定行政许可的条文。《环境保护法》作为我国环保领域的一部综合性法律，对自愿减排机制并未明确涉及。《大气污染防治法》第 19 条规定了排污许可管理制度，但也无法作为自愿减排机制设定行政许可的法律依据。《气候变化应对法》立法进程停滞于 2016 年，目前并未出台。由上可知，相关上位法中并没有对自愿减排机制设定行政许可进行明确表述，现行法律中，均缺乏给自愿减排机制设定行政许可的依据。

第二，备案式管理体系不规范。温室气体自愿减排的管理机制为备案制管理，然而立法实践中，备案制度广为应用，但并未有哪一部现行法律对其概念、范围和限制作出明确规定，实际运用中的备案含义亦各有偏废，学界对此的“讨伐”旷日持久。实践中，既有属于行政许可意义上的备案，也有行政确认意义上的备案，还有的备案应当属于监督机制中的一部分。如此混乱的实践现状显然不符合政府职能转变的要求，故而 2021 年 6 月 28 日发出的《国务院办公厅关于同意河北、浙江、湖北省开展行政备案规范管理改革试点的复函》中提出要求，“以备案之名行许可之实的，要坚决清理纠正”。意即，国家正在探索厘清备案和其他行政行为尤其是行政许可之间的界限，以备案之名行许可之实的制度设计有望逐步从立法设计中剔除。温室气体自愿减排机制的备案管理方式，实际上起到了行政许可的效果，因此，温室气体自愿减排机制的管理方式必然面临变革。

第三，行政处罚设定受限。温室气体自愿减排机制并未形成严格的责任追究机制，在《CCER 暂行办法》中仅有关于“责令改正”“公布违法信息”

“通告原备案无效”[1]的表述，这样的威慑力明显偏弱。但是，在强调事中事后监管的趋势下，生态环境主管部门需要引入第三方机构审定与核查的方式对温室气体自愿减排机制的运作质量予以规制。如果相关部门对第三方机构疏于监管，加之法律责任追究机制不完善，违法成本太低，那么无疑会使第三方机构依靠自律或道德因素约束自身行为，对于其出具虚假评估报告的行为缺乏法律上的约束力。

作为一种制裁性行政行为，行政处罚对监视潜在威胁具有显著优势，[2]但在温室气体自愿减排机制中，行政处罚的设定受到限制。一方面，受到立法权限的限制。《行政处罚法》规定，法律、法规和规章有权设定不同的行政处罚。其中，部门规章只能对已设定的行政处罚进行行为、种类和幅度的细化。而《CCER 暂行办法》属于部门规范性文件，从根本上就缺乏设定行政处罚的法理基础。另一方面，其处罚种类与罚款额度也受到限制。《行政处罚法》规定，部门规章可以在没有法律、行政法规规制时，对违法行为设定警告、通报批评或者一定数额的罚款的处罚。根据 1996 年《国务院关于贯彻实施〈中华人民共和国行政处罚法〉的通知》，除非经国务院批准，罚款金额最高不得超过 3 万元。2021 年 1 月 22 日，《行政处罚法》修订。11 月 15 日，国务院发布了《关于进一步贯彻实施〈中华人民共和国行政处罚法〉的通知》（国发〔2021〕26 号），该通知规定，尚未制定法律、行政法规，因行政管理迫切需要依法先以部门规章设定罚款的，设定的罚款数额最高不得超过 10 万元，且不得超过法律、行政法规对相似违法行为的罚款数额。因此，今后对《CCER 暂行办法》的修订也仅能设置不超过 10 万元的罚款额度，处罚力度依然不够。

在行政许可的背景之下，由于核准机制本身便由政府设置了较高的准入门槛，使得后续的监督检查机制呈现出了相对简化和放缓的趋势，但，“放管服”改革后，监管重心后移的倾向之下，如没有高效的监管机制，恐怕难以保证后期监管的质量。因此，温室气体自愿减排机制的管理方式需要进一

---

〔1〕参见《温室气体自愿减排交易管理暂行办法》第 26、29 条。

〔2〕熊樟林：《行政处罚的种类多元化及其防控——兼论我国〈行政处罚法〉第 8 条的修改方案》，载《政治与法律》2020 年第 3 期。

步优化,在设定行政许可不可行的前提下,究竟采取何种方式进行管理便成了亟待解决的问题。

(二)自愿减排机制监管的必要性

虽然温室气体自愿减排机制的本质是市场运作,但任何良好运作的市场都需要“两只手”共同发挥作用,完全自由的市场难免出现差错,因此,高质量监管是保证减排机制正常运行的应有之义。

温室气体自愿减排机制的运作基础决定其需要监管。温室气体自愿减排机制中,参与碳配额抵消、进行市场交易的对象均为核证自愿减排量(CCER)。CCER 建构于一系列经国家认可的复杂方法学和可靠统计数据的基础上,是一种非实体产品、无体物。由于 CCER 本身是虚拟、非实体的,属于无形财产,《CCER 暂行办法》要求,用于交易和抵消的自愿减排量必须满足真实性、可测量性和额外性要求。CCER 的虚拟性关系国家公信力,核证减排量的价值基础取决于国家强制力产生的背书效应即国家对于“双碳”目标的推动迫使温室气体减排成为经济发展的必然,这赋予自愿减排量以稀缺性,相关市场主体产生参与其中的动力,继而推动相关产品的交易、流转。而一旦有不适格的减排量作为商品进入交易市场,实质是对政府公信力的一种减损。

具备虚拟性的产品,往往意味着需要更强而有力的监管措施以保证其真实性和公信力。由于交易产品的特殊性,普通的交易监管规则不能完全满足监管的需要。[1] 再者,自愿减排市场实际是一个强信息不对称市场,项目业主掌握着实际排放信息,与强制性的碳排放权交易不同,监管部门也无法对业主进行更多的监管,其他市场参与者更是属于信息弱势方,此外,由于自愿减排机制涉及的方法学众多且多数颇为复杂,实际具备很强的专业性,已经为普通大众的进入设置了门槛,因此采取监管措施纾解信息不对称现象便是势在必行的。最后,现行关于温室气体自愿减排机制的规定中,对于核查机构的市场准入与行为约束都不够严格,仅仅依赖核查机构的自律行为似乎难以达到行为规制要求;并且,主管部门对审定与核证机构采用

[1] 李挚萍:《碳交易市场的监管机制》,载《江苏大学学报》2012 年第 14 卷第 1 期。

"备案+审查"的管理机制,一方面审定与核证机构的核证报告是"核证自愿减排量"的确定依据,不对其进行监管便可能面临"核证自愿减排量"失去公信力的困局;另一方面由于《温室气体自愿减排项目审定与核证指南》只有一些关于法人资格、作业场所、组织机构的通用性规定,缺乏更为标准化和精细化的资质认定标准,各审定与核证机构的标准和水平也不相同,对质量的把控便难以做到一致、统一,这更应该注重对这些机构的事中事后监管。此外,核证减排量是对已发生的减排量进行的核证和认定,而对已发生减排行为的判定又主要依赖于项目业主如实提供有关信息,一旦业主或者第三方机构在该过程中弄虚作假,主管部门重新核查真实减排情况的难度较大,而已经流入市场的减排量,如果已交易或抵消,给法律责任认定和追究也带来了新的法律难题。

综上所述,严格监管是温室气体自愿减排机制的应有之义,更是温室气体自愿减排机制得以正常运行的制度保障,但如何真正保证CCER质量,提高监管效率,还需要进一步探讨。

(三)自愿减排机制监管方式创新

出于"放管服"改革的需要,结合部门规章的权限,温室气体自愿减排机制无法设置行政许可,也不应当继续沿用旧的备案管理体制,但又必须履行监管的责任。自愿减排交易管理究竟采用哪种管理方式,这需要充分考虑新的管理方式是否有助于行政目的的实现,是否能提高行政效率,是否减轻了行政相对人不必要的负担,是否符合行政审批制度改革的要求?是否符合"放管服"改革的方向。笔者认为,温室气体自愿减排机制可以采取行政确认的管理方式,即采取"公示+登记"的行政确认模式,针对项目、减排量、方法学、交易机构等进行区别对待,降低市场主体的准入门槛,以加强事中事后监管的方式确保项目及减排量质量。行政确认是行政主体依法对行政相对人的法律地位、法律关系或有关法律事实进行甄别,给予确定、认定、证明并予以宣告的行为。它是行政决定的一种行为形态,属于一种独立的行政行为。行政确认的主要形式有确定、认可、证明、登记、行政鉴定等。行政登记是行政确认的主要形式。

(四)事中事后监管方式探讨

温室气体自愿减排机制应改变过去侧重于前面的“入口”监管、忽视过程监管的弊端,即过去的监管注重前端环节,在是否设置行政许可、还是加强备案式管理等事项上纠缠,而忽视了对温室气体自愿减排交易及相关活动全过程的监管,今后应加强 CCER 相关流程的事中事后监管。事中事后监管方式多样,包括“双随机、一公开”、同行评议、同业监督、报告制度、公众监督、信用管理、行政处罚等。

其一,“双随机、一公开”,是指在监管过程中随机抽取检查对象,随机选派执法检查人员,抽查情况及查处结果及时向社会公开。2015 年 8 月 5 日,国务院办公厅发布了《国务院办公厅关于推广随机抽查规范事中事后监管的通知》,要求在政府管理方式和规范市场执法中,全面推行“双随机、一公开”的监管模式。“双随机”抽查机制要求严格限制监管部门的自由裁量权,而要求建立健全市场主体名录库和执法检查人员名录库,通过随机产生如摇号等方式,从市场主体名录库中随机抽取检查对象,从执法检查人员名录库中随机选派执法检查人员。并推广运用电子化手段,对“双随机”抽查做到全过程留痕,实现责任可追溯。“一公开”要求加快政府部门之间、上下之间监管信息的互联互通,依托全国企业信用信息公示系统,整合形成统一的市场监管信息平台,及时公开监管信息,形成监管合力。推行“双随机、一公开”,可以压缩监管部门与市场主体双向寻租空间,降低“监管俘获”发生概率。其具体目的,一是为了深化“放管服”改革,创新政府的市场监管方式;二是为了减轻企业负担,优化营商环境;三是为了提高监管效率,推进严格规范公正文明执法。“双随机、一公开”也需要进一步完善。一是温室气体自愿减排交易领域有执法资格的监管人员有限,专业队伍的能力建设还有待提高,数量样本欠缺致使实际无法做到真正的随机;二是实践中随机抽查的流程不够规范,“随机”产生的方式随意,缺乏统一的标准;三是在实践中,重复监管问题依然没有得到解决,这主要是因为信息的公开和沟通没有达到预期中的效果;四是该模式的监管责任划分不明,从概率上讲,在温室气体自愿减排监管中有可能存在处在“随机抽取的监管对象”之外的监管对象,这部分应该被监管的对象其监管问题值得引起重视。为保障 CCER 的质量,原则上说,温室气体自愿减排监管不应该留“死角”。

其二,同行评议,本意指在某一领域内具有专门知识的其他人对科学或者学术性工作进行的评审,[1]是一项产生于西方的学术评价制度,目前已广泛运用在金融领域。由于自愿减排项目审定与减排量核查的专业性强、要求较高,政府监管部门也缺乏专业能力,为了保证项目审定与减排量核查工作的客观性、公正性、真实性,保障审定报告与核查报告的完整、准确、规范,有必要在温室气体自愿减排机制中引入同行评议制度,以辅助与支持政府部门的监管工作,提高监管的专业性。不过,现实中由于同行评议流程通常不收取费用,而全凭相关领域个体的自觉,因而面临低效率问题的制约,且无法否认,同行评议存在相互勾连或造假的可能。

其三,同业监督,又称为同行监督,即经营者通过各种方式对相关市场内具有直接或间接竞争关系的其他经营者的产品和服务进行监督的行为。在市场经济体系下指的是经营者监督同业竞争者是否存在违法(主要是违反《反不正当竞争法》的)行为。[2] 由于温室气体自愿减排交易及相关活动覆盖的范围有限,并且,覆盖范围之内的项目产生的减排量经过审定与核查、评估、公示、登记、核证等程序,则可能成为商品用于交易或碳排放履约抵消,对于同行的业主来讲,彼此存在竞争关系,如果同行的业主存在自愿减排弄虚作假的现象,不仅有违公平,且性质也属于一种不正当竞争行为。从广义上讲,同行监督也属于一种特殊的公众监督,专业性更强,更具有可信度。目前,学界认为同业监督属于社会性权利,对缓解温室气体自愿减排机制中主体间的信息不对称有缓解作用,但缺乏相关具体规范的情况下,同业监督可能构成诋毁商誉,从而异化为不正当竞争,[3]危害正处于起步阶段的温室气体自愿减排市场。

其四,报告制度,是碳排放权交易中早已应用的监管手段,依托于“监测、报告与核查”(MRV)制度,主要指控排单位有向主管部门履行温室气体排放报告的责任。控排单位应将碳排放数据进行处理、整合和计算,并按照

[1] Susan Haack、王进喜:《同行评议与发表:对法律工作者的启迪》,载《证据科学》2014 年第 1 期。

[2] 王博、于连超:《同业监督及其竞争法规制》,载《政法论丛》2017 年第 3 期。

[3] 高志宏:《同业监督法律制度建构:正当性、属性及其边界》,载《政治与法律》2021 年第 1 期。

统一格式向主管部门上报。温室气体自愿减排机制中的报告制度，主要还是针对第三方审定与核查机构。调研显示，报告制度的实际有效性欠缺。[1]具体表现在，企业将碳排放视为负担，不能及时保质保量提交报告，甚至提供虚假、不实的报告等。《CCER 暂行办法》的修订应规定，审定与核查机构应当每年向市场监督管理总局提交工作报告，抄送生态环境部，并对报告内容的真实性负责。报告应当对审定与核查机构执行项目审定与减排量核查规章制度的情况、从事审定与核查活动的情况、从业人员的工作情况等作出说明。市场监督管理总局会同生态环境部，可以采取查阅审定与核查活动相关材料、向有关人员了解情况、征求项目业主意见等方式，对审定与核查机构的报告内容进行核实，对报告作出评价，并向社会公开。

其五，公众监督，主要是公民的有奖举报制度，这是生态环境保护领域行之有效的、常态化的、比较成熟的一项法律制度。作为公众监督的手段，举报权是公民行使监督权的一种具体形式，且环境权赋予了公民参与环境治理的权利。[2]不过，有奖举报制度在监管之中处于困境已久，一方面，出于"事不关己"的主观因素及"害怕报复"的客观考虑，公民对其举报权采取放置态度，另一方面，由于举报制度的设置在一定程度上呈现出权利和义务的不对等，现实中也出现过为谋取私益恶意举报的现象。[3]温室气体自愿减排机制引入公众监督非常必要，这是保证自愿减排交易及相关活动规范运行、保障 CCER 质量的必要举措。因此，应鼓励公众、新闻媒体等对温室气体自愿减排项目和核证自愿减排量及相关交易活动监督。任何单位和个人都有权对温室气体自愿减排相关活动中弄虚作假等违反本办法规定的行为向生态环境部、市场监督管理总局举报。接受举报的相关部门应当及时调查处理，并按照有关规定反馈处理结果，同时为举报人保密。

其六，信用管理是促进碳减排信用形成的基础条件。目前，CCER 交易发展的一大障碍在于交易的透明度还不够，这也是 CCER 区别于 CDM 的一

---

〔1〕王国飞：《碳市场语境下的碳排放环境风险：生成逻辑与行政规制》，载《吉首大学学报（社会科学版）》2020 年第 1 期。

〔2〕吕忠梅：《环境权入宪的理路与设想》，载《法学杂志》2018 年第 1 期。

〔3〕雷庚：《论市场监管举报制度的困境与出路》，载《重庆理工大学学报（社会科学版）》2020 年第 10 期。

个重要方面。CCER 虽有国家公信力作为保证,但是仍需要相应的指标体系和认证体系作为支撑,以促进碳减排信用的形成。众所周知,碳减排信用的形成主要依赖可靠的标准体系的开放和第三方审定与核证机构的标准认定。可靠的碳减排信用是进行自愿减排交易的前提和基础,而我国目前,一方面没有形成完善的标准体系;另一方面,由于《CCER 暂行办法》对第三方审定与核证机构的资质认定,缺乏细化的资质认定标准,国内十二家审定与核证机构的核证标准也各有差异。另外,由于交易透明度差,相关机构获取信息不够全面,影响了其深度参与 CCER 交易,使碳减排信用度不高。因此,《CCER 暂行办法》修订应当规定,生态环境部会同市场监督管理总局建立核证自愿减排量信用记录制度,对项目业主、审定与核查机构、交易主体等实施信用管理。项目业主、审定与核查机构、交易主体违反规定的,由生态环境部、市场监督管理总局按职责予以公开,相关处罚决定纳入国家企业信用信息公示系统向社会公布。

除了上述规制措施之外,还有行政处罚这一传统规制方式,由于温室气体减排机制法治框架并未完善,行政处罚受限于前述的法律层级、处罚种类、上位法缺失限制,因此,威慑性确实有所欠缺,此处不再进行额外赘述。

二、绿色金融与气候投融资政策体系

气候变化问题已成为当前人类社会面临的主要挑战之一。近年来,我国加快了发展方式的绿色转型,不断完善顶层设计,出台促进气候投融资发展的诸多政策,以推进绿色金融发展,并正式启动全国碳市场交易、探索创新性金融等融资方式,积极参与应对气候变化全球治理。我国气候投融资源于“碳金融”实践。所谓气候投融资,包括减缓气候变化和适应气候变化两个部分,是为应对气候变化,实现国家自主贡献目标和低碳发展目标,引导和促进更多资金投向应对气候变化领域的投资和融资活动,是绿色金融的重要组成部分。气候投融资产生于《联合国气候变化框架公约》的资金机制条款,为解决气候变化的资金问题,该条款规定将气候融资作为金融减排手段。因此,气候融资的目的和本质是应对气候变化问题而采取的资金融通援助措施。[1] 与碳排放有关的金融是目前气候融资的主要融资行为,在公众参与原则的指导下,其通过撬动私人资金,解决对碳排放减排项目的资金供应问题。

以气候投融资的途径为划分标准,气候投融资可分为财政投融资和商业投融资两种类型,[2] 而财政投融资,是应对气候变化的投融资活动主要方式,主要由国家和政府进行财政拨款。目前,从世界范围内的时间来看,气候投融资的方式主要包括:第一,以发达国家为主要市场的公共资金,其主要通过赠款及优惠贷款的方式实现气候融资,根据参与主体的差异,可以简略分为多边金融机构及基金和双边金融机构及基金。第二,中国的国内财政基金,其融资机制贯彻政策激励和风险管理的目的,主要包括五类:清洁发展机制基金、其他政策性基金、政策性银行、气候行动保障基金、主权财富基金。第三,以碳信用及其衍生产品为工具的国际碳金融市场,提供包括碳金融服务、碳基金、碳债券、碳排放权交易所及核定机构、碳资产管理(质押授信)、国际碳保理与信托服务、森林碳汇交易等。

1995 年,中国人民银行发布了《关于贯彻信贷政策和加强环境保护工作有关问题的通知》,中国的绿色金融逐渐兴起。金融机构逐渐开始响应政府对环境治理的号召,如兴业银行是国内最早探索绿色金融的商业银行,从 2006 年在国内首推能效融资产品以来,陆续推出节能减排贷款、碳金融、排污权金融、低碳主题信用卡,2008 年在国内率先承诺采纳“赤道原则”,并设立专营机构,构建集团化、多层次、综合性的绿色金融产品与服务体系。所谓“赤道原则”(Equator Principles, EPs),是 2002 年 10 月国际金融公司和荷兰银行等 9 家银行在伦敦召开的国际商业银行会议上讨论项目融资中的环境和社会问题而首次提出的一项企业贷款准则。2003 年 1 月,瑞士达沃斯世界经济论坛上达成的《关于金融机构与可持续发展的合作者宣言》,促进了“赤道原则”金融机构(Equator Principles Financial Institution, EPFI)、非政府组织、民间社会组织之间的动态互动,并对“赤道原则”的起草产生了巨大

---

[1] 杨博文:《后巴黎时代气候融资视角下碳金融监管的法律路径》,载《国际商务研究》2019 年第 6 期。

[2] 李妍辉:《论环境治理的金融工具》,武汉大学 2012 年博士学位论文。

影响。2003 年 6 月,第一版“赤道原则”发布,巴克莱银行、荷兰银行、瑞士信贷、法国农业信贷银行、苏格兰皇家银行、荷兰合作银行、意大利联合信贷银行和西太平洋银行等 8 家为第一批采纳银行。2019 年 10 月,第四版“赤道原则”定稿并于 2020 年 7 月发布,适用范围进一步扩大,并加强了对应对气候变化和人权的重视。“赤道原则”的产生源于金融机构履行环境社会责任的压力。这项准则要求,金融机构在向一个项目投资时要对该项目可能对环境和社会的影响进行综合评估,并且利用金融杠杆促进该项目在环境保护以及周围社会和谐发展方面发挥积极作用。“赤道原则”虽然是一套非官方规定的、旨在用于确定、评估和管理项目融资过程中所涉及环境和社会风险的一套自愿性原则,在实践中也不具备法律条文的效力,但却成为金融机构不得不遵守的行业准则。截至 2022 年 7 月,38 个国家的 134 家金融机构正式采用“赤道原则”。中国国内共有 9 家银行采用了《赤道原则》。2014 年中国人民银行研究局与联合国环境规划署可持续金融项目联合发起成立了绿色金融工作小组。2015 年 9 月,党中央、国务院印发的《生态文明体制改革总体方案》,首次提出建立绿色金融体系。2016 年 3 月,全国人大通过的《国民经济和社会发展第十三个五年规划纲要》明确提出,要“建立绿色金融体系,发展绿色信贷、绿色债券,设立绿色发展基金”,可见,构建绿色金融体系已经上升为中国的国家战略。2016 年 8 月,中国人民银行等七部委联合发布了全球首个国家层面的绿色金融政策文件——《关于构建绿色金融体系的指导意见》(银发〔2016〕228 号),中国绿色金融开始快速发展,相关政策加快推进。该指导意见将绿色金融定义为:“支持环境改善、应对气候变化和资源节约高效利用的经济活动,即对环保、节能、清洁能源、绿色交通、绿色建筑等领域的项目投融资、项目运营、风险管理等所提供的金融服务。”并指出,构建绿色金融体系主要目的是动员和激励更多社会资本投入到绿色产业,同时更有效地抑制污染性投资。该指导意见明确规定,要完善环境权益交易市场、丰富融资工具,包括发展各类碳金融产品;推动建立排污权、节能量(用能权)、水权等环境权益交易市场;发展基于碳排放权、排污权、节能量(用能权)等各类环境权益的融资工具,拓宽企业绿色融资渠道。2016 年 9 月,中国作为轮值主席国,首次把绿色金融议题引入二十国集团峰会(G20)议程,成立 G20 绿色金融研究小组成立 G20 绿色金融研究小组,并发布《G20绿色金融综合报告》。2017年,由G20组织成立的金融稳定委员会下的气候相关财务披露工作组,发布了适用于所有产业的气候与环境信息建议披露指引,并针对金融业以及最容易受到气候变化和低碳经济转型影响的非金融产业分别制定了补充指引。2017年12月,中国人民银行参与发起设立了央行与监管机构绿色金融网络,该网络正在成为最具国际影响力的绿色金融国际合作平台之一。2018年,中国人民银行牵头成立全国金融标准化技术委员会绿色金融标准工作组,绿色金融标准制定的基本框架也由此建立。2020年9月,中国明确提出"双碳"目标愿景。2021年为助力"双碳"目标实现,中国人民银行确立了"三大功能""五大支柱"的绿色金融发展政策思路。"三大功能",是指充分发挥金融支持绿色发展的资源配置、风险管理和市场定价三大功能。"五大支柱"分别为:一是完善绿色金融标准体系;二是强化金融机构监管和信息披露要求;三是逐步完善激励约束机制;四是不断丰富绿色金融产品和市场体系;五是积极拓展绿色金融国际合作空间。2021年4月,中国人民银行、国家发改委、证监会联合发布《绿色债券支持项目目录(2021年版)》,在过去旧版的标准上做出更新和修正,金融产品服务标准的全面制定和各类绿色债券标准的统一不断完善。2021年7月,中国人民银行发布中国首批绿色金融标准。2022年6月,中国银保监会发布《银行业保险业绿色金融指引》。2022年7月,由中国人民银行、证监会等主管部门指导、绿色债券标准委员会制定的《中国绿色债券原则》正式发布。目前,我国已经初步形成绿色贷款、绿色债券、绿色保险、绿色基金、绿色信托、碳金融产品等多层次绿色金融产品和市场体系。至此,我国绿色金融政策体系日渐完善。此外,我国还有一些与绿色金融相关的政策文件,参见表6-1。

表6-1 其他与绿色金融相关的政策文件

时间	部门	政策文件	主要内容
2015年12月	中国人民银行	《中国人民银行公告(2015)第39号》中国人民银行绿色金融债公告	发布《绿色债券支持项目目录(2015年版)》(2021年修正)

续表

时间	部门	政策文件	主要内容
2016年9月	中国人民银行、财政部、发展改革委、环境保护部、银监会、证监会、保监会	《关于构建绿色金融体系的指导意见》	是构建绿色金融体系的顶层设计
2017年1月	发展改革委、财政部、能源局	《关于试行可再生能源绿色电力证书核发及自愿认购交易制度的通知》	在全国范围内试行可再生能源绿色电力证书核发和自愿认购
2017年5月	环境保护部	《"一带一路"生态环境保护合作规划》	为"一带一路"沿线国家绿色资金融通提供政策依据
2017年8月	环境保护部	《环境保护部关于推进环境污染第三方治理的实施意见》	鼓励绿色金融创新、引入社会资本
2017年12月	中国人民银行和证监会	《绿色债券评估认证行为指引(暂行)》	规范绿色债券评估认证行为,提高绿色债券评估认证质量
2018年3月	中国人民银行	《关于加强绿色金融债券存续期监督管理有关事宜的通知》	加强对存续期绿色金融债券募集资金使用的监督核查
2018年11月	生态环境部	《中国应对气候变化的政策与行动2018年度报告》	为气候权益金融释放政策信号
2018年11月	工业和信息化部、中国农业银行	《关于推进金融支持县域工业绿色发展工作的通知》	利用多种金融手段,积极支持全产业链绿色转型,推进县域工业绿色转型升级
2018年11月	中国证券投资基金业协会	《绿色投资指引(试行)》	推动基金行业发展绿色投资,改善投资活动的环境绩效,促进绿色、可持续的经济增长

气候投融资是绿色金融的重要组成部分,两者关系密切,但侧重不同。

气候投融资是为支持应对气候变化的减缓或适应行动建立的投融资行为。绿色金融主要是为支持环境治理,应对气候变化和资源节约高效利用的经济活动。绿色金融是以金融支持绿色低碳转型和发展为核心概念,涵盖了可持续金融、气候金融、转型金融等方面。作为绿色金融的重要组成部分,气候投融资相比于传统的绿色环保项目和低碳减排项目等更强调应对气候变化和全球可持续发展。传统绿色金融对于气候问题的支持力度不足,把气候适应类型项目纳入绿色金融体系势在必行。我国关于绿色金融方面的政策文件出台较多,而直接涉及气候投融资的政策文件却少。2019 年 8 月,生态环境部会同有关部门,推动成立了中国环境科学学会气候投融资专业委员会,为气候投融资领域的信息交流、政策标准研究、产融对接和国际合作搭建了平台。2020 年 10 月 21 日,生态环境部、国家发改委、中国人民银行、银保监会、证监会联合发布了《关于促进应对气候变化投融资的指导意见》(以下简称《气候投融资指导意见》),强调了建立气候投融资政策和标准系统的重要性,并鼓励社会资本进入气候投融资领域,支持各类金融机构开发气候友好型绿色金融产品。这是国内第一个专门关于气候投融资领域的政策文件。

在《气候投资指导意见》中,围绕落实国家自主贡献和助推绿色低碳发展目标,分别提出了多项措施。第一,加快构建气候投融资政策体系方面,提出应强化环境经济政策引导、金融政策支持和各类政策协同。第二,完善气候投融资标准体系方面,首先要求统筹推进标准体系建设,其次制定气候项目标准,并完善气候信息披露标准,最后应当建立气候绩效评价标准。第三,鼓励和引导非政府资金进入气候投融资领域,指出要激发社会资本的动力和活力,充分发挥碳排放权交易机制的激励和约束作用,引进国际资金和境外投资者,这是坚持气候投融资市场导向基本原则的体现,更是气候投融资政策的关键。第四,引导和支持气候投融资地方实践,开展气候投融资地方试点,营造有利的地方政策环境,鼓励地方开展模式和工具创新。第五,深化气候投融资国家合作积极推动双边和多边的气候投融资务实合作,鼓励金融机构支持“一带一路”和“南南合作”的低碳化建设,推动气候减缓和适应项目在境外落地。规范金融机构和企业在境外的投融资活动,有效防范和化解气候风险。

2021 年,中国在推动气候投融资的政策体系方面取得多项进展。例如,生态环境部等九部委联合印发《关于开展气候投融资试点工作的通知》与

《气候投融资试点工作方案》,正式开启了我国气候投融资试点工作,引导多渠道资金投入应对气候变化领域。2021 年 10 月,中国技术经济学会发布《气候投融资项目分类指南》,这是国家层面首次规定气候投融资项目认定标准。2022 年 5 月,气候投融资试点基本完成评审工作,8 月,九部委联合公布了气候投融资试点名单,确定了第一批 23 个地方入选气候投融资试点。但是,目前中国尚未形成一套完整的针对气候投融资的政策体系框架,气候投融资政策体系的相关研究还需要加强。从目前的气候变化政策和绿色金融政策体系出发,现有的气候投融资政策体系结构包括以下六方面:气候政策、产业政策、财税政策、气候友好金融政策额、行业政策、地方政策。但是该类政策划分仅仅立足于政策属性,而不是以气候投融资过程中的需求为导向。尤其在"双碳"目标背景下,更需对气候投融资政策进行需求分析,构建有利于气候投融资发展的环境政策,发挥气候投融资应对气候变化的支撑作用,将中国的国家自主贡献目标落实为国内行动。

目前,我国气候投融资发展依然存在许多法律问题,例如,气候投融资依然没有权威的、准确而明晰的法律定义,气候投融资的涵盖范畴缺乏明确界定;气候投融资机制体制还不够完善,气候投融资专职管理和协调机构尚未组建,缺乏气候投融资体系建设的统筹管理者;气候投融资涉及面广,既有金融属性,又包括应对气候变化方方面面的专业属性、经济属性和法律属性,涉及气候投融资体系发展和监管方面的政策、指南、方法和标准等,大量的建章立制工作都会面临巨大挑战;气候投融资涉及的气候变化效益核算、第三方监测核查等这些建立科学规范的气候投融资运行体系所必需的关键因素,还缺乏明确规定;实施气候投融资的金融机构和监管部门都还缺乏所需要的能力,专业人才缺乏,能力建设有待加强。

三、碳信托融资与碳质押融资的法律困境

(一)碳资产法律属性不清晰

信托融资是指利用信托方式进行资金的融通,信托融资模式包括贷款类、股权类、租赁类、债权类等信托融资,以及信托型资产证券化,以前两种

信托融资模式较为常见。碳信托融资是一种创新型的信托融资，这类信托业务大部分仍然没有开展，原因之一是碳资产的法律性质存在争议，还不够清晰，碳资产作为一项财产权，其本身仍具有不确定性。减排企业想要通过信托进行融资，首先要有确定的信托财产，并且该信托财产必须是委托人合法所有的财产，包括合法的财产权利。《信托法》规定用于信托的财产或财产权利应具有确定性。此处所指的确定性自然包括确定的法律性质。碳资产（Carbon Asset）作为碳信托融资的信托财产，其法律性质至今没有法律规定。我国碳资产包括碳配额和国家核证自愿减排量（CCER），碳资产的交易本质都是以碳排放权作为交易基础。分析一项财产是否可以设立信托，衡量的依据是该项财产是否合法、是否确定，能否委托、能否登记、能否流通，因此，首先得分析该项财产的法律性质。碳资产以碳配额和 CCER 为主要表现形式，下面从这两方面对碳资产的法律性质和是否具有可质性进行分析，碳配额与 CCER 均为碳资产，均属于无形财产权，两者的法律性质相同，虽然在法理上具有一定的差异，但是碳信托融资和碳质押融资均面临类似的法律障碍。

（二）碳资产质押融资法律依据不足

1. 碳资产是否具有可质性法律尚未明确

根据《民法典》第 440 条的规定，债务人或者第三人有权处分的下列权利可以出质：（1）汇票、本票、支票；（2）债券、存款单；（3）仓单、提单；（4）可以转让的基金份额、股权；（5）可以转让的注册商标专用权、专利权、著作权等知识产权中的财产权；（6）现有的以及将有的应收账款；（7）法律、行政法规规定可以出质的其他财产权利。显然，碳配额或 CCER 作为一项合法的财产权利能否出质，只能在第（7）项“法律、行政法规规定可以出质的其他财产权利”中找法律依据。并且，有权规定“能出质的其他财产权利”的，只有狭义上的“法律”和“行政法规”，不包括部门规章，甚至也不包括地方性法规和地方政府规章。然而，我国目前还没有哪一部法律或行政法规对碳配额或 CCER 等碳资产“可以出质”作出明确规定。尽管已有的地方立法表明碳排放权可以设立质押，如 2022 年 5 月颁布的《深圳市碳排放权交易管理办法》第 30 条规定，配额或者核证减排量持有人可以出售、质押、托管配额或者核证减排量，或者以其他合法方式取得收益或者融资支持。《湖北省碳排放权管理和交易暂行办法》第42条规定，鼓励金融机构为纳入碳排放配额管理的企业搭建投融资平台，提供绿色金融服务，支持企业开展碳减排技术研发和创新，探索碳排放权抵押、质押等金融产品，实现银企互利共赢。《广东省碳排放管理试行办法》第33条规定，鼓励金融机构探索开展碳排放交易产品的融资服务，为纳入配额管理的单位提供与节能减碳项目相关的融资支持。然而，当前并没有行政法规级别的法律文件对碳排放权的质押作出明确的规定。这种由金融机构与企业之间自行以碳配额或CCER作为质押对象的金融创新，其效力能否被司法部门和金融监管部门认可，信托公司等金融机构的质权能否得到切实的保障，存在较大不确定性。[1]

2. 碳资产质押制度缺失

第一，登记机构模糊。碳资产质押权的保障和实现，需要有特定的碳资产质押登记机构进行质押登记。但是就目前实施状况来说，不管是碳排放配额还是CCER，都没有统一的登记机构进行碳资产的质押登记。现在仅仅是由碳交易所开具质押证明，但此证明并不会进行公示，就碳资产的法律性质来说，如果没有特定的登记机构进行质押登记和公示，质权无法得到有效法律保护。

第二，碳资产质押融资生效要件尚未明确。根据《民法典》第441条的规定，以汇票等有凭证的权利出质时，应以交付权利凭证为设立要件，但是对于碳配额和CCER来说，目前没有权利凭证，从相关操作指引的出台情况来看，尽管各地都存在碳配额和CCER质押贷款业务，但是只有绍兴、上海、浙江、江苏等地出台了具体操作指引，例如，2021年8月，中国人民银行绍兴市中心支行、绍兴市生态环境局联合发布《绍兴市碳排放权抵押贷款业务操作指引(试行)》，明确相关市场主体的碳排放权可进行抵押贷款；2021年10月，中国人民银行杭州中心支行会同浙江省生态环境厅等部门印发《浙江省碳排放配额抵押贷款操作指引(暂行)》，进一步规范碳排放权配额抵押贷款业务申请、受理、价值评估、抵押登记、处置等操作流程，打通了企业碳配额资产向信贷资源转化的渠道；2021年12月，中国人民银行上海分行、上海银保监局、上海市生态环境局联合印发了《上海市碳排放权质押贷款操作指引》，从贷款条件、碳排放权价值评估、碳排放权质押登记、质押处置等方面

[1] 邓敏贞：《我国碳排放权质押融资法律制度研究》，载《政治与法律》2015年第6期。

提出20条具体意见,厘清碳排放权质押的各环节和流程,支持金融机构在碳金融领域积极创新实践;2022年7月23日,江苏生态环境厅联合人民银行南京分行、江苏银保监局等印发《江苏省碳资产质押融资操作指引(暂行)》。文件提出,碳资产是指碳排放权配额和国家核证自愿减排量(CCER)。江苏省生态环境厅鼓励和支持借款人通过碳资产质押融资等方式盘活碳资产。对省内成功办理碳资产质押融资业务、符合政策要求的借款人,在环保信用和环保脸谱评价上酌情加分,在相关奖项评比中予以优先考虑,在新、改、扩建项目审批中予以重点支持。从法律上讲,抵押与质押根本不同,有很大区别,并且在笔者看来,碳资产能否作为抵押物尚存疑问,然而地方上已经有实践,这些争议还需要学术探讨与上位法厘清。无论如何,上海与江苏出台的是质押贷款操作指引,其他地区在规范文件订立上仍处于空白阶段,更没有全国性的文件指导碳配额和CCER质押行为。上海的操作指引虽初步写明了碳排放权贷款的业务流程,但仍存在质押登记、处置规则不明确等方面问题。各地目前登记公示系统也不一致,不利于开展跨省的质押贷款业务,未来在建设全国性的碳配额和CCER质押市场时也会面临如何查明权利登记情况的问题。

第三,碳资产质押后能否转让,法律尚未规定。对碳配额和CCER设立质押意味着可能限制出质人的使用、收益和处分权,一般性规则为质押权利禁止转让,但《民法典》第443条规定,基金份额、股权出质后,经出质人与质权人协商同意的可以转让。也有学者认为,应对转让问题进行目的性限缩。[1] 对于碳配额和CCER质押后是否可以转让的问题,各地的操作指引均未进行规定,也未引导适用现有的法律,导致实践中做法不一。浙江省的操作指引规定,抵押后的碳配额和CCER因其不被限制使用、处分、收益权的特性,仍可以在交易系统中按照双方约定进行租赁,那么,如设立质押是否可以转让,有待进一步讨论并予以明确规定。对于碳配额和CCER出质后,出质人意图转让碳配额和CCER的,受让人是否应受限的问题,也未明确规定。理论上受让人应该是当地碳配额和CCER交易市场中的交易主体,那么未注册进入市场的其他单位和个人是否可以成为受让人,政府是否可以进行回购等问题,也应进行规定。

---

[1] 付晓雅:《〈民法典〉中质押权利不得转让的目的性限缩》,载《法学杂志》2021年第3期。

第四,碳资产质权现有实现方式难以保障质权人利益。控排企业将碳配额或CCER质押后,依然需要根据上一年温室气体实际排放量进行每年的配额清缴履约,剩余的可以结转使用,不能清缴的需要通过购买补足。那么对于多数质权人来说,应提前调查质押的碳配额和CCER是否在年底清缴之列,避免出质人仍使用已质押的碳配额和CCER从而损害债权人的利益。试点中交易所可以提供配额冻结服务,阻止当事人处置碳配额和CCER。一般是禁止刚纳入控排单位的企业在一定期限内交易碳配额和CCER,或在交易前暂时冻结保证清缴履约顺利进行。但如果出质人在债权人不知晓的情况下,将用于清缴履约的碳配额和CCER进行出质,生态环境局在年底进行清缴时,此暂停服务是否在质押贷款中可以阻止碳配额和CCER的清缴以保障质权的实现,未被明确规定,也就是说,已经设质的碳配额和CCER是否能用于清缴的问题,需要更为多元、严格的处置方式来帮助债权人实现质权。此外,被设质的碳配额或CCER是否应明确地进行编号,以区分碳资产质物是特定物还是种类物的问题也没有明确规定。

第五,碳资产质押融资监管制度不健全。相关监管制度的不健全将挫伤银行等金融机构对碳配额和CCER开展质押贷款业务的信心,此业务的促成主要涉及两方主体,即借款企业和银行,但由于碳配额和CCER作为新型财产权利,法律层面对于碳配额和CCER的法律属性和可质押性没有明确规定,尽管有部分地区出台操作指引,但是其法律位阶较低,相关经验较少,且因市场变化的速度远远快于法律法规出台的速度,银行等金融机构对于发放此类贷款非常谨慎,往往需要在碳交易中心或有关部门的主持下才能成功推进,为了促进碳配额和CCER质押贷款业务的开展,就需要有效的监管体系作保障。《碳排放权交易管理办法(试行)》第6条规定了全国碳排放权交易及相关活动的监管体制,明确了生态环境部、省级和地市级生态环境主管部门监管职责分工,但是对于碳配额和CCER质押贷款的监管问题没有明确规定。

第六,碳资产质押融资风险防范机制不完善。碳配额和CCER是一项新型财产权,相关风险防范机制尚未完善,主要体现在两个方面:一方面,因碳配额和CCER可以作为商品进行交易,其价格可能会受市场影响而大幅波动;另一方面,对具体碳配额和CCER的计算也是依靠控排企业和第三方机构的数据,容易产生道德风险。碳价的波动也可能导致质权人处置碳配额和 CCER 时难以获得足额受偿。审查贷款时一般都会对质押的权利进行价值评估,但是碳配额和 CCER 价格是在不断变化的,以北京的碳配额和 CCER 电子交易平台公开的成交价格来看,自 2021 年 4 月起,碳配额当日成交均价最低为 24.00 元/吨,最高为 107.26 元/吨,[1] 而碳配额和 CCER 质押一般都以数百万吨的数量出质,由此带来的市场风险可能导致金融机构失去对碳配额和 CCER 开展质押贷款业务的信心,在后续发放贷款时会变得谨慎保守,控排企业依旧面临融资难题。在道德风险上,碳配额和 CCER 是一项无形财产权,依靠第三方核查与报告制度等确定碳数据的机制还不够完善,存在碳数据弄虚作假的违法现象。2022 年 3 月 30 日,生态环境部通报了关于碳排放报告数据造假问题的典型案例,相关技术服务机构、检测机构屡次伪造碳数据检测结果。虽然案例中没有指明这些经伪造的数据是否用于碳资产质押贷款,但是不排除今后会存在以造假的碳数据获取碳配额或 CCER,并进行质押贷款的违法现象。因碳数据含有大量专业知识,债权人也无法深入了解出质人的具体碳排放、检测情况,难以在质押审查时发现。可见,如果不采用严厉的法律追究机制以杜绝数据造假现象发生,将很难保障质权人的利益。

(三)碳资产法律规范体系尚未形成

目前,我国碳交易市场还未形成统一的法律规范体系,碳资产实践缺乏明晰的法律依据与制度支撑,这将阻碍金融机构设立碳资产质押产品。碳交易市场法律规范体系的不健全,各地规则不统一,势必影响碳资产业务的进一步发展。例如,由于全国和各省市的重点排放单位标准不一,对能够进入市场的交易主体进行了的限制标准不同。加之,全国市场的控排单位较为单一,最初主要为发电企业,地方碳交易二级市场的标准参差不齐,意味着不是每个单位都需要碳排放配额。如深圳碳市场允许其他企业和个人通过申请开立交易账户进入,但是全国的碳交易市场,目前还不允许金融机构和个人参与,如《碳排放权交易管理办法(试行)》第 21 条规定,“重点排放单

[1] 参见北京市碳排放权电子交易平台,https://www.bjets.com.cn/article/jyxx,最后访问日期:2022 年 4 月 12 日。

位以及符合国家有关交易规则的机构和个人,是全国碳排放权交易市场的交易主体。"至于何为"符合国家有关交易规则",尚无明确规定。换言之,虽然碳配额和CCER具有可转让性,[1]但是,目前仍不能做到像股权等其他权利一样能够转让、交易变现,在实现质权时就会遇到变现困难,从而抑制了碳质押融资业务的开展。

以CCER碳资产规则为例,我国在碳配额交易方面的交易规则已经出台了《碳排放权交易管理办法(试行)》,但是《CCER暂行办法》还没有修订,在CCER方面还没有出台相应的交易规则。全国碳市场中,碳配额和CCER的抵消比例也没有出台相应的统一的、操作性强的实施细则。CCER原存量的交易仅在几个地方碳交易所进行,未来全国统一的CCER的交易场所现在还没有建立。2021年《北京市关于构建现代环境治理体系的实施方案》曾明确"北京将完善碳排放权交易制度,承建全国温室气体自愿减排管理和交易中心",但未来CCER是像全国碳配额一样集中交易,还是与各地方碳交易所连通合作,还要进一步探索。另一方面,在CCER备案申请暂停之前,我国对于自愿减排交易的管理主要借鉴了清洁发展机制(CDM)的管理规则和经验,但还得立足于中国国情,中国各地经济社会发展不均衡,发展阶段、发展理念、发展诉求均有差异,从地方碳交易试点与CCER交易实践来看,均处在从地方试点到全国推广的过渡期,各地碳市场对于CCER的产地来源、抵消比例、交易价格等规则均存在差异,这便造成了碳资产融资业务只能在当地小范围实施,无法全国推广。可见,CCER交易规则的不完善,阻碍了碳资产融资业务的推广与发展。此外,碳资产融资还受到碳交易参与主体受到限制的影响。就全国碳市场而言,《碳排放权交易管理办法(试行)》与《碳排放权登记管理规则(试行)》,均未对机构及个人投资者参与全国碳市场的资质作出明确规定,参与碳交易的主体主要仍限于控排企业;就区域碳市场而言,非履约机构及个人投资者参与碳市场交易也各有不同的规定,有的限制少,有的限制多。无论如何,碳交易二级市场参与主体受到限制,均会造成碳资产融资参与主体少,流动性差,碳资产市场不活跃。

---

[1] 孙欣等:《中国城市碳排放权交易体系有效性评价研究——基于四个碳交易试点的实证分析》,载《甘肃行政学院学报》2014年第6期。

四、碳数据造假的法律问题

（一）碳数据造假责任追究的相关法律规定

表6－2归纳了目前我国现行法律关于数据、信息造假责任追究的法律规定：

表6－2　我国现行关于数据、信息造假责任追究的法律规定

法律	法条序号	具体内容
反垄断法	第29条	经营者提交的文件、资料不完备的，应当在国务院反垄断执法机构规定的期限内补交文件、资料。经营者逾期未补交文件、资料的，视为未申报。
	第62条	对反垄断执法机构依法实施的审查和调查，拒绝提供有关材料、信息，或者提供虚假材料、信息，或者隐匿、销毁、转移证据，或者有其他拒绝、阻碍调查行为的，由反垄断执法机构责令改正，对单位处上一年度销售额百分之一以下的罚款，上一年度没有销售额或者销售额难以计算的，处五百万元以下的罚款；对个人处五十万元以下的罚款。
公司法	第198条	违反本法规定，虚报注册资本、提交虚假材料或者采取其他欺诈手段隐瞒重要事实取得公司登记的，由公司登记机关责令改正，对虚报注册资本的公司，处以虚报注册资本金额百分之五以上百分之十五以下的罚款；对提交虚假材料或者采取其他欺诈手段隐瞒重要事实的公司，处以五万元以上五十万元以下的罚款；情节严重的，撤销公司登记或者吊销营业执照。
	第202条	公司在依法向有关主管部门提供的财务会计报告等材料上作虚假记载或者隐瞒重要事实的，由有关主管部门对直接负责的主管人员和其他直接责任人员处以三万元以上三十万元以下的罚款。
	第207条	承担资产评估、验资或者验证的机构提供虚假材料的，由公司登记机关没收违法所得，处以违法所得一倍以上五倍以下的罚款，并可以由有关主管部门依法责令该机构停业、吊销直接责任人员的资格证书，吊销营业执照。承担资产评估、验资或者验证的机构因过失提供有重大遗漏的报告的，由公司登记机关责令改正，情节较重的，处以所得收入一倍以上五倍以下的罚款，并可以由有关主管部门依法责令该机构停业、吊销直接责任人员的资格证书，吊销营业执照。承担资产评估、验资或者验证的机构因其出具的评估结果、验资或者验证证明不实，给公司债权人造成损失的，除能够证明自己没有过错的外，在其评估或者证明不实的金额范围内承担赔偿责任。

续表

法律	法条序号	具体内容
证券法	第29条	证券公司承销证券,应当对公开发行募集文件的真实性、准确性、完整性进行核查。发现有虚假记载、误导性陈述或者重大遗漏的,不得进行销售活动;已经销售的,必须立即停止销售活动,并采取纠正措施。
	第56条	禁止任何单位和个人编造、传播虚假信息或者误导性信息,扰乱证券市场。 禁止证券交易场所、证券公司、证券登记结算机构、证券服务机构及其从业人员,证券业协会、证券监督管理机构及其工作人员,在证券交易活动中作出虚假陈述或者信息误导。 各种传播媒介传播证券市场信息必须真实、客观,禁止误导。传播媒介及其从事证券市场信息报道的工作人员不得从事与其工作职责发生利益冲突的证券买卖。 编造、传播虚假信息或者误导性信息,扰乱证券市场,给投资者造成损失的,应当依法承担赔偿责任。
	第85条	信息披露义务人未按照规定披露信息,或者公告的证券发行文件、定期报告、临时报告及其他信息披露资料存在虚假记载、误导性陈述或者重大遗漏,致使投资者在证券交易中遭受损失的,信息披露义务人应当承担赔偿责任;发行人的控股股东、实际控制人、董事、监事、高级管理人员和其他直接责任人员以及保荐人、承销的证券公司及其直接责任人员,应当与发行人承担连带赔偿责任,但是能够证明自己没有过错的除外。
	第193条	违反本法第五十六条第一款、第三款的规定,编造、传播虚假信息或者误导性信息,扰乱证券市场的,没收违法所得,并处以违法所得一倍以上十倍以下的罚款;没有违法所得或者违法所得不足二十万元的,处以二十万元以上二百万元以下的罚款。 违反本法第五十六条第二款的规定,在证券交易活动中作出虚假陈述或者信息误导的,责令改正,处以二十万元以上二百万元以下的罚款;属于国家工作人员的,还应当依法给予处分。 传播媒介及其从事证券市场信息报道的工作人员违反本法第五十六条第三款的规定,从事与其工作职责发生利益冲突的证券买卖的,没收违法所得,并处以买卖证券等值以下的罚款。

续表

法律	法条序号	具体内容
证券法	第197条	信息披露义务人未按照本法规定报送有关报告或者履行信息披露义务的，责令改正，给予警告，并处以五十万元以上五百万元以下的罚款；对直接负责的主管人员和其他直接责任人员给予警告，并处以二十万元以上二百万元以下的罚款。发行人的控股股东、实际控制人组织、指使从事上述违法行为，或者隐瞒相关事项导致发生上述情形的，处以五十万元以上五百万元以下的罚款；对直接负责的主管人员和其他直接责任人员，处以二十万元以上二百万元以下的罚款。 信息披露义务人报送的报告或者披露的信息有虚假记载、误导性陈述或者重大遗漏的，责令改正，给予警告，并处以一百万元以上一千万元以下的罚款；对直接负责的主管人员和其他直接责任人员给予警告，并处以五十万元以上五百万元以下的罚款。发行人的控股股东、实际控制人组织、指使从事上述违法行为，或者隐瞒相关事项导致发生上述情形的，处以一百万元以上一千万元以下的罚款；对直接负责的主管人员和其他直接责任人员，处以五十万元以上五百万元以下的罚款。
	第211条	证券公司及其主要股东、实际控制人违反本法第一百三十八条的规定，未报送、提供信息和资料，或者报送、提供的信息和资料有虚假记载、误导性陈述或者重大遗漏的，责令改正，给予警告，并处以一百万元以下的罚款；情节严重的，并处撤销相关业务许可。对直接负责的主管人员和其他直接责任人员，给予警告，并处以五十万元以下的罚款。
	第214条	发行人、证券登记结算机构、证券公司、证券服务机构未按照规定保存有关文件和资料的，责令改正，给予警告，并处以十万元以上一百万元以下的罚款；泄露、隐匿、伪造、篡改或者毁损有关文件和资料的，给予警告，并处以二十万元以上二百万元以下的罚款；情节严重的，处以五十万元以上五百万元以下的罚款，并处暂停、撤销相关业务许可或者禁止从事相关业务。对直接负责的主管人员和其他直接责任人员给予警告，并处以十万元以上一百万元以下的罚款。

续表

法律	法条序号	具体内容
税收征收管理法	第63条	纳税人伪造、变造、隐匿、擅自销毁账簿、记账凭证,或者在账簿上多列支出或者不列、少列收入,或者经税务机关通知申报而拒不申报或者进行虚假的纳税申报,不缴或者少缴应纳税款的,是偷税。对纳税人偷税的,由税务机关追缴其不缴或者少缴的税款、滞纳金,并处不缴或者少缴的税款百分之五十以上五倍以下的罚款;构成犯罪的,依法追究刑事责任。 扣缴义务人采取前款所列手段,不缴或者少缴已扣、已收税款,由税务机关追缴其不缴或者少缴的税款、滞纳金,并处不缴或者少缴的税款百分之五十以上五倍以下的罚款;构成犯罪的,依法追究刑事责任。
	第64条	纳税人、扣缴义务人编造虚假计税依据的,由税务机关责令限期改正,并处五万元以下的罚款。 纳税人不进行纳税申报,不缴或者少缴应纳税款的,由税务机关追缴其不缴或者少缴的税款、滞纳金,并处不缴或者少缴的税款百分之五十以上五倍以下的罚款。
企业所得税法	第44条	企业不提供与其关联方之间业务往来资料,或者提供虚假、不完整资料,未能真实反映其关联业务往来情况的,税务机关有权依法核定其应纳税所得额。

(二)数据、信息造假责任追究的相关法规规章规定

表6-3归纳了目前我国现行行政法规及部门规章关于(数据、信息)造假责任追究的规定:

表6-3 我国现行关于数据、信息造假责任追究的行政法规及部门规章规定

行政法规及部门规章	法条序号	具体内容
北京证券交易所上市公司证券发行注册管理办法(试行)	第63条	上市公司在证券发行文件中隐瞒重要事实或者编造重大虚假内容的,中国证监会可以视情节轻重,对上市公司及相关责任人员依法采取责令改正、监管谈话、出具警示函等监管措施,或者采取证券市场禁入的措施。

续表

行政法规及部门规章	法条序号	具体内容
北京证券交易所上市公司证券发行注册管理办法（试行）	第64条	上市公司的控股股东、实际控制人违反本办法规定，致使上市公司报送的注册申请文件和披露的信息存在虚假记载、误导性陈述或者重大遗漏，或者组织、指使上市公司进行财务造假、利润操纵或者在发行证券文件中隐瞒重要事实或编造重大虚假内容的，中国证监会可以视情节轻重，依法采取责令改正、监管谈话、出具警示函等监管措施，或者采取证券市场禁入的措施。 上市公司的董事、监事和高级管理人员违反本办法规定，致使上市公司报送的注册申请文件和披露的信息存在虚假记载、误导性陈述或者重大遗漏的，中国证监会可以视情节轻重，依法采取责令改正、监管谈话、出具警示函等监管措施，或者采取证券市场禁入的措施。
	第65条	保荐人未勤勉尽责，致使上市公司信息披露资料存在虚假记载、误导性陈述或者重大遗漏的，中国证监会可以视情节轻重，对保荐人及相关责任人员依法采取责令改正、监管谈话、出具警示函、暂停保荐业务资格一年到三年、证券市场禁入等措施。 证券服务机构未勤勉尽责，致使上市公司信息披露资料中与其职责有关的内容及其所出具的文件存在虚假记载、误导性陈述或者重大遗漏的，中国证监会可以视情节轻重，对证券服务机构及相关责任人员，依法采取责令改正、监管谈话、出具警示函、证券市场禁入等措施。
统计执法监督检查办法	第26条	国家统计局负责查处情节严重或影响恶劣的统计造假、弄虚作假案件，对国家重大统计部署贯彻不力的案件，重大国情国力调查中发生的严重统计造假、弄虚作假案件，其他重大统计违法案件。省级统计局依法负责查处本行政区域内统计造假、弄虚作假案件，违反国家统计调查制度以及重要的地方统计调查制度的案件。但是国家调查总队组织实施的统计调查中发生的统计造假、弄虚作假案件，违反国家统计调查制度案件，由组织实施统计调查的国家调查总队进行查处。市级、县级统计局和国家统计局市级、县级调查队，发现本行政区域内统计造假、弄虚作假违法行为的，应当及时报告省级统计机构依法查处；依法负责查处本行政区域内其他统计违法案件。

续表

行政法规及部门规章	法条序号	具体内容
部门统计调查项目管理办法	第43条	县级以上人民政府有关部门在组织实施部门统计调查活动中有下列行为之一的,由上级人民政府统计机构、本级人民政府统计机构责令改正,予以通报: (一)违法制定、实施部门统计调查项目; (二)未执行国家统计标准或者经依法批准的部门统计标准; (三)未执行批准和备案的部门统计调查制度; (四)在部门统计调查中统计造假、弄虚作假。
统计法实施条例	第40条	下列情形属于统计法第三十七条第四项规定的对严重统计违法行为失察,对地方人民政府、政府统计机构或者有关部门、单位的负责人,由任免机关或者监察机关依法给予处分,并由县级以上人民政府统计机构予以通报: (一)本地方、本部门、本单位大面积发生或者连续发生统计造假、弄虚作假; (二)本地方、本部门、本单位统计数据严重失实,应当发现而未发现; (三)发现本地方、本部门、本单位统计数据严重失实不予纠正。
高速铁路基础设施运用状态检测管理办法	第34条	检测数据造假,不如实、不及时向铁路监管部门提供检测数据,或者对发现的问题拒不整改的,对责任单位处1万元以下的罚款,并对主要负责人处1000元以下的罚款。
广播电视行业统计管理规定	第19条	广播电视行业各单位应当建立健全统计工作责任制,并按照“集体领导与个人分工相结合”、“谁主管、谁负责,谁经办、谁负责”的原则,完善落实防范和惩治统计造假、弄虚作假责任体系。 出现统计造假、弄虚作假行为的,所在单位的主要负责人承担第一责任,分管负责人承担主要责任,统计人员承担直接责任。

续表

行政法规及部门规章	法条序号	具体内容
规划环境影响评价条例	第20条	有下列情形之一的,审查小组应当提出对环境影响报告书进行修改并重新审查的意见: (一)基础资料、数据失实的; (二)评价方法选择不当的; (三)对不良环境影响的分析、预测和评估不准确、不深入,需要进一步论证的; (四)预防或者减轻不良环境影响的对策和措施存在严重缺陷的; (五)环境影响评价结论不明确、不合理或者错误的; (六)未附具对公众意见采纳与不采纳情况及其理由的说明,或者不采纳公众意见的理由明显不合理的; (七)内容存在其他重大缺陷或者遗漏的。
	第33条	审查小组的召集部门在组织环境影响报告书审查时弄虚作假或者滥用职权,造成环境影响评价严重失实的,对直接负责的主管人员和其他直接责任人员,依法给予处分。 审查小组的专家在环境影响报告书审查中弄虚作假或者有失职行为,造成环境影响评价严重失实的,由设立专家库的环境保护主管部门取消其入选专家库的资格并予以公告;审查小组的部门代表有上述行为的,依法给予处分。
	第34条	规划环境影响评价技术机构弄虚作假或者有失职行为,造成环境影响评价文件严重失实的,由国务院环境保护主管部门予以通报,处所收费用1倍以上3倍以下的罚款;构成犯罪的,依法追究刑事责任。
外商投资信息报告办法	第25条	外国投资者或者外商投资企业未按照本办法要求报送投资信息,且在商务主管部门通知后未按照本办法第十九条予以补报或更正的,由商务主管部门责令其于20个工作日内改正;逾期不改正的,处十万元以上三十万元以下罚款;逾期不改正且存在以下情形的,处三十万元以上五十万元以下罚款: (一)外国投资者或者外商投资企业故意逃避履行信息报告义务,或在进行信息报告时隐瞒真实情况、提供误导性或虚假信息; (二)外国投资者或者外商投资企业就所属行业、是否涉及外商投资准入特别管理措施、企业投资者及其实际控制人等重要信息报送错误; (三)外国投资者或者外商投资企业未按照本办法要求报送投资信息,并因此受到行政处罚的,两年内再次违反本办法有关要求; (四)商务主管部门认定的其他严重情形。

续表

行政法规及部门规章	法条序号	具体内容
食品安全抽样检验管理办法	第 50 条	有下列情形之一的,市场监督管理部门应当按照有关规定依法处理并向社会公布;构成犯罪的,依法移送司法机关处理。 (一)调换样品、伪造检验数据或者出具虚假检验报告的; (二)利用抽样检验工作之便牟取不正当利益的; (三)违反规定事先通知被抽检食品生产经营者的; (四)擅自发布食品安全抽样检验信息的; (五)未按照规定的时限和程序报告不合格检验结论,造成严重后果的; (六)有其他违法行为的。 有前款规定的第(一)项情形的,市场监督管理部门终身不得委托其承担抽样检验任务;有前款规定的第(一)项以外其他情形的,市场监督管理部门五年内不得委托其承担抽样检验任务。 复检机构有第一款规定的情形,或者无正当理由拒绝承担复检任务的,由县级以上人民政府市场监督管理部门给予警告;无正当理由 1 年内 2 次拒绝承担复检任务的,由国务院市场监督管理部门商有关部门撤销其复检机构资质并向社会公布。

(三)碳数据造假责任追究相关规定存在缺陷

第一,现行法律关于数据、信息造假行为的处罚形式过于单一。目前,我国现行法律对数据、信息造假行为的处罚主要以罚款为主。当下,我国从事数据、信息造假行为的主体以企业为主,且其通过从事数据、信息造假行为往往能获得巨额利益,处以罚款自然是有必要的,也可以作为责任追究的主要处罚方式,但是数据和信息造假不能仅追究造假者的行政责任,就其危害性来说,仅仅处以罚款无法达到惩戒犯罪、预防犯罪的目的,因为其违法收益远大于其违法成本。我国立法规定数据、信息造假行为的目的是打击数据、信息造假行为,减少此类行为的发生,从而达到预防犯罪的目的。在数字经济背景下,数据不仅影响个人权利和经济增长,还决定人类未来的社会构造和生产生活方式,数据法治在助推数字经济、数字社会、数字政府、数字生态等建设中发挥越来越大的作用,因此,应加强数字经济法治建设,服务数字经济高质量发展,其中的重点之一就是依法治“数”,加强数据安全,确保数据真实、正确、可靠。在此背景下，加大对碳交易领域的数据造假行为的处罚力度，则势在必行。就碳交易领域碳数据、信息造假构成的社会危害性而言，有些行为的确已经达到了犯罪程度。如果对数据、信息造假行为仅处以罚款显然无法达到立法目的，因此应增加数据、信息造假行为的处罚形式，加大处罚力度，直至追究造假者的刑事责任。

第二，现行法律关于数据、信息造假行为的界定模糊。目前，我国现行法律并没有明确界定何为数据、信息造假行为，对其界定过于笼统，未明确数据、信息造假行为的判断标准。如《证券法》第 29 条将数据、信息造假行为界定为存在“有虚假记载、误导性陈述或者重大遗漏”的行为。但该法未明确规定何为虚假记载，何为误导性陈述，何为重大遗漏，这就导致在司法实践中，数据、信息造假行为的判断标准各异，同一个行为在不同的法院审判会得到不同的判决结果。就碳数据而言，碳减排数据和自愿减排量的监测与核查，都具有一定的不确定性，难以证明是故意造假所为，造假事实难以认定为清楚，证据也难以证明为确实充分。因此，现行法律关于数据、信息造假行为的模糊界定不利于指导司法实践，故应明确数据、信息造假行为的判断标准。

第三，现行行政法规及部门规章关于数据、信息造假行为的处罚力度过轻。由于行政法规及部门规章的效力等级低于法律，目前现行行政法规及部门规章对数据、信息造假行为，主要是予以警告、责令改正和处以少量罚款等。如《行政处罚法》第 13 条规定，“国务院部门规章可以在法律、行政法规规定的给予行政处罚的行为、种类和幅度的范围内作出具体规定。尚未制定法律、行政法规的，国务院部门规章对违反行政管理秩序的行为，可以设定警告、通报批评或者一定数额罚款的行政处罚。罚款的限额由国务院规定。”根据《国务院关于进一步贯彻实施〈中华人民共和国行政处罚法〉的通知》（国发〔2021〕26 号）规定，“尚未制定法律、行政法规，因行政管理迫切需要依法先以部门规章设定罚款的，设定的罚款数额最高不得超过 10 万元，且不得超过法律、行政法规对相似违法行为的罚款数额，涉及公民生命健康安全、金融安全且有危害后果的，设定的罚款数额最高不得超过 20 万元；超过上述限额的，要报国务院批准。”显然，这样的处罚力度对数据、信息造假行为无法起到震慑作用。目前，我国碳排放权交易管理与自愿减排交易管理的直接法律依据,前者的效力层级仅为部门规章,后者仅为部门规范性文件,受此限制,两者均无法对碳交易领域的数据、信息造假行为规定严厉的处罚措施。加之,碳交易直接的上位法依据欠缺,现今碳排放权交易管理的行政法规仍未出台,碳交易领域再无直接的上位法可以依赖。相关法律中,其处罚依据仍然难觅踪迹。例如,《刑法》中缺乏对数据造假违法犯罪行为的直接规定,至于能否对控排单位、项目业主和第三方核查机构等碳市场主体类推适用"编造并传播证券、期货交易虚假信息罪",对第三方核查机构类推适用"提供虚假证明文件罪""出具证明文件重大失实罪",还需要学术探讨与司法解释。

第七章　中国碳交易法律制度的完善

第一节　碳交易市场制度建设的法治引领

一、以法治思想引领碳交易市场健康发展

（一）运用法治思维和法治方式纾解碳交易市场难题

全面依法治国是国家治理的一场深刻革命，关系党执政兴国，关系人民幸福安康，关系党和国家长治久安。必须更好发挥法治固根本、稳预期、利长远的保障作用，在法治轨道上全面建设中国式现代化。我们要坚持走中国特色社会主义法治道路，建设中国特色社会主义法治体系、建设社会主义法治国家，围绕保障和促进社会公平正义，坚持依法治国、依法执政、依法行政共同推进，坚持法治国家、法治政府、法治社会一体建设，全面推进科学立法、严格执法、公正司法、全民守法，全面推进国家各方面工作法治化。

全国碳市场建设是利用市场机制应对气候变化、控制和减少温室气体排放、推动绿色低碳发展的一项重大实践，也是落实中国碳达峰目标与碳中和愿景的核心政策工具。中国高度重视利用市场机制应对气候变化。目前，全国碳排放权交易市场已正式启动，作为其补充的全国温室气体自愿减排交易市场正在筹建之中。全国碳市场建设是一项复杂的系统工程，需要完善的法律保障体系和制度支撑体系，必须以高度的责任感和使命感深化改革创新，运用法治思维和法治方式解决碳市场发展面临的深层次问题。

（二）推进科学立法，加快形成完善的全国碳市场法律保障体系

推进科学立法，需要突出立法重点。有良法，才能善治。建设全国碳市场，离不开法治固根本、稳预期、利长远的保障作用。全国碳排放权交易市

场与全国温室气体自愿减排交易市场，是新时代新发展阶段需要积极推进立法的重要领域，全国碳交易市场法律保障体系亟待建立健全。

加强立法，确立全国碳市场法律框架。一是强化立法顶层设计，制定《应对气候变化法》，从法律层面彰显中国气候行动的决心，确保应对气候变化工作的有序开展。二是加速推进《碳排放权交易管理暂行条例》的立法进程。总结全国碳排放权交易市场启动后的运行经验，适时修订《碳排放权交易管理办法（试行）》。三是加快出台《温室气体自愿减排交易管理办法（试行）》，为启动国家层面的温室气体自愿减排交易市场提供法律依据。

以完善的法规体系为基础，构建以碳排放数据报送系统、碳市场注册登记系统、交易系统和结算系统为主的支撑体系，建设以碳排放监测报告核查制度、配额分配与管理制度、项目审定与减排量核证制度、碳交易监管与责任追究制度为主的制度体系，出台完备的碳金融服务配套政策。加强制度支撑体系内部的协调与优化。注重全国碳市场与地方碳市场的制度衔接与法规协调。

（三）全面推进规范公正文明执法，优化全国碳市场监管方式

法律的生命在于实施，法律的权威在于执行。推进全面依法治国，法治政府建设是重点任务和主体工程，要率先突破，用法治给行政权力定规矩、划界限，规范行政决策程序，加快转变政府职能。碳交易市场监管部门必须遵循习近平法治思想，全面推进严格规范公正文明执法，优化碳市场监管方式。

一方面，全面推进严格规范公正文明执法。深化碳市场执法体制改革，合理划分碳市场监管的中央与地方事权。将“双碳”目标纳入中央环保督察范围，以严格执法把应对气候变化工作落到实处。加大对重点排放企业的执法力度，逐步把重点行业与重点企业纳入全国碳市场范围。完善行政执法程序，在全国碳市场监管中推行行政执法公示制度、执法全过程记录制度、重大执法决定法制审核制度。创新碳市场执法方式，运用劝导示范、警示告诫、指导约谈等方式，努力做到宽严相济、法理相融，防止碳市场执法“一刀切”，让执法既有力度又有温度。

另一方面，优化全国碳市场监管方式。深入推进碳市场领域“放管服”

改革,把更多的行政资源从碳市场建设的事前审批转到碳市场运行的事中事后监管上来,健全碳市场“双随机、一公开”监管手段。将温室气体自愿减排交易市场的行政备案管理模式,调整为“公示 + 登记”的行政确认模式。推进全国碳市场跨部门联合监管,构建碳市场监管信息共享平台,形成长效的联合执法、综合执法工作机制。防止碳资产过度金融化,保持碳价稳定,维持碳市场平稳运行。加强碳市场的社会信用体系建设,以失信惩戒手段对碳市场活动加以约束,保证碳市场产品质量。充分运用社会力量对碳市场进行监督,分担行政部门的监管压力。

(四)推进公正司法,加强司法制约监督,建设高素质碳市场司法队伍

第一,要深化司法责任制综合配套改革,规范司法权力运行,提高司法办案质量和效率。要健全社会公平正义法治保障制度,努力让人民群众在每一个司法案件中感受到公平正义。要继续完善公益诉讼制度,有效维护社会公共利益。

第二,推进公正司法,加强司法制约监督。随着全国碳市场的建立与运行,有关碳交易方面的行政争议、民事纠纷甚至刑事案件必将逐步增多,都需要定分止争,以公正司法作为保障。各级法院和检察院应当加快推进碳市场建设中纠纷化解和诉讼程序的准备工作,保障碳市场主体诉诸司法的权利。鼓励检察机关和符合条件的社会组织提起与碳市场发展相关的公益诉讼。

第三,建设高素质的碳市场司法队伍,努力提高检察和审判工作水平。碳市场领域的专业性强、系统复杂,必须加强司法队伍的专业素质培训,推行专家陪审和专家咨询制度,积极探索碳市场等应对气候变化类案件的审判制度和办案规则。推进碳市场司法专门化,适度强化能动司法,创新审理方法和裁判方式。健全检察权、审判权、执行权相互配合的体制机制,及时提出相关的司法建议和检察建议,协助政府相关部门及时解决碳市场存在的问题,促进在气候司法等领域的衔接和合作。

(五)推进全民守法,保障碳交易市场高质量发展

全民守法是碳交易市场高质量发展的重要保障。人民群众是碳市场的

建设者和参与者,是碳市场法治的践行者与守护者。全国碳交易市场允许符合条件的单位和个人参与。根据温室气体自愿减排交易机制,中国将重点支持林业碳汇、甲烷利用等项目的开发,实实在在地将绿水青山变为金山银山,人民群众将成为碳市场的直接受益者。全民守法,确保碳排放数据的真实可靠,维护交易秩序稳定,是保证碳交易市场高质量发展的关键因素。

(六)坚持统筹推进国内法治和涉外法治,积极开展碳市场国际法治合作

坚持统筹推进国内法治和涉外法治是习近平法治思想的重要内容。国内碳市场的建立使得中国与他国间的碳市场合作成为可能,很多国家对中国碳市场建立保持了高度关注和积极合作的兴趣。中国将坚持"绿色共识",根据实际可能为应对气候变化作出最大努力和贡献,根据"共同但有区别的责任"原则,继续积极推动国际合作,共同落实应对气候变化《巴黎协定》。

通过法治手段为应对气候变化、推动碳市场发展提供保障,是国际社会的普遍做法。国外碳市场建设在先,在碳市场立法方面已经积累了经验。我国碳市场建设相关立法要在《联合国气候变化框架公约》《京都议定书》《巴黎协定》等国际公约或协定确立的国际准则、原则前提下,推进国内立法。对不公正不合理、不符合国际格局演变大势的国际规则、国际机制,要提出改革方案,推动全球治理变革,推动构建人类命运共同体。

二、"放管服"改革促进实现"双碳"目标愿景

(一)"双碳"目标对碳交易市场建设提出新的要求

碳达峰是指某个地区或行业年度二氧化碳排放量达到历史最高值,然后经历平台期进入持续下降的过程,是二氧化碳排放量由增转降的历史拐点,标志着碳排放与经济发展实现脱钩,达峰目标包括达峰年份和峰值。碳中和是指企业、团体或个人测算在一定时间内直接或间接产生的温室气体排放总量,通过植树造林、节能减排等形式,以抵消自身产生的二氧化碳排

放量,实现二氧化碳"零排放"。碳达峰与碳中和紧密相连,前者是后者的基础和前提,达峰时间的早晚和峰值的高低直接影响碳中和实现的时长和实现的难度;而后者是对前者的紧约束,要求达峰行动方案必须要在实现碳中和的引领下制定。[1]

实现碳达峰和碳中和需要采取有力的措施。实现碳达峰和碳中和最重要的是减少二氧化碳等温室气体的排放量,温室气体自愿减排交易是减少温室气体的重要手段,通过温室气体交易可以减少二氧化碳的产生,同时也能促进企业能源消耗方式的转型,因此,通过推动温室气体自愿减排交易的发展,可以促进碳达峰碳中和目标的实现。我国将围绕实现碳达峰、碳中和目标采取有力措施,持续提升能源利用效率,加快能源消费方式转变。一是坚持和完善能源消费总量和强度双控制度,建立健全用能预算等管理制度,推动能源高效配置合理使用。二是加快调整优化产业结构、能源结构,大力发展光伏发电、风电等可再生能源发电,推动煤炭消费尽早达峰。三是加强重点用能单位管理,加快实施综合能效提升等节能工程,深入推进工业、建筑、交通等重点领域节能降耗,持续提升新基建能效水平。四是加快建设全国用能权交易市场,广泛开展全民节能行动,营造有利于节能的整体社会氛围。这些措施将有力推动我国碳交易市场的发展与完善。

(二)"放管服"改革促使碳交易管理方式的革新

"放管服",就是简政放权、放管结合、优化服务的简称。"放"是指:中央政府下放行政权,减少没有法律依据和法律授权的行政权;理清多个部门重复管理的行政权。"管"是指:政府部门要创新和加强监管职能,利用新技术、新体制,加强监管,体制创新。"服"是指:转变政府职能,减少政府对市场的干预,将市场的事推向市场来决定,减少对市场主体过多的行政审批等行为,降低市场主体的市场运行的行政成本,促进市场主体的活力和创新能力。

从内容上讲,"放管服"改革就是要重塑政府与市场关系。处理好政府与市场关系是深化经济体制改革的核心问题,也是深化行政体制改革、转变

---

[1] 王金南:《一场广泛而深刻的经济社会变革》,载《人民日报》2021 年 6 月 3 日,第 14 版。

政府职能的主要内容,主要是解决在市场经济中政府应当发挥什么作用,市场应当发挥什么作用。只有定位科学,才能使政府和市场在各自领域发挥好作用,相互促进,相互补充。党的十八届三中全会强调,要使市场在资源配置中起决定性作用和更好发挥政府作用,着力解决市场体系不完善、政府干预过多和监管不到位问题,这就在理论上明确了政府与市场关系的科学定位,指明了改革的方向。深化"放管服"改革的核心要义,就是要在处理好政府与市场关系上做文章。一方面,通过简政放权把不该由政府管理的事项交给市场、企业和个人,凡是市场机制能自主调节的就让市场来调节,凡是企业能干的就让企业干;另一方面,通过放管结合、优化服务,把该由政府管的事管好管住,在强化市场监管,促进公平竞争,维护市场秩序,优化政务服务、弥补市场失灵等方面发挥积极作用,从而使市场在资源配置中起决定性作用,更好发挥政府作用,重塑政府与市场的关系。[1]

"放管服"改革将对碳排放交易管理产生重大影响。以自愿减排交易为例,一方面通过"放管服"改革,简化了自愿减排交易项目的管理与审核流程,减少对市场主体过多的行政审批等行为,降低行政成本,提升服务水平,激发市场活力,促进主体创新能力,这将推动温室气体自愿减排交易的迅速发展。另一方面通过"放管服"改革减少了政府干预,发挥了市场在自愿减排交易中的决定作用,这有利于发挥市场在自愿减排交易中的支配地位,从而实现自愿减排交易的资源优化配置,进而避免温室气体自愿减排市场出现供需不平衡等问题。

第二节 跨区域碳交易法律保障机制的完善
——以京津冀区域为重点

一、探索碳交易区域性立法

全国统一的碳交易市场体系的建立与完善,并不排斥各地方碳交易市

〔1〕 沈荣华:《推进"放管服"改革:内涵、作用和走向》,载《中国行政管理》2019 年第 7 期。

场的继续存在与进一步发展，两者不是替换关系。全国统一的碳交易市场与各地方碳交易市场并存发展，相互补充，相辅相成，是今后长期存在的、能体现中国特色的中国碳交易市场体系的一个合理样态。随着应对气候变化和碳减排目标的任务分解与指标下沉，势必促使"府际"之间的生态环境协同治理合作，市场机制是优先考虑的合作选项，各地方碳交易市场也必然面临由"点"波及"面"的发展与"扩张"，亦即涉及跨区域碳交易的问题。跨区域碳交易活动，需要法律层面的依据与制度保障，故此，探索碳交易跨区域立法，便提上议事日程。在权威型社会治理模式下，虽然理论上以法规政策为核心，但在实践中政府发挥着决定性作用。[1] 如果只依靠强制性的法规政策作为唯一的碳交易规则，可能很难实现区域内碳减排的目标，跨区域的碳交易应该探索区域性立法，作为跨区域碳交易的法律依据。

同理，京津冀区域的碳交易需要区域性立法作为法律保障，然而，区域性立法在中国必然会遇到制度上的困局。一者，碳交易可以跨区域，而地方立法不能跨区域。区域之内各省市严格遵循宪法上行政区划设定的管辖范围以及《立法法》规定的立法职权，碳交易地方立法的效力无权"投射"在邻近省市的管辖范围以内。二者，中央层面的碳交易立法本身仍不完善，行政法规至今仍不到位，且中央立法在内容上也鲜有对中国某一区域的事务进行立法规范的例子，至少从2019年生态环境部起草的《碳排放权交易管理暂行条例(征求意见稿)》上，还看不到规范跨区域碳交易行为的内容。再者，区域之内各省市也没有一个公认的权威来主导区域性立法，在地方立法权的行使上，各省市仍是彼此守护自己的"一亩三分地"。

然而，在环境保护领域，区域、流域等跨行政区划的环境协同治理是必要路径，区域性环境立法值得探索。从广义上讲，跨区域碳交易活动显然属于区域间环境协同治理的范畴，碳交易区域性立法依然属于区域性环境立法。就跨区域碳交易的法律规制而言，一是可以在碳交易管理的行政法规中设专门的章节或条款，对跨区域碳交易行为进行原则性规定，如在《碳排放权交易管理暂行条例(征求意见稿)》中增加相应规定。二是由国务院主导，或由国务院相关部门联合颁布调整跨区域的碳交易法律关系的专门管

---

[1] 程燎原：《中国法治政体问题初探》，重庆大学出版社2012年版，第119页。

理办法,进行明确规范,其法律属性或为行政法规,或为部委规章,其法律依据是《立法法》第81条,即"涉及两个以上国务院部门职权范围的事项,应当提请国务院制定行政法规或者由国务院有关部门联合制定规章"。三是维持现行的立法架构,跨区域的碳交易由区域内"府际"之间的"软法"机制进行规范,表现形式可以为"合作框架协议"等。"软法"治理方式也是目前正采用的、具有可行性的一种制度安排。

碳交易区域性立法在中国的碳交易法规体系中应该占有极其重要的地位。目前,国家发改委制定的《碳排放权交易管理暂行办法》以及生态环境部发布的《碳排放权交易管理办法(试行)》,虽发挥了核心作用,其仍是部门规章。我国急需完善以《气候变化应对法》为龙头法,《碳排放权交易管理条例》行政法规为核心,多部碳交易部门规章为主体,碳交易区域性立法为特色,各地的碳交易地方性法规或地方政府规章为基础,大量的碳交易"软法"为补充的体系完整、内部有机统一的碳交易法规体系。[1]

二、制定合理的总量控制和碳配额分配机制

碳排放配额分配在跨区域碳排放交易中有着举足轻重的地位,针对目前各区域经济发展、产业结构以及行业企业的差异,有必要通过系统的分析,制定出能被"府际"间普遍接纳的碳排放总量控制和配额分配机制,维护碳排放权交易秩序的稳定。

过去,国家和各地发改委是碳排放配额的主管部门,2018年3月,国家发改委应对气候变化司的职能划归生态环境部,后者成为碳排放权交易的主管部门,配额管理一并划转。碳配额主管部门负责提出配额分配方案,组织配额免费和有偿发放,负责配额日常管理及配额登记系统监管,向社会公布相关信息等工作。因为碳排放额度初始分配涉及全国二氧化碳排放总量、各地基本排放额度、重点行业排放额度等,需要电力、水泥等工业行业及公共建筑、交通运输领域行政主管部门的协同配合,涉及的行政部门众多,

[1] 谭柏平、郝洁媛:《京津冀地区排放权交易的制度困境和突破》,获第十一届"环渤海区域法治论坛"二等奖(中国法学会终评并公示),2016年10月。

部门规章难以对其他部门起到约束作用。所以，国家应该制定法律效力层级较高的行政法规，以规范跨区域碳排放配额的总量控制与分配细则。2019年《碳排放权交易管理条例（征求意见稿）》仅为27条，未对配额总量、配额预留、分配原则、分配方法、免费配额分配、地方剩余配额归属等问题做出明确要求，这既透露出主管部门对碳市场监管立场的稳健心态，同时也说明碳交易监管部门及其职责分工尚未明确。然而，碳配额总量与分配原则等内容在中央层面立法中不能回避，如果交由碳交易地方立法加以明确，依然会对跨区域碳交易市场的形成构成阻碍。

另一方面，设定跨区域碳交易的总量控制目标和配额分配原则，应结合区域、行业发展战略和重点任务，考虑发展阶段、责任能力等因素。以京津冀为例，除了关注地方的差异性，行业差异可以通过差异化的排放指标来实现。此外，制定总量目标和分配碳排放配额时，要充分听取各产业部门、各行业协会的意见，制定合理的分配配额、程序及具体规则，并将这些信息向社会公布，使公众都参与其中。

三、制定区域协同的碳排放交易规则

从京津冀地区碳排放交易实践可以看出，想要顺利实施碳排放交易，需要建立一套统一的交易规则，需要做到以下几点：其一，需要结合区域差异、行业企业特点、碳排放管控单位的历史排放量等因素，制定部门规章来统一交易所的交易规则，确定交易主体资格审查、交易主体的责任义务、交易场所、交易方式、交易对象、交易价格、交易结算制度、监管制度、风险监管制度和信息披露制度等。其二，应该确定跨区域碳排放总量控制目标。国家和地方共同参与排放配额初始分配，合作确立配额总量和分配方案，同时以法律的形式确保配额分配机制的约束力。其三，通过立法规范碳交易活动，尽早实现价格和信息在全国的统一。制定严格且综合的处罚制度，规制未履约的交易主体。最后，需要制定配套的规则、标准与技术规范，从而将跨区域碳交易制度规范化、具体化、系统化，使之具有可操作性。

另外，可以以碳交易试点中的某一家碳交易平台为主，比如京津冀地区的碳交易以北京绿色交易所为中心平台，设立地方上不同交易平台与之连

通的接口,接口内容包括地方配额与该平台配额的互相认证、核证减排量用于抵消机制的比例等,从而使地方碳交易与该平台相互联系,当然这也需要统一的规则作为连接基础。

四、健全跨区域碳排放交易监督管理机制

欧盟的排放交易体系采用的是以立法形式设立独立监管机构,并在法律中明确规定监管机构职权,即规定欧盟委员会设置的中央管理机构对碳排放权的交易和行使进行规制,中央管理机构运用自动记录系统保证碳排放权交易和行使的合法合规。[1] 如果存在违规行为,中央管理机构可以通知成员国政府并在违规行为消除前禁止违规者对碳排放权进行交易,交易的范围包括正在进行的和将要进行的交易。[2] 这种形式下的监管机构通常直接对跨区域内最高政府负责,因此,在履行职权时不易受到外界干扰。

借鉴国外经验,首先,中国应明确作为节能减排、碳排放权交易和温室气体自愿减排交易的行政主管部门,其下设立专门的监管部门,对碳排放权交易实施统一监督管理,负责碳排放配额总量的核定和管埋,确定交易主体范围、碳排放额度分配方案,协调跨区域碳排放权交易工作,定期发布交易信息,对碳排放权管理和交易工作进行综合协调、组织实施和监督管理。2019年《碳排放权交易管理条例(征求意见稿)》规定,国务院生态环境主管部门负责全国碳排放权交易相关活动监督管理。国家建立碳排放权交易工作协调机制,负责研究、协调与碳排放权交易有关的重大问题。[3] 在地方上,应提高各地生态环境主管部门的监管地位,赋予其更多的监管权力,依法对辖区内的碳排放交易进行监管。同时,建立生态环境部门对地方的责任考核机制,根据京津冀协同发展实施跨区域的预算和考核。

---

[1] Paul K. Gorecki. Sean Lyons, Richard S. J. Tol, *EU climate change policy* 2013 – 2020: *Using the Clean Development Mechanism more effectively in the non – EU – ETS Sector*, Energy Policy, 2010 (3): 466 – 475.

[2] Sabina Manea. *Defining Emissions Entitlements in the Constitution of the EU Emissions Trading System*, Transnational Environmental Law, 2012 (1): 303 – 323.

[3] 参见生态环境部法规与标准司2019年3月29日发布的《碳排放权交易管理暂行条例(征求意见稿)》第4条。

其次,探索构建京津冀区域碳排放交易的监管模式。京津冀区域碳排放权交易体系的建设还处于实践探索阶段,对于监管问题要给予足够的重视,同时也要根据不同的发展阶段,合理地规划监管体系的建设。特别是在初期,要综合考虑监管机构设置的操作难易度、成本可行性和接受程度等各方面因素,确立合适的监管模式。在现阶段,可以考虑由政府主管部门或者设立专门的碳排放权交易监管部门进行统一监管,对于重点监管内容,应该设置专门的行政监管机构进行监管,或者结合行业协会、公众监督等不同的监管方式。可考虑建立以下两种监管模式:第一种模式,建立京津冀区域碳交易监管部门,对交易的各个环节统一监管,对配额交易市场中的行为进行重点监督,同时设置公众监督渠道,对整体交易体系进行公众监督。第二种模式,是设立专门的碳交易监管机构牵头监管的模式,授权碳交易所负责对交易市场进行监管,成立碳交易行业协会对交易、监测、核证的专业从业人员进行资格管理,而专门的碳交易监管机构负责对控排单位、项目业主、交易所和行业协会等单位进行监管。同时,应完善相关的法律法规,并建立公众监督渠道。[1]

再次,在社会监督方面,应该在《碳排放权交易管理暂行条例(征求意见稿)》中明确将社会监督主体纳入碳排放交易监管主体中,全方位地监督碳交易主体的行为。另外,第三方机构在碳交易中发挥着不可替代的专业作用:一方面,要加强对核查机构的监管,将碳排放第三方核查机构的准入制度和核查标准归入其中,使其能依法进行独立、公正、透明的核查活动。另一方面,解决好地方不同企业温室气体排放核算方法与报告指南的一致性及其监管责任的问题,从而真实、准确、全面地收集到碳排放数据。此外,要建立全国统一的企业生态环境信用管理制度,将企业的碳排放与社会信用挂钩,环保部门负责定期对其排放数据进行审核,不定期对企业的碳排放进行"随机抽样",将违法排放企业列入"黑名单"并向社会公开监管信息,将其违规排放行为纳入社会信用体系,并依法对其进行处罚。

最后,针对将来可能发生的碳泄漏问题,今后在对各地方碳市场的碳排

---

[1] 张墨、王军锋:《区域碳排放权交易的风险辨识与监管机制——以京津冀协同为视角》,载《南开学报(哲学社会科学版)》2017年第6期。

放交易管理办法进行修订的时候,应该对碳泄漏问题作出规定,加强对碳泄漏的监管。

五、发挥跨区域碳交易"软法"保障功能

软法指的是不能运用国家强制力保证实施的法规范,由部分国家法规范与全部社会法规范共同构成。英语中"软法"(soft law)术语的出现在20世纪30年代,但当时学者使用"软法"跟现在的含义并不相同,"软法"被用来指称法律草案,用"硬法"指称已经颁布的立法。域外软法研究兴起于20世纪六七十年代,用来描述国际法领域不具有强制约束力但具有实际影响力的文件。在中国的实践中,软法规范大致分为四类形态:一是国家立法中的指导性、号召性、激励性、宣示性等非强制性规范,在中国现行法律体系中,此类规范占有一定比例;二是国家机关制定的规范性文件中的法规范,它们通常属于不能运用国家强制力保证实施的非强制性规范;三是政治组织创制的各种自律、互律规范;四是社会共同体创制的各类自治规范。上述软法范围中既包括了传统国家硬法文件中的软法,也包括了国家机关制定的行政法规、规章以外的规范性文件,还包括了大量的政治组织和其他社会组织的自律、自治规范等。软法以其自身具有的重协商、非强制、促沟通等特点,契合了现代社会民主化需求,与硬法形成了互补。软法在推动法治全面化,推进法治国家、法治政府、法治社会一体化建设方面,尤其是在加快法治社会建设、推进社会治理方面将发挥重要的作用。[1] 社会治理的主体复杂多元,约束政府之外的主体更多的是依靠软法机制,在顶层设计不完善时便成为最好的选择。以京津冀区域碳交易为例,上位法的不完善导致碳交易主体迫切需要京津冀地方性政策等"软法"的支撑,这些因地制宜的政策是在多方实践和互动过程中形成的集体共识,是实现温室气体减排的最佳方案。事实也证明,京津冀三地的地方性"软法"为碳试点建设各项工作规范有序和碳市场健康发展提供了基础保障。如前文所述,北京市碳排放权交易试点已形成了"1+1+N"较为完备的政策法规体系,除了一部人大立

---

〔1〕 罗豪才:《社会主义法治体系中的软法之治》,载《国家行政学院学报》2014年第6期。

法、一部地方政府规章之外,北京市先后出台了20余项配套的政策性文件与技术支撑文件,这些"软法"内容包括配额核定方法、核查机构管理办法、交易规则及配套细则、公开市场操作管理办法、行政处罚自由裁量权规定、碳排放权抵消管理办法以及北京环境交易所推出的碳排放权交易规则及细则等。在地方七个试点碳市场近十年的交易实践中,北京和天津的碳交易市场在碳配额成交量、成交额、开户数、参与主体、履约率、市场活跃度等方面,均取得了不俗的成绩,这些成绩能够取得,两地的"软法"机制发挥了重要作用。

然而,京津冀跨区域的碳交易实践没有取得重大突破,原因之一是,跨区域碳交易缺乏明确的法律规范引导,包括"软法"规范的不足。例如,在京津冀协同发展的大背景下,2013年11月28日北京与天津、河北、内蒙古、陕西、山东等省市签订了"开展跨区域碳排放权交易合作研究的框架协议"。以此"软法"为依据,京冀两地率先启动跨区域碳排放交易试点,首先从承德的水泥行业开始,此后,河北承德市的六家水泥企业已全部纳入北京碳排放交易系统。另外,承德的林业碳汇项目在北京的环交所挂牌后,累计成交量也达到7.05万吨。实践证明,跨区域碳交易"软法"机制在探索利用市场化机制,实现跨行业、跨区域的生态补偿方式,迈出了坚实的一步。[1]但是,京津冀跨区域碳交易的这种"软法"规范在内容的广度和深度上均有拓展空间。

目前,应加紧京津冀跨区域碳交易合作框架协议等"软法"内容的落实。由于京、津碳市场均对纳入交易的企业规定了门槛与涵盖范围,受行政区划的限制,除了根据京冀两地签署的协议,承德市的水泥行业与林业碳汇项目能进入京津冀跨区域碳交易市场进行交易外,河北省其他企业无法直接加入,且北京对河北的跨区域碳交易政策也并未完全落实。其实,河北省在当前的碳排放权交易发展中存在着巨大的市场空白,该区域碳排放总量巨大、煤炭焦炭大量使用、工业企业众多,碳市场潜力很大。然而,河北省除了部分发电企业纳入全国统一碳交易市场(例如,河北省2022年纳入全国碳排

[1] 肖杨:《6企业纳入北京碳交易系统 京津冀走出碳交易活棋》,载中国经济网,http://district.ce.cn/newarea/roll/201508/11/t20150811_6191318.shtml。

放权交易市场的发电行业重点排放单位共计94家),其余碳排放大户依然没有纳入碳交易市场。其原因很多,或是由政策限制、产业结构、分配困难等诸多现实因素导致,也不排除河北省长期将经济增长作为主导期望,导致碳交易建设仍停留于纸面,形成生态短板。京津冀一体化离不开环保一体化,河北省作为京畿要地,由于大气污染的区域传输特性,河北省排放的温室气体不仅影响河北地区,对京津冀甚至华北地区造成同样严重的污染后果,制约了京津冀区域的环境协同治理。因此,一方面北京市及北京碳市场应加紧对河北省跨区域碳排放权交易政策的全面落实,扩大碳交易的涵盖范围与行业,另一方面,河北省应积极研究建立碳交易管理机制及运行方式,为形成自己的碳交易市场打好基础。

当然,这并不是否认顶层设计的作用,中央层面的法规规章依然对碳减排目标、程序、监督管理、罚则等发挥着决定性的作用,其权威性不可忽视。

六、建立跨区域碳交易公众参与制度

碳交易活动不仅涉及政府和企业,社会公众和利益相关者也是必不可少的一部分。公众参与跨区域碳交易环节,能抑制利益合谋现象。众所周知,碳交易的本质在于利用市场化的经济手段来达到低碳减排、保护环境的目的,而“理性经济人”假设不仅适用于企业,对政府和立法者同样有效。他们无法保证完全以公共利益为主,当两者与市场利益取向一致时,政府、立法者和企业容易形成合谋,实际上这种情况并不罕见。比如,京津冀跨区域的碳交易,碳排放配额的初始分配是“自上而下”的,目前全国统一的碳交易行政法规仍未出台,顶层设计不完善,[1]国家发改委发布的《碳排放权交易管理暂行办法》只规定了省级人民政府主管部门的管理权限,对于市级以下人民政府没有明确规定对应的权限,而地方政府的地位和权利在很大程度上决定着碳配额在各方参与主体中的分配结果,有些地方政府将碳配额更多地分配给高产出的污染企业,使其成为政府与个别高碳排放单位合谋的

[1] 白雪:《碳交易的法律体系尚不健全 国家和地方主管部门面临新挑战》,载碳交易网,http://www.tanjiaoyi.com/article-17334-1.html,最后访问日期:2022年11月12日。

工具；或者以创造良好的经济发展环境为由，阻碍环保部门的执法活动，为企业提供特殊保护，对企业偷排、超额排放和监测数据造假的行为采取放任的态度，衍生出地方保护主义和区域垄断。以京津冀区域的碳排放为例，河北省一地的碳排放量就占据了京津冀地区排放总量的70%以上，根据对河北钢铁产业的碳排放能力进行核算得知，仅河北钢铁行业就占据了京津冀碳排放总量的20%以上，[1]通过中央环保督察也能揭示出问题，河北省为了达到经济发展目标，对一些重工业企业的违规排污行为视若不见，核查不严，这也加剧了京津冀区域大气污染的严重程度。究其原因，过去“唯GDP论”的政绩观值得反思，经济发展的政绩决定了政府官员的晋升，在温室气体减排的顶层设计缺失的情况下，地方政府往往将GDP目标置于环保目标之上，经济发展不得不以牺牲环境为代价。而公众参与跨区域碳交易，则能很大程度上减少这种现象的发生。

目前的碳交易市场构建中，社会参与主体可以普通民众、社会监督者[2]或利益相关者等身份参与其中。作为普通公众，公民更多的是遵守相关法律制度、参与环保志愿者活动、组织环保NGO、投诉举报环保违法行为等；作为社会监督者，则以宣传低碳减排、提起公益诉讼、监督碳交易行为[3]等方式参与；作为利益相关者，更多的是参加关于碳交易的各种地方性决策，参与政府的各种环境评价、政策评估，以及监督企业的碳排放行为等。

不可忽视的是，以上参与行为离不开信息公开和参与途径的法律保障。但是，在跨区域碳交易市场的形成过程中，社会公众的参与程度往往受到抑制。原因之一是，政府通过多种方式抑制社会主体参与碳交易政策的制定和实施中，使个体或群体的利益无法有效表达：如给社会公众申请碳排放、碳交易的信息公开制造障碍；政府控制了社会参与主体的决策渠道；缺乏健全的社会主体参与碳交易过程的保障制度，使其没有规范的参与程序做参

[1] 黄晟、李兴国：《京津冀协同视阈下河北省碳排放和碳交易》，载《清华大学学报（自然科学版）》2017年第6期。

[2] 碳交易中的社会监督者包括能源协会、行业协会、环保NGO、大众媒体、法律咨询服务机构、会计咨询服务机构、资产咨询管理机构、信用评定机构以及投资者等。

[3] 具体包括监督政府的碳排放总量控制、配额分配、行政处罚等行为；监督碳交易所的会员管理与服务、交易纠纷处理、监督管理、信息发布等行为；监督第三方核查机构的资质、核查、核查报告等事项；监督交易主体的内幕交易、操作市场等不正当竞争行为。

考,也无法清楚地了解碳配额的分配与清缴等决策信息。总之,中国社会正处于向民主化转型过程中,社会公众参与行政过程进而对社会治理产生影响是政治民主化的必然逻辑。[1] 目前,决策权仍掌握在政府一端,政务公开度还有待进一步透明,社会参与主体较难介入与自己利益相关的政策制定中,政府官员或行业专家对政策的解读与解释还难以缓解公众的抵触情绪,加之,有时候专家的观点还会受政府态度的影响。因此,解决这种矛盾的根本办法在于赋予社会参与主体更多的决策参与权,促进环境多元协商共治的发展。

中国的环境治理是在"目标管理责任制"[2]基础上实施的。这种体制以环境保护目标和考评奖惩为核心,以组织权力内部的利益责任代替社会参与主体的环境利益,使其成为一种非正式参与主体。[3] 想要弥补这种治理范式的不足,应当建立一套在国家和社会间相互交错,以责任和利益为内容的制度性连带机制,将权力的运行与社会相融合。具体包括两种方式:一是将社会参与主体的环境利益和政府的奖惩联系在一起;二是若减排目标未达到,空气质量未改善,社会公众可以合理表达诉求。有了这两种方式,可以限制政府对社会公众参与权的漠视,让公众参与在大气污染防治、碳排放权交易等领域发挥作用,使碳交易得到更多的公众认可,也能实现碳交易管理的社会化。

第三节 建立健全中国碳交易法律制度的对策建议

一、全国碳交易市场体系的完善建议

(一)完善碳交易法规体系

全国统一的碳排放权交易是一种打破行政区划界线的碳交易,必须得

[1] 费孝通:《社会自治开篇》,载《社会》2000 年第 10 期。
[2] 李项峰:《环境规制的范式及其政治经济学分析》,载《暨南学报》2007 年第 2 期。
[3] 洪大用等:《中国民间环保力量的成长》,中国人民大学出版社 2007 年版,第 75 ~ 80 页。

有法律依据。这方面欧盟碳排放交易的立法经验值得中国借鉴，如欧盟碳配额交易非常注重制度的"顶层设计"，EUETS 在建立之初便已出台了欧盟碳排放交易市场指令（Directive 2003/87/EC），亦即"2003 指令"，这部法令可谓欧盟碳交易的一部"基本法"，此后，欧盟碳交易在发展的不同阶段出现的不同问题，都是首先通过对"2003 指令"的修订予以解决的。

中国现行的《环境保护法》《大气污染防治法》等法律，并没有把二氧化碳明确认定为污染物，这意味着无法利用这些法律来规范碳排放权交易活动。再者，碳排放权交易的专业性强，交易体系复杂，也无法通过修改现有的环境法律法规来作为碳交易的依据。目前，全国性的专门规范碳排放权交易行为的仅有一部部门规章，即《碳排放权交易管理办法（试行）》。在地方立法方面，试点各地的碳交易法规内容各不相同，效力层级不统一，市场互不相通。因此，提升碳排放权交易管理的立法层次，完善碳交易法规体系是当务之急。

碳排放权交易管理的立法层次究竟提升到哪个层次？其实是一个"两难"选择。一方面，之所以需要提升碳交易管理的立法层次，重要的一点是，根据《行政处罚法》的规定，部门规章、地方性法规或地方政府规章在设置相关的行政处罚时，将面临法律规定的处罚种类和幅度的限制，[1] 否则，对于碳配额交易违法行为，部门规章的震慑力与惩戒力显然不够，只有提升立法的效力层次，才能保障碳交易机制的强制约束力。另一方面，鉴于中国的碳排放权交易市场从中央到地方正处于探索性建设阶段，各项规章并不健全，制度还不成熟，因此，笔者认为，全国碳排放权交易管理立法活动停留在行政法规的层面，可能是最佳选择。因为在碳交易实践中，会随时出现新的问题，碳配额分配的公平、公正与效率，环境质量目标的变化，都必须通过不断"试错"与及时调整才能逐步实现，如果碳交易管理上升到人大立法层面，制

---

〔1〕《行政处罚法》第 13 条规定，国务院部门规章可以在法律、行政法规规定的给予行政处罚的行为、种类和幅度的范围内作出具体规定。尚未制定法律、行政法规的，国务院部门规章对违反行政管理秩序的行为，可以设定警告、通报批评或者一定数额罚款的行政处罚。罚款的限额由国务院规定。第 14 条规定，地方政府规章可以在法律、法规规定的给予行政处罚的行为、种类和幅度的范围内作出具体规定。尚未制定法律、法规的，地方政府规章对违反行政管理秩序的行为，可以设定警告、通报批评或者一定数额罚款的行政处罚。罚款的限额由省、自治区、直辖市人民代表大会常务委员会规定。

定一部法律统领,就会因为法律的相对滞后性而阻碍碳交易政策的及时调整,这样反而不利于碳交易市场的发展。

目前,生态环境部 2019 年发布的《碳排放权交易管理暂行条例(征求意见稿)》向社会征求意见已经结束,但尚未出台。在全国碳排放交易体系已经启动,各地碳交易试点也已经取得一定经验的情况下,这部统领全局的行政法规应该加快出台步伐。从公布的《碳排放权交易管理暂行条例(征求意见稿)》内容来看,笔者认为,这部行政法规在区域性立法、法律责任、社会监督、碳信息披露、市场调节、履约与抵消机制、碳市场衔接等方面,均有待进一步完善。在此基础上,碳交易运行中遇到的具体问题还需要制定实施细则,在金融、税收、财务等领域也应建立相应的配套制度。对于我国区域碳交易地方立法,应该在国家顶层设计的制度框架下进行修订完善,实现地方与中央的法律制度协调,碳排放配额衔接,注册登记系统对口,技术方案对接,形成一套中央与地方碳交易市场体系相结合的有中国特色的碳排放交易法规体系。

(二)建立碳配额总量控制体系

基于碳排放强度下降目标、能源消费总量控制目标、煤炭消费总量控制目标、国内生产总值发展速度、中国国家自主贡献和“双碳”目标等宏观政策目标,结合控排企业的历史排放情况、相关行业产业发展政策等,建立全国统一的碳配额总量控制体系,以此维持统一的碳排放交易市场的健康运行。一方面,碳配额总量的设定应遵循“适度从紧”原则。在总量设定之初,要确立市场覆盖范围,把握国家碳减排目标,同时考量产业和企业的承受力以及竞争力。

从欧盟的经验和国内试点的情况看,总量设定面临很多不确定性,过松的碳配额量会造成碳价格持续低迷,几乎体现不出碳成本对生产经营环节的影响,导致碳市场成为摆设。例如,欧盟在碳市场发展的第一阶段采取了“由下至上”的碳配额总量设定方式,这种设定方式致使欧盟碳配额总的发放量超过了实际排放额,配额供过于求,造成碳交易价格下降。为此,欧盟及时修改相关法律,调整碳配额的总量设定方式,即将碳配额总量设定由“自下而上”转变为“自上而下”,避免了碳配额过剩,维护了碳市场的平稳运行。中国应该吸取欧盟的经验教训。但是,过紧的碳配额总量又会过多提高企业成本,影响经济平稳健康发展。因此,总体上只能“适度从紧”,要做到这一点,碳配额分配到具体企业时,则要与行业的发展政策、节能减排导向、国家应对气候变化政策和碳排放强度削减目标等因素相一致。

另一方面,碳配额总量的设定应遵循“循序渐进”的原则。应该协调试点各地碳配额总量的设定方式,逐步实现“央地”衔接,即地方的碳配额与全国的碳配额从分配标准、总量设定方式到配额数量上的衔接。《碳排放权交易管理办法(试行)》规定了碳配额管理办法,提出碳排放的初始配额以免费分配为主,可以根据国家有关要求适时引入有偿分配,[1]确定了“由上至下”的配额分配方式。国务院碳交易主管部门在制定具体的国家配额分配方案时,应明确地方排放配额免费分配的数量。

在碳交易试点过程中,各地所采取的碳配额总量核定方式有所差异。为做好碳配额衔接,各省市可结合国家碳配额的总量核定方式,循序渐进调整碳排放配额总量,制定严格、科学的控排机制,并坚持对重点大型排放企业严格进行监控,督促其节能减排,[2]以实现与全国碳配额总量控制体系的有效衔接。

(三)统一碳配额分配方式

统一的碳配额分配方式主要涉及两方面的问题:一是初始配额数量的确定与分配,究竟是采用“祖父法”还是“基准线法”;二是碳配额取得的方式,是无偿分配取得的,还是有偿分配取得的,或者两者取得方式兼而有之。全国碳排放权交易,最关键的一项工作就是采用何种分配方式分配初始碳配额,地方的与国家的如何衔接。由于对碳配额分配标准、分配方法难以形成统一意见,这甚至成为全国统一碳市场建立与完善最大的一个阻碍。中国各地区经济发展水平差异较大,碳试点各地的碳配额分配原则与制度肯定有所不同,如广东、天津等地区碳配额有偿分配的比例较大,而湖北、重庆等地区无偿分配配额的比例则较大。从初始碳配额的分配方式来看,试点

[1] 参见《碳排放权交易管理办法(试行)》第15条。

[2] 邵道萍:《论碳排放权交易的法律规制及其改进》,载《经济法论坛》2014年第9期。

区域采用"祖父法"与"基准线法"的情况各不相同,标准不一,基准年也有区别。相对于"祖父法","基准线法"在促进中国产业转型升级与结构调整方面更具优势,更有利于碳减排目标的实现。随着中国碳配额核算方式与碳排放数据系统的不断升级发展,"基准线法"应逐步取代"祖父法"成为各地区、各行业碳配额分配的主要方式。〔1〕

碳配额实行无偿分配或是有偿分配,各有优劣。采用"拍卖法"的有偿分配方式,碳配额配置的效率较高,可是会增加企业的经营成本,甚至造成大型企业的产业转移即碳泄漏现象;免费分配法的碳配额配置效率相对较低,对企业成本影响小,进而约束力较弱,不利于整体节能减排目标的实现。以欧盟为例,欧盟在碳市场建立之初,初始配额的分配主要采用"祖父法"的无偿分配方式,这种方式并不利于碳配额的合理衔接与公平交易,后又通过修订法律对碳配额的分配方式作了改变,在碳交易发展的第二、三阶段,欧盟从"基准线法"的免费分配方式逐步过渡到大部分采用"竞价拍卖"的方式来实现配额的有偿分配。在欧盟碳排放交易体系第四阶段(2021～2030年),从2021年起,欧盟范围内57%的配额(EUETS上限)原则上将被拍卖。

为建立全国统一的碳排放交易市场,应逐步缩小各地碳配额分配方式的差异性。有人认为,应参考《京都议定书》中对发达国家和发展中国家实行"共同但有区别的责任"原则,区别对待中国的发达地区与欠发达地区,碳配额分配向基础相对较差、排放较多的地区多倾斜一些,而对大气污染治理相对更严格的地区收紧一些。然而,这一观点值得商榷。在中国现阶段,碳配额分配方式的"区别对待"的确有其现实原因,针对不同地区的发展水平、不同行业的排放特点实施差异化的分配方式,有公平、合理的成分。但笔者建议,随着全国统一碳排放交易市场的推进,在节能减排的大目标面前,应逐步缩小这种区域差异性,做到"大同小异"。"大同",即统一全国的碳配额分配原则与制度,实现碳配额的分配原则、分配标准与分配方式的一致;"小异",即在全国的碳配额分配制度"大同"的前提下,在具体的配额分配方法上允许各地增加产业、行业或产品的"变量",设定调整系数,允许小的差异性存在。为此,笔者主张,在全国统一碳排放权交易市场运营的情况下,应

〔1〕 王文举、李峰:《碳排放权初始分配制度的欧盟镜鉴与引申》,载《改革》2016年第7期。

该允许各地已经运行多年且市场日益成熟的地方碳交易市场长期存在,“央地”碳市场并行不悖,地方碳市场服务于地方的减排目标,兼顾地方经济发展布局与行业特点,主要经营上述“小异”的部分。

2017年5月,被称为全国碳交易市场启动前最关键一步的碳配额分配方案终于成型,这正体现了“大同小异”的碳配额分配原则。根据《全国碳交易市场的配额分配方案(讨论稿)》,中国的电力、水泥和电解铝行业配额分配拟确定了“基准线法+预分配”的总体思路。国家发改委确定的国家行业基准、地方发改委确定的地方行业调整系数、企业当年产品实际产量,这三个变量的乘积即为企业配额量。而且,配额并非一次性全部下发,而是先下发一定比例的配额,实际配额在核算后多退少补。对于具体的碳配额分配标准,国家发改委明确将采取“基准线法”为主的方式确定。全国统一的碳排放权交易市场于2017年正式启动,发电行业作为首批纳入碳排放交易的行业,率先启动了碳排放交易。2021年2月1日,《碳排放权交易管理办法(试行)》正式施行,从国家层面对全国碳交易市场建设作出明确规定。根据该管理办法,生态环境部根据国家温室气体排放控制要求,综合考虑经济增长、产业结构调整、能源结构优化、大气污染物排放协同控制等因素,制定碳排放配额总量确定与分配方案。省级生态环境主管部门应当根据生态环境部制定的碳排放配额总量确定与分配方案,向本行政区域内的重点排放单位分配规定年度的碳排放配额。并规定,碳排放配额分配以免费分配为主,可以根据国家有关要求适时引入有偿分配。2022年11月3日,生态环境部发布《2021、2022年度全国碳排放权交易配额总量设定与分配实施方案(发电行业)(征求意见稿)》。该方案明确了配额分配的方法及规则,2021年、2022年配额实行免费分配,沿用基准法核算重点排放单位机组配额量,按不同机组类别设定相应碳排放基准值,将各机组、各重点排放单位、各行政区域年度配额总量加总,最终确定各年度全国配额总量。该方案增加了盈亏平衡值的概念,作为制定供电、供热基准值的重要依据,并将负荷(出力)系数修正系数拓展至常规燃煤热电联产机组。对于存在合并、分立与关停情况的重点排放单位,规定了其配额核定方法。

(四)逐步扩大碳交易的行业覆盖范围

中国碳交易试点各地的经济社会发展不平衡,纳入碳排放交易的控排企业也有区别,各地碳交易所覆盖行业存在较大差异。例如,北京、上海、深圳等城市的碳交易试点纳入了第三产业的一些企业,而其他试点区域如天津、湖北等地,则以高能耗、高排放的第二产业为主。而构建全国性的碳排放交易市场,则应该综合考量碳交易试点各地的行业覆盖范围,求取其中的最大“公约数”,“抓大放小”,把各方都能接受的行业与其中符合条件的控排企业纳入全国碳市场中来进行碳配额交易,在碳交易各项制度趋于成熟之后,再逐步扩大碳交易覆盖的行业范围。其实,这也是欧盟的一条宝贵经验,EUETS 初创之后碳市场的覆盖范围也是逐步扩容的,由第一阶段的能源、石化、钢铁、造纸等行业,慢慢扩大到化工原料的其他行业,甚至纳入了航空业。中国为启动全国碳排放交易市场,首选发电行业作为突破口,也是多方权衡、综合考量的结果。一方面是因为,发电(煤电)行业直接燃煤,火电行业的二氧化碳排放量比较大。包括自备电厂在内的全国 2225 家发电行业重点排放单位,年排放二氧化碳超过了 40 亿吨,因此首先把发电行业作为首批启动行业,能够充分地发挥碳市场控制温室气体排放的积极作用。另一方面,发电行业的管理制度相对健全,数据基础比较好。碳排放数据的准确、有效获取,是开展碳排放配额交易的前提。发电行业产品单一,排放数据的计量设施完备,整个行业的自动化管理程度高,数据管理规范,而且容易核实,配额分配简便易行。从国际经验看,发电行业都是各国碳市场优先选择纳入的行业。过渡阶段,在全国统一的碳市场已经确定覆盖的发电行业中,符合纳入条件的发电企业应当纳入全国碳交易市场进行统一管理,不再参加地方试点区域的碳交易活动。诚然,未来的全国碳交易体系应该逐步扩大行业的覆盖范围,把钢铁、化工、建材、造纸、有色金属等行业的重点排放企业纳入进来,以兑现中国承诺的减排目标和国内供应侧结构性改革的双重任务。

(五)完善监测、报告与核查(MRV)制度

碳交易市场体系是建立在诚信基础上的,“基础不牢,地动山摇”,如果

碳排放与碳配额的基础数据不准确,甚至弄虚造假,那么,碳排放交易不仅失去了公平公正的基础,而且也会偏离减排目标,创设的碳交易这套制度将失去其存在的意义。企业诚信的构建离不开制度的保障,企业碳排放的监测、报告与核查(MRV)制度是保证碳排放核算的规范性、数据的准确性与真实性的重要措施。MRV 制度的基本要求是可信、可靠和高效,可信是指基于 MRV 制度产生的排放数据的真实性和准确性必须有保障;可靠是指 MRV 系统运行的稳定性与 MRV 制度的成熟性有保障;高效是指 MRV 制度产生的报告和核查排放数据的时间性和效率性必须有保障。因此,MRV 制度是保障碳配额的质量,维持碳交易市场公平、稳健运行的一项基础性制度。

中国碳交易试点地区的 MRV 制度存在明显差异,如针对第三方核查制度缺乏统一标准,对核查机构的准入门槛也没有明确的法律法规规定,甚至有的地方对核查机构的准入门槛尚无明确要求。核查机构的准入门槛过高或过低都不利于国家对碳配额交易的总体监管,也不利于核查制度的对接,造成核查结果缺乏可靠性保证。MRV 制度的建立健全应该有法治作为保障,如欧盟,为了加强对碳配额质量的监管,相继颁发了《温室气体排放监测与报告管理条例》《温室气体排放报告和吨公里报告核查以及核查者认证条例》等法规,统一了核查机构的准入门槛与核查标准,并要求各成员国按照法律要求进行碳配额核查,建立了比较完善的 MRV 制度。2017 年 12 月,国家发改委办公厅发布了《关于做好 2016、2017 年度碳排放报告与核查及排放监测计划制定工作的通知》(发改办气候〔2017〕1989 号)。2019 年 1 月,生态环境部办公厅也发布了《关于做好 2018 年度碳排放报告与核查及排放监测计划制定工作的通知》(环办气候函〔2019〕71 号)。这些通知要求扎实做好全国碳排放权交易市场建设相关工作,完善配额分配方法,夯实数据基础,确保数据质量,并将组织开展 2016、2017 和 2018 年度碳排放数据报告与核查及排放监测计划。从性质上讲,这些通知仅仅属于部门工作文件;从内容上讲,仅仅是为了布置工作下发的通知,没有实质性内容,可操作性较差。我国关于 MRV 制度,依然缺乏相关的法律法规规定。因此,中国可以在国家层面出台关于 MRV 制度的法规,对碳排放权交易市场的监测、报告与核查作出具体的规范。就核查而言,应统一规定第三方核查的各项标准和要求,加强核查机构的独立性、权威性与专业性,夯实碳配额交易的基础。

(六)维持稳定的碳配额交易价格

国外碳交易的实践表明,碳配额价格受政策法规、宏观经济、技术发展等因素的影响。以 EUETS 为例,欧盟碳配额价格由配额总供给量与市场上控排企业的实际排放量所决定,实质上,为了避免碳配额交易价格的大起大落,欧盟会适时修改碳交易指令的内容,或出台新的政策,对碳配额交易价格施加影响,市场调节与法律调控是欧盟促进碳配额价格趋于稳定的有效手段。

中国试点地区碳交易市场活跃程度各不相同,碳配额的价格有较大差距,经济发展水平较高的地区如北京、深圳等,碳价最高达到了 50 元/吨,而市场活跃度较低的区域如天津、重庆等,碳价最低时曾经跌至 1 元/吨。各区域的碳价与政策也密切相关,如碳交易试点各地的碳价在规定的履约完成后,出现了普遍下跌情况。保持碳配额交易价格的稳定,防止碳价的大起大落,是实现碳市场平稳运行的重要措施。如果把市场手段喻为"无形之手",政府对碳交易市场的宏观调控比作"有形之手",那么,为了稳定碳价,维持碳交易市场的平衡协调,需要政府以"纵向"的宏观调控的"有形之手",依法干预"横向"的市场运行的"无形之手",即"两手"并用,"纵横"结合。在全国碳排放交易市场的建设初期,政府可出台多种有针对性的政策对碳市场运行进行宏观调控,引导碳交易市场的稳健发展。随着碳市场的逐步成熟,应充分发挥控排企业作为市场主体的自主性,政府主要是通过颁布法律法规,出台财政、税收等优惠政策,制定产业与结构调整规划,积极引导企业树立减排意识,把资金和技术更多地投向低碳经济的发展方面,减少碳排量,以此形成良性循环。

笔者对"碳金融"的提法表示谨慎的担忧,也不主张"碳配额"过度商品化。因此,建议政府部门应该对"碳配额的金融化"趋势保持高度警惕,防止碳配额炒作,提防大量社会资本介入碳交易二级市场,这也是稳定碳价的一个重要方面。虽然法律赋予了"碳配额"以商品属性,但从本质上而言,"碳配额"绝不能作为一种金融创新的产品,碳配额交易市场创建的主要目的是防治大气污染,减少温室气体的排放,碳配额虽然具有商品和财产属性,但它的过度金融化必定会背离这个目的。在中国,资本"炒房"使房屋背离了"房住不炒"的宗旨;资本"炒股",使股市背离了企业融资的目标。同理,囿于中国的现实国情,不能允许资本"炒碳"!媒体宣扬的今后资本可以"炒碳",这些提法是错误的。

尽管理论上在碳配额总量一定的情形下,资本对碳配额的炒作并不必然带来大气污染防治工作的失控,但碳市场运行的不确定性很多,纳入控排的企业数量有限,总量控制也有失真的情况,而排放数据造假时有发生,因此,从源头上抑制碳配额的过度金融化很有必要。为此,政府部门对于碳价运行区间、碳交易二级市场参与主体的市场准入等内容,则应通过制定前瞻性的法规政策,未雨绸缪,依法依规进行监管,从宏观上总体调控,把碳配额价格与碳交易市场引导在正确的运行轨道上。

(七)统一全国的碳交易登记系统

统一全国的碳交易登记系统,实现"央地"的系统对接。碳交易登记系统包括数据报送系统、注册登记系统、碳配额交易系统和结算系统,这四个子系统是构建全国碳交易市场体系的四大支柱。统一碳交易登记系统是国外碳交易市场取得成功的一条基本经验,以欧盟为例,EUETS设置了独立注册登记系统(ITL),作为碳配额签发、流通以及注销的统一平台,欧盟各成员国也各自设置符合欧盟标准的碳交易平台,多个成员国还可以共同建立统一的碳配额登记系统,并通过标准的电子数据库形式与欧盟的碳交易平台实行全面对接。

欧盟的经验值得中国借鉴,中国碳试点地区的碳交易注册登记系统基本上是各自为政,均采用不同标准建立了自己的碳交易登记注册平台,造成了碳交易地方市场与国家之间的碳交易登记注册系统难以对接。中国应出台国家碳交易注册登记系统管理规范,对碳配额交易注册登记平台的法律地位、开户和管理流程、保密机制、信息交换机制等作出统一规范,并完善碳交易登记系统的安全等级、灾备系统、故障解决机制等内容。另外,应通过平台对碳配额的签发、流通、转让、注销等进行记录并追踪,在各省市之间进行碳配额数据的资源共享与信息交换,并出台数据交换的相关技术标准,逐步实现国家层面与地方层面碳交易登记注册系统的有效对接。

在全国碳排放交易市场建设的初始阶段,中国则积极探求碳交易登记系统的统一建设工作。2017 年 3 月国家发改委发布《关于征集全国碳排放权注册登记系统和交易系统建设与运营维护承担方的通知》(发改办气候〔2017〕360 号),面向碳排放权交易试点省市公开征集碳排放权注册登记系统和交易系统建设及运维任务的承担方,第一次明确了全国碳市场登记结算和交易体系的管理的架构。2017 年 12 月,在实施方案评审答辩的基础上,国家发改委确定由湖北省牵头承担全国碳排放权注册登记系统建设与运维任务,上海市负责承担交易系统建设与运维任务。根据《碳排放权结算管理规则(试行)》规定,注册登记机构负责全国碳排放权交易的统一结算,管理交易结算资金,防范结算风险,因此,全国碳排放权结算系统也由湖北省牵头建设,全国碳排放权注册登记系统与结算系统合称为全国碳排放权注册登记结算系统。北京、天津、重庆、广东、江苏、福建和深圳市共同参与系统建设和运营。这样的选择并不突然,而是有现实基础的。上海以其金融中心的地位与上海证交所的运营经验,牵头承建碳排放权交易系统不足为奇,而湖北之所以被选,则是因为湖北碳试点取得的突出成绩,自 2014 年湖北碳市场交易启动以来,总开户数、市场参与人数、日均交易量、市场履约率等有效指标都排名全国第一,且在国家组织的评审中,全国碳排放权注册登记系统和交易系统评审得分湖北均位居前列。2017 年 12 月 19 日,国家发改委与北京、天津、上海、江苏、福建、湖北、广东、重庆、深圳等九省市人民政府共同签署全国碳排放权注册登记系统和交易系统建设、运维工作的合作原则协议。当然,除了上述两个系统,碳排放的数据报送系统和碳排放权结算系统也应建立与完善,四个子系统均建立之后,再进行全系统的测试,在系统稳定的基础上才能保障碳市场交易活动的正常开展与安全运行。生态环境部持续推动全国碳排放权交易注册登记结算系统和交易系统建设,推动湖北省、上海市分别牵头组建了全国碳排放权注册登记机构和交易机构。经过多轮次专家评估和联调测试,系统建设完成,正式投入运行后,实现了预期功能。2019 年生态环境部依托环境管理信息平台建设全国碳排放数据报送与监管系统,并于 2020 年年底正式上线运行。经过全国碳排放权交易市场运行两年的检验,各个子系统运行顺利,支撑全国碳市场第一个履约周期顺利完成,切实保障了全国碳市场平稳运行。诚然,“十四五”时期是实现“双碳”目标的关键期，全国碳交易市场体系需要从法律法规、数据质量、市场功能等方面逐步完善。在推动国务院行政法规《碳排放权交易管理暂行条例》出台之后，应以此为基础和契机，进一步修订完善碳排放权注册登记、交易、结算、监管、数据质量保障等方面的管理办法与实施细则，制定发布碳排放核算、监测、报告、核查等技术规范与管理规则，建立长效的数据质量监管与责任追究机制、碳交易市场信息披露制度、信用管理制度、碳排放职业资格管理制度等，不断完善相关的配套管理规章、规范、标准和政策文件，稳步推进全国碳市场健康发展。

二、碳交易市场信息披露的法律规制

信息披露与信息公开两词的侧重主体不同，立法实践中，信息公开常搭配政府使用，如《政府信息公开条例》；“信息披露”一词则更多和非政府信息适配，如《非上市公众公司信息披露管理办法》。而在讨论有关话题时，信息披露与信息公开往往通用，此时，信息披露又可称为信息公开，意即为了接受社会监督等目的，相关主体依法向社会公开其(掌握的)有关信息和资料的活动。我国正处在向绿色低碳发展转型的新发展阶段，提出了“双碳”目标，全国碳排放权交易市场也已启动。无论是碳配额交易市场，还是自愿减排交易市场，均需要对碳排放量或减排量进行正确统计、监测、衡量和评估，对于政府监管部门与各利益相关方来说，碳信息披露制度至关重要。事实上，碳交易市场的标的——碳排放配额与国家核证自愿减排量——均具有非实体性特点，只有建立规范、高效、准确的信息披露制度，才能真正在“总量控制”理论的指导下，实现公平公正、规范有序的碳配额交易与 CCER 交易，达到温室气体减排的目的，并进一步为衍生的碳金融产品提供公正、合理的交易基础。因此，信息披露制度对于碳市场建设意义重大。并且，在全面建设法治政府、深化“放管服”改革的背景下，政府对碳市场的监管重心后移，按照“双随机、一公开”要求，侧重对碳市场的事中事后监管，这对市场主体的信息披露也提出了更高要求，完善的信息披露制度是衡量国家治理水平和治理能力的重要标志，因此，对碳交易市场信息披露的法律规制，尤为重要。

(一)作为碳交易市场体系支撑基础的信息披露制度

第一,信息披露制度是碳市场建设的关键因素。碳配额市场建设离不开信息披露,一方面,信息披露是强制性碳市场配额核定与分配的基础。配额的公平分配是全国统一的碳排放权交易体系的核心要素,[1]关乎碳市场存在的合理性。碳配额分配无论采用何种分配方式,都必须由相关控排单位客观、真实地披露其碳信息,才能确定基础排放量,实现碳配额的公平分配。另一方面,高质量的排放数据是碳市场健康运行的基础。能够保证排放数据准确性、真实性的监测、报告与核证机制被视为碳市场可持续发展的基石。[2] 碳信息披露制度与MRV机制紧密相连,可以说,MRV机制是信息披露制度的必然要求与表现形式,而良好的信息披露又能确保MRV机制的有效实施。MRV机制所要求的“监测”和“报告”本身便是向政府部门提供信息,便于政府部门实施事中事后监管,而且,控排企业将相关碳信息向社会披露,有利于政府调动社会监督力量,促进碳市场健康运行。

就自愿减排交易市场而言,CCER交易同样离不开信息披露。首先,CCER本身是具有极高国家公信力的特殊资产。[3] 政府必须负担起对CCER质量的监督职责,才能防止破坏政府公信力。由于自愿减排交易机制不能设立行政许可,而政府又承担着为CCER质量把关的职责,因此,以信息披露制度为抓手,加强自愿减排交易的事中事后监管则为必然。其次,在自愿减排交易过程中,减排量监测与核查最为关键。在这一环节,项目业主应依据项目设计文件和审定报告的要求监测项目运行状况,计算温室气体减排量,编制减排量监测报告。由第三方机构对减排量监测报告进行核查,并出具核查报告。并且,根据碳信息披露的要求,项目减排量应当公示,即减排量监测报告和核查报告应在国家温室气体自愿减排注册登记系统上进行公示。可见,信息披露制度是CCER质量的有力保障。最后,CCER的产

---

[1] 段茂盛、庞韬:《全国统一碳排放权交易体系中的配额分配方式研究》,载《武汉大学学报》2014年第5期。

[2] 刘学之、朱乾坤、孙鑫等:《欧盟碳市场MRV制度体系及其对中国的启示》,载《中国科技论坛》2018年第8期。

[3] 张昕:《CCER交易再全国碳市场中的作用和挑战》,载《中国经贸导刊》2015年4月(上)。

品具有多元性,将来还会衍生多类碳金融产品。对于参与交易的主体而言,CCER 产品的真实可靠便极为重要。进入交易市场的 CCER 产品需要同时满足减排量的额外性及项目的真实性,但一般参与交易的主体仅凭交易阶段的信息往往难以判断其是否满足相关特性。产品的非实体性、无形财产性和复杂性使交易主体期望获得更多的安全感,而充分的碳信息披露能让交易主体获取更全面的信息,提高其对交易产品的可靠性判断,促进了 CCER 系列产品的市场流通。此外,自愿减排交易允许个人参与,而普通个人在自愿减排交易体系中处于信息获取的弱势地位,其信息搜集与分析能力不足,必然依靠制度化的信息披露制度。

第二,信息披露制度是碳市场监管的内在要求。十八届三中全会以后,转变政府职能、建设服务型政府的工作步入新时代。持续推进"简政放权、放管结合、优化服务"改革,既能充分释放市场主体的活力,又能创新服务理念,改变政府职能和管理方式。当然,"放管服"改革并非"只放不管",其旨在全面推进管理方式的变革,监管重心后移,即在进行简政放权的同时,强调事中事后监管的重要性。这对政府监管提出了更高要求,事实上,事中事后监管的难度更大,因此,需要政府部门以更加丰富的监管手段和监管方式保障监管质量,提高监管效能。"双随机、一公开"和"信用监管"是目前事中事后监管两种主要方式。[1] 碳市场建设中,政府部门无论采用何种监管模式,都离不开信息披露制度。碳市场监管的"双随机、一公开",要求碳交易的政府主管部门及时向社会公开碳交易的检查结果,即进行监管信息公开。公开碳市场监管的相关信息,被视为是保证监管"随机"而非"随意"的基础。碳市场监管推行"双随机、一公开"的目的,是为了减轻被监管主体(主要为控排企业)的负担,避免被重复检查拖累。但是,碳市场监管部门涉及生态环境、发改委、市场监管等多个部门,为避免部门之间出现重复监管,则必须进行信息披露,建立碳市场监管的信息共享机制。此外,信用监管应当成为事中事后监管的核心。[2] 实践中,政府推动"放管服"改革,发挥"信用监管"作用,以保证监管质量。信息披露是信用体系建立的基础,信用体系的

[1] 成协中:《"放管服"改革的行政法意义及其完善》,载《行政管理改革》2020 年第 1 期。
[2] 渠滢:《我国政府监管转型中监管效能提升的路径探析》,载《行政法学研究》2018 年第 6 期。

运作离不开信息披露。碳市场的事中事后监管,也应采用"信用监管"模式。碳市场信用体系将建立在大量信息的基础上,以建立碳市场"黑名单""备忘录"等方式,向社会披露不良信用信息,对碳交易失信人予以惩戒。另一方面,信息的公开及披露是公众广泛且有效参与的前提和保证。[1] 总之,信息披露制度是建立碳市场信用体系的核心要素,引入社会监管和信用监管,能够减少政府的监管成本,碳交易市场监管信息共享机制的形成,能革除"多头监管""重复监管"的弊病。

第三,信息披露制度是规制碳交易市场风险的现实需要。从运行实践看,碳交易市场存在各种类型的风险,如果不加以规制,风险叠加便会影响碳交易市场的健康发展。碳市场运行风险的表现之一为,"信息不对称"导致的权力寻租和市场失灵现象。根据信息非对称理论,在市场运营中普遍存在信息差异,相关信息在交易双方的不对称分布,会对市场交易行为产生不利影响。在市场经济中,掌握更多信息的一方在实际经营中处于优势地位,存在侵占信息劣势个体利益的现象。[2] 因此,为避免因信息不对称而导致的市场失灵、权力寻租、市场内幕等现象,[3]完善的信息披露制度必不可少。在碳市场中,政府主管部门和普通公民作为碳市场运行的"外部成员",通常对于温室气体控排企业内部信息的了解是滞后的、且非专业的,如果控排企业不对其碳排放、碳减排、碳交易方面的信息进行披露,"外部成员"的信息弱势地位便不会改变。在碳市场运营中,因信息披露渠道不畅通,法律规制缺失,碳市场相关主体则存在非法获取碳排放配额,非法进行配额交易,非法进行配额清缴等可能性。"阳光是最好的防腐剂",通过建立信息披露制度,相关各方充分披露信息,才能遏制权力寻租,避免市场失灵,防范与化解碳市场运营风险,以维持碳市场的公平运转。

第四,信息披露制度是保证公众参与的前提条件。公众是推动环境治理的基本力量,公众广泛而有效的参与是环境治理和应对气候变化的题中应有之义。公众参与是环境法的基本原则之一,也是环境公共信托理论的

[1] 周勇飞、高利红:《环境影响评价制度程序控权的理论归位与实现路径》,载《江西社会科学》2020年第10期。

[2] 路小红:《信息不对称理论及实例》,载《情报理论与实践》2000年第5期。

[3] 王国飞:《中国国家碳市场信息公开:实践迷失与制度塑造》,载《汉江论坛》2020年第4期。

体现。充分的信息披露是公众参与的前置性制度，全面、真实、准确的信息是公众参与的基础。建立完备的信息披露制度，为公众提供信息获取途径，可以印证实施的环保措施和监督行为的合理性，也能够避免行政强制力过度参与造成的市场僵化。控排企业碳排放量或项目减排量的真实性如何，需要独立第三方机构秉持科学、客观精神进行核证与评价，也需要政府部门事中事后加大监管力度，更需要公众参与。一方面，公众可以参与碳市场监管，作为政府部门监管碳市场的一支辅助力量。此时，健全的碳信息披露制度，能保证公众参与碳市场建设的广度与深度，促进相关主体充分行使其碳信息披露义务，准确、及时、完整地公布相关碳信息。另一方面，公众也可以作为参与碳市场交易的主体而发挥作用，碳交易参与者身份更关心碳市场信息的真实性、交易的公正性，客观上推动了碳市场建设健康发展。此外，信息披露制度也是保障公民环境知情权得以实现的一项重要举措。环境权是公民享有的在清洁健康的环境中生活的权利，[1]是一种由环境使用权、环境知情权、参与权、请求权等构成的复合型权利。其中，环境知情权，即公民获取环境信息的权利，是公民参与环境保护与环境管理的前提，同时，准确获悉环境信息也是真正参与环境治理的表现。[2] 毋庸置疑，在碳市场建设中公民享有获取、知悉碳信息的权利，碳信息的供给者既包括掌握了碳交易信息的政府，也包括提供碳交易产品的企业或其他参与碳交易的主体。因此，碳市场主体依法披露碳信息，是其履行法定的信息披露义务，而公众参与环境治理，要求相关主体披露碳信息，则是行使其环境知情权。权利与义务的结合，保障了碳信息的充分和全面披露，也保证了碳交易市场能规范、平稳运行。

（二）碳信息披露的法律梳理与法律规制评析

我国生态环境法律法规框架体系已基本形成，并已基本实现各环境要素监管主要领域全覆盖。[3] 在这一体系中，对信息披露多有规定，制度初具

[1] 吕忠梅：《环境权入宪的理路与设想》，载《法学杂志》2018年第1期。

[2] 蔡守秋：《从环境权到国家环境保护义务和环境公益诉讼》，载《现代法学》2013年第6期。

[3] 郄建荣：《我国生态环境法律法规框架体系已基本形成　生态环境部将有序扩大按日计罚适用范围》，载《法治日报》2020年11月6日，第7版。

雏形,但环境信息披露尤其是碳信息披露的制度构建仍有不足,需待完善。《环境保护法》是我国生态环境领域一部基础性、综合性法律,该法在2014年修订的时候专门增设一章,规定了信息公开和公众参与的内容。而且,在环境要素污染防治方面,主要的法律如《大气污染防治法》《水污染防治法》《土壤污染防治法》等,均要求相关单位和生产经营者披露其污染物排放信息,规定了政府部门公开环境信息的职责,并对公众的环境信息知情权和监督权作出了规定。此外,其他的生态环境法规、规章对环境保护的基础信息和环境信息公开也有相关规定。2021年5月,生态环境部印发了《环境信息依法披露制度改革方案》,该方案要求企业依法按时、如实披露环境信息,提出到2025年基本形成环境信息强制性披露制度。

然而,上述法律法规、规章并没有对碳信息披露作出专门规定,环境信息公开的一般性规定对碳市场信息披露是否适用,是否具有约束力,还值得商榷。理由是,前述法律法规仅将“污染物”列为了信息披露的客体,而二氧化碳并非《环境保护法》明确规定的污染物类型。原国家环境保护总局颁发的《关于企业环境信息公开的公告》首次将二氧化碳列为大气污染物,属于自愿公开的环境信息,前述《环境信息依法披露制度改革方案》也要求,鼓励重点企业编制绿色低碳发展报告,但该公告与该方案均属于行政规范性文件,其效力层级相对较低。在碳交易实践中,信息披露的实施效果并不理想。碳交易试点市场因信息披露的问题还出现过企业拒绝履约的现象,[1]而CCER项目申请暂停的原因之一,也是因为缺乏完善的信息披露制度,造成一些自愿减排项目不够规范。碳交易在我国的发展前期多处在试点阶段,配套的法律制度仍处于建设期,碳信息披露的法律规定与制度运行还存在诸多问题。

其一,碳信息披露制度的法律供给不够。目前,我国的《气候变化应对法》尚未制定,《碳排放权交易管理暂行条例》还未正式出台,在法律、行政法规层面还缺乏关于碳信息披露制度的相关依据。2014年,国家发改委颁布的《碳排放权交易管理暂行办法》对碳交易主管部门和交易机构的信息披露提出了要求,但对重点排放单位却没有提相应要求。2020年12月,生态环

---

〔1〕 参见广东省深圳市中级人民法院行政判决书,(2016)粤03行终第450号。

境部发布《碳排放权交易管理办法（试行）》（以下简称《碳交易试行办法》），对碳排放权交易的信息披露制度以及公众监督权作了相应规定，同时，该《碳交易试行办法》弥补了《碳排放权交易管理暂行办法》的缺陷，即规定了重点排放单位的碳信息披露义务。另一方面，在温室气体自愿减排交易管理立法方面，对信息披露的规定严重不足。2012 年 6 月，国家发改委印发的《CCER 暂行办法》对各主体的信息披露没有作出约束性规定，而新的《温室气体自愿减排交易管理办法》还没有出台。

我国开展碳交易试点的“七省市”，均制定了各自关于碳排放权交易管理的地方性法规或地方政府规章，其中，对碳信息披露也作出了规定，试点碳市场由此而摸索建立区域碳市场的信息披露制度，取得的经验弥足珍贵。梳理这些地方立法可知，各地要求碳信息公布的范围不尽相同。此外，试点碳市场的交易机构也在制定内部的信息披露引导规则，如《北京环境交易所碳排放权交易信息披露管理办法（试行）》，对碳排放权交易中交易所的信息披露内容进行了规范。总之，我国关于碳信息披露的法律供给主要来自地方的碳交易立法，效力层级低，并且，由于各地规定的内容不同，碳信息披露则以“碎片化”方式呈现，需要出台相关的法律法规、规章，将“碎片化”碳信息披露的有关规定予以有机“拼图”，以构建完善的信息披露制度。

其二，碳信息披露主体的覆盖范围较窄。《碳交易试行办法》出台前，根据我国碳市场已有立法，负有碳交易信息披露义务的主体一般限于主管部门及交易机构。然而，碳交易实践中主体多元，除主管部门与交易机构之外，还涉及重点排放单位、审定与核证机构、核查机构、低碳咨询机构、技术评估机构等相关主体。其中，重点排放单位作为温室气体排放的重点管控单位，应当优先考虑其碳信息披露义务，以便监管与监督，然而，这类主体却一度被排除在碳交易信息披露的主体范围之外。除了重点排放单位，第三方机构信息披露的主体地位依然没有确立。碳市场运行中存在各类第三方机构，如碳配额市场中提供核查服务的技术服务机构、自愿减排交易市场中的项目开发咨询机构、项目审定机构与减排量核证机构等，第三方机构作为碳交易市场中沟通主管部门与控排单位、减排单位的桥梁，一方面在信息获取渠道及信息解读的专业性上优于普通民众，具备信息披露的必要性；另一方面其承担了碳交易市场准入“守门员”、市场运行“守望者”的角色。这与证券市场上第三方中介机构的地位相类似，中介机构被认为承载着缓解信息不对称、降低交易成本的功能，但其虚假证明更是欺诈发行的基本手段。[1] 在碳交易市场中起到类似作用的第三方机构，同样存在与服务单位合谋、弄虚作假的法律风险，因此，有必要加强对第三方机构的监管，并将其列入碳信息强制披露的主体范围，接受政府监督与公众监督。

其三，碳信息披露现有规定的指导性偏弱。我国碳市场信息披露的另一个问题是，在碳交易市场的法律规制中，信息披露现有的规定对披露义务主体行为的指导性不强。主要体现在，有关信息披露的规定比较原则，可操作性较差，后续的配套细则没有及时出台，没有形成完善的信息披露制度体系。就政府的信息公开职责而言，中央与地方的信息公开职责没有清晰的界分，例如，《碳交易试行办法》第 32 条规定，“生态环境部和省级生态环境主管部门，应当按照职责分工，定期公开重点排放单位年度碳排放配额清缴情况等信息。”可是，“定期公开”的期限是多久，“按照职责分工公开信息”的职责是如何分工的，均有待进一步明晰。再者，就重点排放单位和其他交易主体的信息披露义务而言，第 35 条第 2 款规定，“应当按照生态环境部有关规定，及时公开有关全国碳排放权交易及相关活动信息，自觉接受公众监督。”然而，“生态环境部有关规定”并不明确，“公开有关信息”的范围也不清晰，生态环境部对于碳信息披露的后续实施细则至今尚未出台。此外，规章所言的“向社会公开”，其用于公开的平台为何？也不清楚。《碳交易试行办法》第 18 条规定，“全国碳排放权注册登记机构应当通过全国碳排放权注册登记系统进行变更登记，并向社会公开。”那么，通过全国碳排放权注册登记系统进行变更登记，是否该系统也能作为信息披露的平台？并且，现在的信息披露制度将温室气体的种类、行业、控排单位名单、配额的分配方法、核查机构名单等作为信息公开的范围，这些信息需要披露，但实际上碳交易、碳金融的参与者乃至普通公众，重点关心的可能是碳排放数据、核查机构的核查信息、碳交易数据等实质性信息。

其四，碳信息披露制度的激励机制缺乏。我国碳交易制度设计及立法，如早先的《碳排放交易管理暂行办法》与现行的《碳交易试行办法》，均未规

[1] 周庆轩：《论信息披露中中介机构的法律规制》，载《北方金融》2021 年第 4 期。

定企业碳信息披露的激励机制。缺乏激励是环保领域信息披露制度的共同疏失,这使得企业自觉、主动进行信息披露的动力不足。[1] 研究表明,企业的信息披露对企业具有激励和约束作用,对提升企业价值具有促进作用。"企业社会责任"说认为,企业在追求最低成本和最大利润的经济责任之外,负有维护和增进社会公益的义务。[2] 信息披露是企业承担社会责任的前提,但企业具有逐利的本性。根据市场理论,一个市场在完全信息条件下将会达到最佳的市场效果。然而,信息不对称无处不在,市场主体之间的相互博弈加剧了信息的不对称。单纯的信息强制披露可能会使被规制者出现逆反状态,信息质量会因此下降。为了解决信息披露动力不足的问题,激励机制开始在实践中出现。事实上,激励机制自20世纪70年代末自欧美兴起以后,已经充分验证了该机制的有效性。[3] 激励机制可以克服市场主体之间信息博弈带来的弊害,它通过一系列的措施,促使企业在衡量利弊以后会自愿披露更多的信息,公众及管理部门则依靠更加全面的信息对市场做出更为客观的分析和评估,减少逆向选择和道德风险。总之,缺乏激励时,信息披露对相关主体来说无疑是高成本低收益的,但是,引入适当的激励机制,便能提高主体自愿披露信息的主动性与积极性。

其五,碳信息披露制度的惩戒措施乏力。法律责任是保证后期监管质量的措施之一。没有强有力的惩戒措施,便无法有效打击违法主体,对其他主体也不能起到警示作用。在碳信息披露制度的惩罚措施上,《碳交易试行办法》第七章罚则部分仅有五个条文,其中第39条关于"重点排放单位虚报、瞒报温室气体排放报告,或者拒绝履行温室气体排放报告义务的",可视为对信息披露违法行为的规制。由于该规章效力层级低,惩罚措施受到限制,"一万元以上三万元以下的罚款"不足以形成震慑力。并且,惩戒对象仅仅涉及重点排放单位,对于其他主体的信息违法行为,惩罚措施却付之阙如。信息披露的违法行为应受严厉惩戒。原因在于,碳市场基于国家公信力背书,政府赋予了碳交易产品以稀缺性,市场参与者出于对公共政策的信

---

[1] 张峰:《风险规制视域下环境信息公开制度研究》,载《兰州学刊》2020年第7期。

[2] 王玲:《论企业社会责任的涵义、性质、特征和内容》,载《法学家》2006年第1期。

[3] 方桂荣:《信息偏在条件下环境金融的法律激励机制构建》,载《法商研究》2015年第4期。

任而参与其中,如果对相关主体的不法行为不加管束,则会破坏政府公信力。并且,信息披露制度是民法的诚实信用原则在市场中的具体体现,[1]信息披露违法行为显然违背了这一市民社会的帝王原则。碳市场是一个多风险聚集场所,其产品的虚拟性及运行机制的特点决定其须对参与主体的诚信提出更高要求。另外,信息披露制度为了消除不同主体之间的信息壁垒,以赋予信息强势方更多义务的方式进行风险纾解。接收信息的一方会基于对披露信息的信赖而参与经营活动,由此表现出一种信赖关系。信息披露的违法行为不仅背弃了制度目的,而且破坏了市场信赖关系。还有一点,碳市场作为国家温室气体控制的一环,它承载着环保政策价值,信息披露的目的终究是为了碳减排,虚假的信息披露实际上是对该政策目的的违背。

总之,我国对碳信息披露的法律规制不足,表现为没有碳信息披露方面的专门立法,碳信息披露制度的法律供给不够,相关规定的效力层级比较低,披露义务主体的覆盖面较窄,披露要求的指导性不强,实践中没有形成激励机制,缺乏强有力的惩戒措施等,因此,碳信息披露制度有待进一步完善。

(三)碳信息披露法律规制的改进[2]

第一,完善碳信息披露立法。我国碳交易的地方立法与碳交易试点取得了成功经验,下一步则是健全全国统一的碳排放权交易市场和建立全国统一的温室气体自愿减排交易市场,故此,碳市场建设的立法重点必然在中央层面,碳信息披露制度缺陷主要在以下立法中补足:首先,制定《气候变化应对法》,其中,应该对信息披露制度作出指导性规定。2010 年 11 月,中国社科院法学所和瑞士联邦国际合作与发展署曾经开展了合作立法项目,即制定《中华人民共和国气候变化应对法》(社科院建议稿),2012 年 1 月完成了初稿并向社会征求过意见,此后没有下文。在目前推动“双碳”目标实现的背景下,气候变化应对的顶层法律依然缺失,使得包括碳信息披露制度在内的法律保障规范整体上供给不足,因此,《气候变化应对法》应尽快纳入全

[1] 南玉梅:《债券交易人卖者责任探析——以信息披露义务与诚信义务为核心》,载《中国政法大学学报》2017 年第 1 期。

[2] 谭柏平、邢铈健:《碳市场建设信息披露制度的法律规制》,载《广西社会科学》2021 年第 9 期。

国人大常委会立法计划。其次,推动《碳排放权交易管理暂行条例》尽快出台。2021年3月,该条例曾向社会公开征集意见,且已列入国务院2021年度立法工作计划。2021年8月18日,国新办召开建设人与自然和谐共生的美丽中国发布会,生态环境部部长介绍,全国碳市场自开市一个月以来运行平稳,生态环境部将会同有关部门进一步完善制度体系,推动《碳排放权交易管理暂行条例》尽快出台。[1] 该条例对省级主管部门、重点排放单位、登记和交易机构等主体的碳信息披露义务及惩罚措施作出了明确规定。再次,制定新的《温室气体自愿减排交易管理办法》。我国有关温室气体自愿减排交易信息披露制度的规定,内容供给严重不足。国家发改委原计划2017年出台新修订的《温室气体自愿减排交易管理办法》,然而因2018年机构改革,由国家发改委牵头的修订工作处于暂停状态,新的"管理办法"没有如期出台。加之2017年3月CCER项目暂停,造成我国自愿减排交易的信息披露制度既无法律供给,也无实践需要。目前,完善温室气体自愿减排交易机制提上日程,生态环境部正在组织制定《温室气体自愿减排交易管理办法(试行)》,该办法将采用"公示+登记"的行政确认管理模式,并按照"双随机、一公开"要求,加强自愿减排交易的事中事后监管[2],这必然要对信息披露的义务主体、信息披露的内容等作出充分规定。最后,还需要推出或修订完善碳交易市场相关的配套制度和技术规范体系,包括出台《全国碳交易信息披露管理办法》,颁布对碳市场第三方机构、注册登记机构、交易机构等主体的碳信息披露实施细则等。

第二,拓展碳信息披露义务主体的范围。如前所述,我国碳信息披露义务主体主要限于主管部门及交易机构,对重点排放单位的信息披露义务曾经不作要求,且无视碳市场对第三方机构信息披露的需求。是否纳入碳信息披露的义务主体以及信息披露的"程度"怎样,主要考量的是如何处理个体利益与公共利益的关系。诚然,企业的信息披露与其商业秘密保护之间存在一定的冲突,为此,应给信息披露的范围划出一条合理的界线。根据欧

[1] 向家莹:《生态环境部:推动〈碳排放权交易管理暂行条例〉尽快出台》,载《经济参考报》2021年8月19日,第2版。

[2] 谭柏平:《温室气体自愿减排交易管理方式优化的法律思考》,载碳道网,http://www.ideacarbon.org/newspc/54522/?pc=pc,最后访问日期:2022年9月18日。

盟碳市场立法经验，欧盟碳排放交易体系第2003/87/EC号指令及2007/589/EC号指令规定，企业的专业保密信息除非在法律或行政法规另有规定的情形下，不对外进行披露。域外经验可资借鉴，我国《碳交易试行办法》也有类似内容，该办法第25条第3款规定，重点排放单位编制的年度温室气体排放报告应当定期公开，接受社会监督，涉及国家秘密和商业秘密的除外。当然，"商业秘密"不能成为企业拒绝信息披露的保护伞，商业秘密保护不能随意扩大范围。为了公共利益的目的，可以对个体的法律权利做适当限制，这种权利让渡符合法治精神。仍以重点排放企业为例，作为温室气体排放大户，其排放温室气体的名称、排放方式、排放浓度和数量等信息，不得以商业秘密为由而拒绝披露。《碳交易试行办法》出台后，虽然重点排放单位被列入信息披露的主体范围，并承担编制年度温室气体排放报告的责任，但对其信息披露义务的规定比较原则，不好操作，哪些信息不能披露、或必须披露、或自愿披露，还得进一步细化。

在碳市场建设中，第三方机构承担的专业技术服务包括对温室气体排放报告进行核查、对温室气体减排项目进行审定、对项目减排量进行核证等，这些服务对碳市场产品质量把控起着关键作用，第三方机构的角色也是碳市场建设与运行不可或缺的，应当依法纳入信息披露的范围。理由是，提供技术服务的第三方机构，其设立的资质条件已有行业规范，本身已是市场监管部门的监管对象，其他政府部门不能对这些机构设置多重监管。并且，在行政审批及"放管服"改革的背景下，碳市场主管部门也不允许对第三方机构设置准入门槛。然而，这并不是、也不能对第三方机构放任不管，毕竟这些技术服务牵涉碳市场相关各方的巨大利益，因此，应该创新监管模式，方法之一便是要求第三方机构披露相关信息，既便于市场参与者择优选择服务，又有利于行业的事中事后监管与公众监督。

第三，明晰碳信息披露的具体要求。为了增强碳交易市场信息披露的可操作性，应当依法明晰信息披露的具体要求。就碳配额市场而言，由于《碳交易试行办法》已经对信息披露作出概括式规定，主管部门应当跟进制定相关的实施细则，进一步明确碳信息披露的时间、时限、范围、方式、平台等实质性内容。比如，要求重点排放单位"及时公开有关全国碳排放权交易及相关活动信息"，则应该明确公开的时间和时限，指定公开的平台等，方便社会各界获取所需信息。就自愿减排交易市场而言，应利用全国统一的自愿减排市场筹建之际，对其中的信息披露制度重新打造。由于减排量在核证之后便成为CCER，可以交易获利，且有国家公信力背书，加之监管方式又不能设定行政许可，政府采"行政确认"的监管模式也必须结合信息披露才能发挥最佳效能，从项目审定、减排量核查及其公示、登记，再到CCER交易，全过程都离不开信息披露，因此，自愿减排交易市场要求的信息披露应该是具体的、明确的、操作性强的。

碳信息披露的具体要求并不排斥抽象性、原则性的规定，抽象性与具体性应当相结合。碳信息披露应该坚持"以公开为原则，非公开为例外"的制度导向。从控排单位温室气体排放到碳市场产品交易，碳信息的涵盖范围庞杂，以列举的方法进行规制，实际上有可能将一些关键性、实质性信息排除在外。在"非公开为例外"的机制中，规定涉及国家利益、商业秘密的信息可以不公开。在"不披露信息"的例外情形下，应当由相关义务主体自行对所涉信息是否属于国家利益或商业秘密提出合理说明。因为，政府部门负有建设"透明政府"(transparent government)的责任，信息公开是其本职；控排单位属于碳市场的信息优势方；第三方机构则为碳市场产品质量的"检验员"，从权利义务平衡的角度讲，该类主体应当承担更多的法律义务。因此，由"不披露信息"的相关主体对所涉信息的"保密性"作出说明也是理所当然的。

第四，构建碳信息披露激励机制。在制度构建上，应当鼓励控排单位及相关机构自愿公开相关信息。建立自愿披露信息的激励机制，在一定程度上有助于提高控排单位提高碳减排的主动性。传统的激励工具包括税收差异化、差别性货币政策、降低银行贷款利率、增加初始配额数量等，可以将信息披露的程度、信息真实性、披露的及时性等考核指标纳入激励机制。例如，有关部门可以将信息披露记录完整、披露质量高的主体列入"白名单"，减少日常监督检查的频次等，其他的激励措施包括在同等条件下优先安排环境保护财政专项基金、优先进行融资风险补偿，在政府采购时优先考虑，在进行贷款时设定较低的利率，在媒体上宣传报道以提升企业形象等。此外，可以考虑引入碳标签制度，在"双碳"目标推进下，创新碳标签模式，以标签形式将碳信息披露和碳减排达标可视化，企业实现减排获利，促使其碳信息披露成为自觉行为。

第五,加大对碳信息披露违法行为的惩戒力度。现行碳交易立法对信息披露违法行为缺乏有力度的惩戒措施,信息披露的违法成本低,法律追究机制不健全。首先在行政责任方面,在不违背《行政处罚法》规定的尺度内,应增加对碳信息披露违法行为的行政惩戒手段。一是区分碳信息披露违法行为的不同情形,在实践中既有信息迟报的、虚报的、瞒报的,也有拒报的,应分类予以处罚,如建立"不及时披露"和"误导性披露"的责任追究机制。二是惩罚措施可根据违法行为的情节轻重而所有不同,根据《行政处罚法》和碳市场相关法规的规定,有多种处罚种类可供选择,如责令限期改正、予以警告、通报批评、罚款、核减排放配额等。值得一提的是,2021 年 1 月的《行政处罚法》增加了"通报批评"的处罚种类,该处罚可纳入碳市场惩戒机制中。理由是,控排单位多为大型企业,对它们来说,处 3 万元以下罚款甚至几十万罚款(《碳排放权交易管理暂行条例》拟规定,对重点排放单位信息披露违法行为可罚款 20 万元)对其毫无震慑力,但"通报批评"会在一定范围内通报,传播范围广,控排企业可能不在意财产罚,但在乎企业声誉,"通报批评"较之"警告"更具震慑力。三是可实行"双罚制",即除了处罚单位,对相关责任人员也可予以行政处分。单独处罚单位会导致责任主体和行为主体的分离,"双罚制"的规定应当成为碳信息披露惩戒措施的立法趋向。

碳交易立法之所以对信息披露违法行为的惩戒力度不够,主要原因是,我国碳交易领域立法的效力层级太低,专门的立法仅出台了《碳交易试行办法》,而根据《行政处罚法》,各层级法律、法规、规章对于处罚措施的规定,因层级不同而各异,法律规定不允许"僭越",许多有力度的惩戒措施无法"装入"相关立法之中。目前,碳市场建设既没有制定专门的法律,也没有出台行政法规作为上位法依据,根据《行政处罚法》第 13 条的规定,《碳交易试行办法》只能设定警告、通报批评或者一定数额罚款的行政处罚。根据 2021 年 11 月国务院发布的《关于进一步贯彻实施〈中华人民共和国行政处罚法〉的通知》的规定,在缺乏上位法依据的情况下,因行政管理迫切需要依法先以部门规章设定罚款的,设定的罚款数额最高不得超过 10 万元。《碳交易试行办法》颁布于 2020 年 12 月,该国务院通知仍未出台,其在罚则部分规定的罚款最高数额没有也不能超过 3 万元。因此,在行政处罚种类受制于法律层级、处罚力度无法增强的情况下,碳市场法治建设可尝试引入企业信用联合惩戒制度和“披露异常名录”制度。2020 年学者简·苏黎世对欧盟 EUETS 下的公司合规性进行实证调查后认为,信用管理会促使企业履约,提高资源配置效率。[1] 碳排放控制表现出强烈的公共属性,而信用管理制度则是利用社会属性对相关主体的行为进行引导和规制。惩戒方式并不仅仅指行政处罚及刑事责任,还应当充分发挥信用管理制度的预警作用,建立“披露异常名录”,将未按照规定的方式、时间、要求等履行信息披露义务的主体纳入该异常名录,为碳市场中其他参与主体树立风险风向标。此外,碳信息披露违法行为的行政惩戒措施,还应该与刑事责任追究和民事责任承担相结合,形成综合性的法律责任追究机制。

在刑事责任方面,如果恶意披露碳信息情节足够严重的,达到追究刑事责任的程度,那么就应当由主管部门移送司法机关,以追究信息披露者的刑事责任。为此,相关的刑事责任规定还需要完善,以适应碳市场建设的现实需求。一方面,应明晰恶意披露行为是否属于诈骗罪的规制范围,当事主体恶意披露行为如果是意图获取不应当获取的碳配额或出售无权出售的碳配额且数量巨大的,导致相对人基于错误认识对碳配额作出处分,则涉嫌构成诈骗罪,恶意披露行为仅是实现诈骗目的的手段。另一方面,要为规制恶意信息披露行为设立专门罪名,方便司法机关适用。恶意信息披露不仅在碳市场,在证券市场也存在恶意信息披露行为,且往往表现为虚假陈述。虽然,刑法零星规定了一些恶意披露行为可能涉及的罪名,但一直缺少专门的罪名予以适用。设立专门罪名并非一定要设立有关碳信息恶意披露的罪名,可以将碳信息披露纳入专门的信息恶意披露罪名的调整范围,明确规定恶意披露信息是一种危害社会管理秩序、具有严重社会危害性的犯罪行为。同时,应当明确入罪条件,明确“不当披露”与“恶意披露”的范围以及“情节严重”的情形。设置专门罪名能够简化现有程序,提高刑事追责效率。

当然,碳信息披露违法行为还会涉及民事责任承担问题。在民事责任方面,应做好碳信息披露制度同《民法典》有关规定的衔接,为相关主体弥补损失提供直接依据。目前,关于不当信息披露民事责任的性质主要有侵权

---

〔1〕 Ara Jo, *Culture and Compliance: Evidence from the European Union Emissions Trading Scheme*, (2021) 64 Journal of Law & Economics 181.

责任和违约责任两种观点。在进行初次交易时，碳配额盈余单位和购买者之间存在直接的买卖关系，因此，购买者可以直接依据《民法典》中合同编的有关规定，要求碳信息不当披露者承担违约责任。或者，购买者在这一阶段也可以根据《民法典》中侵权责任编的规定，请求不当披露主体承担侵权责任。在碳配额或CCER"碳产品"的流转过程中，碳信息披露义务主体可能已经不和购买者直接构成合同法律关系，购买者其实也可以就该不当披露行为请求碳信息披露义务人承担侵权责任。

《巴黎协定》提出了强化透明度框架的要求，要求缔约方公开排放清单、国家自主贡献进展、适应信息、资金、技术转让和能力建设信息，并因此构建了气候信息披露机制。我国作为缔约方，需要将国际义务转化为国内立法，亦即在国内碳市场法治建设中对这一机制作出法律上的回应。《国务院关于印发"十三五"控制温室气体排放工作方案的通知》提出了建立温室气体排放信息披露制度，这一要求需要落实在碳市场法律体系之中。

三、信用管理制度与碳交易市场体系的耦合

（一）碳市场建设引入信用管理制度

信用管理制度是信用体系建设中最具威慑力的手段之一。[1] 企业信用管理是现行市场管理的通行手段，而信息则是信用管理的必须媒介。信用管理制度实际上是基于信用信息而实现的常态化协同治理措施，通过"发起—响应—反馈"的标准程序，[2] 在法律规定的制裁措施之外对失信者进行约束或限制。信用管理措施包括行政约束和惩戒、行政指导和影响性措施、规制强化和提升监管强度、限权措施、规制强化和提升监管强度等五个类型的监管方式。[3] 必要性、适当性和狭义比例原则是信用管理制度的基本原则，遵循这些原则，可以很好把握信用惩戒的规范性、适度性，从而避免滥用

---

〔1〕 沈毅龙：《论失信的行政联合惩戒及其法律控制》，载《法学家》2019 年第 4 期。

〔2〕 吴堉琳、刘恒：《信用联合奖惩合作备忘录：运作逻辑、法律性质与法治化进路》，载《河南社会科学》2020 年第 3 期。

〔3〕 贾茵：《失信联合惩戒制度的法理分析与合宪性建议》，载《行政法学研究》2020 年第 3 期。

或过度适用失信惩戒措施。信用管理的方式不能“一刀切”,应根据当事主体、主体的行为性质、行为影响等因素精准适用。例如,对法人和非法人组织,可以采取限制项目申请、记入“黑名单”、增加执法频率、减少相关财政专项资金投资力度、向社会公布失信行为等措施;而对于个人,则可采取一定时间内限制其从事相关交易、纳入“失信名单”向社会公布等措施。实施“黑名单”制度需要注意,应当为相关主体提供“信用修复”的机会,即符合信用修复条件的,应该及时从“黑名单”中移出。法律的目的并非惩罚,引入信用惩戒措施在于保证相关主体合法参与市场活动,遵守社会管理秩序。近年来,某些地方政府推出的“维权异常名录”之所以引起社会诟病,实质在于其滥用信用惩戒制度,不理解“信用”的含义及适用范围,违背“信用”本义,以此打击合法维权者,其性质不仅属于信用惩戒措施的滥用,还涉嫌侵犯他人的基本权利,必须予以纠正。

碳交易市场建设中引入信用管理制度,最主要的是规范使用企业信用联合惩戒制度。自2014年提出建设社会信用体系以来,企业信用联合惩戒或称失信联合惩戒逐步成为现行市场管理的通行手段,“一处失信,处处难行”,信用联合惩戒的威慑力正在于此。不能回避的是,学术界对企业信用联合惩戒制度的性质仍存在争议,有的认为这一制度属于一种行政处罚,部门规章或行政规范性文件采用信用联合惩戒,其性质相当于创设了一种行政处罚,涉嫌违法。加之,规定信用联合惩戒这一制度,必须“联合”、会同其他政府部门,在政府部门之间没有联合印发红头文件的情况下,某一主管部门独立颁布的部门规章并没有权力对其他政府部门提出要求。因此,谨慎起见,部门规章与行政规范性文件可以不规定信用联合惩戒制度,而是尝试采用“异常名录”制度,亦即将未按规定进行信息披露、或未按规定提交排放信息报告的控排单位纳入该异常名录。“异常名录”尽管类似于“通报批评”,但其不属于行政处罚的种类;尽管能起到信用机制的预警作用,但它也不同于企业信用联合惩戒制度。将信息披露异常者列入名录,既能提示监管部门予以重点关注,又对碳市场其他主体起了警示作用。

引入信用管理制度,已成为碳市场法律制度建设的必然趋势。在“放管服”改革背景下,许多环境法律法规都开始重视信用联合惩戒制度,例如,2021年5月生态环境部印发的《环境信息依法披露制度改革方案》就规定了这一制度,该改革方案规定,将环境信息强制性披露纳入企业信用管理,作为评价企业信用的重要指标,将企业违反环境信息强制性披露要求的行政处罚信息记入信用记录,有关部门依据企业信用状况,依法依规实施分级分类监管。在碳交易市场领域,福建省碳市场制定了关于《福建省碳排放权交易市场信用信息管理实施细则(实行)》,要求根据碳排放权交易市场信用等级评价,制定相应的"守信激励、失信惩戒"管理措施,建立跨部门协同监管和联合惩戒机制。2022年3月29日,中办、国办印发的《关于推进社会信用体系建设高质量发展促进形成新发展格局的意见》明确指出,"聚焦实现碳达峰碳中和要求,完善全国碳排放权交易市场制度体系,加强登记、交易、结算、核查等环节信用监管。发挥政府监管和行业自律作用,建立健全对排放单位弄虚作假、中介机构出具虚假报告等违法违规行为的有效管理和约束机制。"[1]目前,作为碳市场建设立法成果的《碳排放权交易管理办法(试行)》却没有规定信用管理制度,即将出台的行政法规《碳排放权交易管理暂行条例》,拟引用企业信用联合惩戒制度。

(二)碳市场体系耦合信用管理制度的益处

信用管理制度对于提高资源配置效率、降低制度性交易成本、防范化解风险具有重要作用,可以为提升国民经济体系整体效能、促进形成新发展格局提供支撑保障。一般来说,由于手段的有限性,碳交易市场秩序与交易体系的完善无法单独通过法律手段本身来实现,尽管新增了关于通报批评的行政处罚措施,但是,由于行政处罚措施重在事后惩戒,且普遍存在处罚太轻的问题,如只能在一定程度上起到震慑作用,无法保证碳排放数据与CCER的质量。我国的社会信用体系不仅被定位为有效的社会治理手段,而且是"放管服"改革的重要抓手。[2] 在现有行政处罚措施的基础上,将碳交易市场体系与信用约束相耦合,建立关于碳市场的信用惩戒制度,是运用综合性社会治理工具应对气候变化问题的理想路径。以温室气体自愿减排机

---

〔1〕参见《关于推进社会信用体系建设高质量发展促进形成新发展格局的意见》(中共中央办公厅、国务院办公厅印发,2022年3月29日)。

〔2〕韩家平:《中国社会信用体系建设的特点与趋势分析》,载《征信》2018年第5期。

制为例,该机制耦合信用管理制度,能契合“放管服”改革需要,丰富政府监管方式,弥补行政处罚手段的不足,从而保障温室气体自愿减排机制的稳健运行。。

一方面,保证温室气体自愿减排机制(以下简称自愿减排机制)的有效运转。根据参与主体及运作机理的不同,可将自愿减排机制的运作划分为三个阶段,包括项目的审定,减排量的核证及市场交易阶段。其中,项目真实是碳市场的运作基础。在该阶段,涉及的主体为项目业主、审定机构及技术评估专家。业主将其参与交易的项目相关材料,包括概况说明、环评审批文件、节能评估意见、设计文件等送至审定机构审定,由审定机构考查项目的基准线、减排量测算的准确性、监测计划的合理性、项目的额外性等专业条件,出具项目审定报告,报国家主管部门备案后,由其委托专家进行技术评估。也就是说,在项目真实性上,监管部门设置了三道门槛,首先是环评等机构对项目实际存在与否进行了侧面把控,其次由审定机构进行专业审定,最后委托专家对审定项目进行技术评估。减排量的额外性主要由核证机构负责把握,根据现行项目减排量的相关管理规定,前述通过备案的项目产生减排量后,依次经过核证机构和评估专家分别出具核证报告和技术评估后,才能予以备案,经备案后的减排量则称为“核证减排量”。交易阶段,经备案的交易机构制定交易细则,管理交易状况,公布交易信息。综前所述,可以看出,在自愿减排机制中,项目业主、审定与核证机构、相关专家、交易机构共同构成了项目真实性和减排量可测量、可核查的基础。故而,对自愿减排机制的监管,实际上是通过对相关参与主体的监管所实现的。而信用管理制度自建设以来,被认为是构建诚信社会的治本之策。在行政处罚无法起到预期作用的背景之下,将信用管理制度引入自愿减排机制的监管之中,不失为一种保证事中事后监管质量的良好方式。并且,信用管理的作用机理回应了公民参与社会治理、参与“双碳”目标建设的需求,又能减少主管部门的治理成本,同时构筑守信联合激励和失信联合惩戒格局,不仅增加违法成本,而且能够在源头上形成震慑力。

另一方面,加强社会信用体系的内涵建设。相关政策性文件显示,环境保护领域的信用管理已经被列入我国信用体系建设的一环,其体系中包括环境监测、环境信息公开、环境行为信用评价等相关内容。而前述中办、国办印发的《关于推进社会信用体系建设高质量发展促进形成新发展格局的意见》指出，要完善生态环保信用制度。全面实施环保、水土保持等领域信用评价，强化信用评价结果共享运用。深化环境信息依法披露制度改革，推动相关企事业单位依法披露环境信息。温室气体减排问题是环境问题中的一环。多年以来，学界一直有将二氧化碳列入大气污染物的呼吁，可见学界对于该议题的重视程度。各国立法实践中，以美国为首的发达国家也已将二氧化碳列入污染物进行规制。而我国《环境保护法》虽然没有关于温室气体减排的直接表述，但该法第2条对“环境”这一词汇作出了定义，具体可拆解成“影响人类生存和发展”“天然的和经过人工改造的自然因素总体”两个部分。温室气体减排是气候问题的因应之策，而气候对人类生存和发展的影响，加之“大气”被列为《环境保护法》所指的环境，因此将温室气体减排纳入信用建设体系是应当的。最后，温室气体减排是一个与公共利益息息相关的问题，以往我国信用体系建设主要涉及的领域医药安全、食品安全等，同样都具有较高的社会利益相关性的特点。在这些领域，公众对于主体行为的依赖性很高，针对其中的违法行为，单纯的惩罚不足以起到威慑作用，加之其危害往往具有潜在性的特点，受制于时间和科技手段，一时可能难以被发现和界定，由此，在这些领域开展了信用管理探索。与医药安全、食品安全相比，温室气体的影响同样范围广、危害重、潜在性强，因此，将温室气体排放控制与自愿减排机制相关监管信息引入社会信用体系建设就有了正当性和必要性。

（三）耦合信用约束机制必须克服的问题

其一，部门横向合作的问题。2015年10月，国务院印发的《关于“先照后证”改革后加强事中事后监管的意见》（国发〔2015〕62号）首次将信用约束机制列为企业事中事后监管的四项基本原则之一，并围绕该原则明确了加快推进全国统一的信用信息共享交换平台和企业信用信息公示系统建设，加强对企业信息采用、共享和使用的分类管理的监管思路；构建了以信息归集共享为基础，以信息公示为手段，以信用监管为核心的监管制度；提出了“让失信者寸步难行、让守信者一路畅通”的严管目标。信用约束机制本质上是多个部门之间的横向联动互作，比如《关于对社会保险领域严重失信企业及其有关人员实施联合惩戒的合作备忘录》(发改财金〔2018〕1704号)是由国家发展改革委、中国人民银行、人力资源社会保障部等共计28个部门联合印发的惩戒领域涉及公务员招聘限制、合作项目参与限制、财政补助资金限制、政府采购限制、融资失信记录、限制消费、荣誉限制等多维度、多方面。这种各部门之间的充分联合,放大了失信后果,因此能对失信行为起到规制和威慑作用。目前,《CCER暂行办法》为行政规范性文件,而单一部门很难以规范性文件的形式纳入信用管理制度。行政职权的划分具有法定性和不可分性,即行政职权以法律规定为背书,且不能随意进行处分。目前信用约束的多项措施均涉及排他性的专属行政职权,仅以一部部门规范性文件的形式将其纳入,是一种职权僭越〔1〕。因此,为规避这类越权问题,将信用约束纳入碳排放权交易体系与自愿减排机制,可采取制定行政法规、多部门联合发文或多部门联合立法的形式进行。

其二,变相行政处罚的问题。信用体系在实践中具体表现为使失信者因其行为而受到惩罚,守信者得到利益,因此失信惩戒机制是信用体系中最重要的组成部分。〔2〕但是,信用惩戒长久以来一直面临着"变相行政处罚"的诟病。一些学者认为,当前的信用体系,尤其是对信用惩戒的利用,是在于法无据的情况下,对当事人权益的减损。学界认为行政处罚的本质是对违反行政法规但尚未触及刑律的行为进行的制裁,而行政处罚的目的是对已发生的违法行为给予负面评价,以消减相关违法者权益的方式,惩戒违法行为,威慑潜在行为。当前信用惩戒方式中,"黑名单"制度是最受关注、也最有效的制度。有学者认为,"黑名单"制度是行政机关对相对人所作出的一种负面评价,而在我国,政府的负面评价无疑对于企业是极为致命的打击,将会极大地损耗企业的声誉和利益,因此,"黑名单"制度的作用机理明显契合于行政处罚的本质,〔3〕具体而言,则属于行政处罚中的声誉制裁。〔4〕其次,是从业限制措施,例如,2015年9月,国家发展改革委、国家工商行政管理总局、中央精神文明建设指导委员会办公室等38部门联合印发的《失

---

〔1〕　职权僭越:指行政机关在无法可依的情况下行使非本部门职权范围内权力的情况。

〔2〕　石新中:《论信用信息公开》,载《法学研究》2008年第2期。

〔3〕　张晓莹:《行政处罚视域下的失信惩戒规制》,载《行政法学研究》2019年第5期。

〔4〕　王锡锌、黄智杰:《论失信约束制度的法治约束》,载《中国法律评论》2021年第1期。

信企业协同监管和联合惩戒合作备忘录》中所涉的“禁止从业”措施,也难免被认为是类似于行政处罚的吊销营业执照。有学者认为,这种禁止从业的行为,显然是涉及当事人的经济权益,造成了一种减损权益的后果。[1]

信用体系中的“黑名单”和“从业限制”都并非行政处罚。就黑名单而言,首先,以是否面向社会主体为划分依据,黑名单可分为拟定和公示两个阶段。在政府未将“黑名单”向社会公开时,其拟定的“黑名单”无法被公众知悉,也未进入信用体系约束的范畴,不能以“负面评价”的方式作用于相对人,此时“黑名单”仅仅是一种单纯的内部行政行为。其次,即使政府将“黑名单”公之于众,在一定范围内对企业造成了负面影响,笔者看来,政府公布“黑名单”的行为属于履行《政府信息公开条例》所涉的义务,是对公众知情权的回应,也是“双随机、一公开”监管模式所要求的。其对“黑名单”的公布,主观上并非寄望于公众对相对人产生负面评价,且公众对所公布消息持何种态度,也非政府所能控制,因此,“黑名单”公布行为仅属于随后可能采取的一系列举措的前置程序,而非以“公开”方式减损相对人权益,仅仅为一种可能产生不利影响的告诫类行为。至于“从业限制”,可以独立存在,也可以作为公布“黑名单”后的跟进措施。我国正积极推行的联合惩戒机制中,“从业限制”也占据了一席之地。笔者认为,信用体系中的从业限制措施不同于《行政处罚法》中规定的吊销营业执照,某种程度上,其更类似于“禁入”措施。“吊销营业执照”针对必须经由行政许可程序进行授益的行为,其规制的范围相对较窄,但“从业限制”涉及领域较宽,《证券法》《食品安全法》《政府采购法》等法律法规中都有关于“从业限制”的规定。另外,吊销营业执照是对相对人已作出的违法行为的惩戒,但从信用体系建设目的上来看,“从业限制”更强调的是一种威慑和预防,即预防已失信相对人在一定期限内再次做出新的失信行为。

其三,信用惩戒滥用的问题。信用惩戒的滥用是指实践中信用惩戒干涉不应干涉领域,公权扩大侵害相对方合法权益,以至于过于泛化的一种现

[1] 崔凯:《上海社会信用立法:促进与路径》,载《地方立法研究》2019 年第 2 期。

象。[1] 信用制度滥觞于西方国家，主要作为一种围绕着经济交易和金融活动展开的信用交易风险管理制度。因此，有学者认为信用体系应当定位于经济和金融领域。虽然我国的信用体系仍处于构建阶段，但是，梳理中央和地方两级实践可以得出，信用惩戒涉及金融、市场、教育、科研等社会生活的各个方面，[2] 远远大于商品经济约束的范畴。有学者担心，社会信用惩戒的过度泛化会混淆法律与道德的边界，出现"人人失信、事事失信、处处失信"的制度僵局。诚然，这样的担心有其道理，国家层面上，进行信用惩戒探索时，也在尝试限制信用惩戒机制的泛化和扩大化。

构建以信用为基础的温室气体自愿减排机制，并非信用惩戒的不当扩大。原因在于，考察我国信用体系建设之基础诉求，信用惩戒作为社会治理体系和治理能力现代化的手段之一，其被寄望可以起到完善社会主义市场经济体制、增强社会互信的作用。随着发展理念的改变，中国越来越强调绿色发展，重视环境污染问题，而在我国，碳排放权交易市场体系和自愿减排机制是我国在新发展阶段为承担国际责任、转变发展方式实现"双碳"目标所探索实践的一种市场手段。从重要性上来说，构建以信用为基础的碳排放权交易市场体系非常必要，信用管理制度是其长期存在与健康发展的根本保障。再者，推动"放管服"改革要求将信用管理纳入碳交易市场体系与自愿减排机制。碳交易市场体系与自愿减排机制不能依靠、也无法依靠行政许可手段进行规制，而应该以加强信用监管为着力点，创新对碳排放权交易市场体系的监管理念、监管制度和监管方式，建立健全贯穿碳交易市场主体全生命周期，衔接事前、事中、事后全监管环节的新型监管机制，不断提升碳交易市场的监管能力和水平。因此，应该强调"构建以信用为基础的新型监管机制作为深入推进'放管服'改革的重要举措"[3]。

（四）碳交易市场体系纳入信用管理制度探究

地方碳交易实践中，信用管理制度与碳市场的耦合早有先例，2014 年

[1] 卢护锋：《信用惩戒滥用的行政法规制——基于合法性与有效性耦合的考量》，载《北方法学》2021 年第 1 期。

[2] 杜成胜：《失信惩戒机制滥用之防范》，载《天水行政学院学报》2020 年第 2 期。

[3] 参见《国务院办公厅关于加快推进社会信用体系建设构建以信用为基础的新型监管机制的指导意见》。

《湖北省碳排放权管理和交易暂行办法》就已提出建立碳排放黑名单制度的要求,[1]但具体细节却没有详细规定,目前我国温室气体自愿减排机制也没有纳入信用管理制度。因此,笔者建议,应加快推进碳排放权交易市场的社会信用体系建设,构建以信用为基础的碳交易市场体系新型监管机制。

一是信用管理立法供给。笔者认为将信用管理制度引入碳交易市场体系建设中,至少应当进行行政法规级别的立法。这是因为,信用约束制度的直接威慑性在于多部门之间的联合监管,单一的部门立法无法授予多部门联合实施信用惩戒的合法性,而多部门联合发文行为,虽然可以减少规范性文件的制定成本,但是,法律并未对部门联合发文的效力等级作出规定,又因为碳排放权交易市场的运行在实践中主要是由生态环境主管部门负责,所以其缺乏多部门联合立法的基础。笔者认为,构建以信用为基础的碳交易市场体系新型监管机制,应当进行行政法规层级的立法。

拟定中的行政法规《碳排放权交易管理暂行条例(征求意见稿)》是碳排放权交易和自愿减排交易的直接上位法,该征求意见稿第 23 条规定了信用管理方面的内容:"国务院生态环境主管部门、地方人民政府生态环境主管部门应当对重点排放单位、核查机构、其他自愿参与碳排放权交易的单位等有关单位和个人有关违法行为予以记录,并依法纳入信用管理体系。"考虑下位法与上位法的协调性,笔者认为,修订中的温室气体自愿减排管理办法中也可采取"纳入信用管理体系"的表述。2020 年 12 月 18 日,国务院办公厅发布《关于进一步完善失信约束制度构建诚信建设长效机制的指导意见》,该标题中使用了"失信约束制度"的表述,取代了"信用惩戒制度"的提法,这是恰当的。因为"信用"语境下存在"守信"与"失信"两种迥异的情形,对于守信者,应该联合激励;对于失信者,应该联合惩戒,为避免"行政处罚"质疑,此处不使用"失信惩戒"而使用"失信约束"更佳,即约束失信者的行为与权益行使。而且,"信用"一词在生活中往往视同于"守信","信用惩戒"语义存在歧义,守信应该激励,失信才需要"惩戒"或"约束"。因此,碳交易市场体系立法,无论是碳排放权交易管理的行政法规,还是温室气体自愿

[1] 参见《湖北省碳排放权管理和交易暂行办法》第 43 条。

减排交易管理的部门规章,均可以采用“失信约束”的表述,其上位词应该是“信用管理”。所以,构建以信用为基础的碳交易市场体系新型监管机制,将碳交易市场体系耦合信用管理制度,是立法正解。

二是信用管理纳入要求。以信用为基础构建碳交易市场体系的监管机制应当注意以下几方面:第一,对于纳入信用管理的对象、事由和程度需要进行充分的必要性证成。设定对象时,应当严格遵守必要原则,充分考量违规主体之行为的事实、情节、性质、危害性。立足于管理体制改革的大背景,考量方式应当满足可视化和程序化特点,设定足以复现结果、通过检验的标准,做到规则详尽、运作公平。只有严密的规则设定才能使信用约束具有正当性,避免因信用惩戒滥用对相对人造成额外损失。第二,符合程序性原则要求,具体包括,事前应当充分履行告知义务,告知碳交易市场被规制主体其被施加信用约束制度的相关事实、法律依据和应有的抗辩权利;事中要保证当事人能够行使抗辩的权利,如果所采用惩戒措施可能对碳交易市场造成严重不良影响,应当经由听证程序,以保证结果在作出程序上符合公众参与和科学原则。第三,需要明晰采用信用约束制度的意图,并不是将失信者从社会和市场中剔除,因此,应当设定必要的信用修复程序,以使得整个监管过程能够形成前后自洽的闭环。碳交易市场新型监管机制应当引入信用修复管理制度,将符合条件的当事人依法移出交易异常或信息披露异常名录,恢复其信息正常登记状态,或提前移出严重违法失信名单,提前停止通过国家企业信用信息公示系统公示行政处罚等相关信息,并依法解除相关管理措施,按照规定及时将信用修复信息与有关部门共享。碳交易市场体系建立的最终目的在于调动市场积极性,实现“双碳”目标,而信息修复机制的欠缺使得监管对象缺乏改正动力,会挫伤监管对象的守法积极性,[1]不利于“双碳”目标的实现。

三是信用承诺。针对碳交易市场体系中自愿减排机制存在的变相行政许可、责任主体覆盖狭窄、责任承担方式单一、责任追究机制威慑力不足等问题,自愿减排机制的新型监管体制应当将信用管理体系贯穿于机制运作的各个方面,具体可划分为,在市场准入阶段,应当建立起相关主体的信用

---

〔1〕　徐晓明:《行政黑名单制度:性质定位、缺陷反思与法律规制》,载《浙江学刊》2018 年第 6 期。

承诺制度;在事中监管阶段,应当推进信用分级监管措施;在事后监管阶段,应当建立起限期整改措施。

信用监管的本质特征是推进市场主体恪守诚信、自我约束,[1]信用承诺则是呼应信用监管本质特征释放主体主动性的方式之一。以自愿减排机制的信用承诺为例,是指基于诚实信用原则,在自愿减排机制中,项目业主、审定与核查机构、交易机构自发对与市场正常运行有关的信息作出披露、公示及对其所提交材料的真实性负责的书面承诺。依据主体不同,可具体分为项目业主就项目概况、项目和减排量真实性及其他相关资料进行承诺,审定与核证机构则应当就能证明其资质的材料、相关从业人员的工作情况、其项目审定报告和减排量核查报告等进行承诺,交易机构主要对交易信息的真实、交易系统的安全、稳定、可靠进行承诺。笔者建议,新的《温室气体自愿减排交易管理办法》应该对项目业主、审定与核查机构实行"双承诺"制度,即在自愿减排项目申请的时候,项目业主通过注册登记系统提交项目申请材料,其中应包括两份承诺书,一份是项目业主对所提交申请材料的真实性负责的承诺书,另一份是审定与核查机构对其出具项目审定报告的合规性、真实性、准确性负责的承诺书。在项目产生的减排量申请的时候,项目业主通过注册登记系统提交减排量申请材料,其中应包括两份承诺书,一份是项目业主对所提交减排量申请材料的真实性负责的承诺书,另一份是审定与核查机构对其出具减排量核查报告的合规性、真实性、准确性负责的承诺书。"双承诺"制度是对项目业主、审定与核查机构的诚信自律提出的要求,也是信用管理制度在碳交易市场中发挥作用的具体表现。信用承诺是否必须作为市场准入的必备条件,还值得商榷。其实,信用承诺可以采取非强制形式,即信用承诺并非进入市场的必备条件,但信用承诺能够一定程度上起到分担监管压力的作用,应鼓励监管主体自愿、主动进行承诺。

四是信用分级监管措施。为了保证监管具有针对性,不给相关主体增加额外负担,还要推进信用分级监管措施。借鉴其他领域信用分级分类监管的经验,具体结合自愿减排机制中可能出现的风险缺口,按照失信程度可

---

[1] 陈兴华:《市场主体信用承诺监管制度及其实施研究》,载《中州学刊》2019年第5期。

将相关主体划分为信用约束对象、信用预警对象、一般监管对象等类别。[1]其中，信用评价的相关指标及具体权重、具体评级等均应实行动态管理，在保证相关性和正当性的基础上，通行指标和权重划分每年应当至少进行一次更新，具体评级应在相关主体评级变更后3个工作日内迅速变更。根据信用评级差异，对相关主体进行分类监管，比如对于一般监管对象更多采取激励性措施，在同等条件下，优先给予相关财政和优惠政策支持；对于信用预警对象则应当适当提高监督检查的频率和频次；对于信用约束对象，则首先进行信用预警单独公示，列为监管重点对象，约谈相关单位的负责人员，督促其修正信用等级。

信用惩戒制度本身具有层次性，碳交易市场上针对不同的失信行为应该有不同的应对措施。第一，对不同行为要进行信用信息保存期限上的区别，如果失信行为的主观恶性大，造成的后果严重，该信用信息应当保存较长时间，而如果该失信行为主观恶性小，那么长时间保存信用信息会使得主体重建信用的成本负担过高，因此，保存时间可以相对较短。第二，应对不同失信信息作出扩散范围的区别。信用作为复杂社会关系的简化机制而起作用，该机制的核心就是相关信息的扩散，碳交易市场上导致严重后果的失信行为应当进行全面的信息披露和公示，而一般失信行为，则可限制扩散范围。第三，要在失信惩戒力度上有所区别，应当制定失信联合惩戒名单，以相关司法裁判、行政处罚、行政强制为依据，将性质恶劣、情节严重、危害“双碳”目标实现等社会危害较大的失信行为主体纳入名单，推行多部门的联合惩戒。而对于一般失信主体，则仅需按失信程度，由生态环境主管部门确定惩戒措施。

信用信息公示机制必须贯穿碳交易过程的始终。公布的信用信息范围出于信息公示的便捷性和有效性考量，公示平台应当架构在交易系统平台之上，方便参与主体获取信息。例如，就自愿减排机制而言，可以规定项目业主、审定与核查机构、交易主体违反法律法规规定的，由生态环境部、市场监督管理总局按职责予以公开，相关处罚决定纳入国家企业信用信息公示

---

[1] 参见《成都市食品生产企业食品安全信用分级分类监管工作管理办法（试行）》《天津市用人单位劳动保障信用分级分类监管办法（试行）》等相关规范性文件。

系统。信用信息公示的平台可借助国家企业信用信息公示系统,由生态环境部和市场监督管理总局实行失信联合惩戒。此外,对“黑名单”制度的攻讦主要原因在于该名称中的“黑”已经表示出负面评价的效果,因此,笔者认为可以采用“异常名录”方式取代“黑名单”,将碳交易市场中存在弄虚作假、操纵市场行为的主体纳入“异常名录”向社会公布。

总之,中国“双碳”目标的实现需要制度支撑。碳交易市场体系作为以市场体制实现环境政策的探索性机制,其建立、健全、稳固发展都需要完善的监管体制提供支撑。构建以信用为基础的管理体制,能够填补碳交易市场机制存在的管理依据、管理效能方面的弊病。在进行信用管理制度设计时,应坚持社会信用体系的建设目的是重塑社会诚信,强化市场主体信用监管,促进社会共治,维护公平公正的碳市场交易秩序,而不是为了更为简单、迅捷的行政管理,将碳交易市场体系耦合信用管理制度,与传统的监管方式相比,这种新型的监管机制以信用为基础,突出了“信用”和“信息”在碳交易市场监管中的基础性作用,贯穿了碳交易市场主体全生命周期,衔接了事前、事中、事后全监管环节,是一种全过程的信用监管模式,使得“信用”手段与“法治”手段、“道德”手段三足鼎立,共同构建一种放管结合、宽严相济、进退有序的碳交易市场监管新格局。

四、建立健全碳交易市场举报奖励制度

(一)生态环境违法行为举报奖励制度法规梳理

我们生态环境立法重视公众参与环境治理,建立了举报奖励制度,即通称的有奖举报制度。例如,《环境保护法》第 57 条规定,公民、法人和其他组织发现任何单位和个人有污染环境和破坏生态行为的,有权向环境保护主管部门或者其他负有环境保护监督管理职责的部门举报。公民、法人和其他组织发现地方各级人民政府、县级以上人民政府环境保护主管部门和其他负有环境保护监督管理职责的部门不依法履行职责的,有权向其上级机关或者监察机关举报。接受举报的机关应当对举报人的相关信息予以保密,保护举报人的合法权益。《大气污染防治法》等各类环境要素污染防治

法,都对公众举报(检举)奖励制度进行了规定。2020 年 4 月,生态环境部办公厅发布了《关于实施生态环境违法行为举报奖励制度的指导意见》(环办执法〔2020〕8 号,以下简称“生态环境部指导意见”),这是一部专门针对举报奖励制度的部门规范性文件。为鼓励公众积极参与环境保护工作,加强对环境违法行为的社会监督,严肃查处环境违法行为,切实改善环境质量,根据《环境保护法》《生态环境部指导意见》等法律法规、规章,各省、自治区、直辖市生态环境厅(局)结合本地实际,建立实施举报奖励制度,并指导督促设区的市级生态环境部门建立实施举报奖励制度。

我国共 34 个省级行政区划,除港澳台外,颁布了生态环境违法行为举报奖励实施办法的共有 28 个。

(二)各地生态环境举报奖励的类型及途径

通过分析各省级生态环境主管部门关于举报奖励办法可知,各省对举报类型的规定分为三种:第一种是直接列举具体环境违法行为及其对应奖励的模式,这也是大多数省级生态环境主管部门采用的方式,如《北京市环境保护局对举报环境违法行为实行奖励有关规定》第 7 条规定:根据举报人举报线索发现难易程度、对环境危害程度、举报人协查情况等给予举报人相应奖励。重点奖励提供在日常监管中难以发现且对环境危害严重,或因举报避免了重大环境污染事件发生线索的举报人。根据举报所列举的环境违法行为的,经环保部门认定违法行为属实的,分别给予举报人 3000 元、5000 元和 50,000 元的奖励,举报上述列举以外环境违法行为的,经环保部门认定违法行为属实,给予举报人 200 元奖励。第二种是概括式,只写明环境违法行为、不写明对应的奖励的类别,例如,《湖北省固体废物环境违法行为举报奖励办法(试行)》规定,举报湖北省域内发生的下列环境违法行为,经生态环境部门调查属实,对被举报对象作出处理后,给予举报人一次性奖励。这些环境违法行为包括:擅自倾倒、堆放、丢弃、遗撒工业固体废物的,或者未采取相应防范措施,造成工业固体废物扬散、流失、渗漏或者造成其他环境污染的;非法转移、排放、倾倒、处置危险废物的;其他违反《中华人民共和国固体废物污染环境防治法》《危险废物经营许可证管理办法》中涉工业固体废物或危险废物的环境违法行为。至于一次性奖励是多少,需视情况而定。

第三种则既未写明环境违法行为类别，也未列举对应的奖励，规定非常笼统。

各地方举报途径主要有以下几种：第一，电话热线：12369、省环保督查热线；第二，网站：地方政府门户、12369 网络举报平台；第三，来信来访：包括邮寄、传真、电子邮件、亲自送达；第四，新媒体：12369 微信公众号、地方政府官方微信平台、地方政府微博；第五，传统媒体：地方党报、电视台、政府网站设立的"环保曝光台"等新闻栏目；第六，其他。为畅通群众诉求渠道，优化政务服务便民热线，有效利用政务资源，提高服务效率，加强监督考核，根据《国务院办公厅关于进一步优化地方政务服务便民热线的指导意见》（国办发〔2020〕53 号）的要求，我国各地的 12369 环保举报热线整体归并至 12345 政务服务便民热线，由 12345 统一受理，再按照举报类型进行分流，各部门应"接诉即办"，及时处理与按时回复。

具体的奖励方式包括：

物质奖励与精神奖励相结合。部分省级单位响应生态环境部的号召，采用物质奖励与精神奖励相结合的方式，通常规定为征得举报人同意后，可同时给予通报表扬，或发放荣誉证书、授予荣誉称号等精神奖励；或者对现场领取奖励的举报人发放荣誉证书。采用物质奖励与精神奖励相结合的省级规章占多数。

物质奖励方式。一是分情形定额奖励，例如《重庆市生态环境违法行为有奖举报办法（2022 年版）》第 7 条，生态环境部门依据举报线索查实环境违法行为，且符合本办法第 8 条规定条件的，按照规定分别给予举报人以 500 元、3000 元和 10, 000 元的奖励。二是分情形限额奖励，即列举奖励情形与奖励幅度，由生态环境部门在幅度内酌情奖励。三是在限定额度内，参照或直接按照举报环境违法行为行政罚款的百分比进行奖励，例如，2022 年 3 月，贵阳市生态环境局、贵阳市财政局发布的《贵阳市生态环境违法行为举报奖励办法（暂行）》第 4 条规定，举报较轻微的生态环境违法行为的，给予 100 元奖励，如果对违法主体做出行政处罚决定的，给予罚款金额 1% 的奖励，最低 100 元最高不超过 1000 元。四是双划线额度内奖励：先限定奖励的金额的上限及下限，再参照行政处罚金额的百分比幅度进行奖励，例如，《福建省生态环境违法行为举报奖励暂行办法》第 13 条第 1 款规定，在符合举报奖励原则的基础上,举报人举报生态环境违法行为符合Ⅱ级奖励情形,同时满足法定条件的,予以奖励人民币500~2000元。第15条第1款规定,Ⅰ、Ⅱ级奖励具体金额,可参照举报案件行政处罚金额1%~5%确定。不足对应档次奖励金额规定下限的,执行奖励金额下限标准,超过对应档次奖励金额规定上限的,执行奖励金额上限标准。五是一次性重大奖励。这种方式并非每个省都有规定,且通常是奖励金额的上限。例如:《江苏省保护和奖励生态环境违法行为举报人的若干规定》第6条第2款规定,"对举报监测数据弄虚作假并造成严重环境污染、跨区域倾倒 危险废物并造成严重后果、长期严重超标排污等违法行为的,经查证属实,报同级人民政府同意,可给予举报人最高50万元的一次性奖励。"

以上是单一型奖励方式,还有复合型奖励方式,即前五种奖励方式中任意几种相结合。

支付方式与纳税问题。通常为现金及转账两种,也有地区积极探索更为灵活的方式,如《四川省生态环境违法行为举报奖励办法》第14条规定,"奖金发放须严格按照财政资金支付管理的有关规定执行,原则上采用非现金方式支付。对于金额较小的生态环境违法行为举报奖励,可探索话费充值等灵活便捷的奖金发放方式。"

依据《财政部、国家税务总局关于个人所得税若干政策问题的通知》(财税字〔1994〕020号)规定,个人举报、协查各种违法、犯罪行为而获得的奖金,暂免征收个人所得税。不过仍有一些省级规范性文件明示了需要纳税。

(三)举报奖励制度的法律性质

生态环境举报奖励行为是一种新型行政执法行为——政府悬赏行为。针对该行为的法律性质,学界有不同的观点,主要表现为"行政奖励说""行政合同说"以及"行政承诺(允诺)说"。"行政奖励说"在实施手段方面(即有偿奖励)与政府悬赏行为相同,但该观点忽视了两者实施的依据:行政奖励以行政法律规范为索引,表现为具体的法定职权与义务;而政府悬赏行为则以各地政策条文为索引,并未涉及到专门的行政法律规范。就"行政合同说"而言,合同的成立与生效涉及要约、承诺以及双方合意等程序,是平等主体之间的法律行为。但政府悬赏行为的成立并生效仅需政府主体为自身所设的单一义务这一要件,无须双方主体之间的合意达成。相较于"行政奖励说"与"行政合同说","行政承诺(允诺)说"更符合政府悬赏行为的本质。国内对于行政承诺(允诺)的理论研究主要集中在行政承诺(允诺)及其可诉性、行政承诺(允诺)案件的性质及其审理对象等方面。结合生态环境的特殊性,行政承诺(允诺)应指生态环境主管部门为实现保护环境、维护生态的职责目标所采取的为自身设定一定法律义务的行政行为。首先,行政承诺(允诺)是单方行政行为且具有非强制性特点,与行政惩罚等行政行为不同,行政处罚为双方行政行为具有强制性特点。行政承诺(允诺)法律关系中的行政相对人享有较大的自由选择权,不再负有强制履行的法律义务。其次,行政承诺(允诺)是行政机关在履行职责之时,为更好地依法行政所作出的不属于行政法律规范内的法定行政行为,旨在通过公民这一辅助主体实现保护环境、维护生态的目标。最后,行政机关作出的行政承诺(允诺)行为,能够较多地行使自由裁量权,灵活多变,能够满足公民权利的"双向保护"愿景。

基于政府悬赏行为的法律性质,生态环境举报奖励制度应指公民、法人或者其他组织采用书信、电子邮件、传真、电话等传统通信形式以及微信、微博等新媒体形式,针对生态环境领域内所发现的破坏生态、污染环境的行为,按照法定举报程序,依法向根据法律规定负有生态环境保护义务的国家机关进行举报,请求国家机关依法对造成该行为的违法实施者予以处罚,并且国家机关在根据举报线索依法查实后,对线索提供者给予奖励的制度。[1]

(四)公众参与举报奖励的依据

公民环境权理论是公众参与生态环境举报奖励的理论依据。公民环境权是指公民享有的在清洁、健康的环境中生活的权利,包括健康环境享有权与恶化环境拒绝权。环境权首先是一项新兴的基本人权,同时也是一项法律权利,但由于其是一个抽象性、不确定的法律概念,需要通过立法和司法

---

[1] 张波、王明菊:《京津冀生态环境有奖举报制度的"悬丝诊脉"》,载《濮阳职业技术学院学报》2021年第4期。

途径进行具体化，以发挥其规范效力。[1] 环境权理论发端于西方发达国家，经过几十年的探索，其理论日趋成熟，目前环境权已经在国家法和许多国家的法律中得以确认。我国《宪法》《民法典》《环境保护法》等法律虽然没有直接对公民环境权作出明确规定，但法律条文中也能体会其蕴涵的公民应享有的生态环境权益。如《宪法》第26条第1款规定，"国家保护和改善生活环境和生态环境，防治污染和其他公害。"这是公民环境权受国家保护的最高的法律依据。公民环境权不仅包括环境舒适权如采光权、通风权、安宁权、眺望权、清洁空气权、清洁水权等)，还包括环境管理权、环境知情权、环境索赔权等。公民环境权理论的确立为公众参与环境保护和管理提供了理论基础，也是公众参与生态环境举报奖励的理论依据。《环境保护法》第6条第1款规定"一切单位和个人都有保护环境的义务。"2020年4月，生态环境部发布《生态环境部办公厅关于实施生态环境违法行为举报奖励制度的指导意见》，其后，各省相继发布本行政区域内的生态环境违法行为举报奖励实施办法，为公众参与社会监督、举报生态环境违法行为提供直接的法律依据。

（五）碳交易管理举报奖励制度的规范表述

我国碳交易市场引入公众举报奖励制度，很有必要。就生态环境保护而言，为聚焦助力打赢污染防治攻坚战，解决人民群众身边的突出生态环境问题，近年来我国建立并组织实施了生态环境违法行为举报奖励制度，充分发挥举报奖励的带动和示范作用，对改善生态环境质量、提升生态环境监管效率发挥了重要作用，这一制度已经逐渐成熟与完善。而对于碳交易市场体系的建立与完善，碳排放权交易与自愿减排交易是促进温室气体减排、发挥应对气候变化和大气污染治理协同效应的有效市场手段，在"放管服"改革背景下，引入公众举报奖励制度势在必行。2021年7月16日，全国碳交易市场正式启动上线交易后，碳市场总体运营平稳、效果良好，但是也暴露出了不少问题，如碳交易第一个履约周期出现了诸多碳数据造假的现象。引入公众举报奖励制度，能及时发现并提供碳交易过程中的违法违规行为，

〔1〕 吕忠梅主编：《环境法学概要》，法律出版社2016年版，第146～147页。

为保证碳排放数据与自愿核证减排量的准确性、保障自愿减排项目的真实性、提高 CCER 的同质性发挥积极作用。

2021 年 2 月 1 日起施行的《碳排放权交易管理办法(试行)》第 36 条规定,“公民、法人和其他组织发现重点排放单位和其他交易主体有违反本办法规定行为的,有权向设区的市级以上地方生态环境主管部门举报。接受举报的生态环境主管部门应当依法予以处理,并按照有关规定反馈处理结果,同时为举报人保密。”2019 年 3 月生态环境部发布的《碳排放权交易管理暂行条例(征求意见稿)》没有对公众举报奖励制度作出规定,笔者建议加上该制度。此外,建议制定中的《温室气体自愿减排交易管理办法(试行)》引入举报奖励制度,相关条文的表述可以为:“温室气体自愿减排项目和国家核证减排量接受社会监督。一切单位和个人都有权对温室气体自愿减排活动中弄虚作假的行为向项目所在地的省级生态环境主管部门举报。对经核实确实存在弄虚作假行为的,由受理举报的省级生态环境主管部门给予举报者一定的奖励,有关实施办法由省级生态环境主管部门另行制定。”

五、自愿减排交易管理专家库建设的法律构想

我国各地经济社会发展不平衡,产业结构和自然资源禀赋各异,各地开发自愿减排项目的重点领域也存在较大差异。为保证温室气体自愿减排项目及其减排量的真实、准确、科学,并考虑到地方生态环境主管部门能够掌握所辖区域自愿减排活动的真实情况,笔者建议,制定中的《温室气体自愿减排交易管理办法(试行)》可构建一种由生态环境主管部门、审定与核查机构和专家进行多重把关的 CCER 项目质量管控机制,具体分工可以是:由省级生态环境主管部门对项目申请材料的完整性、合规性进行形式审查;审定与核查机构受项目业主委托对涉及项目审定和减排量核查等专业性较强的事项出具相关报告;生态环境部组织建立温室气体自愿减排交易管理专家库,由专家为温室气体自愿减排项目的开发和审定、减排量的核查、交易等活动提供技术评估。通过上述环节进行多重把关,提升项目和减排量质量。因此,自愿减排管理专家库的建设至关重要。

（一）专家库建立的层级考量

专家库建立的层级和数量，应当与其适用领域的需求相吻合。CCER 项目本身开发周期较长，有一定成本，又有审定与核查机构和评估专家双重把关，其特点决定了 CCER 项目的发展趋势是量少质优，应当只建立一个全国专家库。如果在各地建立专家库，专家库的启用率低，全国懂专业的专家数量少，专家的水平与能力也会存在地区差异，影响自愿减排交易及相关活动技术评估的质量，进而影响 CCER 项目的同质性。与之相对的，是业务量大，普及范围广的领域，如环境损害司法鉴定需求量增加导致环境损害司法鉴定机构的设立申请也相应增多，因此中央与省级主管部门分别建立全国库和地方库，符合评估鉴定机构的工作量需求。而铁路建设工程评标工作中，根据招标项目评标需要，勘察设计评标专家子库需要分别建立全国库、区域库、应急库三个级别。[1]

CCER 项目发展现状决定了仅适合建立全国性的专家库，由生态环境部组织建立。原因在于，CCER 机制脱胎于 CDM 机制，虽然起步后就迎来蓬勃发展，但毕竟发展时间较短，目前处于暂停状态，领域内的专家数量不多，且主要集中在北京、上海、广州等 CCER 交易较为活跃的大城市。如果建立省级专家库，部分地区会面临专家数量短缺的窘境；如果由若干省份联合设立区域专家库，又需要各省主管部门联动，行政管理的成本上升，专家评估的操作性受到限制。即使组建起省级或区域专家库，如果专家数量偏少，可能出现不同项目类型之间评估专家分配不均、专家擅长的领域与评估项目不对口等问题，影响评估质量；或部分专家参与技术评估的频率较高，难以真正阻断专家与项目利害关系人之间的联系。专家数量过，不利于技术评估的匿名评审要求，容易被项目业主或请托人干扰，成为专家库制度中的漏洞。此外，如果在各省建立专家库，还可能因地方保护主义影响专家库的公正性。从监管角度来看，如果各地分散建立专家库，监督难度与成本都会上升。只建立一个全国性的温室气体自愿减排专家库，由生态环境部制定管理办法，明确温室气体自愿减排专家库的性质较为合适。即专家受生态环

[1]《铁路建设工程评标专家库及评标专家管理办法》第 8 条。

境部委托,为自愿减排项目的开发和审定、减排量的核查等活动提供技术评估等服务并接受生态环境部的监督管理,或者由生态环境部授权注册登记机构进行监督管理。

(二)入库专家的遴选、职责、工作内容及聘期

从遴选标准来看,入选全国专家库的专家作为自愿减排机制专业性的保障,应当在同行业内具有一定知名度,且具备专业性权威性和高尚的学术道德,专家遴选可以考虑以下条件:一是从事应对气候变化与温室气体减排相关工作达到若干年限,积累了丰富经验,熟悉方法学;二是具有应对气候变化与温室气体减排方面的学术研究成果,掌握本专业领域国内外发展现状和前沿动态,具有高级技术职称,主持过省部级以上相关研究课题,在国内外学术期刊上发表过相关学术论文;三是具备优良的科学素养和职业操守;四是健康状况良好,能够胜任生态环境部委托的评估工作,并能够参加业务培训等活动。遴选方式可设立单位推荐和个人申请两种。省级生态环境主管部门认为符合上述条件的专家,可以向生态环境部推荐。行业内专家认为符合条件的,也可以向生态环境部自荐。自愿申请成为技术评估专家的人员,应当提供个人简历、本人签署的申请书和承诺书、学历学位证书、专业技术职称证书或者具有同等专业水平的证明材料等申请材料。

入库专家的职责、工作内容及聘期由生态环境部制定管理办法或实施细则予以规范。例如,专家评估应当坚持科学严谨、客观公正、实事求是的原则,按照有关法律法规进行评估。专家组应当按照生态环境部的委托,独立、客观地开展技术评估工作。专家的主要工作内容是受生态环境部委托在 CCER 项目开发过程中提供技术支持,包括开发、评估新的方法学;为自愿减排项目的开发和审定、减排量的核查等活动提供技术评估;参加相关技术培训以及承担生态环境部委托的其他工作。建议入库专家每届聘期三年,可连选连聘。

(三)专家库的管理

由生态环境部或者生态环境部授权国家温室气体自愿减排注册登记机构(以下简称注册登记机构)负责专家库的管理、使用与监督,充分发挥专家

库在温室气体自愿减排交易及相关活动中进行技术评估的作用。首先,由生态环境部建立全国温室气体自愿减排管理专家库。注册登记机构负责按专业要求抽取专家进行技术评估,并对专家的技术评估过程进行监督。评估工作开始前,注册登记机构应核实专家身份,告知回避要求、工作纪律,介绍相关政策法规。出现评估专家临时缺席、回避等情形导致评估现场专家数量不符合标准的,要按照有关程序及时补抽专家,继续组织评估。评估过程中,注册登记机构负责对评估数据进行校对、核对,对畸高、畸低的重大差异评分可以提示专家组复核或书面说明理由。注册登记机构应定期对评估专家的专业技术水平、职业道德素质和评估工作等情况进行评价,并向生态环境部反馈。

专家库可设秘书处,秘书处设在注册登记机构,负责专家库日常工作。秘书处主要负责遴选、增补入库专家,建立和保管专家库工作档案,以及开展其他工作。对不能履行职责的专家,可建议调整。

(四)专家组的工作职责与议事规则

专家组的主要职责是为自愿减排项目的审定、减排量核查、方法学申请等提供技术评估服务。生态环境部授权注册登记机构根据方法学申请项目审定与减排量核查的事项成立技术评估专家组。为保证评估公正性,专家组采用随机抽取的方式,由秘书处从专家库中抽取5人组成专家组。评估专家与项目业主有利害关系的,应当回避,人数不足的由秘书处重新抽取。评估结束后,专家组解散。《CCER暂行办法》要求对年减排量6万吨以上的项目进行过审定的机构,不得再对同一项目的减排量进行核证。专家组的构成也可与该规定保持一致,对年减排量6万吨以上的项目进行过评估的专家,不再参与对同一项目减排量进行评估。每项评估结束后,专家组名单及评估结果记入专家库工作档案。

开展评估前,专家组应当根据工作方案确定评估流程及分工。评估形式有两种选择,一是对外公示专家,二是匿名评估,两者各有利弊。如果将评估专家公示出来,可以增加评估的透明度,对专家评估本身也是一种监督;弊端是项目业主出于利益考量,审定与核查机构为维护自身的专业性和口碑,都有可能通过各种渠道影响专家评估工作。如果专家匿名评估,则可以最大限度避免项目业主和审定与核查机构对评估工作的干扰,但专家组向生态环境部出具的专家意见书中仍需有评估专家的签字,专家组名单及评估结果也应当记入专家库工作档案。如果有专家存在不良行为,仍然可以进行追溯与追责。因此,专家评估采用形式匿名为妥。在专家组内部,评估可分为两个阶段,即专家各自评审阶段与会议集中评审阶段。最后之所以采取会议形式,一则专家组内部存在技术评估等分工,以会议的形式可以充分交流,避免各自的专业盲区,使评估结果更加全面;二则从操作层面来看,全国只有一个专家库,专家参与会议评估具备可行性。

考虑到审定与核查机构给项目业主出具的项目审定报告和减排量核证报告中已经包含了对项目基准线确定、减排量计算的准确性、项目的额外性和监测计划的合理性与执行情况等事项的评估,如果专家也进行实地勘验和评估,一是增加技术评估阶段的成本,二是技术评估周期进一步延长,增加项目业主的负担。因此,评估内容主要针对审定报告与核算、核查报告的合规性进行审查,并依据提供的材料进行技术评估,必要情形下可以去现场勘验,或要求申请人补充材料、就具体问题提供书面答辩等。

专家组的议事规则可以设定为:评估结果应当经专家组过半数同意,所有评估专家须在专家意见上签字并提交注册登记机构留存。少数持不同意见的专家可在专家意见书中列明反对的理由。专家意见书应当包括项目基本情况、项目审定报告合规性、减排量检测报告及核算、核查报告合规性、评估结论和主要依据等内容。应该对专家评估总的时限提出要求,比如,要求专家组在20个工作日内出具书面评估意见并通过注册登记系统公开,书面评估意见应当包括项目是否通过技术评估的明确结论。评估结果可分为通过、不通过和附条件通过。

(五)专家的法律责任问题

由于专家库并不具体从事评估工作,而具体进行技术评估的专家组(或称专家委员会)往往是随机抽取产生的临时性组织,评估事项结束则专家组随即解散,因此,专家库与专家组均不能成为独立的承担法律责任的主体,因此,要讨论的仅仅是专家个人的法律责任承担问题。

CCER项目技术评估中追究专家法律责任的逻辑基础在于专家的忠实

义务。从普通法来看,委托人对专业人士的依赖或信赖推导出了法律上对专业人士的三项要求:拥有必要的技能、合理的关注和勤勉、忠诚老实和公正。[1] 尽管我国现行的碳交易管理办法与 CCER 交易管理办法中没有明确专家的忠实义务,但专家技术评估的制度设计已经暗含了对专家忠实义务的要求。因此,当专家严重违反忠实义务,存在重大过失时,应当承担相应的后果。同时,也应当注意,专家仅仅是专业知识和技术评估服务的提供者,并非最终的决策者,如果片面强调专家的法律责任,势必挫伤专家参与技术评估的积极性,甚至有可能使专家参与技术评估时过于保守而不利于 CCER 交易市场的发展。因此,对于专家不良行为的法律责任追究,应当采取审慎的态度。

在自愿减排交易市场的法律规定中,还没有关于专家评估的法律责任追究或不良行为的惩戒措施。但政府采购领域已有法规对评审专家的法律责任作了明确规定,可以为我们研究 CCER 项目技术评估专家不良行为责任追究提供借鉴。《政府采购法实施条例》明确了专家评审活动中的不良行为,主要分为程序违法和收受贿赂两类,[2] 同时加强了对评审专家及其他主体的监督管理,对其不良行为予以记录,纳入统一的信用信息平台。[3] 2016 年《政府采购评审专家管理办法》除沿袭了以上不良行为及惩戒措施的表述外,又增加了几种列入不良行为记录的情形,包括泄露评审文件、评审情况;提供虚假申请材料;拒不履行配合答复供应商询问、质疑、投诉等法定义务;以及以评审专家身份从事有损政府采购公信力的活动。[4] 从惩戒措施来看,政府采购领域中针对专家评审不良行为的惩戒措施包括禁止参加评审活动、列入不良信息记录、纳入信用信息平台、警告、罚款、没收违法所得等,对同一种不良行为可以适用不同的惩戒措施。给他人造成损失的,依法承担民事责任;构成犯罪的,依法追究刑事责任。其中,警告、罚款、没收违法所得都是由行政法规先行制定,并在部门规章中沿袭了表述。

随着时代演进和技术发展,各国政府都会在法律领域,通过官民合作的

[1] 刘燕:《"专家责任"若干基本概念质疑》,载《比较法研究》2005 年第 5 期。

[2] 《政府采购法实施条例》第 75 条。

[3] 《政府采购法实施条例》第 63 条。

[4] 《政府采购评审专家管理办法》第 29 条。

模式,引进专家学者组建专家组(或专家委员会)来协助政府处理“专业社会”和“风险社会”所带来的问题。专家在处理专业问题方面的能力比行政部门和司法部门都具有优势。由于专家评估具有专业性、权威性、科学性和效率性,专家组(或专家委员会)的结论往往具有“终局意义”,能避免无休止的质疑和异议。专家组(或专家委员会)是“个体(私人)”参与政府行政行为的一种类型。根据传统的法律理论,专家组(或专家委员会)是一种“一事一议”的涉及技术评估、司法鉴定、咨询服务、决策参谋的“临时”组织,不具有承担法律责任的主体资格。根据行政委托的基本原理,专家组(或专家委员会)是以行政委托机关的名义行使职权的,因此,委托机关对外承担法律责任,专家组(或专家委员会)不需要对外承担责任。就CCER(国家核证自愿减排量)来说,也是由第三方机构审定与核查、专家组受委托进行技术评估,“国家”在充分听取专家审定与核查结论的基础上,最后由“国家”核证。所以,专家审定与核查不需要对外承担法律责任。

专家个人的法律职责主要体现在三个层面:一是利害关系回避;二是廉洁自律,不能获取不正当利益;三是基于科学水平的评估与判定。由于专家库、专家组(或专家委员会)不能成为独立承担法律责任的主体,专家个人的法律责任追究可以通过在CCER管理办法条文中设置的诉讼制度实现,比如规定,“认为自身权益受到侵害的交易主体,可以通过项目或注册登记机构所在地的人民法院提起诉讼。”通过这一规定,可以由交易主体针对专家提起诉讼。当然,专家评估应该是匿名进行的,如此,则外界交易主体无法得知具体评估的专家信息,民事诉讼几无可能实现。笔者建议,对于CCER项目评估专家的责任追究,应该由生态环境部实施,具体的惩戒措施包括警告、若干年内禁止参加技术评估活动、移出专家库名录、列入不良信息记录名单、没收违法所得等。涉嫌犯罪的,移送司法部门处理。笔者认为,关于对专家的法律责任追责问题,不需要在部门规章《温室气体自愿减排交易管理办法》中规定,可以另行规定。

综上,笔者认为,CCER交易管理办法关于专家库的条文内容,可以表述为以下三款:第一款为,“生态环境部委托注册登记机构建立温室气体自愿减排管理专家库,为温室气体自愿减排项目的开发、审定和减排量的核证、交易等活动提供技术评估等服务”。第二款为,“专家库成员的选聘办法、任期、职责,以及专家组的组成办法、工作程序和议事规则等,由生态环境部另行制定”。第三款为,“专家应当基于科学精神,独立、客观公正地从事技术评估等服务,廉洁自律,不得从中获取不正当利益。专家与所评估项目有利害关系的,应当自行回避,项目业主、审定与核证机构也可以申请其回避”。

六、生态环境部公开碳数据弄虚作假案例的法律性质认定

2022 年 3 月 14 日,生态环境部公开中碳能投等机构碳排放报告数据弄虚作假等典型问题案例(2022 年第一批突出环境问题),关于这一行为的性质认定,笔者认为:

其一,这一行为不属于行政处罚。虽然 2021 年修订的《行政处罚法》将“通报批评”增列为行政处罚的一个种类,但生态环境部这一案例公开行为不属于行政处罚。这一公开行为既不具有行政处罚的属性,也没有行政处罚的含义。一方面,行政处罚必须履行立案、调查询问、责令改正、内部审批、处罚事先告知、作出处罚决定、文书送达、结案等一系列程序,相应的处罚文书应装订为案卷材料归档,这些书面文书包括《立案审批表》《调查询问笔录》《现场检查(勘验)记录》《检测报告》《责令改正违法行为决定书》《案件处理内部审批表》《行政处罚事先(听证)告知书》《案件调查报告》《行政处罚决定书》《结案审批表》等,此外还包括各类送达回证、执法证据以及执法人员证照等。尽管《行政处罚法》及其他法律法规对“通报批评”的处罚程序还没有作出详细的规定,但上述程序可以简略,但不能无视,除非不是作出的行政处罚行为。显然,生态环境部这一案例公开行为没有也不需要经过上述程序,不属于行政处罚。

另一方面,这一公开行为没有任何一处有“通报批评”的表述,生态环境部也没有将之视为一项行政处罚来对待。况且,即便要作出行政处罚,也应该由拥有行政执法权的地方生态环境主管部门作出,而不是首先由生态环境部作出。

其二,这一行为不具有可复议性。根据《行政复议法》规定,公民、法人或者其他组织认为具体行政行为侵犯其合法权益的,可以向行政机关提出行政复议申请。但是,生态环境部公开碳排放报告数据弄虚作假案例,作为

数据弄虚作假的当事人(申请人),既没有收到行政处罚决定书,其财产也没有被采取行政强制措施,其从业各类证照也没有因此被限制使用或被撤销,其经营自主权也没有被行政机关侵犯。因此,生态环境部这一公开行为不具有可复议性,不具备申请行政复议的情形。申言之,这一公开行为也不具有可诉性,不符合提起行政诉讼的条件。

其三,这一行为是“双随机、一公开”监管方式的体现。根据中共中央、国务院印发的《法治政府建设实施纲要(2021—2025 年)》规定,推动政府管理依法进行,把更多行政资源从事前审批转到事中事后监管上来。健全以“双随机、一公开”监管和“互联网+监管”为基本手段、以重点监管为补充、以信用监管为基础的新型监管机制,推进线上线下一体化监管,完善与创新创造相适应的包容审慎监管方式。根据不同领域特点和风险程度确定监管内容、方式和频次,提高监管精准化水平。生态环境部公开中碳能投等机构碳排放报告数据弄虚作假等典型问题案例,这正是贯彻《法治政府建设实施纲要(2021—2025 年)》精神,全面主动落实政务公开,践行“双随机、一公开”新型监管方式的体现。

其四,生态环境监督检查结果应该公开。2021 年 2 月 1 日起施行的《碳排放权交易管理办法(试行)》对重点排放单位温室气体排放报告的核查结果、监督检查重点和频次作出了原则性规定,并规定设区的市级以上地方生态环境主管部门应当采取“双随机、一公开”的方式。根据中共中央办公厅、国务院办公厅印发的《中央生态环境保护督察工作规定》规定,应该加强信息公开工作,中央生态环境保护督察的有关突出问题和案例应当按照有关要求对外公开,回应社会关切,接受群众监督。生态环境部这一案例公开行为类似于中央生态环境保护督察通报。为了严厉打击发电行业控排企业碳排放数据弄虚作假行为,保障全国碳市场平稳健康运行,必须加强对碳排放报告质量的监督管理,随机开展现场监督检查,监督检查的结果应该对外公开。

总之,生态环境部公开中碳能投科技(北京)有限公司等典型问题,目的是充分发挥警示作用,是贯彻《法治政府建设实施纲要(2021—2025 年)》精神、落实“双随机、一公开”新型监管方式的必然要求,不属于行政处罚,不具有可复议性,也不具有可诉性。

七、CORSIA 合格减排机制几个关键要求的理解及建议

（一）CORSIA 减排机制简介

2016 年 10 月，针对航空运输业的减碳目标，国际民航组织（ICAO）在第 39 届大会通过了国际航空碳抵消和减排机制（CORSIA）。CORSIA 是第一个全球性行业减排市场机制，航空业也由此成为世界上第一个由各国政府协定实施全球碳中和措施的行业。CORSIA 旨在推动航空公司采用合格排放单元（Eligible Emission Unit，EEU）抵消航空运输企业 2020 年后的国际航班碳排放增量。在 CORSIA 计划下，全球航空业需要在 2050 年逐步达到以下目标：一是 2035 年的二氧化碳排放量不超过 2020 年的排放水平，即碳达峰；二是 2050 年的二氧化碳排放量应达到 2005 年排放水平的 50% 及以下，最终实现碳中和，将全球航空碳净排放量稳定在 2019 年的水平。

国际民航组织 CORSIA 对合格减排机制提出了总体性要求和对关键要素的要求，VCS、黄金标准等其他 5 个机制成为 CORSIA 合格减排机制的核心制度设计。目前，中国温室气体自愿减排项目也已纳入 CORSIA 合格减排机制。根据 CORSIA 要求，可用于 2021 ~ 2023 年试运行阶段的合格碳减排指标必须是由 2016 年 1 月 1 日后投产的减排项目产生（即减排项目的第一计入期开始于 2016 年 1 月 1 日后），且不得晚于 2020 年 12 月 31 日。同时，产生合格碳减排指标的减排项目必须来自于 ICAO 理事会认可的以下 8 个减排机制：（1）美国碳注册登记（ACR）；（2）美国气候行动储备方案（CAR）；（3）国际自愿碳减排标准（VCS）；（4）黄金标准（GS）；（5）清洁发展机制（CDM）；（6）中国温室气体自愿减排项目（CCER）；（7）全球碳理事会项目（GCC）；（8）REDD + 交易架构（ART）[1]。除此之外，其他减排机制如 FCPF、BCOP[2]、T - VER[3]的项目若符合 CORSIA 规定的，其产生的减排

---

〔1〕 REDD，即 Reducing Emissions from Deforestation and Degradation，指减少毁林和森林退化造成的碳排放及增强森林的碳储存机制，简称碳减排机制。

〔2〕 BCOP，即 British Columbia Offset Program，不列颠哥伦比亚碳补偿计划。

〔3〕 T - VER，即 Thailand Voluntary Emissions Reduction Program，泰国自愿减排计划。

量可部分或全部纳入 CORSIA 抵消市场。

2019 年 3 月,国际民航组织理事会印发了《国际民航组织文件 CORSIA 合格排放单位评判准则》。2019 年 5 月,国际民航组织关于《评价合格减排机制的补充说明》第 2.6 条审定与核证程序部分提出,减排机制应具有完备的审定和核证的标准和程序。2019 年 5 月,国际民航组织关于《评价合格减排机制的补充说明》第 3.7.8 条项目所在国出具避免重复证明部分提出,减排机制应获得项目所在国国家联络人或其授权人的书面证明。那么,国际民航组织上述文件提出的要求,能否作为中国 CCER 申请行政许可的依据呢？对于这一问题,监管部门与实务界的认识尚不统一,仍有争议。这涉及对 ICAO 上述文件中 CORSIA 合格减排机制几个关键要求的理解,笔者认为,ICAO 上述文件不能直接作为中国 CCER 设定行政许可的依据,ICAO 文件中其实也没有提出必须设置行政许可的要求。

(二)ICAO 有关文件能否作为申请行政许可的依据

第一,ICAO 有关文件不能直接作为设定行政许可的依据。在我国,行政许可的正式设定依据为法律、行政法规、地方性法规,或者国务院决定(仅为过渡性的),省级政府规章(仅为临时性的)。如果要履行我国已经参加的国际条约或者国际社会其他对我国有约束力的文件,应该通过国内立法把相关规定内国化,使之融入我国的法律体系中并得到实施。

第二,ICAO 文件中没有提出必须设置行政许可。CORSIA 评判准则的相关要求强调的是,如何通过有效的减排机制来确保项目的真实性和减排量的额外性,至于是否必须设定行政许可,不能从中推导出来。当然,主权国家可以在其中设定行政许可,这可以作为一个陈述的证据,但不是必选项。是否设定以及如何设定行政许可,应该在我国的法律体系中找法律依据,且不得与现行的法律规定相冲突。

(三)对 ICAO 文件中可能涉及行政许可管理方式的几个条款的理解

第一,再次确认(reviewed by the program)没有必须设定行政许可的含义。2019 年 3 月,国际民航组织理事会印发了《国际民航组织文件 CORSIA 合格排放单位评判准则》,其中要求具体项目的额外性和基准线设定应经公正独立的第三方审核机构审核并经减排机制再次确认。个人认为,我国符合要求。

"项目的额外性和基准线设定"(Project's additionality and baseline setting)由认定合格的、独立公正的第三方机构审核",在我国的做法是,申请备案的自愿减排项目在申请前应由经国家主管部门备案的审定机构审定,并出具项目审定报告。项目审定报告包括了项目基准线确定、项目的额外性、监测计划的合理性等内容[1],这是由第三方机构审定的,且该审定机构是经国家主管部门备案的。

"并经减排机制再次确认"(reviewed by the program),在我国现行的做法是,自愿减排项目首先应该由审定机构审定,审定之后再由国家主管部门备案。具体的程序是,国家主管部门接到自愿减排项目备案申请材料后,要委托专家进行技术评估,之后由国家主管部门商有关部门依据专家评估意见,对自愿减排项目备案申请进行审查,对符合法定条件的项目予以备案,并在国家登记簿登记。可见,国家主管部门"接收材料—专家评估—部门协商—行政审查—行政备案—行政登记"这一套机制,其实就是一种"再确认"程序,完全符合"再次确认"(reviewed by the program)的要求。

笔者认为,这个 review,即再确认或再审查,应该是通过一套有效的机制来完成的,涉及多方主体,看不出在这个程序里必须存在一个行政许可的环节。Review 从字面上来看,也没有行政许可的含义。表达行政许可的含义,一般使用 administrative permit,或 administrative licensing permits 等词。

对于所依托项目新开发的方法学,以及项目产生的减排量,在我国均有"再次确认"的制度安排。

第二,认证认可(the accreditation of validators and verifiers)没有必须设定行政许可的含义。2019 年 5 月,国际民航组织关于《评价合格减排机制的补充说明》第 2.6 条审定与核证程序部分提出,减排机制应具有完备的审定和核证的标准和程序,以及对审定与核证机构及其人员进行认证认可(the accreditation of validators and verifiers)的要求和程序。

Accreditation 的内涵比行政许可要广泛得多,字面上并没有必须设定一

[1] 参见《温室气体自愿减排交易管理暂行办法》第 12 条。

个行政许可的含义,它的本意应为"鉴定合格,资格认可,评审,认证,认可"等意思,这个词的词根为 Credit,本身有"信用、信任、信誉、相信"等意思,其"贷款、学分"等含义也是从信用、信任上引申出来的。

笔者认为,Accreditation 不能理解为"行政许可"或"行政审批"。"the accreditation of validators and verifiers"译为"对审定与核证机构及其人员进行认证认可"比较贴合原意。目前我国做到了对 CCER 项目审定与核证机构及其人员进行认证认可,已经有这方面的要求和程序规定,符合 the accreditation of validators and verifiers 的要求。一方面,我国出台的行政法规《认证认可条例》第 9 条规定,"设立认证机构,应当经国务院认证认可监督管理部门批准,并依法取得法人资格后,方可从事批准范围内的认证活动。未经批准,任何单位和个人不得从事认证活动。"第 10 条并规定了设立认证机构应当具备的条件。另一方面,经批准获得了认证认可资质的机构,并不能直接取得 CCER 项目审定和减排量核证的资质,根据我国的《CCER 暂行办法》规定,自愿减排交易项目审定和减排量核证业务的机构,应通过其注册地所在省、自治区和直辖市发展改革部门(现在为生态环境主管部门)向国家主管部门申请备案。国家主管部门接到审定与核证机构备案申请材料后,对审定与核证机构备案申请进行审查。其中,提交的备案材料中包括了对审核员的一些要求。

应该说,我国的 CCER 交易机制对"the accreditation of validators and verifiers"实行的是类似"行政审批 + 备案审查"的双重行政管理模式,没有必要(也不合适)在 CCER 交易机制中针对第三方机构及其人员的碳交易市场准入再设定一道行政许可。

第三,所在国的书面证明(written attestation from the host country)没有设定行政许可的含义。2019 年 5 月,国际民航组织关于《评价合格减排机制的补充说明》第 3.7.8 条项目所在国出具避免重复证明部分提出:减排机制应获得项目所在国国家联络人或其授权人的书面证明(written attestation from the host country's national focal point or focal point's designee),该证明也可通过项目业主向国家联络人或其授权人申请获得并递交减排机制。国际民航组织文件备注了国家联络人(National Focal Point),是指国家温室气体排放清单的联络人。

我国属于《联合国气候变化框架公约》(《气候框架公约》)非附件一缔约方,为了履行《气候框架公约》非附件一缔约方的义务,我国应对气候变化主管部门先后三次向《气候框架公约》秘书处提交了气候变化国家信息通报,阐述了中国应对气候变化的各项政策与行动,并报告了中国的国家温室气体清单。避免重复计算(double - claiming)的书面证明如果由国家温室气体排放清单的联络人出具,则无所谓设定行政许可一说。该书面证明如果是通过项目业主向国家联络人或其授权人申请获得并递交(activity proponents to obtain and provide to the program),这也不是一种行政许可,国家联络人或其授权人受理项目业主的申请并提供书面证明,是一种行政证明行为。行政证明是行政主体根据行政相对人的申请,依法对行政相对人提出的有关法律事实、法律文书等的真实性、合法性予以确认的行为,并不直接为行政相对人创设权利和义务,而是对申请人的某种事实或法律关系赋予了法律上的证明效力。

笔者认为,如何避免减排量重复计算应该是 CORSIA 主要考虑的问题之一,ICAO 在文件中也着重于构建一种避免重复计算的机制。而国家温室气体排放清单的联络人为项目业主出具的书面证明,是以国家信用作为保证的,应该具有极强的证明效力,但这绝不是一种行政许可。

八、《温室气体自愿减排交易管理办法(试行)》的编制思路

(一)出台《温室气体自愿减排交易管理办法(试行)》的必要性

早日修订《温室气体自愿减排交易管理暂行办法》,出台新的《温室气体自愿减排交易管理办法(试行)》(以下简称《CCER 试行办法》),有其必要性与现实紧迫性。

第一,出台新的管理办法,早日重启 CCER 交易,有利于实现碳达峰碳中和目标。温室气体自愿减排交易机制是利用市场机制推动能源结构调整、促进生态保护补偿、鼓励全社会共同参与控制温室气体排放的重要政策工具,对可再生能源、碳汇、甲烷利用等具有温室气体替代、减少或者清除效应减排项目具有较强的支持和鼓励作用。全国碳市场已于 2021 年 7 月 16

日启动上线交易。早日出台《CCER 试行办法》，重启 CCER 交易，可以促使基于项目的自愿减排交易机制与基于配额管理强制减排的全国碳排放权交易市场互为补充，以强制性的配额交易市场实现对高排放企业的管控，以自愿性的减排量交易市场实现对低碳或者零碳排放项目的支持，进而形成更为完备的激励约束市场体系，对于推动实现我国碳达峰、碳中和具有重要意义。

第二，出台新的管理办法，早日恢复自愿减排交易机制正常运行，有利于能源结构优化和生态环境高质量保护。2020 年 12 月，生态环境部发布《碳排放权交易管理办法（试行）》，规定“重点排放单位每年可以使用国家核证自愿减排量抵消碳排放配额的清缴，抵消比例不得超过应清缴碳排放配额的 5%”。2021 年 9 月，中共中央办公厅、国务院办公厅印发《关于深化生态环境保护补偿制度改革的意见》，该意见指出，要健全以国家温室气体自愿减排交易机制为基础的碳排放权抵消机制，将具有生态、社会等多种效益的林业、可再生能源、甲烷利用等领域温室气体自愿减排项目纳入全国碳排放权交易市场。自愿减排交易机制项目量大面广，是连接高排放行业和减排、吸收汇领域的重要市场机制，各方高度关注。相关部门已明确表示希望通过自愿减排交易机制进一步支持可再生能源项目发展，实现生态系统碳汇价值，发挥生态扶贫作用。在碳达峰、碳中和的背景下，各类具有减排效果的项目，如碳普惠、智能交通、碳捕集利用与封存、氢能等，也能逐步纳入 CCER 交易市场，通过自愿减排交易机制对相关项目的减排效果进行量化核证并获得相关收益。

第三，早日出台新的管理办法，有利于满足全社会碳抵消需求，促进碳中和实现。2020 年 6 月，生态环境部积极申请自愿减排交易机制成为国际民航组织碳抵消和减排机制（CORSIA）的合格减排机制之一，打通了我国 CCER 向国际民航减排市场出售的新渠道。2017 年 3 月暂停受理自愿减排备案事项以来，不断有 CCER 用于地方碳市场配额清缴抵消和自愿注销，全国碳市场第一个履约周期重点排放单位已使用一定数量的 CCER 进行配额清缴抵消，我国提出“双碳”目标之后，部分大型活动的举办方和企业积极使用 CCER 进行碳抵消，当前 CCER 剩余存量极为有限。早日出台《CCER 试行办法》，恢复自愿减排交易机制运行，能有效增加 CCER 市场供给，以满足社会各界多方需求，譬如，可满足全国碳市场和地方碳市场的配额清缴抵消需求，满足企事业单位和社会团体进行相关活动碳中和等公益性注销需求，还可以促使 CCER 国际化、满足国际民航 CORSIA 抵消需求等。

（二）满足“放管服”改革的要求

在“放管服”改革背景下，我国有许多环境法律法规均做了相应的修订。值得 CCER 交易管理借鉴的是我国环境影响评价法律制度的修订，涉及《环境影响评价法》和《建设项目环境保护管理条例》。因为，我国的环评制度涉及生态环境主管部门、建设单位、环评机构、行业主管部门、建设项目、环评文件等主体与要素，而自愿减排交易机制也涉及生态环境主管部门、项目业主、第三方机构、认证认可主管部门、项目合法性文件等，与 CCER 交易机制有类似之处，两者的主体与要素有一些类似之处。故此，环评法律制度的修订动向值得 CCER 交易机制借鉴。

《环境影响评价法》的修订体现了“放管服”改革的要求，主要是：（1）环评审批不再作为核准的前置条件；（2）将环境影响登记表由审批改为备案；（3）为了简政放权、优化审批流程，不再将水土保持方案的审批作为环评的前置条件；（4）取消了环境影响报告书、环境影响报告表的行业预审；（5）规定建设项目环境影响评价的内容应当根据规划的环境影响评价审查意见予以简化；（6）加大了处罚力度，“未批先建”最高罚款 20 万元改为总投资额的 1% 至 5%，等等。

《建设项目环境保护管理条例》的修订是国务院立法工作计划确定的全面深化改革急需的项目。该条例修订的主要内容包括：

（1）简化建设项目环境保护审批事项和流程。主要做法是：删去环境影响评价单位的资质管理，即原规定“国家对从事建设项目环境影响评价工作的单位实行资格审查制度”被删除（CCER 政府主管部门对第三方机构的行政监管问题可借鉴此处规定）；删去建设项目环境保护设施竣工验收审批的规定；将环境影响登记表由审批制改为备案制，将环境影响报告书、报告表的报批时间由可行性研究阶段调整为开工建设前，环境影响评价审批与投资审批的关系由前置“串联”改为“并联”；取消行业主管部门预审等环境影响评价的前置审批程序，并将环境影响评价和工商登记脱钩。

(2)加强了事中、事后监管。主要表现是:规定建设项目必须严格依法进行环境影响评价,环境影响评价文件未经依法审批或者经审查未予批准的,不得开工建设;明确不予批准建设项目环境影响评价文件的具体情形;强化环境保护部门在设计、施工、验收过程中的监督检查职责;加大对未批先建、竣工验收中弄虚作假等行为的处罚力度;引入社会监督、建立信用惩戒机制,要求建设单位编制环境影响评价文件征求公众意见,并依法向社会公开竣工验收情况,环境保护部门要将有关环境违法信息记入社会诚信档案,及时向社会公开。

(3)减轻了企业负担,进一步优化了服务。如明确审批、备案环境影响评价文件和进行相关的技术评估,均不得向企业收取任何费用,并要求环境保护部门推进政务电子化、信息化,开展环境影响评价文件网上审批、备案和信息公开。总之,按照国务院"放管服"改革要求,修改后的《建设项目环境保护管理条例》取消了不适应形势发展需求的审批事项,加强了事中事后监管,减轻了企业不合理负担。

综上,按照国务院"放管服"改革要求,修改后的《环境影响评价法》与《建设项目环境保护管理条例》,删减了不适应形势发展需求的审批事项,加强了事中事后监管,减轻了企业不合理负担,环评法律制度的修订动向值得自愿减排交易机制借鉴。

(三)《CCER 试行办法》不设定行政许可

如果不放在整个法律体系中去考量,自愿减排交易机制应该属于《行政许可法》可以设定行政许可的事项。根据《行政许可法》第 12 条列举的可以设定行政许可的事项,显然,应对气候变化与自愿减排交易等事项直接涉及生态环境保护、环境公共利益,直接关系公民生命健康安全,且大气环境的自净能力不是无限的,其容量是一种有限资源,自愿减排交易直接关系环境公共利益与大气环境容量这类有限资源的配置,其市场准入可以设定行政许可。

然而,合法的行政许可必须具备下列条件:(1)必须具有行政许可的性质;(2)必须符合《行政许可法》第 12 条规定的设定条件;(3)符合行政许可设定条件的事项,且必须不能以第 13 条规定的方式进行规范;(4)必须要由有权机关设定。因此,仅具备第(1)、(2)项条件还不行,还应具备第(3)、(4)项条件。根据《行政许可法》第13条的规定,“本法第12条所列事项,通过下列方式能够予以规范的,可以不设行政许可:(一)公民、法人或者其他组织能够自主决定的;(二)市场竞争机制能够有效调节的;(三)行业组织或者中介机构能够自律管理的;(四)行政机关采用事后监督等其他行政管理方式能够解决的”。通过领会第13条的内涵,再来审视自愿减排交易机制可知,《CCER试行办法》可以不设行政许可,理由如下:其一,碳减排交易机制具有非强制性的特点,主体自愿参与;其二,与大气污染防治的行政强制手段不同,自愿减排交易本身就是一种市场手段、经济手段,而非“命令—服从”式的行政强制手段,是生态环境多元治理、多策并举的一个选项;其三,相对于碳配额交易机制而言,自愿减排交易机制具有补充性,自愿减排交易价格主要由市场形成;其四,自愿减排交易机制中的第三方机构具有中立性,多实行自律管理;其五,生态环境主管部门今后监管的重点将从前端后移,加强事中、事后监管已成为趋势。综上,自愿减排交易机制可以不设定行政许可,《CCER试行办法》可以不采用行政许可的管理模式。

从行政许可的法律特征而言,行政许可是以法律对相对人的特定活动设定限制或禁止为前提的,行政许可具有解禁性,或豁免解限性。然而,自愿减排一开始并不是法律限制或禁止的行为,而是受法律鼓励、受政府倡导的行为,这是自愿减排活动存在的基础,虽然自愿减排之后会涉及核证与碳市场准入的问题,但对于受倡导、受鼓励的行为却要设置解禁性质的行政许可,这毕竟有悖于法理与减排初衷。

行政许可权设定的主体,原则上是全国人大及其常委会、国务院。同时,在一定条件下,也包括设区的市级地方人大及其常委会,以及省级人民政府(临时性)。行政许可设定的正式法律依据,在中央层面为:(1)法律;(2)行政法规;(3)国务院决定(仅为过渡性的),即国务院必要时可以采用发布决定的方式设定行政许可(然而,由国务院的决定来设定行政许可,不是也不应该成为一种常态)。在地方层面为:(1)地方性法规;(2)省级政府规章(仅为临时性的),省级政府规章可以设定临时性的行政许可。而且,地方性法规和省级政府规章,不得设定应当由国家统一确定的公民、法人或者其他组织的资格、资质的行政许可。

根据法律规定,部门规章不得设定行政许可。国务院各部委和除省级政府之外的其他地方人民政府,一律不得设定行政许可。从性质上讲,《CCER 试行办法》可以采用部门规范性文件的形式,也可以采用部门规章的形式。既然部门规章不得设定行政许可,那么,部门规范性文件更不允许设定行政许可。无论如何,根据《行政许可法》的规定,《CCER 试行办法》不得设定行政许可,这是一条法律红线,不能触碰。

根据《行政许可法》的规定,"规章可以在上位法设定的行政许可事项范围内,对实施该行政许可作出具体规定。"《CCER 试行办法》的上位法有《环境保护法》《大气污染防治法》《碳排放权交易管理暂行条例》等,然而,梳理这些法律法规,其设定 CCER 交易行政许可的法律依据并不充分。其一,《环境保护法》对碳配额交易以及 CCER 交易均无设定行政许可的明确表述。该法与碳交易密切相关的规定是第 44 条和第 45 条。该法第 44 条规定了国家实行重点污染物排放总量控制制度。第 45 条规定了国家依照法律规定实行排污许可管理制度。与碳交易的内容最接近,但没有设定碳交易行政许可的规定。

其二,《大气污染防治法》与碳交易密切相关的规定是第 19 条和第 21 条。该法规定,国家对重点大气污染物排放实行总量控制。并规定,国家逐步推行重点大气污染物排污权交易,但该法没有对排污权交易行政许可设定进行明确表述。值得注意的是,该法对排污许可却进行了明确的规定,且具体授权排污许可的具体办法和实施步骤由国务院规定。显然,向大气环境排放污染物质的行政许可不能视为是排污权交易行政许可的依据,两者不是一回事。

其三,我国还没有出台一部《气候变化应对法》,而《碳排放权交易管理暂行条例》是《CCER 试行办法》的直接上位法,可至今还没有出台,何况从 2019 年 4 月公布的该条例"征求意见稿"中不能直接找到对 CCER 交易设定行政许可的明确规定。该条例与自愿减排交易管理直接相关的规定为第 11 条第 2 款,即"符合国务院生态环境主管部门规定的碳减排指标可用于履行上款规定的配额清缴义务,视同碳排放配额管理。"此条款的字里行间难以推导出这是一条设定 CCER 交易行政许可的法律依据。此外,该条例第 12 条规定了交易主体包括"其他符合规定的自愿参与碳排放权交易的单位和个人”。该条例并对“碳减排指标”进行了定义,即“碳减排指标”是指对碳排放权交易覆盖范围以外的活动所产生减排量签发的指标,经国务院生态环境主管部门认可后,可用于抵消重点排放单位的温室气体排放。尤其要注意的是,本定义对“碳减排指标”使用了“经国务院生态环境主管部门认可”的表述,所谓的“认可”显然不能视为一种行政许可。从上述表述中可以合理得出结论,该条例没有为自愿减排交易机制设定行政许可,也无意为下位法《CCER 试行办法》作出行政许可的具体规定提供上位法依据。

综上,《CCER 试行办法》无论其性质如何,均缺乏“对实施行政许可作出具体规定”的上位法依据,设定行政许可的法律依据并不充分。

(四)建议《CCER 试行办法》采用部门规章的形式

从形式上讲,《CCER 试行办法》的制定既可采用行政规范性文件,也可采用部门规章。根据《国务院办公厅关于加强行政规范性文件制定和监督管理工作的通知》(国办发〔2018〕37 号)规定,行政规范性文件是除国务院的行政法规、决定、命令以及部门规章和地方政府规章外,由行政机关或者经法律、法规授权的具有管理公共事务职能的组织(以下统称行政机关)依照法定权限、程序制定并公开发布,涉及公民、法人和其他组织权利义务,具有普遍约束力,在一定期限内反复适用的公文。并规定,行政规范性文件不得增加法律、法规规定之外的行政权力事项或者减少法定职责;不得设定行政许可、行政处罚、行政强制等事项,增加办理行政许可事项的条件,规定出具循环证明、重复证明、无谓证明的内容;不得违法减损公民、法人和其他组织的合法权益或者增加其义务;不得超越职权规定应由市场调节、企业和社会自律、公民自我管理的事项;不得违法制定含有排除或者限制公平竞争内容的措施,违法干预或者影响市场主体正常生产经营活动,违法设置市场准入和退出条件等。显然,国务院对于行政规范性文件的制定和监管规定了较为严格的限制条件。对于部门规章的制定也有类似规定,如国务院《规章制定程序条例》规定,“没有法律或者国务院的行政法规、决定、命令的依据,部门规章不得设定减损公民、法人和其他组织权利或者增加其义务的规范,不得增加本部门的权力或者减少本部门的法定职责。”

《CCER 试行办法》的制定如果采用部门规章的形式,较之行政规范性文件其制定程序更复杂,出台的难度系数要大一些,如《规章制定程序条例》规定,部门规章的制定应该首先纳入年度规章制订工作计划,且该年度计划应当明确规章的名称、起草单位、完成时间等。如果没有纳入年度计划,部门规章的颁布实施则还得等待一段时间。

尽管如此,《CCER 试行办法》还是很有必要采用部门规章的形式来编制其内容。理由是:自愿减排交易机制不宜设定行政许可,监管重点则从前端后移,强调事中事后监管。然而,行政规范性文件具有自身内容的局限性,如其规范性不足,内容框架逻辑性不强,也不宜设置罚则内容,即便行政规范性文件设置了法律责任的规定,法律责任的具体内容也应该有明确的上位法依据。例如,2018 年 2 月国家发展改革委发布的《企业投资项目事中事后监管办法》(第 14 号)设置了“法律责任”专章,但对于违法情形规定的处罚措施,多表述为“处以罚款的情形和幅度依照《企业投资项目核准和备案管理条例》第 × ×条执行”等。可是,正如前文已经分析的,本《管理办法(试行)》缺乏上位法依据,以至于其法律责任的内容难以编制,很可能无法对自愿减排交易违法行为进行处罚追责。再者,行政规范性文件偏重政策宣示性的内容表述,虽然法律上的效力层级低,但具体内容并不细致,可操作性仍较差,可能难以实现自愿减排交易事中事后监管的目的。

并且,根据《生态环境部行政规范性文件制定和管理办法》的规定,部门规范性文件还受文件时效性的约束,不利于自愿减排交易管理方式的持续性、管理手段的连续性和长效监管机制的建立。此外,根据《国务院关于在市场监管领域全面推行部门联合“双随机、一公开”监管的意见》(国发〔2019〕5 号)的规定,有关部门建立随机抽查事项清单,明确抽查依据、主体、内容、方式等,要依照法律、法规、规章规定。上述规定且没有“等”字。自愿减排主管部门履行监督管理职责,对项目审定报告、减排量监测报告、交易数据和减排量核证报告等进行随机抽查,应该由部门规章作出规定。

综上,《CCER 试行办法》应按照部门规章的形式编写。

(五)建议《CCER 试行办法》采用“公示 + 登记”行政确认管理模式

行政许可仅仅是行政管理的一种模式,行政许可与行政审批、行政备案、行政确认等内涵不同,既有联系,也有区别。目前,我国《CCER 暂行办法》对温室气体自愿减排交易采取备案管理,属于行政管理中的“行政备案”模式,这一套程序实行国家主管部门“接收材料—专家评估—部门协商—行政审查—行政备案—行政登记”等,并设定有一些 30 个工作日、60 个工作日等不同的审查或评估时间,虽然这一管理模式不能称之为行政许可,但其繁琐程序与行政许可并无二致,应该进一步优化。

温室气体自愿减排交易管理至于采用哪种管理方式,国家主管部门应当考虑的因素主要有:是否有助于行政目的的实现?是否能提高行政效率?是否减轻了行政相对人不必要的负担?是否符合行政审批制度改革的要求?是否符合“放管服”改革的方向?为此,笔者建议,《CCER 试行办法》把“行政备案”调整为“行政确认”,即采“公示 + 登记”的行政管理模式,针对开发的项目、项目减排量、项目方法学、交易机构、审定与核证机构等,在管理上区别对待。并加强自愿减排交易的事中、事后监督管理。

行政确认是行政主体依法对行政相对人的法律地位、法律关系或有关法律事实进行甄别,给予确定、认定、证明并予以宣告的行为。它是行政决定的一种行为形态,属于一种独立的行政行为。行政确认的主要形式有确定、认可、证明、登记、行政鉴定等。行政登记是行政确认的主要形式。

(六)审管联动,形成监管合力,保障 CCER 项目质量

一方面,设计好中央与地方的自愿减排项目管理的职责分工。主要的监管职责属于中央事权,由生态环境部行使,如生态环境部按照国家有关规定建设温室气体自愿减排交易市场;生态环境部负责制定温室气体自愿减排交易及相关活动的技术规范,并会同国务院其他有关部门对温室气体自愿减排交易及相关活动实施监督管理和指导。再如,生态环境部按照国家有关规定,组织建立国家温室气体自愿减排注册登记机构和国家温室气体自愿减排交易机构,并组建全国统一的注册登记系统和交易系统等。按照“审管联动”要求,各省、自治区、直辖市、新疆生产建设兵团生态环境主管部门(以下简称省级生态环境主管部门)依法负责对本行政区域内温室气体自愿减排项目实施监督管理。亦即,自愿减排项目的事中事后监管主要由省级生态环境主管部门负责,或者省级生态环境主管部门在生态环境部的指

导下实施监管。

另一方面,利用市场监管体系对审定与核查机构进行管理。自愿减排项目管理专业性和技术性较强,第三方审定与核查机构在项目质量控制方面发挥着关键性作用。为确保 CCER 项目质量、保障减排量数据核算与核查的正确性,应当对审定与核查机构的准入条件设置一定的要求和门槛,并加强监督管理。然而,根据"放管服"改革要求,生态环境部不宜对审定与核证机构设置准入门槛,根据第三方审定与核查机构的性质,宜将自愿减排交易机制中的审定与核查行为作为认证认可领域的新业态,由市场监管总局按照《认证认可条例》规定对审定与核查机构进行市场准入的行政审批,此设计不存在新设行政许可的问题。第三方机构从事温室气体自愿减排项目审定和减排量核证的资质条件,可由国家市场监督管理总局确定的认可机构认可,即中国合格评定国家认可委员会(China National Accreditation Service for Conformity Assessment,CNAS)认可。由国家市场监管主管部门会同生态环境部对第三方审定与核查机构进行事中事后监管。亦即,市场监督管理主管部门会同生态环境主管部门对从事温室气体自愿减排项目审定和减排量核查服务的机构(审定与核查机构)以及审定与核查活动进行监督管理。

在行业自律的基础上,根据"双随机、一公开"的要求,市场监督管理主管部门和生态环境部将联合加强对第三方审定与核查机构的日常监管,规范其服务行为。例如,《CCER 试行办法》可规定报告制度,即审定与核查机构应当每年向市场监督管理总局提交工作报告,抄送生态环境部,并对报告内容的真实性负责。报告应当对审定与核查机构执行项目审定与减排量核查法律法规、技术规范的情况、从事审定与核查活动的情况、从业人员的工作情况等作出说明。为加强审定与核证机构的能力建设,提升其专业水平与队伍素质,保证全国 CCER 的同质性,生态环境部与国家市场监督管理主管部门可以共同制定审定与核证机构规范化建设标准。此外,市场监督管理主管部门、生态环境主管部门还可以共同组建审定与核查技术委员会,为审定与核查活动提供技术咨询,提升审定与核查活动的一致性、科学性和合理性。

(七)编制《CCER试行办法》几个重点问题的考虑

1. 关于项目范围的考虑

笔者建议《CCER试行办法》规定,拟开发的温室气体自愿减排项目应为温室气体自愿减排交易机制实施之后开工建设的项目,规定的具体时间起始点为2012年6月13日,即《CCER暂行办法》印发施行之日。《CCER暂行办法》规定,申请备案的自愿减排项目应于2005年2月16日之后开工建设,且属于列举的四种类别中的任一类别。《CCER试行办法》的项目范围之所以选取了这一时间点,考虑的是林业碳汇等项目从培植到成熟需要较长的时期,有些项目的运行趋于稳定也需要一定的时间。而减排量的产生时间可以规定在2020年9月22日之后,原因是2020年9月22日,国家主席习近平首次作出中国实现"双碳"目标的重大宣示,我国进入经济社会发展全面绿色转型新的阶段,减排项目建设和减排活动的开展面临的形势和要求均发生了较大变化。由于减排量核证实质上是对过去一段时间(一般超过两年)已经产生的减排量进行确认,以该时间为限既适应了新的形势要求,也使《CCER试行办法》发布后,使符合条件的项目能够及时申请减排量的核证,以满足市场需求。

根据项目开发实践,具有法人资格的企业事业单位可以开发自愿减排项目,农村集体经济组织也可以就林业碳汇、甲烷利用等开发自愿减排项目,因此,项目开发者规定为中华人民共和国境内注册的法人单位。今后,温室气体自愿减排交易机制应该重点支持我国境内可再生能源、林业碳汇、甲烷利用等项目的开发。

2. 关于唯一性和额外性的考虑

建议《CCER试行办法》规定,自愿减排项目核证的减排量应满足唯一性和额外性的要求。自愿减排项目核证的减排量不能重复计算,且只能用于唯一的目的,即如果用于CCER市场交易,则不能再用于绿证交易,满足项目减排量的唯一性要求。《CCER试行办法》可以规定,减排量产生于碳排放权交易市场排放配额管理边界之外,且未在其他减排机制下认定,不存在减排量重复计算或者重复认定的情形,以避免核证减排量被双重或多重计算。额外性的本意是指,CDM项目活动所带来的减排量相对于基准线是额外的。亦即,相对于不实施项目活动,实施该项目活动后温室气体人为排放量减少或者人为清除量增加,即项目实施所带来的减排效果应当是额外的,并且如果没有自愿减排交易提供的激励,则项目存在财务、融资、关键技术等方面的障碍。简言之,额外性用在我国 CCER 交易管理上指的是,假如没有温室气体自愿减排机制的激励作用,就不会产生这一减排量。只有通过温室气体自愿减排机制的激励作用而额外产生的,这一部分减排量则具有额外性。此外,根据法律法规规定和自身的减排义务本应该产生的减排量,不具有额外性。为了避免重复计算,确保项目减排量的唯一性和额外性,《CCER 试行办法》可规定,碳排放权交易市场重点排放单位履约边界内实施的减排项目不得作为温室气体自愿减排项目。

3. 关于 CCER 历史遗留问题处置的考虑

自 2017 年 3 月 14 日起,国家发改委暂缓受理温室气体自愿减排交易方法学、项目、减排量、审定与核证机构、交易机构备案申请。根据国家发改委原公告,暂缓受理温室气体自愿减排交易备案申请,不影响已备案的温室气体自愿减排项目和减排量在国家登记簿登记,也不影响已备案的“核证自愿减排量(CCER)”参与交易。因此,为保持政策延续性与维护政府公信力,《CCER 试行办法》施行之后,对于原来已提出备案申请、但尚未备案的事项,发改委已登记在册的,依据新的管理办法予以优先办理。对于原来已备案且在国家登记簿登记的自愿减排项目,应采用生态环境部重新发布的方法学计算减排量。对于原来已备案、且在国家登记簿登记的减排量,不影响其参与 CCER 交易。

4. 关于地方碳交易市场能否参与 CCER 交易的考虑

建议《CCER 试行办法》规定,生态环境部按照国家有关规定,组织建设全国统一的温室气体自愿减排注册登记系统和温室气体自愿减排交易系统。国家温室气体自愿减排交易机构负责全国温室气体自愿减排交易系统的运行和管理,组织开展国家核证自愿减排量的集中统一交易。因此,全国统一的温室气体自愿减排交易系统组建之后,新登记的 CCER 将纳入全国市场进行集中统一交易,不参与地方碳市场的相关交易。原地方试点的七家碳市场以及经国家发改委备案的四川与福建两家碳市场,将不参与新登记的 CCER 交易,但地方碳交易市场仍然可以进行具有地方特色的、由地方政府核证的自愿减排量的交易，并且，地方碳交易市场应当允许地方控排企业使用一定比例的CCER进行地方碳配额的清缴履约。

5. 关于保证CCER具有“同质性”的考虑

为保证CCER“同质性”、保障项目和减排量质量，建议《CCER试行办法》采用多重把关的制度，即省级生态环境主管部门、审定与核查机构和专家进行多重把关。因我国各地经济社会发展不平衡，产业结构和自然资源禀赋各异，各地开发自愿减排项目的重点领域也存在较大差异。为保证温室气体自愿减排项目的真实、准确、科学和CCER的“同质性”，并考虑到地方生态环境主管部门更能够掌握所辖区域的自愿减排项目真实情况，《CCER试行办法》可以规定，由省级生态环境主管部门对项目申请材料的完整性、合规性进行审查。审定与核查机构受项目业主委托对涉及项目审定和减排量核查等专业性较强的事项出具相关报告。生态环境部组织建立温室气体自愿减排管理专家库，由专家为温室气体自愿减排项目的开发和审定、减排量的核查、交易等活动提供技术评估。通过上述各个环节进行多重把关，保证CCER“同质性”、保障项目和减排量质量。

6. 关于CCER“自愿性”特征

温室气体自愿减排的“自愿性”特征在《CCER试行办法》中应予以保留。与碳交易市场中的碳排放交易体系（ETS）不同，CCER具有补偿性与非强制性的特点。自愿减排（Voluntary Emission Reduction，VER）本来就是随着京都议定书强制型市场的发展而伴随形成的自愿性碳交易市场。我国的自愿减排交易体系CCER在全球的碳排放交易市场中甚至是以零强制市场示人的，即自愿进入、自愿减排。《CCER试行办法》不设定行政许可，能更好体现其自愿性。

7. 关于法律责任的考虑

建议《CCER试行办法》对于抗拒监督管理的行为明确规定处罚措施，并对审定与核查机构、项目业主、交易主体、管理部门等主体分别规定了相应的法律责任。由于《CCER试行办法》设定罚款的限额不得超过10万元，对违法行为的震慑力不足。2021年1月新修订的《行政处罚法》增加了“通报批评”的处罚种类，《CCER试行办法》可将这一处罚种类引入，并予以适用。

《CCER试行办法》应该规定法律责任衔接及权益保障措施。规定审定与核证机构、项目业主、交易主体违反本办法,给他人造成损失的,依法承担民事责任;构成犯罪的,依法追究刑事责任。审定与核证机构、项目业主、交易主体认为生态环境主管部门的行为侵犯其合法权益的,可以依法申请行政复议或者提起诉讼。

九、《CCER试行办法》的主要内容

笔者建议,《CCER试行办法》建议稿共分为八章42条,主要内容包括:总则、减排项目审定与登记、减排量核查与登记、减排量交易、审定与核查管理、监督管理、法律责任和附则。

(一)总则

总则部分包括立法目的、适用范围、法律原则、参与主体、主管部门、管理体制和专家库等内容。

(1)立法目的。推动实现我国碳达峰、碳中和目标,控制和减少人为活动产生的温室气体排放,鼓励基于项目的温室气体自愿减排行为,规范温室气体自愿减排交易及相关活动。

(2)适用范围。适用于中国境内的温室气体自愿减排交易及相关活动,包括温室气体自愿减排项目的开发和审定、减排量的核查和交易等活动,以及对前述活动的监督管理。

(3)法律原则。温室气体自愿减排交易及相关活动应遵循公平、公正、公开、诚信和自愿的原则。温室气体自愿减排项目应当具备真实性和额外性,项目产生的减排量应当可测量、可核查。

(4)参与主体。中国境内注册的法人可依据本办法开发温室气体自愿减排项目,并自愿申请项目减排量的核证。符合核证自愿减排量交易规则的单位和个人(以下简称交易主体)均可参与核证自愿减排量交易。

(5)主管部门。生态环境部按照国家有关规定建设温室气体自愿减排交易市场。生态环境部负责制定温室气体自愿减排交易及相关活动的技术规范,并会同国务院其他有关部门对温室气体自愿减排交易及相关活动实

施监督管理和指导。市场监管部门会同生态环境主管部门对从事温室气体自愿减排项目审定和减排量核查服务的机构(以下简称审定与核查机构)以及审定与核查活动进行监督管理。各省、自治区、直辖市、新疆生产建设兵团生态环境主管部门(以下简称省级生态环境主管部门)依据本办法,负责对本行政区域内温室气体自愿减排项目实施监督管理。目前,是否需要把温室气体自愿减排交易及相关活动的监督管理权下放至省级生态环境主管部门,以及省级部门的监管权限及职责是什么,尚存争议。

(6)管理体制。生态环境部按照国家有关规定,组织建立国家温室气体自愿减排注册登记机构(以下简称注册登记机构)和国家温室气体自愿减排交易机构(以下简称交易机构),组织建设全国统一的温室气体自愿减排注册登记系统(以下简称注册登记系统)和温室气体自愿减排交易系统(以下简称交易系统)。注册登记机构负责运行和管理注册登记系统,通过该系统记录温室气体自愿减排项目基本信息和核证自愿减排量的登记、持有、变更、注销等信息,并依申请出具相关证明。注册登记系统记录的信息是判断核证自愿减排量归属的最终依据。交易机构负责运行和管理交易系统,制定核证自愿减排量交易相关规则,组织开展核证自愿减排量的集中统一交易。

(7)专家库。生态环境部组织建立温室气体自愿减排管理专家库,为温室气体自愿减排项目的开发和审定、减排量的核查、交易等活动提供技术评估等服务。专家库成员的选聘办法、任期、职责以及专家库的工作程序和议事规则等,由生态环境部另行制定。当然,温室气体自愿减排管理专家库也可以由生态环境部委托注册登记机构组织建立,并负责日常维护。

(二)减排项目审定与登记

减排项目审定与登记这一部分应规定项目范围、项目审定、项目申请、项目审查、项目公示、项目评估和项目登记。

(1)项目范围。拟开发的温室气体自愿减排项目应当自温室气体自愿减排交易机制实施(2012 年 6 月 13 日)之后开工建设,有利于经济社会发展全面绿色转型,有利于能源绿色低碳发展,有利于保护生态环境,能够实现温室气体排放的替代、减少或者清除。根据法律法规规定或者基于强制减排义务实施的减排项目,不能被开发为温室气体自愿减排项目。

(2)项目审定。开发温室气体自愿减排项目的法人(以下简称项目业主)应当采用生态环境部制定的温室气体自愿减排方法学(以下简称方法学)等相关技术规范编制项目设计文件,并委托审定与核查机构出具项目审定报告。审定与核查机构对符合下列条件的项目出具审定报告:第一,符合国家相关法律法规;第二,项目业主在企业信用信息系统中无不良信用记录;第三,符合本办法规定的项目范围;第四,方法学的选择和使用得当;第五,具有真实性和额外性;第六,对可持续发展有贡献。

(3)项目申请。项目业主应当准备下列申请材料,并通过注册登记系统向项目所在地的省级生态环境主管部门提交:第一,项目申请函;第二,项目业主营业执照;第三,项目可研报告审批文件、项目核准文件或项目备案文件;第四,项目环评审批或备案文件;第五,项目开工建设时间证明文件;第六,项目设计文件;第七,项目审定报告。项目业主对所提供材料的真实性负责。项目业主、审定与核查机构均应签署承诺书,保证上述材料的真实性与合法性,如有违犯则愿意承担相应的不利后果。

(4)项目审查。省级生态环境主管部门在收到项目申请材料后的 20 个工作日内对材料的完整性、合规性进行审查,对符合要求的项目申请通过审查;对未通过审查的项目申请予以退回,并说明原因。

(5)项目公示。经省级生态环境主管部门审查通过的项目,由注册登记机构在注册登记系统公示项目申请材料,涉及国家秘密和商业秘密的内容除外,公示期为 15 个工作日。公示期间,公众可以通过注册登记系统提出意见,项目业主应当对收到的意见进行说明。

(6)项目评估。公示期结束后,注册登记机构从温室气体自愿减排管理专家库中抽取不少于 5 名的专家组成专家组。专家组参考公示期内收到的意见和项目业主的说明,对所申请项目是否符合技术规范要求等进行技术评估,在 20 个工作日内出具书面评估意见并通过注册登记系统公开,书面评估意见应当包括项目是否通过技术评估的明确结论。

(7)项目登记。注册登记机构对通过专家组技术评估的项目在注册登记系统上登记;对技术评估不通过的项目不予登记。

(三)减排量核查与登记

减排量核查与登记这一部分的主要内容包括:减排量核算、减排量核查、减排量公示、减排量评估、减排量登记和核证自愿减排量等。

(1)减排量核算。对申请核证自愿减排量的项目,项目业主应当编制减排量核算报告。减排量核算报告应包括项目在实施期内的运行状况、温室气体减排量核算结果等内容。申请核证的自愿减排量应当产生于2020年9月22日之后。2020年9月22日这一天,也是中国政府向国际社会庄严宣布中国"双碳"目标愿景的日子。

(2)减排量核查。项目业主应当委托审定与核查机构对减排量进行核查。审定与核查机构对符合下列条件的减排量出具核查报告:第一,产生减排量的项目已经在注册登记系统上登记;第二,减排量核算符合相关技术规范要求;第三,减排量产生于碳排放权交易市场排放配额管理边界之外,且未在其他减排机制下认定,不存在减排量重复计算或者重复认定的情形。审定与核查机构对于其审定的项目,不得再对同一项目进行核查,但年减排量6万吨二氧化碳当量及以下的项目除外。项目业主通过注册登记系统提交减排量核算报告和核查报告。

(3)减排量公示。注册登记机构在注册登记系统公示减排量核算报告和核查报告,公示期为15个工作日。公示期间,公众可以通过注册登记系统提出意见,项目业主应当对收到的意见进行说明。

(4)减排量评估。公示期结束后,注册登记机构从温室气体自愿减排管理专家库中抽取不少于5名的专家组成专家组。专家组参考公示期内收到的意见和项目业主的说明,对减排量核算报告和核查报告是否符合技术规范要求等进行技术评估,在20个工作日内出具书面评估意见并通过注册登记系统公开,评估意见应当包括减排量是否通过技术评估的明确结论。

(5)减排量登记。注册登记机构对通过专家组技术评估的减排量在注册登记系统上登记;对技术评估不通过的减排量不予登记。

(6)核证自愿减排量。经注册登记系统登记的减排量称为"核证自愿减排量(CCER)",单位以"吨二氧化碳当量(tCO_2e)"计。

(四)减排量交易

这一部分内容主要包括交易规则制定、交易服务、系统连接和跨境交易。第一,交易规则制定。交易机构根据国家有关规定,制定核证自愿减排量交易规则,并报生态环境部备案。第二,交易服务。交易机构为符合条件的单位和个人参与核证自愿减排量交易活动提供服务,并保障交易系统安全、稳定、可靠运行。第三,系统连接。核证自愿减排量的交易应当通过交易系统进行。注册登记机构根据交易机构提供的成交结果,通过注册登记系统为交易主体及时更新核证自愿减排量的持有数量和持有状态等相关信息。注册登记机构和交易机构应当按照国家有关规定,实现系统间数据及时、准确、安全交换。第四,跨境交易。核证自愿减排量的跨境转移和使用应当报经生态环境部同意,具体规定由生态环境部会同有关部门另行制定。

(五)审定与核查管理

过去的"审定与核证"改为"审定与核查"。审定与核查管理包括审定与核查机构、行为规范、报告制度和审定与核查技术委员会。

(1)审定与核查机构。审定与核查机构应当依法设立,符合《认证认可条例》《认证机构管理办法》关于认证机构的规定要求,能够公正、独立和有效地从事审定与核查活动。审定与核查机构应满足以下条件:第一,具备开展审定与核查工作相配套的办公场所和必要的设施;第二,具备10名以上具有审定与核查能力的专职人员,其中有5名人员具有两年及以上温室气体减排项目审定与核查工作经历;第三,建立完善的审定与核查活动管理制度;第四,具备开展审定与核查业务活动所需的稳定的财务支持,建立应对风险的基金或保险,有应对风险的能力;第五,具备开展审定与核查活动相适应的技术能力,符合审定与核查机构相关标准要求;第六,近5年无不良记录。市场监督管理总局就申请开展审定与核查的机构征求生态环境部意见后,作出是否批准的决定。审定与核查机构在获得批准后,方可进行审定与核查活动。

(2)行为规范。审定与核查机构应当遵守法律法规和市场监督管理总局、生态环境部发布的相关规定,在批准的业务范围内开展相关活动,保证审定与核查活动过程的完整、客观、真实,并做出完整记录,归档留存,确保审定与核查过程和结果具有可追溯性。鼓励审定与核查机构获得认可。审定与核查机构及审定与核查人员应当对其出具的审定报告与核查报告的合规性、真实性、准确性负责,不得弄虚作假,不得泄露项目业主的商业秘密。

(3)报告制度。审定与核查机构应当每年向市场监督管理总局提交工作报告,抄送生态环境部,并对报告内容的真实性负责。报告应当对审定与核查机构执行项目审定与减排量核查法律法规、技术规范的情况、从事审定与核查活动的情况、从业人员的工作情况等作出说明。

(4)审定与核查技术委员会。市场监督管理总局、生态环境部共同组建审定与核查技术委员会,为审定与核查活动提供技术咨询,提升审定与核查活动的一致性、科学性和合理性。

(六)监督管理

本部分主要包括生态环境主管部门监管措施、市场监管部门监管措施、禁止性规定、信息披露、信息公开和有奖举报等内容。

(1)生态环境主管部门监管措施。生态环境部对注册登记机构、交易机构以及从事技术评估的专家进行监督管理,按照国家相关要求对注册登记机构、交易机构进行监督检查。省级生态环境主管部门履行监督管理职责,按照国家的相关规定可以对本行政区域内的项目业主采取下列措施:第一,查阅、复制项目的相关信息;第二,现场检查项目设施;第三,询问参与项目开发的相关人员;第四,约谈负责人,要求就有关问题做出解释说明。

(2)市场监管部门监管措施。市场监管部门会同生态环境主管部门,依据法律法规和相关规定对审定与核查机构进行监督,对审定与核查活动实行日常监督。

(3)禁止性规定。生态环境部门、市场监管部门、注册登记机构、交易机构、审定与核查机构的相关工作人员不得参与核证自愿减排量交易以及其他可能影响审定与核查公正性的活动。参与温室气体自愿减排技术评估的专家应当基于科学精神,独立、客观公正地从事技术评估等服务,遵守保密原则,廉洁自律,不得从中获取不正当利益。专家与所评估项目有利害关系的,应当回避。

(4)信息披露。注册登记机构和交易机构应当按照国家有关规定,及时公开温室气体自愿减排项目和核证自愿减排量的登记、核证自愿减排量交易等相关信息。

(5)信息公开。生态环境主管部门会同市场监管部门建立核证自愿减排量信用记录制度,对项目业主、审定与核查机构、交易主体等实施信用管理。项目业主、审定与核查机构、交易主体违反本办法规定的,由生态环境主管部门、市场监管部门按职责予以公开,相关处罚决定纳入国家企业信用信息公示系统向社会公布。

(6)有奖举报。温室气体自愿减排项目和核证自愿减排量接受社会监督。一切单位和个人都有权对温室气体自愿减排活动中弄虚作假的行为向项目所在地的省级生态环境主管部门举报。对经核实确实存在弄虚作假行为的,由受理举报的省级生态环境主管部门给予举报者一定的奖励,有关实施办法由省级生态环境主管部门另行制定。

(七)法律责任

法律责任主要包括对抗监督管理的处罚、项目业主责任、审定与核查机构责任、交易主体责任、管理部门和机构责任、法律责任衔接等内容。

(1)对抗监督管理的处罚。违反本办法规定,拒不接受、或阻挠监督管理,或在接受监督管理时弄虚作假的单位和个人,由实施监督管理的生态环境主管部门、市场监管部门依据职责,视情节轻重给予警告,并处1万元以上10万元以下罚款。构成违反治安管理行为的,移送公安机关进行处理。

(2)项目业主责任。项目业主提交本办法第10条第2~7项所列项目合法性文件存在完整性、合规性问题的,由省级生态环境主管部门予以退回;存在提供虚假材料行为的,由省级生态环境主管部门予以退回,不再受理该项目业主提交的自愿减排项目申请,已经登记的项目由生态环境部予以撤销。因弄虚作假或者提供虚假材料产生的核证自愿减排量,由生态环境部责成项目业主进行等量注销,不足部分由项目业主补齐,并处1万元以上5万元以下罚款。未按照规定进行等量注销的,不再受理该项目业主提交的自愿减排项目申请和项目减排量的自愿核证申请,并处5万元以上10万元以下罚款。

(3)审定与核查机构责任。审定与核查机构有下列行为之一的,由实施监督检查的市场监管部门、生态环境主管部门依据法律法规、有关规定和各自职责责令改正,并处5万元以上20万元以下罚款;情节严重的,责令停业整顿,直至撤销批准文件:第一,超出批准的业务范围开展审定与核查活动的;第二,审定与核查程序不规范,报告内容存在质量问题的;第三,接受、从事可能对审定与核查活动的客观公正产生影响的咨询、资助、营销活动,参与核证自愿减排量交易的。审定与核查机构出具虚假报告,或者出具报告的结论严重失实的,撤销批准文件,对直接负责的主管人员和负有直接责任的审定与核查人员,撤销其执业资格;构成犯罪的,依法追究刑事责任;造成损害的,审定与核查机构应当承担相应的赔偿责任。审定与核查机构相关行政处罚信息纳入国家企业信用信息公示系统向社会公布。

(4)交易主体责任。交易主体违反法律法规、相关规定的,由生态环境部给予警告,并处1万元以上10万元以下罚款;情节严重的,3年内不得交易,并在注册登记系统上公布。

(5)管理部门和机构责任。生态环境部、省级生态环境主管部门、注册登记机构、交易机构的工作人员违反本办法规定,参与核证自愿减排量交易,或者滥用职权、玩忽职守、徇私舞弊的,由其所属机关或上级行政机关责令改正,并依法给予处分。

(6)法律责任衔接。认为自身权益受到侵害的交易主体可以通过自愿减排项目或注册登记机构所在地的人民法院提起诉讼。项目业主、审定与核查机构、交易主体违反本办法规定,给他人造成损失的,依法承担民事责任。涉嫌构成犯罪的,依法追究刑事责任。

(八)附则

附则主要规定了名词解释和施行日期。本办法中下列用语的含义是:第一,温室气体:是指人为排放的二氧化碳(CO_2)、甲烷(CH_4)、氧化亚氮(N_2O)、氢氟碳化物(HFCs)、全氟化碳(PFCs)、六氟化硫(SF_6)和三氟化氮(NF_3)等。第二,额外性:指相对于不实施项目活动,实施该项目活动后温室气体人为排放量减少或者人为清除量增加,即项目实施所带来的减排效果应当是额外的,并且如果没有自愿减排交易提供的激励,则项目存在财务、融资、关键技术等方面的障碍。第三,方法学:是指确定温室气体自愿减排项目基准线、论证额外性、核算减排量等所依据的技术规范。

主要参考文献

一、著作

1. [美]Tietenburg:《排污权交易——污染控制政策的改革》,生活·读书·新知三联书店 1992 年版。

2. [美]R. 科斯等:《财产权利与制度变迁》,上海人民出版社 1994 年版。

3. 吴健:《排污权交易——环境容量管理制度创新》,中国人民大学出版社 2005 年版。

4. 沈满洪、钱水苗等:《排污权交易机制研究》,中国环境科学出版社 2009 年版。

5. 汪劲:《环境法治的中国路径:反思与探索》,中国环境科学出版社 2011 年版。

6. 郝海青:《欧美碳排放权交易法律制度研究》,中国海洋大学出版社 2011 年版。

7. 周亚成、周旋编著:《碳减排交易法律问题和风险防范》,中国环境科学出版社 2011 年版。

8. 胡炜:《法哲学视角下的碳排放交易制度》,人民出版社 2013 年版。

9. 郑爽等:《全国七省市碳交易试点调查与研究》,中国经济出版社 2014 年版。

10. 李佐军等:《中国碳交易市场机制建设》,中共中央党校出版社 2014 年版。

11. 戴彦德等:《碳交易制度研究》,中国发展出版社 2014 年版。

12. 周珂:《应对气候变化的环境法律思考》,知识产权出版社 2014 年版。

13. 王燕、张磊:《碳排放交易市场化法律保障机制的探索》,复旦大学出版社 2015 年版。

14. 郭冬梅:《中国碳排放权交易制度构建的法律问题研究》,群众出版社 2015 年版。

15. 曹明德、刘明明、崔金星:《中国碳排放交易法律制度研究》,中国政法大学出版社 2016 年版。

16. 高桂林、陈云俊、于钧泓:《大气污染联防联控法制研究》,中国政法大学出版社 2016 年版

17. 陈惠珍:《中国碳排放权交易监管法律制度研究》,社会科学文献出版社 2017 年版。

18. 上海联合产权交易所、上海环境能源交易所编著:《全国碳排放权交易市场建设探索和实践研究》,上海财经大学出版社 2021 年版。

19. 张芳:《碳市场价格机制及区域协调发展研究》,经济管理出版社 2021 年版。

20. 王遥:《中国绿色金融研究报告(2021)》,中国金融出版社2022年版。
21. 唐人虎等编著:《中国碳排放权交易市场:从原理到实践》,电子工业出版社2022年版。

二、论文

1. 徐祥民:《关于建立排污权转让制度的几点思考》,载《环境保护》2002年第12期。
2. 蔡守秋等:《论排污权交易的法律问题》,载《河南大学学报(社会科学版)》2003年第5期。
3. 杜群:《气候变化的国际法发展:〈联合国气候变化框架公约〉京都议定书述评》,载《环境资源法论丛》2003年第1期。
4. 李爱年:《环境容量资源配置和排污权交易法理初探》,载《吉首大学学报》2004年第3期。
5. 罗丽:《美国排污权交易制度及其对我国的启示》,载《北京理工大学学报(社会科学版)》2004年第2期。
6. 曹明德:《排污权交易制度探析》,载《法律科学》2004年第4期。
7. 胡鞍钢、管清友:《应对全球气候变化:中国的贡献》,载《当代亚太》2008年第4期。
8. 张梓太、张乾红:《论中国对气候变化之适应性立法》,载《环球法律评论》2008年第5期。
9. 孙佑海等:《依法建立排污权交易制度》,载《环境保护》2009年第10期。
10. 周珂:《气候变化利益格局及应对机制》,载《清华法治论衡》2010年第6期。
11. 王明远:《论碳排放权的准物权和发展权属性》,载《中国法学》2010年第6期。
12. 李艳芳:《各国应对气候变化立法比较及其对中国的启示》,载《中国人民大学学报》2010年第4期。
13. 冷罗生:《构建中国碳排放权交易机制法律政策思考》,载《中国地质大学学报》2010年第1期。
14. 王明远:《中国清洁发展机制(CDM)监管的法律分析——虚假的法治主义与真实的政府干预主义》,载《金融服务法评论》2011年第1期。
15. 李挚萍:《碳交易市场的监管机制研究》,载《江苏大学学报(社会科学版)》2012年第1期。
16. 曹明德、崔金星:《欧盟、德国温室气体监测统计报告制度立法经验及经验对策》,载《武汉理工大学学报》2012年第2期。
17. 宋磊:《我国碳交易市场法律制度构建》,载《云南财经大学学报》2013年第1期。

18. 李挚萍:《排污交易制度的政策机遇与制度挑战》,载《环境保护》2014 年第 5 期。

19. 刘自俊、贾爱玲、罗时燕:《欧盟碳排放权交易与其他国家碳交易衔接经验》,载《世界农业》2014 年第 2 期。

20. 邵道萍:《论碳排放权交易的法律规制及其改进》,载《经济法论坛》2014 年第 9 期。

21. 王彬辉:《我国碳交易的发展及其立法跟进》,载《时代法学》2015 年第 2 期。

22. 王慧、张宁宁:《美国加州碳排放交易机制及启示》,载《环境与可持续发展》2015 年第 6 期。

23. 彭峰、闫立东:《中国地方碳排放交易制度比较——基于七试点法律文本的考察》,载《中国地质大学学报(社会科学版)》2015 年第 4 期。

24. 王彬辉:《我国碳排放权交易的发展及其立法跟进》,载《时代法学》2015 年第 2 期。

25. 黄瑞:《温室气体核证自愿减排量(CCER)交易特点及合同争议仲裁》,载《北京仲裁》2016 年第 3 期。

26. 王文举、李峰:《碳排放权初始分配制度的欧盟镜鉴与引申》,载《改革》2016 年第 7 期。

27. 曹明德:《中国参与国际气候治理的法律立场和策略:以气候正义为视角》,载《中国法学》2016 年第 1 期。

28. 于文轩、李涛:《论排污权的法律属性及其制度实现》,载《南京工业大学学报(社会科学版)》2017 年第 3 期。

29. 任维彤:《日本碳排放交易机制的发展综述》,载《现代日本经济》2017 年第 2 期。

30. 潘晓滨:《日本碳排放交易制度实践综述》,载《资源节约与环保》2017 年第 9 期。

31. 潘晓滨:《我国碳排放交易配额初始分配规则比较研究》,载《环境保护与循环经济》2017 年第 2 期。

32. 刘明明:《论碳排放权交易市场失灵的国家干预机制》,载《法学论坛》2019 年第 4 期。

33. 曹明德:《中国碳排放交易面临的法律问题和立法建议》,载《法商研究》2021 年第 5 期。

34. 谭柏平、邢铈健:《碳市场建设信息披露制度的法律规制》,载《广西社会科学》2021 年第 9 期。

35. 丁粮柯、梅鑫:《中国碳排放权交易立法的现实考察和优化进路——兼议国际碳排放权交易立法的经验启示》,载《治理现代化研究》2022 年第 1 期。

36. 倪受彬:《碳排放权权利属性论——兼谈中国碳市场交易规则的完善》,载《政治与法律》2022 年第 2 期。

37. 高凛:《〈巴黎协定〉框架下全球气候治理机制及前景展望》,载《国际商务研究》2022

年第6期。

38. 高志宏:《国际航空碳排放体系构建的中国应对》,载《中国政法大学学报》2022年第2期。

39. 郝海青、周雯慧:《论跨国碳排放权交易的法律冲突及其解决》,载《重庆理工大学学报(社会科学版)》2022年第5期。

40. 徐祥民:《环境利益的享有者和维护者——气候变化防治法建设的视角》,载《中国法律评论》2022年第2期。

41. 秦天宝:《"双碳"目标下我国涉外气候变化诉讼的发展动因与应对之策》,载《中国应用法学》2022年第4期。

42. 张忠民:《气候变化诉讼的中国范式——兼谈与生态环境损害赔偿制度的关系》2022年第7期。

三、外文文献

1. Dales, Pollution, Property and Prices, Edward Elgar, 2002.

2. K. John Holmes, Robert M. Friedman, Design alternatives for a domestic carbon trading scheme in the United States, Global Environmental Change 10 (2000).

3. Onno Kuik, Border adjustment for European emissions trading, Energy Policy 38(2010).

4. John A Mathews. ,How carbon credits could drive the emergency of renewable energies, Journal of Energy Policy,2008(3).

5. Knut Einar Rosendahl. ,Incentives and prices in an emissions trading scheme with updating,Journal of Environmental Economics and Management,2008(5).

6. Ian A. Mackenize. , International emissions trading under the Kyoto Protocol: credit trading, Energy Policy,2001(2).

7. N. Anger,B. Brouns,J. Onigkeit. Linking the EU emissions trading scheme: economic implications of allowance allocation and global carbon constraints,Journal of Mitig Adapt Strateg Glob Change,2009(14).

8. Directive 2003/87/EC of the European Parliament and of the Council of 13 October 2003 establishing a scheme for greenhouse gas emission allowance trading within the Community and amending Council Directive 96/61/EC.

9. European Parliament and the Council Directive 2004/101/EC – 2004,Directive 2004/101/EC of the European Parliament and of the Council of 27 October 2004 Amending Directive 2003/87/EC establishing a scheme for greenhouse gas emission allowance trading within

the Community, in respect of the Kyoto Protocol's Project Mechanism.

10. European Commission. ,SEC (2008)85 – 2008, Proposal for a Directive of the European Parliament and of the Council Amending Directive 2003/87/EC so as to improve and extend the Greenhouse Gas Emission Allowance Trading System of the Community.

11. European Parliament and the Council Directive 2009/29/EC – 2009, Directive 2009/29/EC of the European Parliament and of the Council of 23 April 2009 Amending Directive 2003/87/EC so as to improve and extend the Greenhouse Gas Emission Allowance Trading Scheme of the Community.

12. Daniel A. Farber, Climate Policy and the United States System of Divided Powers: Dealing with Carbon Leakage and Regulatory Linkage, Transnational Environmental Law, 2015(1).

13. Smith Stephen and Swierzbinski, Joeph. Assessing the performance of the UK Emission Trading Scheme, Environmental and Resource Economics, 2007, 37(1).